# TABLEAU
# DES TERRAINS
QUI COMPOSENT
# L'ÉCORCE DU GLOBE.

STRASBOURG, de l'imprimerie de F. G. LEVRAULT.

# TABLEAU
# DES TERRAINS

QUI COMPOSENT

## L'ÉCORCE DU GLOBE,

OU

## ESSAI SUR LA STRUCTURE

DE LA

## PARTIE CONNUE DE LA TERRE.

PAR

ALEXANDRE BRONGNIART,

Ingénieur au corps royal des mines, Professeur de Minéralogie au Jardin du Roi, Membre de l'Académie royale des sciences, de la Société royale de Londres, etc.

A PARIS,

Chez F. G. LEVRAULT, rue de la Harpe, n.° 81,
et rue des Juifs, n.° 33, A STRASBOURG.

1829.

# TABLE MÉTHODIQUE

## DES MATIÈRES ET DES TERRAINS.

# DE LA STRUCTURE
# DE
# L'ÉCORCE DU GLOBE.

## CHAPITRE PREMIER.

### *Introduction et considérations générales.*

La petite partie de l'écorce du globe que nous connoissons est composée de différentes substances minérales, qui, considérées dans leur *masse*, constituent des Roches, tantôt homogènes, ou en ayant l'apparence, et tantôt visiblement hétérogènes.

Outre ces premières différences prises dans leur nature et dans leur aspect, les roches en présentent encore d'autres dans leur structure et dans les corps étrangers qu'elles enveloppent, et qui sont tantôt des minéraux, tantôt des parties de corps organisés.

L'hétérogénéité des masses ou roches composées de plusieurs sortes de minéraux, n'est pas illimitée dans le nombre, la disposition et le rapport de parties : elle fait voir au contraire dans ces trois sortes de relations une constance qui indique que certaines lois ont régi ces associations.

Les différences, et surtout la présence des débris organiques qu'on observe dans les roches, prouvent, comme l'a fait remarquer M. Cuvier, que l'écorce de la terre n'a pas été faite d'un seul jet, mais que les parties qui la composent ont été déposées ou formées successivement.

Ce sont les régles que cette succession a suivies, et les lois qui ont présidé à cette formation, que les géologues cherchent à découvrir. Les généralités qui paroissent résulter de l'ensemble de leurs observations constituent ce que l'on appelle la *théorie de la structure de l'écorce du globe*, expression qui a une tout autre signification, une tout autre valeur que celle de système. La *théorie* est le lien qu'on croit reconnoître et pouvoir établir entre les faits; le *système* est la recherche des causes éloignées qui ont produit ces faits et leur liaison. Dans l'une et l'autre considération il y a nécessairement quelques propositions hypothétiques; mais dans la théorie l'hypothèse de liaison est déduite immédiatement des faits connus, et il n'y auroit pas d'hypothèse, si on pouvoit être sûr de connoître tous les faits. Dans le système on cherche à lier et à expliquer les faits par des causes éloignées et dont on n'a que quelques indices. Les savans allemands ont désigné ces deux points de vue sous lesquels on étudie la structure du globe par deux expressions très-voisines, mais auxquels ils appliquent des idées assez différentes. La *géognosie* est la *théorie* de la structure du globe, et la *géologie* en est le *système*.

Il s'agit donc, pour établir cette théorie, de rechercher quelles sont les roches qui composent l'écorce du globe, dans quel ordre et dans quel rapport elles sont situées, quels sont les phénomènes ou particularités qui appartiennent à chacune d'elles, qui en constituent l'histoire naturelle, et qui peuvent servir à les faire reconnoître lorsqu'elles se présentent isolées.

C'est à ces recherches et à ces résultats que doivent se

borner l'étude et la théorie de la structure de l'écorce du globe; si on vouloit aller plus loin et remonter aux causes qui ont pu produire ces phénomènes, on sortiroit de la géognosie pour entrer dans la géologie.

## Art. 1.er *Terminologie.*

Pour arriver à la théorie, c'est-à-dire aux lois de la structure de l'écorce du globe, il faut, après avoir étudié séparément toutes les parties qui la composent ou qui s'y rencontrent, réunir en plusieurs groupes les parties qui ont entre elles des analogies, soit de nature, soit de structure, soit de position. C'est à ces groupes qu'on a donné les noms de *terrains*, de *formations*, de *sous-formations* et de *roches.*

Nous devons expliquer ce que nous entendrons par ces mots, exposer dans quel ordre nous étudierons ces groupes, quels sont les motifs qui nous ont fait adopter cet ordre, et les difficultés que présente à l'application le placement de ces différens groupes dans les parties de l'écorce du globe auxquelles on croit qu'ils appartiennent.

Le mot de Terrains a une signification très-vague; on ne l'a pas défini deux fois de la même manière : tantôt il indique une réunion de roches analogues par leur composition, ou au moins une roche principale, définie minéralogiquement, renfermant d'autres roches qui lui sont intimement liées, comme lorsqu'on dit *terrains de granite, de phyllade*, etc.

Dans d'autres cas on entend un ensemble de roches diverses qui semblent liées par le caractère commun d'avoir été déposées à la surface du globe pendant une des grandes périodes géognostiques qu'on a cru reconnoître dans la formation des diverses parties de son écorce, comme quand on dit *terrains primitifs*, *terrains secondaires*, *terrains tertiaires*, etc.

D'autres fois, ce mot ne s'est plus appliqué ni à une nature dominante de roche, ni à une grande époque géognostique; mais à un mode particulier de structure ou à une origine particulière : ainsi il n'y a pas de géognoste qui n'emploie l'expression de *terrains de sédiment*, *de transport*, *d'alluvion*, de *terrains volcanique*, *lacustre*, *marin*, etc.

Nous pourrions porter plus loin ces exemples des acceptions variées sous lesquelles on a pris le mot de terrain, si nous voulions en aller chercher dans la géographie physique, dans l'agriculture, dans l'art et l'économie des mines ; mais ceux que nous avons puisés dans notre sujet suffisent pour faire voir, ainsi que je viens de l'énoncer, que le mot de TERRAINS n'a pas reçu de définition précise, qu'il a seulement toujours voulu désigner en géognosie un grand groupe de roches réunies par une considération commune, tirée ou de leur nature, ou de leur époque de formation, ou de leur structure, ou de leur origine.

L'acception de ce mot reste donc libre, et M. de Bonnard, qui a cherché à la préciser, ne l'a pas encore tellement limitée qu'il ne nous soit permis de choisir celle que nous préférerons.

Or, nous considérons toutes les roches qui composent l'écorce du globe, comme déposées par groupes qui peuvent être formés et réunis par des considérations d'époque ou d'origine toujours de plus en plus générales. Le mot *terrain* sera pour nous comme pour M. de Bonnard, quoiqu'il ne l'ait pas dit explicitement, synonyme de formation, et si nous ne voulions employer que ce dernier mot, nous dirions en allant du plus simple au plus composé, minéral, roche, sous-formation, formation et grande formation. C'est ce dernier terme que nous remplacerons par l'expression de *terrains*.

Ainsi, j'entendrai par TERRAIN, une suite de roches qui n'ont d'autres rapports entre elles que d'avoir été placées dans l'écorce du globe pendant une des grandes périodes, époques ou divisions qu'on croit avoir reconnues dans la succession de sa structure.

J'entendrai par *formation* ou *groupe*, la division de ces

grandes périodes ou époques pendant lesquelles une suite de roches a été déposée à peu près sous les mêmes circonstances. Cette similitude de circonstances se manifeste par des phénomènes de liaisons et par des propriétés communes ; telles sont : la répétition des roches absolument la même à peu d'intervalles, une structure en grand à peu près la même, une stratification concordante, la présence des mêmes espèces de corps organisés, etc.

La *sous-formation* présente dans les parties qui la composent les mêmes relations et ressemblances, mais d'une manière encore plus rapprochée : ainsi les roches diffèrent peu les unes des autres, la stratification est concordante et la discordance est une exception; un grand nombre de corps organisés sont communs à toutes les parties de la sous-formation et aux diverses sous-formations voisines, etc. (La glauconie grossière est une sous-formation du calcaire grossier, la craie tufau est une sous-formation des terrains crétacés, etc.)

Les *roches* sont, comme on l'a dit ailleurs, des masses minérales, homogènes ou hétérogènes, formées par voie de cristallisation, de sédiment ou d'agrégation mécanique qui constituent les sous-formations, les formations et les terrains de l'écorce du globe.

## Art. 2. *Géognosie comparée.*

Ces définitions établies, voyons à quoi on reconnoîtra l'ordre de succession dans les formations et sous-formations, l'identité des formations et terrains dans des parties de la terre éloignées l'une de l'autre, et par conséquent l'uniformité presque complète de la structure principale de l'écorce du globe dans toutes ses parties.

Ou bien la terre et son écorce se sont solidifiées en une seule masse et en un seul moment, comme le feroit une masse d'eau trouble dont la température, amenée un peu au-dessous de zéro, se gêleroit sur-le-champ par le plus léger choc, ou bien les différentes parties qui composent l'écorce de la terre sont entrées de diverses manières et successivement dans sa formation. Or, la stratification des parties grossières agrégées mécaniquement, et la présence des nombreux débris organiques, font nécessairement admettre, les unes, plusieurs dépôts distincts, et les autres plusieurs générations, et par conséquent, une longue succession de siècles et d'opérations. Elles prouvent, comme nous l'avons rappelé plus haut, que l'écorce du globe ne peut être le résultat d'une solidification instantanée; mais que cette écorce s'est formée par parties et successivement.

Il faut donc maintenant chercher à distinguer ces diverses parties et à déterminer l'ordre dans lequel elles ont concouru à la formation du globe.

Il est impossible, dans l'état actuel de la science, d'établir une série certaine de succession de terrains, formations et roches pour tout le globe. On connoît trop imparfaitement la plupart des pays extra-européens pour y suivre cette suceession. D'ailleurs, quoiqu'il soit présumable qu'elle est partout la même, au moins dans ses grandes divisions, cette loi n'est pas encore reconnue, et peut-être n'existe-t-elle pas.

Il semble donc convenable de n'établir cette succession que pour des pays où l'on puisse présumer que la superposition est bien connue. On pourra alors établir une série de proche en proche, depuis les roches les plus supérieures jusqu'aux plus profondes. Or, cette série ne doit pas être considérée comme prise sur un seul point et sur un seul percement vertical, mais comme résultant de plusieurs lignes verticales placées dans différens lieux et se rattachant ensemble par des terrains communs, inférieurs dans les uns et supérieurs dans les autres.

Cette série servira comme de règle ou de module, auquel on tâchera de rapporter la structure des autres parties du globe, et de même qu'on compare en anatomie la structure de tous les animaux à celle de l'espèce humaine, malgré les différences notables que montrent certains animaux, et même malgré l'absence, au moins en apparence, de certains organes, de même on comparera tous les terrains de la terre à une suite de terrains admis comme type ou module, et qu'on pourra regarder comme terrain classique.

On sait qu'en anatomie on arrive à la comparaison d'organes au moyen des fonctions, de leur connexion et de leurs rapports : en géologie on y parviendra aussi par divers moyens; tantôt par la nature des roches et des minéraux, tantôt par les rapports ordinaires de ces roches et minéraux entre eux; tantôt, enfin, par l'étude des débris de corps organisés qu'elles renferment.

Malgré les moyens que nous employons pour suivre un ordre par série, comme étant le plus simple et le plus clair pour l'étude de la structure de l'écorce du globe, il reste encore des parties de cette écorce qu'il est très-difficile de faire rentrer dans cet ordre, et même qui y échappent tout-à-fait, soit parce qu'on n'a aucune donnée certaine ou pour les reconnoître ou pour déterminer leur position, soit parce qu'elles se sont réellement présentées plusieurs fois dans la série, et par conséquent à des époques différentes, soit parce qu'elles ont été brisées, renversées, bouleversées et dérangées ainsi de leur ordre sérial, soit enfin parce qu'elles ne sont pas réellement en séries, ayant comme coupé toutes les roches superposées, ou en ayant troublé l'ordre et par leur introduction et par les dérangemens, brisemens ou renversemens que cette introduction peut y avoir causés.

Il est possible, enfin, que l'ordre sérial de l'occident de l'Europe ne soit pas le même que celui de l'orient de la même contrée, que l'ordre sérial de l'Europe ne soit pas le même que celui de l'Asie, que celui-ci soit différent de celui de l'Amérique, etc. Il est également possible que l'ordre sérial, étant le même entre les grands groupes de terrains et leurs grandes divisions, soit différent dans ses subdivisions par continent, contrée et même grand bassin, etc.

Du moment où l'on est obligé d'admettre que les terrains se sont formés successivement, ou au moins par parties distinctes, on devra distinguer *deux modes essentiels de disposition.*

Ou bien ils se sont déposés et étendus *les uns au-dessus des autres*, ou bien ils se sont formés *les uns à côté des autres.*

Dans le premier cas ils ont été nécessairement déposés les uns après les autres, et ce sont les terrains que nous appelons *en série.*

Dans le second cas ils sont *hors de série*, et dans ce cas ils peuvent avoir été formés ou à la même époque géognostique, ou à des époques différentes.

Or, les époques géognostiques sont très-différentes des époques chronologiques; la succession des temps établit les secondes, tandis qu'elle n'est rien pour les premières, qui sont fondées sur l'apparition des grands phénomènes ou des grandes catastrophes qui limitent une période géognostique.

Je crois qu'on doit entendre par période géognostique, tout le temps pendant lequel les mêmes phénomènes géognostiques ont eu lieu à la surface de la terre. Ces périodes peuvent avoir été ou de plusieurs siècles, ou seulement de quelques années; ainsi l'espace de temps pendant lequel le granite s'est montré de toutes parts à la surface de la terre, accompagné des minéraux qu'il renferme, est une période géognostique remarquable.

Celui pendant lequel les trilobites ont vécu avec les autres êtres organisés contemporains, tandis que le calcaire argileux et schisteux, noirâtre, bitumineux, etc., se déposoit, est une autre période géognostique, dont la durée de la vie des trilobites, si on la connoissoit, combinée avec le nombre des générations enfouies, si on pouvoit les distinguer, pourroit indiquer grossièrement la durée.

Nous avons un autre exemple remarquable d'une grande

période géognostique dans l'état de repos où se trouve l'écorce du globe, depuis que les continens actuels ont reçu leurs formes et leurs limites, que la mer a pris son niveau et l'atmosphère sa température; depuis que les animaux et les végétaux qui peuplent la mer ou qui vivent à la surface de la terre, paroissent toujours à peu près les mêmes, etc.; cet état de repos que constatent toutes les observations, toutes les notions historiques, constitue la dernière période géognostique, dont le commencement date au moins de quatre mille ans, et qui peut avoir encore une longue suite de siècles.

De même que nous ignorons si les séries des différens terrains sont les mêmes sur tout le globe, de même nous ne savons pas si les périodes géognostiques se sont étendues également, et dans le même temps, sur toute la surface de la terre; par exemple, si, tandis que les ammonites et les bélemnites avoient cessé de vivre et la craie de paroître en Europe, pour être remplacés par les cérites et le calcaire grossier, les premiers mollusques céphalopodes et la craie ne continuoient pas les uns à vivre et les autres à se déposer dans l'Inde ou dans l'Amérique.

## §. 1.er Caractères et disposition générale des terrains en série.

Le caractère le plus général de ces terrains est d'être stratifié, non pas seulement en petit et dans quelque partie, mais en grand et sur une grande étendue; de se présenter ainsi sur toutes les parties du globe où on a pu les observer et les reconnoître pour être les mêmes, par les moyens que nous avons indiqués, c'est-à-dire, par leur nature minéralogique, et par la ressemblance générique et spécifique des débris organiques qu'ils renferment.

Leur stratification n'est déterminée que par le parallélisme prolongé et étendu des fissures qui divisent leur masse; car elle n'est pas toujours rectiligne et horizontale; bien au contraire, les lits, couches ou strates qui les divisent sont souvent et très-obliques et très-sinueux.

La structure dominante des terrains en série est compacte ou grossière; on voit que les roches qui les composent ont généralement été formées plutôt par voie mécanique que par voie chimique, plutôt par sédiment ou agrégation que par dissolution et cristallisation.

Cependant quelques-unes des rochés qui entrent dans la composition de ces terrains, offrent une texture cristalline qui indique une cristallisation confuse; telles sont les gypses, les calcaires saccaroïdes, les eurites, les amphibolites, les micaschistes, etc. Dans ce cas, si la stratification est oblitérée, c'est plutôt par des ondulations nombreuses et des replis que par des fissures.

Les terrains en séries, étant généralement stratifiés, offrent dans leur structure en grand des divisions, modifications et circonstances qui servent encore à les distinguer des terrains hors de série.

Leurs subdivisions portent les noms de bancs, de couches, de lits et de feuillets, suivant leur puissance et leur nature. Les feuillets (*Schichte*) sont des divisions des couches (*Flötz*), et celles-ci peuvent être considérées comme des divisions des bancs. On donne généralement le nom de lits (*Lager*) aux matières de nature différente qui sont interposées en stratification concordante entre des couches, lorsque ces matières se présentent d'une manière continue sous une grande étendue et avec un parallélisme sensible de leurs deux surfaces. Ainsi on dit un lit de pyrite dans le micaschiste, un lit de houille dans des couches de psammite, un lit de fer hydroxidé oolithique entre des bancs ou des couches de calcaire compacte, etc.

Les masses minérales, différentes par leur nature des terrains qui les renferment, et qu'on rencontre dans les terrains stratifiés, doivent entrer aussi dans la série de leurs couches, lorsqu'elles paroissent avoir été déposées en même temps qu'elles; elles s'y présentent quelquefois en amas irréguliers ou grossièrement lenticulaires, qu'on désigne sous le nom d'*amas couchés* (*liegende Stock*).

Ce sont, avec les débris organiques et les minéraux disséminés, les seuls corps ou masses étrangères qui appartiennent à la formation des terrains en série. Les amas droits, filons et veines qu'on y observe ont une tout autre origine, et appartiennent plutôt, comme on va le voir, aux terrains hors de série.

Les *terrains en série* seront considérés séparément, et formeront l'une des deux grandes divisions des terrains qui entrent dans la composition de l'écorce du globe. Comme leur stratification indique qu'ils ont été formés dans une masse liquide, que d'autres particularités indiquent que ce liquide étoit d'une nature analogue à l'eau de la mer, nous les appellerons, avec la plupart des géologues modernes, TERRAINS STRATIFIÉS OU NEPTUNIENS.

## §. 2. Caractères et disposition générale des terrains hors de série.

Ces terrains se présentent en général en masses puissantes, qui ne font voir aucune stratification distincte, et par conséquent aucun indice de dépôts, au moins sur une certaine étendue. Lorsqu'on y reconnoît quelques fissures de stratification, cette structure n'est que locale.

Leurs masses ne sont cependant pas sans divisions, mais les fissures qui les traversent se dirigent dans tous les sens: elles les séparent en grandes parties polyédriques, soit irrégulières, soit prismatoïdes.

Leur texture est souvent cristalline, et lors même qu'elle est compacte, on y remarque une densité et des parties cristallines qui indiquent que les élémens de ces masses n'ont point été suspendus dans un liquide, qu'ils ne se sont pas déposés comme un sédiment, ni réunis par voie d'agrégation mécanique; mais qu'ils ont été tenus à l'état comme fondu ou pâteux, et qu'ils se sont solidifiés par voie ou de refroidissement ou de cristallisation confuse.

Ces terrains se présentent tantôt en grandes masses, en montagnes même, et d'une manière indépendante, au-dessus des terrains en série, comme s'ils s'étoient épanchés sur eux; tantôt en plus petites parties, qui ont pénétré sous différentes formes et dans diverses circonstances dans les terrains en série.

Ils y forment des masses droites ou traversantes, des filons ou des veines.

Ils semblent avoir brisé et comme soulevé les terrains stratifiés pour s'élever ensuite au-dessus d'eux, s'épancher à leur surface, les envelopper et les faire quelquefois entièrement disparoître en les couvrant de la masse énorme en étendue, épaisseur et hauteur, de leurs roches.

Les roches qui composent les terrains hors de série, que nous appellerons aussi terrains massifs, sont particulièrement tous les filons et amas droits (*stehende Stock*), pierreux et métalliques, tels que le cuivre pyriteux, le fer oxidulé et oligiste; et parmi les roches ce sont principalement les dolomies, les serpentines et ophiolites, surtout les porphyres, mélaphyres, ophites, variolites, spilites, trachytes, téphrines, stigmites, basanites, dolérites, vakites, et peut-être les granites, protogynes, syénites, diorites.

Les *terrains hors de série* formeront la seconde considération principale, sous laquelle nous étudierons la structure de l'écorce du globe. Nous les nommerons TERRAINS MASSIFS ou TYPHONIENS, parce qu'ils semblent avoir soulevé les autres terrains.

## Art. 3. *Principes de classification et de dénomination des terrains.*

### §. 1.er Principales divisions.

Les différentes sortes de terrains qui composent l'écorce du globe étant ainsi classées sous deux points de vue différens, nous devons examiner, l'un après l'autre, les terrains de chacune de ces grandes classes.

L'ordre qu'il convient de suivre dans cet examen ne doit pas être plus arbitraire que le choix des circonstances qui nous ont fait reconnoître les caractères des deux divisions: il doit être celui de la succession des dépôts dans les terrains stratifiés, et celui des coulées ou épanchemens dans les terrains massifs.

Mais cet ordre, dans le premier cas, et encore bien plus dans le second, est très-difficile à reconnoître; nous en avons dit les raisons. Nous ne devons donc espérer que d'approcher de la vérité, sans pouvoir prétendre encore la découvrir complétement.

On peut examiner ces séries par deux voies opposées: par l'une on procède du membre le plus ancien au membre le plus nouveau, et prenant pour premier membre la partie de l'écorce du globe au-dessous de laquelle on croit n'avoir pas encore pénétré, on appelle cette partie *terrains primitifs*, et on va en remontant, en donnant aux groupes qui les suivent les noms de *terrains secondaires* et *tertiaires*.

Par l'autre voie on part de la surface de la terre, de la couche que tous ses caractères signalent comme devant être la plus superficielle, et en s'enfonçant aussi profondément qu'il est possible dans l'écorce du globe, on décrit de haut en bas les diverses parties stratifiées de cette écorce à mesure qu'elles se présentent.

On ne peut plus donner à ces membres de la série stratifiée les noms de primaires ou primitifs, secondaires, tertiaires, etc.; il faut au contraire éviter de leur appliquer aucun nom hypothétique. Or, dans le cas actuel, les noms numératifs expriment des hypothèses; on doit donc chercher à désigner ces terrains par des noms simples, univoques, qui indiquent leur propriété la plus visible, la plus caractéristique et la plus constante; mais il ne faut pas avoir la prétention d'indiquer toutes les propriétés, ni même d'en indiquer une qui soit absolue, c'est-à-dire sans aucune exception. Cette prétention est impossible à réaliser; il suffit que le nom rappelle la propriété la plus générale, la plus inhérente aux terrains, et par conséquent la plus constante, ou même qu'il n'en rappelle aucune, mais qu'il puisse être employé dans toutes les théories qui pourroient être proposées dans la suite, sans être en contradiction avec aucune de ces théories.

Tels sont les principes d'après lesquels nous avons établi les dénominations employées dans le tableau des grandes divisions des terrains, et même dans les subdivisions de ce tableau.

On a fait voir plus haut, d'une manière générale, 1.° les causes qui ne permettoient pas de s'assurer si l'ordre des séries de terrains et de leurs subdivisions étoit le même sur toute la terre; 2.° celles qui faisoient présumer que cet ordre n'étoit pas constant, au moins dans ses subdivisions; 3.° enfin, celles qui avoient dû le déranger et même l'intervertir.

Il faut bien cependant suivre un ordre linéaire dans l'exposition et des généralités qui appartiennent à chaque sorte de terrains, et des phénomènes qu'ils présentent. Cet ordre linéaire ne sera pas choisi arbitrairement, mais il sera pris dans les lieux où la superposition se sera présentée de la manière la plus claire, et faute de lieux qui présentent cette évidence ou cette réunion de circonstances, il sera établi d'après la théorie résultant des présomptions les plus vraisemblables et les plus généralement admises; enfin, il sera fondé sur la nécessité où l'on est de réunir sous un même titre ou sous un même point de vue tous les phénomènes qui doivent être rassemblés pour faire l'histoire d'un terrain, d'une formation ou d'une roche.

Ainsi on ne prétend pas que le tableau dans lequel on présente les roches des terrains clysmiens, réunies en groupes, formations et terrains, ni que l'ordre dans lequel on a placé la série de ces roches, soient ni les mêmes dans tous les lieux, ni constans dans le même lieu; mais on a seulement voulu dire que c'étoit le tableau de l'ordre qui approchoit le plus de la vérité des superpositions, et qui étoit le plus favorable à l'exposition des phénomènes relatifs aux terrains clysmiens et aux groupes de roches qui les composent.

La considération des terrains hors de série ou terrains massifs est indépendante de l'ordre d'apparition des différentes roches à la surface du globe. Cette considération, qui est maintenant assez généralement reçue, n'empêche pas qu'on ne cherche à rapporter chaque masse de terrains hors de série à une époque correspondante au dépôt des roches stratifiées des terrains en séries.

M. Boué, qui a admis implicitement la division des terrains en série sous le nom de terrains stratifiés ou neptuniens, et des terrains hors de série sous celui de terrains massifs ou plutoniens, dans le savant tableau de classification des terrains qu'il a publié en Août 1827, a essayé de rapprocher les époques de dépôts des premiers des époques d'apparition des seconds, en les énumérant de front. Mais tout en rendant justice aux nombreuses observations de l'auteur dont ce tableau si complet est le résultat, aux heureux rapprochemens qu'il a faits, je crois pouvoir dire avec quelque fondement que l'étude en est difficile.

Ce ne seroit pas un motif suffisant pour chercher à présenter le tableau des terrains d'une autre manière que ce profond géologue, si cette difficulté étoit une conséquence nécessaire des nombreuses vérités qu'il auroit reconnues. Mais nous ne pouvons pas encore admettre que ces rapprochemens soient tous exacts; car, s'il en étoit ainsi, les terrains massifs ou plutoniens rentreroient dans les séries; s'il étoit prouvé que le granite de l'Erzgebirge, étant venu après le calcaire de transition, a été recouvert comme lui par le grès rouge ou le calcaire à encrines, il faudroit les introduire dans la série des terrains, ce qui seroit beaucoup plus simple et plus clair, et ce qui pourra peut-être se faire un jour.

Mais cette conséquence est entourée de tant d'incertitude, elle demande tant de discussion, qu'elle ne m'a pas paru susceptible d'être introduite directement et même dogmatiquement dans un tableau continu de la superposition des terrains.

J'ai donc préféré traiter séparément et les terrains généralement stratifiés et les terrains massifs, sans cependant renoncer, comme on le verra, à *nommer* ces derniers dans leur place au milieu des séries, quand cette place est bien déterminée ou seulement raisonnablement présumée. Mon ordre ne diffère pour ainsi dire de celui de M. Boué, que parce que j'ai mis à la suite de deux chapitres séparés ce qu'il a mis en regard; je crois avoir évité par là des répétitions trop fréquentes de la même roche, et je me suis donné plus de latitude pour développer et discuter les motifs de la place donnée à chaque terrain et à chaque roche.

Abandonnons maintenant cette manière de considérer la structure en grand de l'écorce du globe, considération qui tient aux divers modes suivis par la nature pour former cette écorce, et abordons une considération d'un tout autre ordre, celle qui est relative à la succession chronologique de ses diverses parties ou aux périodes et époques géognostiques.

D'après ce que j'ai dit plus haut, on sait ce que j'entends par ces deux expressions appliquées à la géognosie; il me semble qu'une des premières divisions d'époques, une des plus importantes, est celle qui sépare les phénomènes géologiques en deux grandes périodes, quoiqu'il s'en faille de beaucoup qu'elle les partage en deux parties égales.

L'une de ces périodes, dont nous ne connoissons ni le commencement, du moins pour ce qui concerne l'écorce du globe, seul objet de notre étude, ni la durée même approximative, renferme toutes les roches, terrains et phénomènes antérieurs à la dernière révolution du globe; à celle qui a placé la mer dans le bassin qu'elle occupe depuis les temps les plus reculés, qui a donné leur forme à nos continens et qui est antérieure à toutes les notions historiques; c'est celle que j'appelle la *période saturnienne*.

L'autre période renferme toutes les productions de roches et de terrains, tous les phénomènes géologiques qui se sont présentés à la surface du globe depuis la terminaison de la période saturnienne; ceux, enfin, qui se passent encore de nos jours, je la nomme *période jovienne* ou d'aujourd'hui.

Elles ont toutes deux produit des terrains en série et des terrains hors de série; mais cette division n'est pas assez importante dans la période jovienne pour l'y introduire.

Dans l'ordre chronologique de ces périodes, la période saturnienne devroit être traitée la première; mais nous avons préféré étudier les terrains tels qu'ils se présentent à nous quand nous pénétrons dans l'écorce du globe. Nous en connoissons la fin, sans en connoître le commencement. En allant du haut en bas, les premières roches resteront toujours les premières; en allant de bas en haut, les roches que nous appellerions maintenant les premières, pourroient bien dans la suite prendre une dénomination numérique bien plus avancée dans cet ordre.

Ainsi, pour être conséquent à ce principe, nous commencerons par la période jovienne.

Les motifs des principales divisions présentées dans le tableau général des terrains qui précède les tableaux des détails de chaque classe, seront exposés et développés à l'article de chacune de ces classes et de ces terrains.

## §. 2. Nomenclature géologique.

Tout le monde convient que la nomenclature géologique est dans un état de désordre qui introduit souvent de l'embarras et de l'obscurité dans l'étude de cette science et de l'incertitude dans ses résultats. Les descriptions étant moins claires, les objets sont plus difficiles à comparer; leurs différences ou leurs ressemblances moins sensibles, et les conséquences qu'on pourroit en tirer, sont ou inaperçues ou incertaines. Personne cependant n'a osé introduire dans cette science une nomenclature plus régulière et fondée sur des principes qui pussent la rendre durable.

Une nomenclature n'est durable que lorsqu'elle est à peu près *insignificative*. J'ai donné ailleurs de nombreuses preuves de ce principe; mais une nomenclature absolument *insignificative* est difficile à retenir: la mémoire n'a pas de prise sur des mots qui, encore peu usités, ne se rattachent à rien. Quand un mot a passé dans l'usage général, il n'est plus nécessaire qu'il signifie quelque chose; mais si, avant ce moment, un nom insignificatif est aux prises avec un nom significatif, ce dernier, quelque faux qu'il soit, l'emportera long-temps, et peut-être même toujours, sur le premier. Il en est de même d'un mot univoque; quelque défectueux qu'il soit, il prévaudra presque toujours sur un nom composé de plusieurs mots, quelle que soit d'ailleurs l'exactitude de ce nom.

Ces principes rappelés, il s'agissoit de les appliquer à la géologie. Il eût fallu faire une refonte presque complète de la nomenclature: je ne m'en suis senti ni le courage, ni les moyens, ni le droit. J'ai donc tâché de l'améliorer, en remplaçant par des expressions simples et choisies d'après les principes précédens, les dénominations trop longues, trop vagues ou trop fausses. J'ai laissé tels qu'ils sont, les mots qui ne m'ont pas paru avoir ces défauts d'une manière trop choquante.

Je n'ai point changé les noms pour en mettre de meilleurs à leur place; je me suis toujours prononcé contre cette prétendue amélioration, qui n'auroit pas de terme. J'ai cherché à représenter par des noms simples des définitions longues et cependant incomplètes, parce que si on eût voulu les rendre complètes, il eût fallu les faire encore plus longues.

Le principe fondamental de la nomenclature de géologie, tel que je le conçois, tel que je l'ai entendu souvent poser par les géologues qui ont le plus réfléchi sur ce sujet (et je dois citer surtout M. d'Omalius d'Halloy), c'est que les noms qui indiquent des terrains, c'est-à-dire des associations de minéraux, roches et circonstances qui ont entre elles une grande liaison géologique; c'est que ces noms, dis-je, soient différens des noms oryctognostiques qui indiquent des minéraux et des roches considérées minéralogiquement. C'étoit au reste le principe de la nomenclature géologique de l'école de Werner; mais cette école elle-même s'en est écartée, et, hors d'elle, on l'a encore bien plus abandonné.

C'est ce principe qui a fait donner par M. d'Aubuisson le nom de *traumate* au terrain désigné par les géologues de Freyberg sous celui de *grauwacke;* qui a fait donner par M. d'Omalius le nom de *pénéen* au terrain qui renferme les roches nommées géognostiquement *zechstein* et *todtliegende*. Mais on a employé bientôt ces noms géologiques comme noms minéralogiques. Ainsi on a voulu que le *zechstein* fût un calcaire compacte, et pas autre chose; que le *todtliegende* fût une roche d'agrégation, etc.

Si on cherche à se rendre compte du vrai motif qui a fait abandonner ce principe et mêler ainsi deux nomenclatures qui doivent marcher d'une manière toujours distincte, on verra que c'est la crainte de multiplier les noms, d'avoir l'air de changer une science de faits et de théorie en une sèche nomenclature. C'est l'abus qu'on a fait ailleurs de la multiplication des noms et de leurs changemens, qui a empêché de faire, en géologie, un usage utile et convenable de cette règle. On va voir en effet, par l'essai que j'ai tenté de son application aux terrains parisiens, combien il faudroit créer de noms pour désigner les divers terrains qui composent l'écorce du globe, si on vouloit être conséquent aux principes.

Les terrains sont, comme on l'a dit, des associations de roches qui ont pour caractère d'avoir été formées à peu près à la même époque et d'avoir une position déterminée par rapport à d'autres associations. Ce sont là les seuls caractères distinctifs des terrains : il n'y a donc pas de roche essentielle ; il n'y a pas même de restes organiques essentiels propres à les caractériser ; deux associations de roches et de fossiles appartenant évidemment au même terrain, peuvent n'avoir pas un fossile, pas une roche qui leur soit commune. (Le terrain d'eau douce est tantôt entièrement calcaire, avec des cyclostomes et des paludines, et tantôt entièrement siliceux, avec des limnées, des potamides, etc.)

On doit donc désigner les terrains par des noms qui ne puissent être celui d'une roche. Cette méthode, bien employée, ne permettroit plus de confondre les noms de roches et les noms de terrains; elle permettroit de définir le terrain aussi longuement qu'on le croiroit nécessaire, et feroit disparoître ces contradictions de noms avec la chose, comme celui de *grès*, appliqué à toutes les roches arénacées, ceux de *terrain houiller sans houille*, de *calcaire grossier* à des terrains dans lesquels on ne trouve aucun lit de cette roche, etc., ou qui, renfermant bien d'autres roches et d'autres calcaires que du calcaire grossier, devroient être nommées *terrain calcaréo-marno-sableux*, si on vouloit indiquer leur composition par ce nom, qui n'est plus un nom, mais une phrase descriptive, etc. Cette considération, qui a frappé également M. d'Omalius d'Halloy, m'a engagé à proposer le nom de *terrain protéique* pour désigner ce groupe de terrains de l'ordre des thalassiens, qui est principalement composé de calcaire, de marnes diverses et de grès, renfermant des cérites, des fusus, des lucines, des tellines, etc., placé au-dessus du gypse, etc. Les noms de *terrains plusiaques*, *tritoniens*, *palœothériens*, *jurassiques*, *conchyliens*, *pénéens*, de *lyas*, *keuper*, etc. ont été faits d'après le même principe. Mais, par les motifs que j'ai exposés plus haut, je n'ai pas osé en porter plus loin l'application, et j'ai respecté beaucoup de noms significatifs, ou trop généralement admis, ou trop peu importans, pour être changés.

Quand j'ai été forcé de laisser des noms de roches aux classes, ordres, formations ou groupes de terrain, je les ai toujours pris adjectivement, ainsi que l'a fait M. d'Omalius d'Halloy; tandis que les roches énumérées dans le tableau, ont dû toujours porter les noms déjà connus et définis minéralogiquement de ces roches et minérais.

Un autre motif qui auroit dû me porter plus hardiment à rejeter tous les noms simples ou composés de roches, même pris adjectivement, pour désigner des terrains, c'est le retour de ces mêmes roches et groupes dans des terrains différens. Ainsi, lorsqu'on désigne un groupe par le nom de *marno-sableux*, ou de *calcaire*, ou de *clastique*, il faut ajouter le nom du terrain, pour le distinguer du même groupe qui se rencontre dans d'autres terrains: cela alonge tellement les phrases des descriptions, qu'on préfère à une telle périphrase le nom le plus étrange.

C'est pour éviter ce double inconvénient que j'ai préféré le nom de *protéique* à celui de *marno-sableux* ou *terrain marin supérieur;* celui d'*épiolithique*, à celui d'*argilo-calcaire;* celui de *tritonien* à celui de *calcaréo-sableux* ou de *calcaire grossier*, etc. Ces mêmes associations pouvant se rencontrer dans d'autres terrains, il eût fallu toujours y ajouter les noms des terrains, tels que *thalassien*, *pélagien*, etc.; tandis que ceux de *protéique*, *tritonien*, etc., peuvent aller seuls, sans avoir à craindre la confusion.

J'aurois désiré faire disparoître également, et par les mêmes motifs, les noms de *marno-charbonneux*, *argilo-sableux*, etc., qui ne s'entendent bien qu'avec l'addition du mot *thalassique;* de *clastique*, qui s'applique tantôt aux terrains abyssiques, tantôt aux terrains hémilysiens, etc. Mais j'ai craint l'introduction d'un trop grand nombre d'expressions nouvelles dont la nécessité ne seroit pas suffisamment motivée.

J'ai adopté pour les roches les noms introduits dans ma *Classification minéralogique des roches*, publiée en 1827, et je crois avoir éprouvé la commodité de cette classification et de son application. Le nom seul remplace une longue définition, qu'il eût été nécessaire de rappeler chaque fois qu'il eût fallu mentionner la roche, et il la remplace avec une uniformité et une précision qu'on ne peut attendre d'une définition dont les termes varient suivant la mémoire, le temps et les circonstances où se trouve celui qui veut l'employer.

## CHAPITRE II.

### *Tableaux et développemens des caractères des neuf classes de terrains.*

La classification géognostique des différentes roches ou masses minérales qui entrent dans la composition de l'écorce du globe, est, de toutes les classifications du domaine de l'histoire naturelle, celle qui variera le moins, qui ira toujours en se perfectionnant, et qui finira par atteindre sa limite de perfection; car ici les matières à classer le sont déjà, il ne s'agit que de reconnoître l'ordre dans lequel elles sont placées. C'est le but vers lequel tendent tous les géologues, et les grandes différences qu'on remarquera entre les classifications géologiques de 1780, celles de 1810 et celles de ce moment, ne résultent pas de la manière de voir des naturalistes qui les ont établies, mais seulement de l'erreur dans laquelle on étoit sur les choses; car, dès que cette erreur est redressée et que sa rectification est admise, il faut aussi en admettre les conséquences.

Les géologues du même temps, également instruits de toutes les observations faites jusqu'à eux, ne peuvent différer que par la manière de prendre la série de bas en haut ou de haut en bas, et par les groupes qu'ils établiront dans cette série; mais ses élémens resteront toujours les mêmes, et dans l'ordre résultant de l'observation. Une partie de cette série pourra seule pendant long-temps apporter quelques divergences dans les résultats; c'est celle qui est relative à ces terrains massifs ou typhoniens qui sont venus à travers tous les autres s'intercaler à différentes époques au milieu des membres de la série des terrains stratifiés.

Ces réflexions font connoître la cause de l'espèce d'uniformité qui règne dans les classifications géologiques, au moins dans leur division principale. On ne peut en effet faire du nouveau dans une telle classification que par ignorance, erreur ou hypothèse sans fondement.

Malgré cette uniformité, conséquence nécessaire de la matière examinée, on reconnoîtra déjà deux époques et deux systèmes assez différens dans la classification géologique; la première est celle de Werner et de sa nombreuse et savante école. C'est sur les bases de la classification géologique de ce célèbre professeur, que MM. Reuss, Karsten, Leonhard, Kop et Merk, de Heim, etc., ont établi les leurs.

Quelques géologues de la même époque s'en sont un peu écartés; mais seulement dans la formation des groupes, tels sont: MM. de Hof, Hausmann, de Raumer, etc.

Les géologues anglois ont d'abord suivi le même système général en plaçant tous les terrains en série; mais ils ont apporté d'heureuses rectifications dans la formation des groupes, et surtout dans ceux qui composent les terrains de sédiment.

Mais c'est de l'introduction d'une toute nouvelle classe de terrain, de celle qu'on nomme terrains massifs, ou soulevés, ou plutoniques, que date la seconde et nouvelle ère géologique; elle est toute récente. M. de Buch en a fourni l'idée principale, MM. de Humboldt, Keferstein, Boué, l'ont saisie, et ce dernier surtout nous semble l'avoir appliquée dans tous ses développemens.

C'est aussi celle qui est la base de la division des terrains en deux grandes classes, que j'ai suivie : quant aux bases de l'ordre sérial que j'ai adoptées dans l'exposition des divers groupes de terrains qui composent l'écorce du globe, elles avoient déjà été posées dès 1813, dans le cours de géognosie que je fis alors à la faculté des sciences, et en 1814 dans mon Mémoire sur le Cotentin : le tableau que je présente n'est que le développement de celui que j'avois exposé à cette époque; mais ce développement a éprouvé de grands changemens par les connoissances qui ont été acquises depuis lors sur la structure du globe, par les observations que j'ai eu occasion de faire, et surtout par les secours que j'ai trouvés dans les tableaux du même genre, publiés successivement par MM. Buckland, de Humboldt, de Bonnard, Philipps et Conybeare, et tout récemment par M. Boué.

Le tableau des terrains publié par ce dernier en 1827, m'a surtout été du plus grand secours par sa richesse en faits, résultats et rapprochemens nouveaux et toujours aussi intéressans qu'utiles, lors même qu'ils ne seroient pas tous définitivement admis. Mais on ne peut blâmer un géologue de hasarder des rapprochemens; c'est, comme je l'ai déjà dit et ici et ailleurs, sa seule voie expérimentale; car, n'étant point le maître des circonstances, n'ayant aucun moyen de découvrir la vérité par des expériences, il faut qu'il attende que l'occasion de vérifier ses conjectures se présente, soit à lui, soit à d'autres. Toutes ces présomptions hasardées par des hommes sages et judicieux observateurs, sont pour ainsi dire des expériences commencées qu'ils n'ont pu terminer, et qu'ils laissent à continuer aux savans qui suivent la même carrière.

Les tableaux suivans offrent l'énumération des classes, ordres et groupes dans lesquels j'ai cru devoir diviser les terrains qui entrent dans la composition de l'écorce du globe.

Ces classes sont présentées presque isolément dans le premier tableau, dont j'ai déjà publié l'ébauche dans ma Classification minéralogique des roches. Elles sont ensuite développées dans les autres et subdivisées en ordres, groupes ou formations, exposant dans l'ordre le plus ordinaire ou le plus vraisemblable de superposition pour les terrains en série, et d'apparition pour les terrains hors de série, les roches et minéraux qui entrent dans la composition de ces groupes ou formations, ou qui s'y rencontrent le plus ordinairement.

Pour ne point surcharger ces tableaux de détails difficiles à saisir et à suivre, et qu'on ne peut souvent pas suffisamment motiver, je me suis borné à indiquer la synonymie la plus ordinaire dans les principales langues employées par les géologues.

Lorsque cette synonymie a eu besoin d'être expliquée ou développée, je l'ai fait à l'article de chaque terrain. J'ai également renvoyé les exemples à la suite de l'exposé des caractères géognostiques de chaque formation. Je me suis contenté d'en indiquer quelques-uns dans la troisième colonne, uniquement pour préciser l'idée qu'on doit prendre de chaque groupe.

Je n'ai point eu l'intention de donner l'énumération de tous les lieux où se présente le terrain ou la roche en question, mais seulement de prouver par des exemples choisis dans mes propres observations, lorsque je l'ai pu, ou dans les sources les plus authentiques, que les généralités caractéristiques établies à l'article de chaque terrain, ne sont pas fondées sur des présomptions ou de vagues et trompeurs souvenirs ; mais qu'elles peuvent être appuyées sur des faits. Il ne reste plus alors qu'à savoir si les faits ont été bien observés, s'ils ne sont pas des exceptions dues à des circonstances locales, etc. ; ce sont certainement des sources d'erreurs, qu'il ne m'a pas été possible d'éviter ; mais en prenant le moins possible aux auteurs qui n'ont pas vu par eux-mêmes, j'aurai au moins évité de propager des erreurs. D'ailleurs, j'ai eu soin de citer mes sources et mes autorités, lorsque l'exemple donné n'étoit pas devenu ce qu'on appelle classique.

---

# TABLEAU GÉNÉRAL

(P. 27.)

## DES DIVISIONS, CLASSES ET ORDRES DES TERRAINS.

| NOMS DES CLASSES ET DES ORDRES. | SYNONYMIE. | DÉFINITION ET CARACTÈRES ESSENTIELS. |
|---|---|---|
| **PÉRIODE JOVIENNE**, c'est-à-dire de l'époque actuelle, ou terrains postdiluviens. | | |
| I.re Cl. TERRAINS ALLUVIENS.. | *alluvium*.................... | par transport et sédiment. |
| II.e Cl. TERRAINS LYSIENS..... | ........................... | qui ont été dissous et formés par voie chimique. |
| III.e Cl. TERRAINS PYROGÈNES. | volcaniques et ignés actuels. | |
| P. VOLCANIQUES......... | ........................... | formés par l'action du feu des volcans actuels. |
| P. PHLOGOSIQUES........ | terrains pseudo-volcaniques..... | c'est-à-dire par inflammation sans tumeur. |
| P. ATMOSPHÉRIQUES..... | pierres météoriques. | |
| **PÉRIODE SATURNIENNE**, c'est-à-dire ancienne, antérieure à la dernière révolution du globe. | | |
| 1.re *Considération.* **TERRAINS STRATIFIÉS** ou **NEPTUNIENS.** | | |
| IV.e Cl. TERRAINS CLYSMIENS.. | *diluvium*..................... | par transport ou alluvion. |
| V.e Cl. TERRAINS IZÉMIENS.... | de sédiment................... | principalem. par sédiment. |
| Iz. THALASSIQUES........ | supérieurs ; terrains tertiaires. | c'est-à-dire de la mer. |
| Iz. PÉLAGIQUES......... | moyens ; terrains secondaires. | de la haute mer. |
| Iz. ABYSSIQUES.......... | inférieurs.................. | de l'ancienne mer. |
| VI.e Cl. TERRAINS HÉMILYSIENS. | terrains de transition compactes.. | formés en partie par voie de sédiment, en partie par voie chimique. |
| VII.e Cl. TERRAINS AGALYSIENS. | terrains primordiaux........... | entièrement dissous et cristallisés. |
| A. ÉPIZOÏQUES.......... | terrains de transition cristallisés. | supérieurs à des terrains qui renferment des débris de corps organisés. |
| A. HYPOZOÏQUES........ | terrains primitifs............. | inférieurs à tous les terrains connus, qui renferment des corps organisés. |
| 2.e *Considération.* **TERRAINS MASSIFS** ou **TYPHONIENS.** | | |
| VIII.e Cl. TERR. PLUTONIQUES.. | terrains d'épanchement......... | sortis hors de la terre avec indices de liquéfaction. |
| P. GRANITOÏDES. | | |
| P. OPHIOLITHIQUES. | | |
| P. ENTRITIQUES......... | porphyritiques, etc. .......... | une pâte enveloppant des cristaux. |
| P. TRACHYTIQUES. | | |
| IX.e Cl. TERR. VULCANIQUES... | terrains volcaniques anciens.... | portant des signes évidens de liquéfaction ignée. |
| V. TRAPPÉENS........... | ........................... | liquéfaction pâteuse. |
| V. LAVIQUES............ | ........................... | liquéfaction fluide. |

2*

## PÉRIODE JOVIENNE (actuelle).

| CLASSES ET TERRAINS. | GROUPES OU FORMAT. | ROCHES ET MINÉRAUX. | SYNONYMIE. | EXEMPLES ET OBSERVATIONS. |
|---|---|---|---|---|
| I. TERRAINS ALLUVIENS | | | *Alluvium* (Buckl.). *Neuere Alluvial-Bildungen* (Boué). | |
| | 1. Phytocènes. | | | |
| | | 1. Humus | Terre végétale. | |
| | | 2. Tourbes herbacées | | Hollande. Bohème. Vallée de la Somme. |
| | | 3. Tourbes ligneuses | Forêts sous-marines. | Morlaix. Frith of Tay. |
| | 2. Limoneux | | | Deltas du Nil, du Rhin, du Rhône, du Gange, de l'Amazone. |
| | | Limon marneux | Terre franche. | Base des poteries grossières des Indous, des Égyptiens, etc. |
| | | — sableux | Rivag. de la mer. Dunes. | |
| | | — vaseux | | Embouch. de la Seine, à Honfleur. |
| | | Fer titanifère arénacé | | Rivag. de Naples. S.-Quay (côtes du N.). |
| | 3. Caillouteux | | Détritiques (d'Omalius) | |
| | | Gravier | Sable de rivière | Sable calc. de la Seine. |
| | | Galets | Cailloux roulés. | |
| | | | Par la mer | Rivages de Normandie. |
| | | | Par les torrens | Lit de l'Adour, du Drac. |
| | | Blocs | Transp. par les glaces. | Moraines. Source de l'Arve. |
| II. TERRAINS LYSIENS. | | | | |
| | 1. Calcaires. | | | |
| | | Stalactites | Stalagmites. *Kalksinter*. | Des voûtes (aqueduc de Maintenon), des caves, des cavernes. |
| | | Travertin (moderne) | | Env. de Rome. Messine. Czegled en Hongrie. Lac de Baskie. |
| | | Incrustans | | S.-Allyre. Arcueil. S.-Philippe. |
| | | Pisolithes | | Vichy. Carlsb. S.-Phil. |
| | | Arragonite fibreuse | | S.-Nectaire (Auvergne). |
| | 2. Siliceux. | | | |
| | | Silex nectique | | Islande. Lancerotte. |
| | | Silice gélatineuse | | Eaux minér. Montdor. |
| | | ?Allophane. | | |

| CLASSES ET TERRAINS. | GROUPES OU FORMAT. | ROCHES ET MINÉRAUX. | SYNONYMIE. | EXEMPLES ET OBSERVATIONS. |
|---|---|---|---|---|
| | 3. Salins et Acides. | | | |
| | | Acide sulfurique ....... | .................. | Java. |
| | | Acide muriatique ...... | .................. | Le Vésuve. |
| | | Acide carbonique......... | .................. | Carr. de Paris. Mines de lignites de Prov. Voisin. des volcans. |
| | | Acide borique.......... | .................. | Lagonis de Tosc. Milo. |
| | | Alun. | | |
| | | Natron............... | .................. | Égypte. |
| | | Nitre................ | .................. | Indes. |
| | | Reussin.............. | Sulfate de soude .... | Montmartre. Savoie. |
| | | Selmarin pulvérulent...... | .................. | Indes. Perse. |
| | | ? — lacustre......... | .................. | Égypte. |
| | | Eaux minérales en général. | | |
| | 4. Inflammables. | | | |
| | | Soufre par voie aqueuse.. | .................. | Enghien. Aix-la-Chap. |
| | | Gaz hydrogène des salses. | Fontaines brûlantes.. | Modenois. Isère. |
| | | Bitume .............. | .................. | Gabian. Mont-Zibio. |
| | 5. Métalliques. | | | |
| | | Pyrit. des eaux minérales. | .................. | Chaudesaigues. |
| | | Sulfate de cuivre, de fer. | .................. | Chessy. Cuença. |
| | | Fer phosphaté pulvérulent | Fer azuré.......... | Lim. de la riv. de Caen. |
| | | Fer limoneux........... | .................. | Lusace. Lac Balaton. |
| III. TERRAINS PYROGÈNES. | | | | |
| | 1. Volcaniques. | | | |
| | | Soufre sublimé.......... | ou des solfatares .... | Lipari. Islande. |
| | | Sélénium.............. | .................. | Stromboli. |
| | | Arsenic, etc........... | .................. | Vésuve. |
| | | Muriate de cuivre....... | .................. | Vésuve. |
| | | Acide borique......... | .................. | Stromboli. |
| | 2. Phlogosiques ........... | | Pseudovolcaniques. | |
| | | Thermantide............ | *Porcellanjaspis* ...... | Bohême. |
| | | Selammoniac, etc....... | .................. | Saint-Étienne (Loire). |
| | | Fer aciéreux........... | .................. | Labouiche (Allier). |
| | | Fer phosphaté......... | .................. | Labouiche. |
| | 3. Atmosphériques......... | | Pierres météoriques. | |
| | | Fer natif. | | |
| | | Péridot, etc. | | |

| CLASSES ET TERRAINS. GROUPES OU FORMAT. ROCHES ET MINÉRAUX. | SYNONYMIE. | EXEMPLES ET OBSERVATIONS. |
|---|---|---|

# PÉRIODE SATURNIENNE.

## TERRAINS NEPTUNIENS.

| | | |
|---|---|---|
| IV. TERRAINS CLYSMIENS....... | *Diluvium*; terrains antédiluviens. | |
| 1. LIMONEUX. | | |
| Limon argilo-sableux...... | .................... | Val d'Arno. |
| Limon argilo-tourbeux.... | .................... | Sévran, au N. de Paris. |
| 2. DÉTRITIQUES. | | |
| Galets.................. | Terr. détritiques (D'OMALIUS D'HALLOY)... | Plaine de Boulogne, Paris. La Crau en Prov. |
| Poudingues. | | |
| Blocs erratiques.......... | .................... | Westphalie. Holstein. Jura. |
| Gravier coquillier........ | .................... | Uddevalla. S.-Michel (Charente inf.). Nice. |
| Falun coquillier .......... | Partie du *crag* des Anglais (J. DESNOYERS).. | Bassin de la Loire inf. |
| 3. CLASTIQUES............... | (c'est-à-dire composés de fragmens). | |
| Cavernes à ossemens...... | .................... | Kirkdale. Geilenreuth. |
| Brèches osseuses......... | .................... | Cette. Gibraltar. Antibes. |
| Brèches ferrugineuses..... | .................... | Lucel, etc., dans le Jura. Kropp en Carniole. |
| 4. PLUSIAQUES ............. | (c'est-à-dire riches, opulens). | |
| Gravier stannifère........ | Étain de lavage...... | Bohème. Cornouailles. |
| Gravier métallifère....... | Sable aurifère....... | Brésil. Afrique. Sibérie. |
| Gravier gemmifère........ | *Cascalho* .......... | Brésil. Indes. |
| Fer pisolithique.......... | Min. de fer d'alluvion. | Jura. H.^te-Saône. Berry. |
| V. TERRAINS YZÉMIENS ........ | Terr. de sédim., secondaires et tertiaires. | |
| 1. TERR. YZÉM. THALASSIQUES.. | Terr. de sédiment supérieurs, ou terrains tertiaires. | |
| 1. THAL. ÉPILYMNIQUES ....... | Terr. lacustres, ou d'eau douce supérieurs. | |
| 1. Calcaire travertin........ | .................... | Travertin ancien des environs de Rome et de Sienne. |
| Calcaire concrétionné. | | |

| CLASSES ET TERRAINS. | GROUPES OU FORMAT. | ROCHES ET MINÉRAUX. | SYNONYMIE. | EXEMPLES ET OBSERVATIONS. |
|---|---|---|---|---|
| | | Calcaire marneux......... | .................... | Isle de Wight. Hongrie. Bassin de Paris. Auvergne. |
| | | Marne calcaire........... | | |
| | | Marne argileuse.......... | | |
| | | 2. Calcaire siliceux......... | | |
| | | Silex meulière........... | .................... | Bassin de Paris. Langeais. |
| | | Silex résinite........... | .................... | Plateau de Montreuil, près Paris. |
| | | Silex pyromaque....... | | |
| | 2. THAL. PROTÉIQUES ......... | | ou terr. mar. sup. Partie du *crag* des Angl. | |
| | | 1. Grès blanc protéique..... | .................... | Fontainebleau. |
| | | Fer sablonneux ........ | .................... | Meudon. |
| | | 2. Gompholite............. | *Nagelflue*........... | La Drôme. Suisse. Salzbourg. |
| | | Poudingue. | | |
| | | 3. Macigno molasse ........ | .................... | Lausanne. Bonpas. |
| | | Bitume ............... | .................... | Dardagny. |
| | | 4. Calcaire moellon ........ | .................... | Hérault. Pezenas. |
| | | Marnes marines........ | .................... | Montmartre. Collines subapennines. |
| | 3. THAL. PALÆOTHÉRIENS...... | | ou terr. lacustr. infér., ou second terr. d'eau douce. | |
| | | 1. Lignite suisse........... | .................... | Kœpfnach, près Horgen (Zurich). Lobsann (Alsace). Hœring (Tyrol). Hongrie. |
| | | 2. Marnes lymniques....... | .................... | Pantin. |
| | | Xylolithe siliceux..... | Bois pétrifié........ | Montmartre. |
| | | Célestine compacte..... | .................... | Paris. |
| | | 3. Gypse grossier........... | ou palæothérien..... | Montmartre. Aix. |
| | | Manganèse terne....... | .................... | Montmartre. |
| | | Silex corné............ | .................... | Montmartre. Aix. |
| | | 4. Calcaire siliceux......... | .................... | Champigny. Crécy. |
| | | Silex ménilite.......... | .................... | Ménilmontant. |
| | | Silex résinite.......... | .................... | Orléans. |
| | | Silex nectique ......... | .................... | Saint-Ouen. |
| | | Calcaire spathique..... | .................... | Champigny. |
| | | 5. Magnésite............... | .................... | Coulommiers. |
| | | Silex corné........... | .................... | Salinelle (Gard). |

| CLASSES ET TERRAINS. — GROUPES OU FORMAT. — ROCHES ET MINÉRAUX. | SYNONYMIE. | EXEMPLES ET OBSERVATIONS. |
|---|---|---|
| 4. THAL. TRITONIENS .......... | ou calcaréo-sableux.. | Bassin de Paris. |
| 1. Grès blanc tritonien ..... | ou marin moyen..... | Beauchamp. |
| Grès lustré. | | |
| 2. Calcaire tritonien........ | Calcaire grossier .... | Paris. Bord. Hérault. |
| Marne calcaire......... | *London clay*......... | Bassin de Londres. |
| Marne argileuse ....... | | |
| Silex corné.......... | .................. | Gentilly, près Paris. |
| Glauconie grossière..... | .................. | Chantilly. Issy. Gand. |
| Lignite............. | .................. | Mont-Rouge. |
| 5. THAL. MARNO-CHARBONNEUX. | | |
| Argile figuline........... | .................. | Forêt de Dreux. |
| Marne argileuse.......... | .................. | Auteuil(Par.).Sheppey. |
| Sable marneux........... | .................. | Marly, près Paris. |
| Lignite soissonnois ..... | .................. | Aisne. |
| Succin................ | .................. | Soissons. Gisors. |
| Gypse............... | .................. | Auteuil. |
| Pyrite ............... | .................. | Auteuil. Soissons. |
| Webstérite........... | .................. | Paris. Newhaven. |
| Phosphorite........... | .................. | Paris. |
| 6. THAL. ARGILO-SABLEUX. | | |
| Sable quarzeux.......... | .................. | Sèvres. |
| Argile plastique......... | .................. | Issy.Dreux.Montereau. |
| Pyrite................ | .................. | Issy. |
| Gypse................ | .................. | Houdan. |
| 7. THAL. CLASTIQUES. | | |
| Poudingue............. | .................. | Némours. |
| 2. TERR. YZÉM. PÉLAGIQUES ... | ou de sédiment moyen. | |
| 1. PÉLAG. CRÉTACÉS. | | |
| 1. Craie blanche ........... | *Chalk* et *Upperchalk. Scaglia*.......... | Meudon. Rouen. Sussex. Vicentin. |
| Silex pyromaque. | | |
| Fer pyriteux. | | |
| Célestine............. | .................. | Meudon. |
| 2. Craie tufau ............ | *Greychalk, Chalkmarle, Malm-Rock*..... | Périgueux. Essex. C.té de la Mark. Strehle, près Dresde. |
| Silex corné............ | *Chert.* | |
| Macigno crayeux......... | *Firestone*.......... | Reigate. |

| CLASSES ET TERRAINS. | GROUPES OU FORMAT. | ROCHES ET MINÉRAUX. | SYNONYMIE. | EXEMPLES ET OBSERVATIONS. |
|---|---|---|---|---|
| | 3. Glauconie crayeuse | | *Uppergreensand.* Tourtia. *Planerkalk* | Valencienn. Le Hâvre. |
| | | Silex corné. | | |
| | | Phosphate de fer | | Haut-Boulonois. |
| | | Glauconie compacte | | Mont. des Fis (Savoie). |
| | | Marne bleue de la glauc. | *Gault* ou *Galt* ; *blue Marle* | Folkstone. Cambridge. |
| | | Argile smectite | | Nutfield. |
| | | Barytine | | Nutfield. |
| | | Gypse | | Salies dans les Pyr. Segeberg. Lunebourg. Cardonne. (DUFRES.) |
| | | Selmarin | | |
| | 2. PÉLAG. ARÉNACÉS. | | | |
| | 1. Glauconie sableuse | | *Greensand* inférieur. Quelq. *Quadersandstein* (BOUÉ). *Bunter Alpensandstein* (UTTING). | Le Blanc (Indre). Réthel (Ardennes). |
| | | Fer phosphaté | | Le Hâvre. |
| | | Pyrites. | | |
| | 2. Sable ferrugineux marin | | *Shanklinsand* | Isle d'Aix. Pointe de Rechignar. |
| | | Quarz. | | |
| | | Silex corné. | | |
| | | Calcédoine. | | |
| | 3. Lignite de l'île d'Aix | | | Isle d'Aix (Charente inférieure). |
| | | Succinite | Résine succinique | |
| Terrain lacustre. | 3. PÉLAG. VELDIENS. | | | |
| | 1. Argile veldienne | | *Weald clay. Oak-tree clay. Testworth clay.* | Sussex. Surrey. Bas-Boulonois. Beauvais. |
| | | Marne veldienne. | | |
| | | Lignite veldien | | (Avec *pecopteris*). Sussex. Beauvais. |
| | 2. Sable ferrugineux lacustre. | | *Iron-sand. Hasting's-sand.* | |
| | | Fer hydroxidé sablonneux | | |
| | | Grès | *Tilgate beds* | Suss. Étang des 5 bondes, au Blizon (Indre). |
| | | Ochre. | | |
| | | Tripoli | | Amberg. |
| | 3. Calc. lumachelle purbéckien | | *Purbeck-limest.* (SEDG.) | Sussex. Purbeck. |

| CLASSES ET TERRAINS. GROUPES OU FORMAT. ROCHES ET MINÉRAUX. | SYNONYMIE. | EXEMPLES ET OBSERVATIONS. |
|---|---|---|
| 3. PÉLAG. ÉPIOLITHIQUES ...... | Oolithe supér. *Upper oolitic syst.* (CONYB.) | |
| 1. Calcaire portlandien.... | *Portland stone* ...... | Portl. Grisnez en Boul. Hennequeville. |
| ? Grès carpathique (BOUÉ) | *Flisch* (STUD.)....... | Fluhberg. Apennin Ligurie (avec fucoïdes). Bidache (Pyr. occ.). |
| Silex corné. | | |
| Barytine. | | |
| 2. Marne argileuse hâvrienne. | *Kimmeridge clay* .... | Cap la Hève au Hâvre. Honfleur. Bélesme. |
| Lignite. | | |
| Pyrite. | | |
| Gypse. | | |
| Calc. lumach. virgulaire.. | ou à *Gryphæa virgula* | Hâvre. Hécourt. Doudeauville. Beuvreuil, près Beauvais. Le Rocher, près La Rochelle. |
| 3. Calcaire corallique........ | *Middle oolitic system.* (CONYB.) *Coral-rag.*. | Oxford même. Boulonois. Mortagne. |
| Sable ocreux........... | *Calcareous grit*...... | Entre Mamers et Bélesme. |
| 4. Marne oxfordienne....... | *Oxford clay* ........ | Marne de Dives et de Mamers. Marquise en Boulonois. Oxford. |
| Marne calcaire ........ | *Kelloway - Rock. Blue clay*, ou à *Gryphæa dilatata.* | |
| Pyrite. | | |
| Gypse.............. | .................. | Oxford. |
| 4. PÉLAG. JURASSIQUES ........ | *Lower oolitic system.* (CONYB.) | |
| *A.* SUPRAJURASSIQUES. | | |
| 1. Calcaire schistoïde........ | *Schiefer-Kalk* ; *Cornbrash.* | |
| Oolithe filicifère ....... | .................. | Mamers (voir le tabl. n.° 11). |
| Calcaire lithographique ... | *Forest marble* ....... | Solenhofen, Eichstædt. Stonesfield. |
| Fluorite............... | .................. | Villedoux, près La Rochelle. Le Salève. |
| 2. Calcaire zoophytique...... | Calc. à polypiers..... | Amberg. Ligny (Meuse), Caen. Argentan. |
| Tartufite. | | |
| Marne argileuse jurassique. | *Bradfort clay.* | |

| CLASSES ET TERRAINS. / GROUPES OU FORMAT. / ROCHES ET MINÉRAUX. | SYNONYMIE. | EXEMPLES ET OBSERVATIONS. |
|---|---|---|
| *B.* MÉDIOJURASSIQUES. | | |
| 3. Calcaire compacte commun. | Calcaire de Caen.... | Caen. |
| Oolithe miliaire ....... | *Great oolithe. Dichter Jurakalkmit Bohnerz* | Bath. Argentan. Boulonois. Caen. |
| Fer hydrox. oolith. comp. | | |
| Marne calcaire jurassique.. | .................. | Port-en-Bessin. |
| Marne smectique....... | .................. | Nutfield. |
| 4. Dolomie jurassique .. ... | *Dichter Jura-Kalk mit Dolomit.* (DE BUCH). | Antibes. Énégo. Pegniz. |
| *C.* INFRAJURASSIQUES. | | |
| 5. Calcaire compacte ....... | .................. | Franconie, environs d'Eichstædt. |
| Stipites................ | Houille des cycadées. | Neuewelt (Bâle). Whitby. Brora. Larzac, environs de Milhau (DUFRESNOY). |
| Oolithe ferrugineuse.... | *Eisenschüssige Oolith.* ou à *Gryphæa cymbium*............ | Bayeux. Alençon. |
| Fer hydroxidé. | | |
| Barytine. | | |
| Galène .............. | .................. | Larzac. |
| 3. TERR. YZÉM. ABYSSIQUES. | | |
| 1. ABYSS. DU LIAS ........... | ou liassique (D'OMAL.). Calc. à *Gryp. arcuata. Mergelkalk* (BOUÉ.). | |
| 1. Grès du lias............ | *Quadersandstein* (HUMBOLDT). *Sandstein des Gryphitenkalksteins*.. | Maizières, près Vic (OYENHAUSEN). Aalen, vallée du Neckar (ALBERTI). |
| Anthracite ............ | .................. | Alpes du col de Balme, de Briançon (ÉLIE DE BEAUMONT). |
| Fer hydroxidé compacte. | .................. | La Voulte. |
| Wavellite.......... | .................. | Palatinat (BOUÉ). |
| Arragonite. | | |
| 2. Calc. marneux à gryphites.. | *Gryphæa arcuata*.... | Salins. Alais. Avallon. Asuel. Mirecourt. Wurtemberg. |
| Lignite. | | |

| CLASSES ET TERRAINS. / GROUPES OU FORMAT. / ROCHES ET MINÉRAUX. | SYNONYMIE. | EXEMPLES ET OBSERVATIONS. |
|---|---|---|
| Pyrites. | | |
| Blende. | | |
| Plomb phosphaté..... | .................. | Wilscck. Pressat. |
| Galène.............. | .................. | Avallon. |
| Dolomie spathique. | | |
| Silex............... | .................. | Amberg. |
| Gypse............... | .................. | Anduze. |
| Célestine........... | .................. | Vigy, près Metz. |
| Barytine............ | .................. | Whitby. |
| Phosphorite quarzeux. | .................. | Amberg. |
| 3. Ampélite alumineux...... | *Alaunhaltiger Mergelschiefer*.......... | Whitby. |
| Macigno solide?......... | *Sandiger Mergelkalk.* | |
| 2. Abyss. du Keuper......... | Marnes irisées..... | Dürrheim. Vigy. |
| Grès impressionné........ | .................. | Bidache? |
| Marnes keupriques. | | |
| Stipites............... | Houille du lias, houille des cycad. et du grès bigarré.......... | Vic. Bâle. Gemonval (Doubs). Corcelle (Haute-Saône). Mirecourt (Vosges). |
| Argile figuline........... | *Töpferleimen.* | |
| Calcaire marneux......... | *Nagelkalk.* | |
| Gypse strié.............. | *Upper red marle and gypsum*.......... | Dürrheim. Embouch. de la Lées. |
| Selmarin rupestre......... | .................. | Vic. Bade. Wurtemberg. |
| Karsténite............ | .................. | Vic. Sulz. |
| Glaubérite............ | .................. | Salzbourg. Vic. |
| 3. Abyss. conchyliens. | | |
| Calcaire conchylien....... | *Muschelkalk. Rauchgrauer Kalkstein.* Mér. | Meurthe. Toulon. Göttingue. |
| 1. Calcaire marneux. | | |
| Quarz hyalin........ | .................. | Pyrmont (Boué). |
| Galène............. | .................. | Pyrmont. |
| Gypse. | | |

| CLASSES ET TERRAINS. GROUPES OU FORMAT. ROCHES ET MINÉRAUX. | SYNONYMIE. | EXEMPLES ET OBSERVATIONS. |
|---|---|---|
| 2. Selmarin rupestre........ | .................. | Dürrheim, Rothweil, Heilbronn, etc., dans le Wurtemberg (ALBERTI). |
| Calcaire fétide......... | *Stinkkalk*........... | Osterode, au Harz. |
| Calcaire à Encrines..... | .................. | Heinberg. Göttingue. |
| Dolomie oolithique ?.... | *Rauchwacke*. | |
| Célestine............ | .................. | Pyrmont. |
| Silex corné. | | |
| 4. ABYSS. POECILIENS.......... | Terr. du grès bigarré. *BunterSandstein. Gypseous red sandstone. Red marle et new red sandstone.* | |
| 1. Psammite bigarrée........ Grès bigarré........... | .................. | Avec plantes : Vosges. Wasselonne. Domptail, entre Bain et Fontenois. Tubingue. |
| Lignite. | | |
| Macigno oolithique..... | *Rogenstein*......... | Harz. Ilsenburg. Wernigerode. |
| Fer hydroxidé lithoïde. | | |
| Smectite.............. | .................. | Yorkshire. |
| Dolomie en rognons.... | .................. | Forbach. |
| 2. Marne bigarrée.......... | .................. | Salzsée. Nottinghamshire. |
| Gypse strié............ | .................. | Roqueraine et Decise. |
| Soufre.............. | .................. | Gallicie. |
| Fer hydroxidé. | | |
| 3. Selmarin................ | .................. | Vic. Wieliczka. Wurtemberg. |
| Poudingue.............. | .................. | Vic. Soultz. Bâle. Valorsine ? |
| 5. ABYSS. PÉNÉENS............ | Calcaire alpin. *Zechstein. Magnesian limestone.* | |
| 1. Gypse strié........... | .................. | Mansfeld. Nottingh. |
| 2. Calcaire fétide........ | *Stinkstein. Stinkkalk*.. | |

| CLASSES ET TERRAINS. | GROUPES OU FORMAT. | ROCHES ET MINÉRAUX. | SYNONYMIE. | EXEMPLES ET OBSERVATIONS. |
|---|---|---|---|---|
| | 3. Dolomie pénéenne...... | | *Magnesian limestone.. Bitterkalk*.......... | Figeac. Freyburg. Yorkshire. |
| | | — compacte..... | .................. | |
| | | — globuleuse.... | .................. | |
| | | — celluleuse.... | *Zelligerkalk*........ | |
| | | Arragonite .......... | .................. | Whitehaven. |
| | | Calcaire celluleux.... | *Hohlenkalk. Rauhkalk. Rauchwacke. Rauhstein*.......... .. | Tarnowiz. Thuringe. |
| | | Marne cendrée....... | *Asche. Earty-dolomite* | Thuringe. Durham. |
| | 4. Calcaire pénéen ....... | | .................. | La Hesse. |
| | | Calcaire compacte fin. | *Zechstein. Compact limestone*.......... | Durham. |
| | | Fer hydroxidé et manganèse .......... | .................. | Schmalkalde. |
| | | Galène. | | |
| | | Calamine.......... | .................. | Moresnet. |
| | | Barytine........... | .................. | Chaudfontaine. |
| | 5. Schiste bitumineux..... | | *Marlslate*.......... | Mansfeld. Durh. Banniskirk. Connecticut. |
| | | Cuivre bitumineux.. | .................. | Hesse. |
| | | Mercure bitumineux | .................. | Ydria. |
| | | Ampélite alumineux. | | |
| 6. Abyss. rudimentaires. | | | | |
| | 1. Arkose molaire........ | | *Millstone grit.*; grès vosgien.......... | Hoër. Baccarat. Rambervilliers. |
| | Grès. | | | |
| | | Arkose miliaire........ | *Weissliegende*...... | Kahl au Spessart. |
| | 2. Pséphite rougeâtre..... | | *Rothe Todtliegende .. Lower red sandstone*.. | Hesse. Toulon. Coutances. Halle. Felsberg. |
| | 3. Arkose granitoïde...... | | *Millstone grit*...... | Aubenas. Waldshut. |
| | | Calcaire spathique. . | .................. | Waldshut. |
| | | Fluorite............. | .................. | |
| | | Barytine............ | .................. | Romanesche. Remilly. |
| | | Chrôme oxidé........ | .................. | Les Écouchets. |
| | | Manganèse. ......... | .................. | Romanesche. |
| | | Fer oligiste ........ | .................. | Waldshut. |
| | | Galène............. | .................. | Remilly. |

| CLASSES ET TERRAINS. | GROUPES OU FORMAT. | ROCHES ET MINÉRAUX. | SYNONYMIE. | EXEMPLES ET OBSERVATIONS. |
|---|---|---|---|---|
| | | Blende. | | |
| | | Cinabre | | Palatinat. |
| | | Malachite | | Chessy. |
| | | Calamine. | | |
| | 7. ABYSS. ENTRITIQUES | | *Feldsteinporphyr* (en partie). | |
| | | 1. Mimophyre | | Autun. |
| | | 2. Eurite amphibolique | | Col du Chardonnet (DE BAUM.). |
| | | 3. Porphyre | | Felsberg. Halle. |
| | | Spilite | | Harz. |
| | | Argilophyre | | Flohe en Saxe. |
| | | 4. Mélaphyre | Roche noire | Litry. |
| | | 5. Trappite | *Dyke* de *Whinstone*. | Écosse. |
| | 8. ABYSS. HOUILLER. | | | |
| | | 1. Arkose miliaire | *Millstone grit* | S.-Étienne (Loire). |
| | | 2. Grès blanc | | Saint-George-Chatelaison (Maine et Loire). |
| | | 3. Psammite commun | Grès houiller | Hardingen. |
| | | 4. Poudingue psammitique | | Clifton. |
| | | 5. Phyllade pailleté noirâtre | *Shale*. | |
| | | — — rougeâtre. | | |
| | | 6. Argile schisteuse | *Schieferthon*. | |
| | | Fer carbonaté lithoïde. | | Angleterre. Silésie. S.-Étienne. |
| | | Bitume | | Shropshire. |
| | | 7. Houille filicifère | *Coal measures*. | |
| | | Pyrites. | | |
| | | Galène | | Decise. Durham. |
| | | Blende | | Dudley. |
| | | Quarz. | | |
| | | Calcaire spathique. | | |
| | | 8. Anthracite | | Fresne, départem. du Nord. Glamorgan. Pensylvanie. |

| CLASSES ET TERRAINS. | GROUPES OU FORMAT. | ROCHES ET MINÉRAUX. | SYNONYMIE. | EXEMPLES ET OBSERVATIONS. |
|---|---|---|---|---|
| | 9. ABYSS. CARBONIFÈRES....... | | Anthracifères (D'OM.) Terrain de transition sup. des géol. angl.; grès rouge ancien. | |
| | | 1. Schiste argileux. | | |
| | | Ampélite alumineux...... | Schiste alumineux.... | Liége. |
| | | 2. Calcaire carbonifère ...... | *Mountain limestone...* | Bristol, Northumberland. Glasgow. Liége. |
| | | Fer oxidé et hydraté...... | .................. | Province de Namur. |
| | | Anthracite............ | .................. | Schönebeck. |
| | | 3. Psammite rougeâtre....... | *Old red sandstone....* | Mendip, Herefordsh. |
| VI. TERRAINS HÉMILYSIENS .... | | | ou terr. de transition semi-compacte. | |
| | 1. HÉM. CALCAREUX .......... | | ou calc. de transition moyen des géologues anglois. | |
| | | 1. Calc. compacte métallifère. | *Mountain limestone...* | Dudley. Christiania. Écausines. Angers. Coutances. |
| | | — — sublamellaire | Calcaire à Encrines.. | |
| | | Marbre noir bitumineux. | .................. | Castleton. |
| | | Calcaire noir fétide. | | |
| | | 2. ? Dolomie fétide......... | .................. | Matlock (BOUÉ). |
| | | Galène .............. | .................. | Derbyshire. |
| | | Blende.............. | .................. | |
| | | Cinabre ? | | |
| | | Fer carbonaté......... | .................. | Angers, Namur. |
| | | Fluorite.............. | .................. | |
| | | 3. Spilite zootique et Porphyre (en recouvrement)....... | .................. | Harz. |
| | | Fer oligiste (en amas droit ou filon). | | |
| | | Jaspe et phtanite....... | .................. | Harz. |
| | | 4. ? Macigno solide et compacte | .................. | Apennins. |
| | 2. HÉM. FRAGMENTEUX ....... | | *Grobkörnige Grauwacke*........... | La Haie longue. Angers. Cassel. Clausthal. |
| | | 1. Anagénite variée. | | |
| | | 2. Psammite rougeâtre....... | .................. | Sundewoldt (Norwége). |
| | | Schiste argileux ferrugin. | | |
| | | (Porphyre.) | | |

| CLASSES ET TERRAINS. / GROUPES OU FORMAT. / ROCHES ET MINÉRAUX. | SYNONYMIE. | EXEMPLES ET OBSERVATIONS. |
|---|---|---|
| 3. HÉM. QUARZEUX .......... | *Jüngere Grauwacke* .. | Sundewoldt. |
| 1. Grès pourpré. | | |
| 2. Quarzite rougeâtre........ | .................. | May. Givet. |
| — blanchâtre....... | .................. | Cherbourg. Cayuga. |
| 4. HÉM. SCHISTEUX .......... | ou traumateux; terr. de transition ancien. (Géol. angl.) | |
| 1. Psammite schistoïde ...... | .................. | Nivelle. |
| 2. Phyllade pailletée........ | .................. | Bain. Gavarnie. Dillenbourg. |
| — quarzeux ....... | .................. | Beaucouzé. |
| 3. Schiste ardoise.......... | .................. | Angers. Meuse. Goslar. |
| — coticulé.......... | .................. | Oufalise. |
| — carburé.......... | .................. | Vallée de Louron. |
| Phtanite................ | .................. | Clausthal. Vallée de l'Arboust. |
| Jaspe ................ | .................. | Apennins. Clausthal. |
| 4. Ampélite alumineux...... | .................. | Andrarum. Eckeberg. Huy. |
| — graphique ...... | .................. | Vatteville. |
| Anthracite. | | |
| Calcaire sublamellaire.. | .................. | Tourmalet. |
| Dolomie compacte ..... | .................. | Ratingen. |
| Galène argentifère.... | .................. | Harz. |
| Blende. | | |
| Pyrite. | | |
| 5. HÉM. TALQUEUX .......... | Terrain de transition ancien des géol. angl. *Talkige Formation.* (KEFERST.) | |
| 1. Calschiste veiné.......... | .................. | Vallée de Louron. |
| — amygdalin ..... | .................. | Festenburg (Harz). Wildenfels. |
| Anthracite. | | |
| 2. Stéaschiste porphyroïde.... | .................. | Tarentaise? |
| — noduleux...... | .................. | Cherbourg. |
| Quarzite.............. | .................. | *Ibid.* |
| Chlorite schistoïde. | | |
| 3. Schiste luisant.......... | .................. | Cherbourg. Albenga. |
| Calcaire spathique. | | |

| CLASSES ET TERRAINS. / GROUPES OU FORMAT. / ROCHES ET MINÉRAUX. | SYNONYMIE. | EXEMPLES ET OBSERVATIONS. |
|---|---|---|
| 4. Phyllade satiné. | | |
| — maclifère ....... | .................... | Tourm. Gripp. Schneeberg. |
| Graphite............ | .................... | Cumberland. |
| Fer oxidulé. | | |
| Fer oligiste. | | |
| Galène argentifère. | | |
| Blende. | | |
| Cuivre pyriteux...... | .................... | S.-Bel. |
| VII. TERRAINS AGALYSIENS..... | Terrains primordiaux. *Kristallische*, etc. *Gebilde* (Boué). *Ganggebirge.* | |
| 1. Terr. agal. épizoïques. | | |
| 1. Agal. calciques. | | |
| 1. Calcaire saccaroïde........ | .................... | Cambo. Carrare. |
| Cipolin. | | |
| 2. Ophicalce grenue ........ | .................... | Newbury (États-Unis). |
| 3. Calciphyre felspathique.... | .................... | Col du Bonhomme. |
| Gypse saccaroïde..... | .................... | Val Canaria. |
| 4. Calschiste granitellin..... | .................... | Harz. |

*Minéraux disséminés dans ce groupe.*

| | |
|---|---|
| Quarz hyalin. (Carrare.) | Idocrase. (Lobo.) |
| Spinelle. (Acker. Ceilan.) | Condrodite. (Acker. Pensylvan.) |
| Grenat pyrope. | Grammatite. (Malsjoë.) |
| Wernèrite grossulaire. | Felspath. |
| Sahlite. (Malsjoë. New-York.) | Fer oxidulé. |
| Épidote ? | Pyrites. |
| Mica. | Graphite. (Carrare. Cambo.) |
| Phosphorite. | Cobalt gris. (Tunaberg.) |

| | | |
|---|---|---|
| 2. Agal. magnésiques ........ | *Talkschiefer.* | |
| 1. Stéaschiste rude.......... | .................... | Pesey. |
| — stéatiteux ..... | .................... | Saint-Bel. |
| 2. Talc chloritique.......... | .................... | Corse. |
| Cipolin................ | .................... | Pyrénées. Simplon. |
| Ophicalce grenu....... | .................... | Newhaven. |

| CLASSES ET TERRAINS. — GROUPES OU FORMAT. — ROCHES ET MINÉRAUX. | SYNONYMIE. | EXEMPLES ET OBSERVATIONS. |
|---|---|---|

*Minéraux disséminés dans ce groupe.*

Galène. (Pesey.)
Or natif.
Cuivre natif.
Cuivre pyrite.
Cuivre gris.
Mispickel.
Pyrites.
Fer oxidulé.
— chromaté.
Quarz hyalin.
Brucite.
Phosphorite.
Dolomie spathique.
Tourmaline.
Disthène.
Actinote.
Grenats almandins. (Goudo.)
Orthose, etc.
Triclasite ?
Diallage.

| | | |
|---|---|---|
| 3. Agal. amphiboliques...... | *Uebergangsgrünstein.* | |
| 1. Amphibolite............ | .................... | Allemont (Isère). |
| 2. Diorite schistoïde. | | |
| — sélagite. | | |

*Minéraux disséminés dans ce groupe.*

Grenats.
Épidote.
Pyrites.
Fer titané.
Sphène.
Hyperstène.

| | | |
|---|---|---|
| 4. Agal. phylladiques....... | *Urthonschiefer.* | |
| Phyllade satiné.......... | *Killas*.............. | Marejol. |
| — pétrosiliceux. | | |
| — maclifère....... | .................... | Baireuth. Nantes. |
| — staurotique..... | .................... | Coray. Pensylvanie. |

*Minéraux disséminés dans ce groupe.*

Macle.
Staurotide.
Dipyre.
Pyrite.
Anthracite.

| | | |
|---|---|---|
| 2. Terr. agal. hypozoïques... | Terrains primitifs. *Urgebirge.* | |
| 5. Agal. micaciques ......... | *Glimmerschiefer.* | |
| 1. Micaschiste. | | |

| CLASSES ET TERRAINS. | GROUPES OU FORMAT | ROCHES ET MINÉRAUX. | SYNONYMIE. | EXEMPLES ET OBSERVATIONS. |
|---|---|---|---|---|
| | | Schiste luisant. | | |
| | | Quarz hyalin. | | |
| | | Fer oligiste. | | |
| | | Fer hydroxidé compacte. | ................... | Bourbon-Vendée. |
| | | Pyrites. | | |
| | 2. | Hyalomicte granitoïde.... | *Greisen*........... | Schlackenwald. |
| | | — schistoide.... | ................... | Florac. |

*Minéraux disséminés dans ce groupe.*

Columbium.
Molybdène.
Titane ruthile.
Étain oxidé.
Scheelin ferrugineux.
Mispickel.
Pyrites. (Saint-Marcel.)
Fer oxidulé. (Piémont.)
Cobalt gris. (Skutterud.)
Or natif. (Adelfors.)
Quarz hyalin et en druses.

Corindon.
Tourmaline. (Piriac.)
Disthène. (Saint-Gothard.)
Grenats. (Presque partout.)
Béryl aigue-marine.
Béryl émeraude. (Salzbourg. Cosseir.)
Fluorite.
Phosphorite.
Felspath. (Cevin.)
Épidote.
Amphibole. (Oberwiesenthal.)

| CLASSES ET TERRAINS. | GROUPES OU FORMAT | ROCHES ET MINÉRAUX. | SYNONYMIE. | EXEMPLES ET OBSERVATIONS. |
|---|---|---|---|---|
| 6. AGAL. QUARZIQUES. | | | | |
| | 1. | Quarzite hyalin.......... | *Quarzfels* .......... | Brésil. |
| | | Améthyste en druses ... | ................... | Brésil. |
| | | Itacolumite.............. | Grès flexible ; *Gelenk-quarz*............ | Brésil, près Villa-Ricca. |
| | | Topaze en druses. | | |
| | 2. | Sidérocriste.............. | *Eisenglimmerschiefer*. | Brésil. |
| | | Or natif............ | ................... | Brésil. Cocaes. |
| | | Fer oxidulé......... | ................... | *Ibid.* |
| | | Pyrite. | | |
| | | Diamant ? ? | | |
| | | Actinote. | | |
| 7. AGAL. GNEISSIQUES. | | | | |
| | | Gneiss. | | |
| | | Eurite schistoïde ....... | *Weifsstein*......... | Freyberg. |
| | | Granite............... | ................... | Laufenburg. |
| | | Kaolin............... | ................... | Passau. Saint-Yrieix. |

| CLASSES ET TERRAINS. | GROUPES OU FORMAT. | ROCHES ET MINÉRAUX. | SYNONYMIE. | EXEMPLES ET OBSERVATIONS. |
|---|---|---|---|---|
| | | Amphibolite schistoïde.. | *Hornblendeschiefer*... | Simplon. |
| | | Calcaire saccaroïde..... | .................. | Simplon. Malsjoë. |
| | | Fer oxidulé compacte. | .................. | Taberg. Dannemora. |
| | | Graphite............ | .................. | Passau. |

*Minéraux disséminés dans ce groupe.*

Molybdène sulfuré. (Columbo.)
Pyrite. (Erzgebirge.)
Fer oxidulé. (Coromandel.)
Étain oxidé. (Marienberg.)
Titane ruthile.
Cobalt gris. (Tunaberg.)
Grenats.
Zircon. (Pic d'Adam.)
Giobertite. (Taberg.)
Tourmaline. (Zillerthal.)
Épidote. (Mont-Blanc.)
Disthène. (Fichtelgebirge.)
Cordiérite. (Bodenmais.)
Béryl aigue-marine. (Maine, Amér. sept.)
Fluorite.
Gadolinite (Ytria.)

## TERRAINS TYPHONIENS.

| | | | | |
|---|---|---|---|---|
| VIII. TERR. PLUTONIQUES...... | | | ou d'épanchem. *Massive oder plutonische Gebilde*, Boué. | |
| | 1. PLUTON. GRANITOÏDES. | | | |
| | | 1. Granite plutonien ....... | .................. | Erzgebirge. Bourgogne. Écosse. Norwége. |
| | | — porphyroïde..... | .................. | Predazzo. |
| | | Pegmatite........... | .................. | Geyer. |
| | | Kaolin.............. | .................. | S.-Yrieix. Cambó. Aue, près Schneeberg. |

*Minéraux disséminés ou en druses dans ce groupe.*

Topaze.
Quarz hyalin.
Tourmaline.
Cymophane.
Zircon.
Cordiérite.
Épidote.
Grenats.
Jamesonite.
Béryl.
Pinite.
Phosphorite.
Lépidolite.
Pétalite.
Triphane.
Molybdène sulfuré.
Schéelin wolfram.
Titane ruthile.
Étain oxidé.
Graphite.
Fer oxidulé.

| CLASSES ET TERRAINS. | GROUPES OU FORMAT. | ROCHES ET MINÉRAUX. | SYNONYMIE. | EXEMPLES ET OBSERVATIONS. |
|---|---|---|---|---|
| | | 2. Protogyne .............. | .................. | Pormenaz au Montbl. |

*Minéraux disséminés dans ce groupe.*

Sphène. Chlorite.
Talc. Pinite.

| CLASSES ET TERRAINS. | GROUPES OU FORMAT. | ROCHES ET MINÉRAUX. | SYNONYMIE. | EXEMPLES ET OBSERVATIONS. |
|---|---|---|---|---|
| | | 3. Syénite granitoïde........ | .................. | Vosges. Erzgebirge. |
| | | — zirconienne...... | .................. | Norwége. |
| | | Diorite granitoide........ | .................. | Coutances. |
| | | — orbiculaire....... | .................. | Corse. |
| | | Sélagite.............. | .................. | Felsberg (Darmstadt). |

*Minéraux disséminés dans ce groupe.*

Grenat. Zircon.
Pinite. Titane sphène.
Hyperstène. Molybdène.
Diallage.

| CLASSES ET TERRAINS. | GROUPES OU FORMAT. | ROCHES ET MINÉRAUX. | SYNONYMIE. | EXEMPLES ET OBSERVATIONS. |
|---|---|---|---|---|
| | 2. PLUT. ENTRITIQUES ......... | | .................. | Scandinavie. Vosges. Lesterel. |
| | | 1. Porphyre .............. | .................. | Mont-Tonnerre. Bærum. |
| | | Mélaphyre .............. | *Trapp-Porphyr* ...... | Elfdalen. |
| | | Eurite porphyroïde........ | .................. | Saulieu. |
| | | Ophite. | | |
| | | Variolite.............. | .................. | Corse. |
| | | 2. Trappite................ | .................. | Tarare. |

*Minéraux disséminés dans ce groupe.*

Grenats. Manganèse. Pyrites.
Épidote. Fer oxidé.

| CLASSES ET TERRAINS. | GROUPES OU FORMAT. | ROCHES ET MINÉRAUX. | SYNONYMIE. | EXEMPLES ET OBSERVATIONS. |
|---|---|---|---|---|
| | 3. PLUT. OPHIOLITHIQUES ..... | | .................. | Les Apennins. |
| | | 1. Ophiolite.............. | Serpentine......... | Roche l'Abeille. Zœblitz. |
| | | 2. Euphotide.............. | .................. | Corse. Rochetta. Prato. |
| | | 3. Ophicalce veiné......... | .................. | Gênes. Lavazera. |
| | | Calcaire lamellaire. | | |
| | | Jaspe.............. | .................. | Toscane, Cravignola. |

*Minéraux disséminés dans ce groupe.*

| | |
|---|---|
| Idocrase. | Chrôme oxidé. |
| Felspath. | Manganèse. |
| Amphibole. | Fer chromaté. |
| Abeste. | — oxidulé. |
| Sahlite. | Cuivre natif. |
| Diallage. | — pyriteux. (Monts-Ramazzo.) |
| Chrysoprase. | Arragonite. |

| CLASSES ET TERRAINS. | GROUPES OU FORMAT. | ROCHES ET MINÉRAUX. | SYNONYMIE. | EXEMPLES ET OBSERVATIONS. |
|---|---|---|---|---|
| | | 4. Magnésite ............ | .................... | Baldisséro. Vallecas. |
| | | Giobertite ............ | .................... | |
| | | Calcédoine et silex... | .................... | |
| | | Sahlite compacte..... | .................... | |
| | | 5. Dolomie............... | .................... | S.-Gothard. |
| | | Tourmaline. | | |
| | | Réalgar. | | |
| | | Corindon. | | |
| | 4. PLUT. TRACHYTIQUES. | | | |
| | | 1. Trachyte ............... | .................... | Cantal. Montdor. Drachenfels. Chimborazo. |
| | | Domite ............... | .................... | Puy-de-Dôme. |
| | | 2. Argilophyre............ | *Thonporphyr*........ | Cantal. |
| | | Alunite............... | *Alaunstein*.......... | Tolfa. Montdor. Hongrie. |
| | | 3. Eurite compacte......... | *Klingstein*.......... | La Sanadoire. |
| | | 4. Perlite porphyrique. | | |
| | | Stigmite............... | *Pechstein-Porphyr*... | Cinepecuaro. |
| | | 5. Brecciole trachytique. ... | Conglomérats trachyt. et ponceux. | |
| | | Brecciole pumique...... | .................... | Hongrie. Andes. |

*Minéraux disséminés dans l'un ou l'autre groupe.*

Mica. (Cantal. Cotopaxi.)
Amphibole. (Montdor. Pichinca.)
Pyroxène? (Chimborazo.)
Felspath vitreux.
Natrolite.

| CLASSES ET TERRAINS. | GROUPES OU FORMAT. | ROCHES ET MINÉRAUX. | SYNONYMIE. | EXEMPLES ET OBSERVATIONS. |
|---|---|---|---|---|

Zircon.
Quarz hyalin. Hyalite. ( Lira. Mexique. Chimborazo. )
Haüyne. ( Septmontagnes. )
Corindon. ( Drachenfels. )
Soufre. ( Montdor. Antisana. )
Grenats. ( Hongrie. Yanaurcu. Andes. )
Silex résinite. ( Hongrie. )
Silex opale. ( Hongrie. Zimapan. )
Spinelle ?
Mésotype.
Tellure. ( Transylvanie. )
Fer oligiste. ( Puy-de-Dôme. )
Titane sphène. ( Drachenfels. )
Or. ( Hongrie. )
Pyrites. ( Solfatare de Pouzoles. Chimborazo. )

| | | |
|---|---|---|
| IX. TERRAINS VULCANIQUES ... | ou de fusion. Volcaniques anciens. | |
| 1. Vulc. trappéens. | | |
| 1. Basanite............... Basalte ............ | .................. | Auvergne. Écosse. Saxe. Bohême. Vicentin. |
| Mélaphyre ......... | .................. | Tabago. Martinique. |
| Trachyte........... | .................. | Plat. de l'Angle (Montdor). |
| Eurite sonore........ | *Klingstein*. Phonolite. | Sanadoire (Auvergne). Mittelgebirge. |
| 2. Spilite ................. | Amygdaloïd. *Toadstone* | Canaries. Eigg (Hébr.). |
| 3. Dolérite.................. | *Grünstein*. *Duckstein*.. | Meisner (Hesse). Salisbury-Craig. |
| 4. Vakite................... | .................. | Auvergne. Scheibenberg (Saxe). |
| 5. Pépérine .............. 6. Brecciole .............. | .................. | Valnera (Vicentin). Viterbe. |
| 7. Marne trappéenne ....... | .................. | Mittelgebirg. Graciosa. |

*Minéraux disséminés.*

Pyroxène augite.
Péridot olivine.
Amphibole schorlique. (Montpellier.)
Felspath.

*Minéraux en nodules, druses, etc.*

Mésotype et toutes les zéolithes.
Prehnite.
Chabasie.
Q. améthiste.

| CLASSES ET TERRAINS. | GROUPES OU FORMAT. | ROCHES ET MINÉRAUX. | SYNONYMIE. | EXEMPLES ET OBSERVATIONS. |
|---|---|---|---|---|
| | | Fer titané. | Q. hyalite. | |
| | | Amphigène. (Aquapendente.) | Agathes. | |
| | | Titane sphène. | Jaspes. | |
| | | Mica ? | Silex résinite. | |
| | | | Harmotome. | |
| | | | Célestine. | |
| | | | Barytine. | |
| | | | Arragonite. | |
| | | | Calcaire spathique. | |
| | | | Cuivre natif. | |
| | | | Cuivre résinite. | |
| | | | Chlorite baldogée. | |
| | | | Sphærosidérite. | |
| | | | Bitume. | |
| 2. VULC. LAVIQUES .......... | | | .................... | Auvergne. Andernach. Bords du Rhin. Bohème. |
| | 1. Leucostine............. | | Lave pétrosiliceuse. *Graustein* ........ | Sanadoire. Schlossberg. |
| | 2. Téphrine .............. | | Laves proprement dites. *Greystone*..... | Volvic en Auvergne. Andern. Borghetto. Cassel. |
| | 3. Vitrite ................ | | Stigmite............ | Mexique. Guadeloupe. |
| | Obsidienne ......... | | .................... | |
| | 4. Pumite. .............. | | .................... | Isles Ponces. Égroulets au Montdor. |
| | 5. Pépérine............... | | *Peperino* ...... .... | Albano. Montferrier. Houelmont. |
| | 6. Brecciole vulcanique ... | | *Trass*. Conglomérat. | |
| | — d'alunite....... | | .................... | Alumiera. Montdor. |
| | 7. Brèche vulcanique ....... | | Tufa, Tufaïte. | |
| | 8. Pouzzolane ............ | | *Rapilli*. Cendres. | |
| | 9. Moya (1)............... | | .................... | Carquarraro au Pérou. |

(1) La plupart des roches du groupe lavique sont communes aux terrains vulcaniques et volcaniques; ce n'est pas ici le lieu de discuter leur époque geognostique. Le moya paroît appartenir plus spécialement aux phénomènes volcaniques actuels.

| CLASSES ET TERRAINS. | GROUPES OU FORMAT. | ROCHES ET MINÉRAUX. | SYNONYMIE. | EXEMPLES ET OBSERVATIONS. |
|---|---|---|---|---|

*Minéraux disséminés ou implantés.*

Felspath vitreux.
Amphibole.
Pyroxène augite.
Péridot olivine.
Amphigène.
Haüyne.
Fer oligiste.
Fer titané.
Titane sphène.
Mica.
Breislakite.
Q. hyalite.
Selmarin.
Arragonite.
Soufre.
Sélénium.
Arsenic sulfuré.

*Minéraux enveloppés.*

Zircon.
Corindon.
Cordiérite.
Quarz.
Spinelle pléonaste.
Idocrase.
Amphibole.
Grenats.
Mica verdâtre.
Néphéline.
Sodalite.
Mellilite.
Wollastonite.
Gismondine.
Dolomie.
Granite.

## ARTICLE PREMIER.

# PÉRIODE JOVIENNE OU ACTUELLE.[1]

On vient de voir qu'on peut séparer tous les terrains, les roches et les phénomènes géognostiques dont se compose l'histoire naturelle du globe terrestre en deux grandes périodes, dont il est peut-être difficile d'établir les limites précises dans tous les lieux et dans toutes les circonstances; mais dont on peut cependant fonder la distinction sur des bases beaucoup plus naturelles et par conséquent beaucoup plus solides que celles qui seroient prises dans une distinction arbitraire.

Nous avons désigné ces deux grandes périodes par les noms de *postdiluvienne* ou JOVIENNE, et d'*antédiluvienne* ou SATURNIENNE.[2]

---

1 Terrains postdiluviens, phénomènes contemporains des temps historiques, etc.

2 Ces dénominations mythologiques, d'accord avec celles de vulcanienne, plutonienne, neptunienne, que les géologues ont déjà adoptées, ont pour but de représenter par des expressions vagues et presque insignifiantes, indépendantes de toute hypothèse et même de toute théorie, de représenter, dis-je, des circonstances, caractères ou définitions qu'il faudroit exprimer longuement pour qu'elles fussent claires et vraies, et qui sont susceptibles d'être modifiées à mesure que des faits nouveaux viennent en imposer la nécessité. C'est une des applications du système de nomenclature dont j'ai déjà exposé les motifs et les principes dans plusieurs occasions. On voit, par exemple, que les expressions postdiluvienne et antédiluvienne semblent exprimer d'une manière beaucoup trop systématique des différences et des caractères qui, dans leur développement, sont susceptibles de beaucoup d'objections, et par conséquent de beaucoup de discussions, lorsqu'on veut prendre ces expressions à la lettre; cependant nous n'avons pas osé employer sans ces synonymes les noms que nous proposons.

Nous plaçons dans la période jovienne ou postdiluvienne tous les terrains, roches ou phénomènes appartenant à l'histoire physique de la terre, qui sont postérieurs aux dernières et grandes révolutions que l'écorce du globe a éprouvées, à celles qui ont mis les continens et les mers dans l'état où ils sont depuis que les hommes ont pu apprendre à les connoître et à transmettre cette connoissance par la tradition ou par l'histoire écrite.

La période antédiluvienne ou saturnienne s'est donc terminée à l'époque où les continens ont pris leur structure intérieure, leur forme et leur hauteur actuelle, et la période jovienne ou postdiluvienne a commencé dès cette époque.

Celle-ci est déterminée par la connoissance que l'histoire, la tradition ou les monumens nous donnent de l'état de la terre depuis la naissance du genre humain. Tous les terrains qui renferment des indices de la présence de l'homme, soit dans les restes ou débris de son espèce, soit dans les vestiges de ses arts ou de son industrie, appartiennent à cette période et la caractérisent d'une manière positive.

Tous les phénomènes chimiques et géologiques qui ont eu lieu à la surface du globe depuis la création de l'espèce humaine, appartiennent également à cette période. On a, pour les y placer, deux moyens : premièrement, les témoignages historiques, lorsqu'ils peuvent être invoqués ; secondement, les connexions évidentes de ces phénomènes avec des restes de l'espèce humaine ou avec des débris des objets de son industrie.

Ainsi la période jovienne est définie par deux caractères : 1.° tout ce qui est évidemment postérieur à la structure et à la forme actuelle des continens, c'est-à-dire ce qui a pu se passer à la surface de la terre, sans qu'on soit obligé d'admettre, pour l'expliquer, des causes puissantes qu'on ne voit régner nulle part depuis les temps historiques, ou sans qu'il ait dû en résulter des changemens qui n'auroient pu se faire dans un lieu sans une grande influence sur tout le reste du globe, et sans avoir laissé des traces de leur présence dans l'histoire ou dans les monumens humains; 2.° tout ce qui est contemporain de l'espèce humaine et dont la contemporanéité est prouvée, soit par des documens historiques, soit par la connexion intime des phénomènes avec des indices certains de la présence de l'espèce humaine.

Tous les phénomènes géologiques qui jusqu'à présent ne peuvent être conçus sans le secours de forces que nous ne voyons plus agir nulle part dans la nature terrestre, et sans des changemens qui auroient dû avoir une influence générale sur toute la terre, doivent sagement être placés dans la période saturnienne ou antédiluvienne, jusqu'à ce que des connoissances historiques ou physiques nouvelles nous aient appris qu'ils sont postérieurs à l'époque jovienne.

Procéder autrement, ce seroit devancer les théories par des hypothèses.

Mais nous devons appliquer ici ce que nous avons dit plus haut sur la coïncidence des époques géognostiques et des époques chronologiques.

Quoiqu'il soit assez présumable que la période jovienne ait commencé à peu près au même moment[1] sur toute la surface de la terre, il est cependant possible qu'il y ait eu à cet égard de grandes différences sur les diverses parties du globe; que la tranquillité géognostique se soit établie, par exemple, beaucoup plus tôt en Asie qu'en Amérique, et que

---

1 Il ne faut pas prendre ici le mot *moment* dans l'acception restreinte qu'on lui donne ordinairement; il faut, au contraire, lui donner l'amplitude que demandent tous les grands phénomènes de la nature: ainsi, lorsqu'une tempête, un orage, une éruption volcanique finit, quoiqu'on puisse dire que le phénomène général a fini vers telle époque du mois ou tel moment de la journée, on sait fort bien que les phénomènes partiaux n'ont pas tous fini au même instant.

ce continent ait été par conséquent déjà cultivable et habitable, tandis que la tourmente géologique agitoit encore, et pendant plusieurs siècles, des parties de l'Amérique; qu'il s'y produisoit encore des montagnes, des filons, etc.; qu'il s'élevoit peut-être encore des parties immenses de ce continent du fond des mers; car, excepté le niveau de l'Océan, qui n'a pu changer dans un lieu sans changer partout, rien ne force d'admettre que la formation des terrains sous-marins, des élévations de continent, des sublimations, des filons métalliques, etc., ait dû cesser en même temps sur toute la surface du globe. Il seroit dans l'état actuel de nos connoissances aussi hypothétique d'admettre cette uniformité de phénomènes que de la nier.

Mais cette incertitude d'époques chronologiques ne change rien à la distinction des époques et périodes géognostiques jovienne et saturnienne : elles resteront tout aussi distinctes, tout aussi bien caractérisées en Amérique qu'en Asie, lors même qu'il seroit prouvé qu'elles auroient commencé à plusieurs siècles de distance l'une de l'autre dans les deux continens.

Ce qu'il y a d'aussi sûr, d'aussi bien prouvé qu'une vérité de ce genre puisse l'être, c'est que depuis les temps historiques les plus reculés on n'a aucun exemple authentique de grands phénomènes géologiques, tel qu'un abaissement de la mer, une formation de couches sous-marines, étendue et puissante; qu'on ne peut citer aucune formation d'une étendue seulement de quelques myriamètres de terrains de granite, de calcaire saccaroïde, même de porphyre, de gypse, etc.; aucune couche sous-marine ou sous-lacustre de calcaire compacte, renfermant des débris organiques réellement pétrifiés, c'est-à-dire dont la nature chimique, dont même la texture cristalline ait changé; aucune formation de veine ou filon métallique, etc.

On ne connoît aucun phénomène de ce genre d'une étendue proportionnelle à l'écorce du globe, ni même comparable aux plus petits phénomènes du même genre de la période saturnienne. Tout ce que l'on cite d'analogue s'est montré sur une si petite échelle, qu'on ne peut réellement en comparer les causes et les résultats avec les mêmes phénomènes de cette période. Plusieurs de ces citations sont apogryphes; celles qui sont relatives à des faits bien constatés montrent dans ces faits ou des différences de circonstances et d'origine, ou une exiguité qui les rend incomparables avec ceux qu'on nous présente comme leur étant analogues dans l'ancien monde.

Nous concluons de ces considérations que depuis les temps historiques les plus reculés, l'écorce du globe, dans toute son étendue, dans toutes les parties qui ont pu être soumises à l'observation immédiate ou médiate des hommes, est, malgré les volcans, les sources d'eaux minérales incrustantes, quelques concrétions sablonneuses et calcaires, etc., dans un état de repos et de tranquillité entièrement différent de l'état de *fermentation*[1] chimique qui a produit dans la période saturnienne les couches de calcaire, de schiste, de gneiss, de houille, les pétrifications siliceuses, pyriteuses, etc.; qui a soulevé les Pyrénées, les Alpes, etc.; qui a produit les filons d'Europe et d'Amérique, et les a remplis de barytine, de fluor, de quarz, de sulfure d'argent, de cuivre, de plomb, de zinc, etc.

C'est cet état de repos qui constitue l'époque jovienne et qui s'est continué pendant cette période.

Ce repos n'est pas absolu; mais les phénomènes géologiques qui se font encore voir sont si foibles en comparaison de ceux que nous venons d'indiquer, qu'ils n'ont jamais qu'une in-

---

1 J'entends par ce mot l'état de mouvement violent et rapide où devoient être des élémens chimiques abondans, qui se trouvoient en présence et qui devoient faire contribuer à ce mouvement les parties de l'écorce du globe déjà formées et solidifiées.

fluence locale très-circonscrite. Quelques-uns peuvent nous rappeler les grands phénomènes de la période précédente et même nous faire entrevoir leurs causes. Or, ce sont précisément ces phénomènes, ainsi que les roches et terrains qui en sont le résultat, que nous allons décrire comme appartenant à cette période et en constituant l'histoire géologique.

La période jovienne présente, comme la saturnienne, deux ordres de phénomènes géologiques très-différens, mais dont l'importance est inverse dans ces deux périodes.

Les uns ont donné naissance à des terrains produits par voie mécanique, et principalement par l'action des eaux actuelles. C'est pour ainsi dire la suite en petit du même phénomène qui a agi si puissamment pendant et vers la fin de la période saturnienne. Cette action a formé et forme encore les terrains qu'on appelle d'alluvion ou de transport, et que je désignerai avec les géognostes anglois, qui les ont si bien distingués[1], par le nom généralement admis de *terrains alluviens*.

Les autres, beaucoup plus restreints dans cette période que dans la précédente, résultant d'une véritable action chimique, ont produit ou amené à la surface de la terre, ou dans quelques parties internes de son écorce, différens corps entièrement dus à cette action. Ce sont en général des phénomènes aussi limités dans cette période qu'ils ont eu de puissance dans la précédente. Il faut même se méfier de l'origine encore très-incertaine de plusieurs substances minérales qu'on attribue à la période actuelle.

Les minéraux, roches et terrains de la période jovienne,

---

1 Voyez les distinctions si claires et fondées sur des raisonnemens aussi justes que sages, que MM. Buckland, Phillips, Conybeare, Sedgwich, etc., ont établies entre les terrains alluviens et les terrains d'une formation antérieure.

n'offrant souvent aucune chronologie certaine, surtout dans la formation de la seconde série de corps, ne peuvent être présentés dans un ordre qui résulteroit de la chronologie des formations. Celui que nous suivrons dans le tableau des produits de cette seconde section sera donc purement minéralogique.

L'action chimique complète est nécessairement accompagnée d'un écartement des molécules des corps, qui leur permet de se mouvoir facilement et qu'on appelle dissolution. Cette dissolution ou écartement des parties peut être opérée ou par un liquide (c'est le phénomène qui porte plus particulièrement le nom de dissolution), ou par la chaleur (c'est ce qui produit la fusion ou la vaporisation). Nous donnerons le nom de *terrains lysiens*, c'est-à-dire dissous, aux minéraux ou roches produits par cette voie, et le nom de *terrains pyrogènes*, aux couches, roches ou minéraux formés ou altérés par l'action désagrégeante du feu. Mais l'action qui a produit ces derniers terrains pendant les temps historiques paroissant être la continuation des mêmes phénomènes de la période saturnienne, nous ne séparerons pas l'histoire des terrains volcaniques saturniens de celle des terrains volcaniques actuels, et nous les placerons toutes deux dans celle des terrains massifs.

---

## I.re CLASSE. TERRAINS ALLUVIENS.[1]

Ces dépôts sont les plus superficiels de tous les terrains; les parties qui les composent portent ordinairement l'empreinte évidente d'un délaissement des eaux, plutôt par dépôt tranquille que par transport violent. Ils se trouvent souvent dans la même position que les terrains dus à une même cause, mais appartenant à la période saturnienne, et il est très-difficile d'établir la ligne de démarcation qui résulte uniquement de l'époque de leur formation. Cependant l'observation prouve, et M. Sedgwich a très-bien établi ce fait, qu'il y a dans le plus grand nombre des cas des moyens sûrs pour distinguer ces dépôts des terrains du même genre qui appartiennent à la période saturnienne.

Les terrains alluviens se forment ou plutôt se déposent tous les jours. Ils ont enveloppé et continuent d'envelopper les restes des animaux qui vivent encore à la surface du sol qu'ils contribuent à former; ils les réunissent quelquefois avec des débris d'animaux qui ne s'y trouvent plus, mais qui y ont vécu depuis la dénudation des continens, et qui n'ont disparu que par le fait ou de la civilisation, ou de quelques circonstances locales. Ces débris de végétaux et d'animaux y sont à peine altérés, mais seulement ou noircis ou calcinés, suivant les influences auxquelles ils ont été soumis. On trouve dans ces terrains des restes de l'espèce humaine, des débris de ses monumens, de ses arts, de ses ustensiles. C'est dans ces terrains qu'on trouve ces silex, ces jaspes, ces trappites, ces quarz et plusieurs autres pierres dures taillées en coin, en hache, en armure de flèche ou de lance, instrumens tranchans faits par les premiers hommes qui ont habité le pays. Ces armes et ces instrumens sont semblables à ceux que font encore les peuples sauvages de l'Amérique et des îles où la civilisation

---

1 *Alluvium*, Buckl., Sedgw. — *Neuere Alluvial-Bildungen*, Boué.

et son industrie ne se sont pas encore développées. Ce sont les premiers indices de la présence de l'homme, ceux qu'on trouve enfouis en assez grande quantité et à une assez grande profondeur, pour qu'on puisse leur attribuer la plus grande ancienneté ; mais tous les terrains qui les renferment sont des terrains meubles qu'on n'a encore vu nulle part recouverts de couches solides, pas même de calcaire concrétionné, abondant et étendu, quoique cela dût être dans quelques lieux ; c'est une circonstance assez rare pour que je ne puisse en citer aucun exemple.

On peut reconnoître dans ces terrains trois sortes de formations ou groupes de roches qui offrent chacun des circonstances qui leur sont propres et que je vais tâcher de faire ressortir. Ces groupes ne paroissent pas avoir d'antériorité marquée les uns sur les autres, par conséquent l'ordre dans lequel je vais les présenter est absolument arbitraire.

## I.er *Gr.* TERR. ALLUV. PHYTOGÈNES.

Ils se composent de l'accumulation des matières solides qui résultent de la destruction des végétaux ou de celles des débris de végétaux dans des fonds de lacs ou de vallées, sur des côtes ou même sur des pentes de montagnes assez élevées ; débris qui s'y conservent en entier ou seulement en partie, ce sont :

1. L'Humus ou terre végétale, dont la foible épaisseur sur toute la terre et même dans les lieux où la végétation est la plus active, offre un des argumens les plus puissans en faveur du peu d'ancienneté de l'état actuel de la surface du globe.[1]

2. Les Tourbes herbacées, composées principalement de végétaux herbacés, renfermant quelquefois des arbres ou

---

[1] G. de Luc, Lettres sur l'homme et les montagnes, tome II, lettre XXIX.

autres végétaux ligneux et des débris des arts humains, d'animaux de marécages et de forêts, non-seulement des mêmes espèces que celles qui vivent encore dans le pays, mais encore d'espèces connues ailleurs, qui n'habitent plus sur les lieux et qui semblent même avoir entièrement disparu. Telles sont dans les tourbes de la Somme les débris de castor qu'on y a trouvés; dans celles d'Irlande, les cornes d'un cerf gigantesque qu'on ne connoît plus en Europe.

Le limon argileux ou sableux les accompagne ordinairement et les recouvre quelquefois en partie.

Les terrains de tourbes herbacées sont tantôt situés dans le fond de vallées larges et peu inclinées, et tantôt dans des vallées et même dans des vallons étroits et assez élevés. La condition qui paroît être essentielle à la formation de la tourbe, c'est que le sol ne soit pas perméable et que l'eau qui le couvre ne soit ni complétement stagnante ni trop rapidement renouvelée; que les végétaux ne s'y pourrissent pas, mais puissent y éprouver un mode particulier de conservation analogue au tannage. Parmi les végétaux très-variés qui entrent dans la composition de ces tourbes, on doit remarquer comme y étant plus fréquens et plus abondans: des conferves, le *sphagnum palustre*, les prêles, les *chara*, les *eriophorum*, les carex, notamment le *carex cespitosa*, le *schænus nigricans*, des graminées à tiges rampantes et souterraines, des feuilles, même des conifères, et quelquefois, mais seulement dans quelques circonstances particulières, des plantes marines.

3. Les Tourbes ligneuses, entièrement ou presque entièrement composées de troncs ou de branches d'arbres, de rameaux, de végétaux ligneux.

Ces tourbes ligneuses se sont présentées plusieurs fois sur les rivages de la mer, comme enfouies dans le sable et à un niveau actuellement inférieur aux plus basses marées. On ne doit pas en conclure qu'elles soient antérieures aux temps historiques et à l'état de repos actuel de la mer, ni que la mer se soit élevée depuis l'enfouissement de ces tourbes ligneuses; mais que le terrain meuble et spongieux qui les a reçues, s'est tassé et affaissé, ce qui est, comme on sait, le propre de ces sortes de terrains.[1]

## II.e *Gr.* TERR. ALLUV. LIMONEUX.

Ils se composent de limons argileux, marneux ou sablonneux, soit séparés, soit réunis; les premiers sont souvent colorés en noir ou en brun par des matières végétales, presque carbonisées, résultant de la destruction complète des végétaux. C'est par cette circonstance, qui entraîne avec elle beaucoup d'autres conséquences, et par leur position, que les terrains alluviens limoneux diffèrent essentiellement des phytogènes tourbeux; ils ont quelquefois la même position, mais il est rare qu'ils s'y trouvent en même quantité. L'un l'emporte presque toujours de beaucoup sur l'autre. C'est dans les vallées larges, traversées par des grands cours d'eau; c'est au confluent de ces cours d'eau; c'est surtout à leur embouchure dans la mer, que se montrent, dans toute leur prédominance, et presque toujours sans tourbe herbacée, les terrains limoneux; les circonstances dans lesquelles ils se forment sont précisément celles qui ne permettroient pas aux végétaux de se maintenir dans l'état de conservation particulière qui produit les tourbières, et celles-ci ne se présentent ordinairement que dans des lieux et des positions où les eaux peu agitées, ne tenant en suspension aucun limon, favorisent dans les végétaux l'altération particulière qui forme la tourbe.

Les débris organiques des terrains alluviens que renferment les terrains limoneux de la période jovienne, sont de même nature et de même origine que ceux que renferment les

---

1 J'ai donné les développemens de ces caractères et circonstances à l'article TOURBE du Dictionnaire des sciences naturelles.

tourbes; mais ils y sont plus rares et moins bien conservés. C'est, enfin, dans ces terrains qu'on a trouvé des bateaux presque entiers, qui, par leur forme et leur mode de construction, indiquent des peuples encore éloignés de la civilisation, et à peu près dans la position sociale où sont les peuplades sauvages de la mer du Sud et des deux Amériques.

C'est aussi dans ces terrains qu'on a découvert des restes de construction d'une époque connue et qui ont pu fournir une sorte de chronomètre du temps qu'il leur a fallu pour acquérir une épaisseur déterminée.

Les terrains limoneux couvrent le fond des vallées, leurs parties les plus larges, les espèces de renflemens qu'elles présentent, surtout à leur grande ouverture, soit dans les plaines, soit dans la mer; ils en nivellent le fond sur une étendue et d'une manière très-remarquable par son uniformité; ils forment, enfin, aux embouchures du Nil, du Gange, du Rhin, du Rhône, de l'Amazone, de l'Ohio, et de tous les grands fleuves de la terre, ces vastes atterrissemens qu'on appelle des delta, par comparaison avec celui du Nil; ils pénètrent jusque dans la mer, en recouvrent le fond vers les côtes, l'élèvent au niveau de sa surface et prolongeant ainsi les côtes basses dans la mer, semblent faire reculer cette masse d'eau et faire rentrer dans l'intérieur des terres les villes bâties primitivement sur les rivages.

Enfin, il s'exhale souvent des terrains limoneux, lors même qu'on ne les remue par aucune fouille, des émanations malsaines, même pestilentielles, que ne produisent jamais les terrains tourbeux.

On peut donner le nom de Limon marneux, Limon sableux, Limon vaseux, Limon noir, aux différentes roches, toujours désagrégées ou plutôt non agrégées qui le composent, suivant que l'un des corps ou des propriétés indiquées par ce nom y est dominant; le seul minérai qui s'y montre quelquefois en petits amas, est le fer titanifère arénacé.

Les dunes ou monticules de sable qui se forment par l'action des vents sur les côtes sablonneuses et qui avancent même considérablement dans les terres, appartiennent à cette classe de terrains.

### III.^e Gr. TERR. ALLUV. CAILLOUTEUX.

Ce terrain, quand il appartient à la période jovienne, se compose de cailloux, depuis ceux qui, par leur petitesse, constituent ce qu'on appelle *gravier*, jusqu'à ceux qui, atteignant au plus la grosseur d'un œuf, portent plus particulièrement le nom de galets [1]; mais il faut s'arrêter à cette mesure dans ce qui appartient aux terrains joviens des cours d'eau; ceux des rivages de la mer peuvent se présenter sous un volume beaucoup plus considérable.

C'est dans les vallées étroites, c'est aussi dans le lit et sur les bords des cours d'eau qui traversent des plaines et des vallées larges qu'est situé le terrain alluvien dont nous traitons. On ne doit pas l'aller chercher au-delà des limites des plus hautes eaux des temps actuels, et dès qu'on dépasse ce niveau, la grosseur des fragmens ou cailloux, la nature des débris organiques qui les accompagnent, change et indique une époque beaucoup plus ancienne, une force beaucoup plus puissante dans le cours d'eau, et par conséquent un volume d'eau incompatible avec l'état actuel du sol, des cultures, des habitations et des monumens les plus anciens; il indique enfin des phénomènes presque contemporains de la dernière ou des

---

1 Le nom de cailloux n'entraîne pas nécessairement avec lui l'idée de pierre arrondie par le transport, et semble indiquer que les pierres nommées ainsi sont de l'espèce du silex ou du quarz; on est obligé d'ajouter l'épithète de roulés, pour désigner les cailloux de transport. Notre mot de *galet*, qui s'applique aux minéraux de toute sorte, arrondis par les roulis des flots marins, lacustres ou fluviatiles, me paroît plus convenable. Je l'emploirai toujours dans cette acception.

dernières grandes révolutions de la surface de la terre.[1]

C'est ici que sont en contact immédiat les terrains joviens et les terrains saturniens; mais quoique mêlés ensemble dans quelques points de contact, il est encore possible de les reconnoître; la simple réflexion faite sur ce que l'on voit, suffit pour conduire à cette distinction. Ainsi, quand sur les bords d'un fleuve tranquille, comme la Seine au-dessous de Paris, on voit une plaine composée de graviers, de galets et de blocs, ainsi que cela s'observe si facilement dans la plaine de Boulogne, on peut admettre que les graviers, et même que les galets ovulaires, ont été amenés par les hautes eaux de la Seine, qui atteignent quelquefois ce niveau; mais quand au milieu de ce gravier et de ces galets on rencontre des blocs péponaires et métriques de grès, de calcaire siliceux, de poudingue siliceux, on juge sans beaucoup d'hésitation, que ce fleuve n'a jamais pu, dans son état actuel, aller arracher, même dans ses plus hautes crues, ces blocs aux terrains de grès ou de calcaire siliceux d'où ils viennent, et qui sont situés à une grande distance de la plaine où on les trouve; car il lui faudroit une puissance de transmission qui suppose une hauteur et une masse d'eau incompatibles avec l'état connu de temps immémorial de la vallée de la Seine dans le bassin de Paris, état lié avec une multitude d'autres circonstances de géographie physique.

Le gravier et les galets des terrains alluviens sont donc proportionnés par leur nature, leur origine et leur grosseur, à la force de transmission la plus puissante que puisse acquérir le cours d'eau dans ses plus hautes crues connues ou présumables, et les galets et blocs des terrains clysmiens seront ceux qui par leur volume n'auroient pu être transportés sans

---

1 Voyez sur l'action des eaux actuelles à la surface de la terre, la partie qui concerne cette considération à l'article EAU du Dictionnaire des sciences naturelles.

admettre une masse d'eau dont on ne pourroit trouver l'origine sans admettre en même temps des causes puissantes et générales qui, ayant dû agir sur presque toute la surface du globe, supposent une révolution géologique et par conséquent la cause que nous admettons.

Il n'y a pas que les eaux qui transportent des galets ou cailloux ; les glaces des glaciers qui descendent des pentes et des cols des hautes montagnes charrient sur elles et poussent devant elles des masses ou blocs de rochers quelquefois très-considérables ; elles les accumulent dans les vallées où elles aboutissent, et s'en forment une espèce de rempart qu'on nomme *moraine*.

---

## II.e CLASSE. TERRAINS LYSIENS.[1]

J'ai déjà dit quel étoit le caractère de ces productions minérales modernes, dont quelques-unes étoient quelquefois assez abondantes pour former de vrais terrains dans l'acception vulgaire de ce mot.

### 1. Form. CALCAIRES.

C'est-à-dire principalement calcaires.

Ce sont les calcaires concrétionnés en stalactites et stalagmites, en pisolithes, en travertins modernes; ce sont les calcaires incrustans qui se sont formés ou déposés depuis les temps historiques, et qui se déposent encore, soit dans les cavernes, grottes ou autres cavités de la terre, soit au fond de certaines eaux, soit à la surface du sol.

Tous les calcaires concrétionnés ont été dissous dans les eaux, les uns dans les eaux froides à l'aide d'un excès d'acide carbonique, les autres dans les eaux thermales au moyen du gaz hydrogène sulfuré.

Les premiers se forment en général plus lentement, et c'est à cette cause qu'il faut rapporter les stalactites et stalagmites des cavernes et grottes calcaires, et les incrustations qui enveloppent les corps plongés dans ces eaux.

Le nombre des cavernes à stalactites est si considérable, que nous ne saurions à quel exemple donner la préférence; celui des eaux incrustantes l'est beaucoup moins. Nous renvoyons pour les exemples aux articles Calcaire concrétionné et Stalactite du Dictionnaire des sciences naturelles.

Mais cette formation en calcaire concrétionné offre une considération plus importante et entièrement relative à notre objet.

---

1 C'est-à-dire, formés par voie de dissolution chimique.

Ce terrain, et pour ainsi dire la même masse de calcaire concrétionné, peut appartenir en partie à la période saturnienne et en partie à la période jovienne; car les parties de la surface du globe abandonnées par les hautes eaux fluviatiles, lacustres et marines n'ont pas été aussitôt habitées par les hommes : des animaux d'espèces actuellement inconnues y ont précédé l'espèce humaine, et paroissent même avoir été détruits avant que les hommes aient paru sur le même sol. Cependant le sol n'étoit plus sous l'eau, par conséquent les stalactites pouvoient déjà se former dans les cavités calcaires, et elles s'y formoient en effet avant la dernière catastrophe qui a fait périr les animaux dont on trouve les ossemens sans qu'ils y soient jamais accompagnés de ceux de l'espèce humaine.

Par conséquent une partie des stalactites des cavernes du calcaire jurassique, une partie du travertin de l'Italie, de la Hongrie, de l'Amérique, est très-probablement antérieure à l'époque géologique actuelle ou jovienne. Mais dans l'impossibilité où l'on est de les distinguer, et par conséquent de les séparer nettement, nous les laissons ensemble.

Cependant il est des cas où cette séparation est indiquée, et d'autres où elle-même est parfaitement claire.

Le premier est celui du TRAVERTIN des états romains. Les architectes et constructeurs savent très-bien distinguer le travertin ancien ou inférieur, celui qui par sa compacité et sa solidité est le seul qu'on puisse employer convenablement dans les constructions; ils savent, dis-je, le distinguer du travertin moderne, qui ne possède pas les mêmes qualités. Mais cette distinction n'est que relative, et ne nous apprend pas si le travertin déclaré ancien est antérieur aux temps historiques et de l'époque où les eaux, même les eaux fluviatiles, étoient à une élévation qui ne pourroit se concilier avec l'état actuel des continens et des monumens des hommes, ou si ces travertins ne sont seulement que des plus anciens temps de la période actuelle ou jovienne.[1]

Le second cas ne laisse point d'incertitude, et les travertins qui s'y trouvent doivent évidemment être reportés à l'époque saturnienne.

C'est lorsqu'ils sont situés à une élévation et dans une position telle que les eaux actuelles ne peuvent les y avoir déposées, et qu'il faille admettre une hauteur des eaux stagnantes ou courantes absolument incompatible avec l'état actuel des eaux, tels sont les travertins de la colline de Colle sur la route de Sienne à Volterra.[2]

Ainsi, après les calcaires concrétionnés en stalactites et stalagmites des cavernes; après les calcaires incrustans d'un grand nombre de sources, depuis celles d'Arcueil et de Sèvres près Paris, de Bernouville près Gisors, de Saint-Allyre en Auvergne, jusqu'à celle de Guancavelica dans l'Amérique méridionale, et celle de Java dans l'Océan oriental, viennent, comme exemples authentiques de terrains calcaires joviens ou des temps actuels, les TRAVERTINS des plaines de Tivoli à l'est de Rome, les dépôts du Teverone à Tivoli même, formant dans la vallée un barrage remarquable qui produit les belles cascades de ce lieu si célèbre

---

1 M. de Buch avoit déjà fait remarquer que les eaux douces auxquelles étoit dû ce travertin, avoient dû être contenues à 25 mètres au-dessus du niveau de la mer.

2 Voyez le développement de ces faits et de leur théorie, et de ceux qui peuvent être rapportés à la même époque, dans la Description géologique des terrain de Paris (édition de 1822, p. 312 et suiv., et notamment page 317), où se trouve la description du travertin élevé de Colle. C'est en voyant dans le même lieu le travertin moderne et le travertin ancien, et en observant d'où le premier tire son origine, que j'ai été conduit (pag. 319) à regarder les eaux sortant de l'intérieur de la terre, chargées de matières pierreuses en dissolution, comme une des causes qui ont produit la plus grande partie des terrains calcaires compactes, soit d'eau douce, soit même marins.

sous les rapports historiques et pittoresques; les dépôts de Terni, au confluent du Velino et de la Nera, dus à la même cause et produisant le même barrage et des cascades non moins belles; ceux de Saint-Philippe en Toscane, qui ont élevé dans une vallée primordiale une véritable colline couverte de jardins, de plantations et d'habitations.[1]

Nous ajouterons à ces exemples de terrains calcaires récens :

1.° Le TRAVERTIN qui couvre le fond et les environs d'un lac d'où se dégage avec abondance du gaz hydrogène sulfuré à droite de la route de Sirang à Batavia dans l'île de Java.[2]

2.° Celui qui se forme dans les marais de la grande plaine de Hongrie, et qui devient assez solide pour servir de pierres à bâtir : toutes les maisons de Czegled en sont construites.[3] Ce travertin enveloppe des planorbes et d'autres coquilles, qui y ont conservé leur test presque sans altération, circonstance qui établit une assez grande différence entre les calcaires lacustres joviens ou des temps actuels, et les calcaires lacustres saturniens ou antérieurs aux temps historiques.

3.° Le calcaire de même origine, de même nature, renfermant aussi une grande quantité de coquilles et végétaux lacustres, qui se forme journellement au fond du lac Bakie, comté de Forfarshire en Écosse.[4]

Ces exemples, qu'on pourroit multiplier, mais qui suffisent pour établir ce premier mode de formation, ne nous montrent que des terrains formés dans l'eau douce.

---

1 Voyez la description géognostique de ces lieux dans l'ouvrage cité plus haut, page 314 et 316.

2 ABEL, Voyage en Chine.

3 BEUDANT, Voyage en Hongrie, tom. 2, page 353.

4 M. LYELL, *On a recent formation of freshwater limestone in Forfarshire*, etc., Transact. de la soc. géolog. de Londres, seconde série, vol. 2, pag. 73. L'auteur a très-bien fait ressortir les ressemblances et les différences des travertins modernes et des travertins anciens.

Dans quelques circonstances, qui paroissent plus rares, probablement parce que l'observation en est beaucoup plus difficile, des concrétions dues également à une précipitation de calcaire des eaux qui le tenoient en dissolution, ont eu lieu dans la mer, ont agrégé le sable qui en couvroit le fond et ont enveloppé les corps organisés qui pouvoient s'y trouver. Tels sont :

1.° Les agrégations et concrétions si connues, si souvent citées, qui se forment dans la Méditerranée sur la côte de Sicile, en face de Messine, et qu'on n'hésite pas à attribuer maintenant à la cause locale que nous venons d'indiquer. Il faut, dit Spallanzani, dix à douze ans pour que le sable de cette côte, qui consiste en grains de quarz, de felspath, d'amphibole, de mica, etc., ait acquis, par le ciment calcaire qui agrége ces parties, la dureté nécessaire pour servir à faire des meules de moulins. Cette roche est évidemment de formation nouvelle, et on y a même quelquefois trouvé des parties d'instrumens à l'usage des hommes.

2.° Une roche à peu près semblable qui se forme, suivant M. John Davy, sur la côte de Colombo à Negombo dans l'île de Ceilan. La formation est plus rapide et plus abondante dans les lieux où la mer est généralement plus agitée.

3.° La pierre calcaire sableuse, à texture grossière, mais d'une consistance solide, qui sur la côte du vent de l'île de la Guadeloupe, au parage nommé le Moule ou le Mole, accompagnoit et enveloppoit le squelette de Caraïbe qu'on y a trouvé et qu'on a voulu faire regarder momentanément comme un véritable anthropolite, ou comme un homme pétrifié dans des couches solides continues et de l'époque saturnienne.

Cette pierre, dont les parties grossières sont composées non-seulement de petits grains de calcaire compacte, mais de petits coraux, de petites coquilles, fait voir pour ciment de ses parties, à un œil exercé, un enduit ou incrustation calcaire qui a lié tous ces grains et qui indique le calcaire précipité de quelques eaux d'une source minérale sous-marine.[1]

Il est probable qu'il y a bien d'autres exemples de ces faits : nous ne les possédons pas ; mais nous répéterons ici ce que nous avons fait remarquer ailleurs[2], c'est que la plupart de ces sources, si abondantes en calcaire, sortent presque toutes de terrains calcaires situés dans le voisinage d'un terrain volcanique : les deux derniers exemples qu'on vient de rapporter, confirment cette généralité.

Les Pisolithes, ou concrétions calcaires sphéroïdales, dont la grosseur varie depuis celle d'un grain de millet jusqu'à celle d'un gros pois, sont la plupart des produits de l'époque actuelle et sont évidemment formés par la précipitation du calcaire tenu en dissolution dans certaines eaux minérales au moyen de l'acide carbonique ou du gaz hydrogène sulfuré. Les mêmes eaux qui à Tivoli, à Terni, à Vichy, à Carlsbad, etc., déposent du calcaire concrétionné stratiforme, produisent également des pisolithes.

L'Arragonite paroît aussi appartenir dans certaines circonstances à cette époque. On a un exemple de petites veines de calcaire fibreux, d'aspect soyeux, ayant tous les caractères de l'arragonite, qui a rempli les fissures d'un ciment antique attribué aux Romains aux bains de Saint-Nectaire en Auvergne, et qui semble avoir ouvert ces fissures pour s'y introduire par cette force d'efflorescence capillaire que l'on voit agir si puissamment dans la nature et dans les laboratoires.[3]

### 2. Form. SILICEUSES.

Elles sont beaucoup plus rares que les calcaires ; on en a

---

1 J'ai émis cette opinion, en 1814, dans la note qui accompagne l'extrait du mémoire de M. Kœnig, Sur les squelettes humains de la Guadeloupe. (Bull. des scienc. par la soc. philom., 1814, p. 149.)

2 Description géologique des environs de Paris, p. 317.

3 Je ne puis dire qu'est-ce qui a fait le premier cette observation ; mais je tiens ce que j'en sais de M. Huot et de M. de Laizer.

cependant plusieurs exemples authentiques, et, quoique situées en général dans des pays et même dans des terrains volcaniques, les formations siliceuses actuelles sont bien d'origine aqueuse.

Des concrétions cylindroïdes et comme coralloïdes, siliceuses, d'un petit volume, égalant à peine la grosseur d'une plume d'oie et souvent plus petites, tapissent quelques grandes cavités des laves poreuses de l'Isle-de-France et de l'île de Bourbon. Il n'est pas évident qu'elles soient de formation jovienne, mais on peut le présumer par la nature et l'origine connue des laves, et surtout par l'identité de leur nature et de leur structure concrétionnée : 1.° avec les concrétions siliceuses stalactiformes, que les vapeurs d'eau bouillante déposent, suivant M. de Buch, sur les parois du cratère du volcan de l'île de Lancerotte, l'une des Canaries; 2.° avec la silice déposée sous cette même forme de concrétions en si grande quantité par les geysers ou jets d'eau bouillante de l'Islande ; jets violens, qui ont tapissé leurs canaux et qui ont couvert tout le terrain qui en borde l'ouverture, d'une couche étendue et épaisse de silex concrétionné, à texture poreuse et à structure ondoyante.

Enfin, la silice, à l'état comme gélatineux ou floconneux, se dépose dans les bassins et réservoirs de certaines eaux minérales, dont la température, le dégagement, ne sont ni aussi hauts, ni aussi violens que les jets d'Islande, et qui sourdent dans des pays très-éloignés de volcans en activité et même de terrains volcaniques proprement dits : telles sont les eaux minérales du Montdor, qui, d'après M. Berthier, contiennent de la silice gélatineuse qu'elles déposent en concrétion dans les canaux où elles coulent; telles sont celles des sources chaudes de Poorgootha dans l'Inde, dont le résidu solide contient, d'après M. Turner, 0,23 de silice.

On présume que l'allophane, ce mélange d'hydrate de silice et d'hydrate d'alumine, qui se présente en enduit ou concrétion dans quelques filons, est de formation récente et produit par une sorte d'exsudation.

## 3. Form. ACIDES et SALINES.

Ce sont, parmi les phénomènes et produits géologiques joviens, les plus fréquens et les plus variés.

On doit y placer les eaux minérales s'épanchant à la surface de la terre et y répandant les sels nombreux et variés qu'elles renferment[1]; mais dans ce cas il ne paroît pas qu'il y ait formation de ces corps; il est probable que ces sels ou leurs élémens ont été pris dans les entrailles de la terre, déjà formés à une époque ancienne : leur épanchement à sa surface appartient seul à l'époque actuelle.

Il n'en est pas ainsi du Natron et du Borax, qui se forment dans des eaux lacustres placées dans certaines conditions; de l'Alun, qui effleurit à la surface ou dans les fissures des ampélites; du Nitre, qui se forme perpétuellement sous nos yeux à la surface de certains terrains d'une grande étendue; du Reussin (sulfate de soude); de l'Epsomite (sulfate de magnésie), qui se montre aussi en efflorescences sur certaines roches calcaires ou certains schistes pyriteux; enfin, du Selmarin, qui paroît se former en efflorescence avec les sels précédens sans qu'on puisse être parfaitement sûr du fait, ni l'expliquer en admettant qu'il soit constaté.

Tous ces sels efflorescens, qui par cela même ne sont que superficiels, sont des espèces minérales qui se forment journellement, et qui appartiennent par conséquent aux modifications qu'éprouve l'écorce de la terre dans les temps actuels et dans la période géologique que nous appelons jovienne.

Les acides naturels ne paroissent pas se former dans les lieux où ils se montrent; ils l'ont été dans les entrailles de

---

1 Voyez, pour le développement des exemples, la partie de l'article Eau du Dictionnaire des sciences naturelles, qui traite des eaux minérales, tom. XIV, p. 75.

la terre, et n'appartiennent aux phénomènes et à l'époque jovienne qu'en se montrant à sa surface.

Tels sont : l'Acide sulfureux des pays et terrains volcaniques ; l'Acide sulfurique des eaux qui découlent de ces terrains, et dont on connoît des exemples remarquables dans l'Amérique méridionale et dans l'île de Java ; l'Acide muriatique, plus rare que les précédens, et dont le dégagement *actuel* a été bien constaté au Vésuve par M. Gimbernat et dans plusieurs autres volcans ; l'Acide carbonique, qui se présente dans tant de lieux différens et souvent en si grande quantité dans les terrains calcaires moyens et supérieurs, lorsqu'ils recouvrent des lits de lignites (les environs de Paris, les environs des mines de lignites de Provence) ; dans le voisinage et jusqu'au sein des terrains volcaniques, etc.

Enfin, l'Acide boriqde de formation actuelle par voie de sublimation aqueuse dans les vapeurs d'eau bouillante des Lagonis en Toscane ; dans celles du volcan de Stromboli, etc. Ce n'est point un corps qui s'est dégagé à l'époque saturnienne et qu'on va chercher dans les fentes où il se seroit alors déposé : c'est un dégagement perpétuel qui renouvelle sans cesse le dépôt de cet acide, lorsqu'on l'a enlevé.

### 4. Form. de CORPS INFLAMMABLES.

Les corps combustibles, en prenant ce mot dans son acception vulgaire et générale, qui se déposent ou se dégagent encore dans les couches du globe ou à sa surface même par l'effet du feu des volcans, sont peu nombreux : ce sont le soufre, le sélénium, l'arsenic, le gaz hydrogène et le bitume pétrole.

Parmi les corps qui, en raison de leur solidité, peuvent s'accumuler dans les lieux où ils se dégagent, le Soufre est le plus abondant ; mais, en réunissant tout celui que dégagent les volcans, et celui qui se dépose des eaux, sa production actuelle paroît encore de beaucoup inférieure à celle qui a eu lieu dans la période saturnienne. Quand on compare la quantité de soufre sublimé qu'on recueille dans les cratères des volcans, dans les terres, fissures et cellulosités des solfatares, avec celle qu'on extrait des terrains de sédiment saturniens et avec celle qu'on extrait et qu'on peut extraire des couches de pyrites des terrains de sédiment moyens et supérieurs, on voit combien la quantité de ce combustible encore produite de nos jours, est foible en comparaison de celle qui étoit dégagée dans les temps saturniens les plus voisins de l'époque géognostique actuelle, et par conséquent combien s'est affoibli le phénomène qui s'est maintenu avec le plus d'activité dans cette dernière époque.

Ainsi, l'origine du soufre qu'on met dans le commerce peut être attribuée, dans le point de vue que nous poursuivons, à deux époques différentes : celle de la période jovienne et celle de la période saturnienne.

On ne peut rapporter avec certitude à la première que les minières et exploitations de la solfatare de Pouzzole, des îles Lipari, de l'Islande, et c'est ici qu'est la plus abondante production de ce combustible ; de la Guadeloupe, de quelques autres îles des Antilles et de quelques îles volcaniques de la mer du Sud.

Les terrains d'époque saturnienne qui fournissent du soufre, qui le fournissent en abondance, sont au contraire innombrables, même en n'y comprenant pas les pyrites. Ainsi, pour n'en citer que quelques-uns dont l'authenticité et la célébrité soient connues, on a en Italie les environs de Césène, de Peretta, etc., et tous les terrains de sédiment des pentes orientales et occidentales des Apennins ; en Sicile, des terrains analogues aux précédens et renfermant des bancs de soufre très-étendus, de plusieurs mètres d'épaisseur ; en Espagne, les mines des terrains de sédiment de Conilla, près Cadix ; celles d'Arragon, etc., qui renferment une abondance de soufre telle, qu'elle suffit à la consommation du pays. En

Suisse, près Bex; en Autriche; en Carinthie, et en Russie, sur les bords du Volga, le soufre recueilli et mis dans le commerce vient aussi de terrains de la période saturnienne.

On peut dire que la production du soufre, qui s'est continuée dans la période géognostique actuelle, est presque uniquement celle de la formation volcanique. La formation neptunienne ou aqueuse du soufre a presque entièrement cessé; il n'en est resté que ce qui étoit pour ainsi dire utile pour nous donner une idée de la manière dont la nature procédoit dans les époques reculées. On peut croire que les dépôts de soufre venoient alors, comme les dépôts calcaires, de sources minérales qui tenoient ce combustible en dissolution au moyen du gaz hydrogène. On a un exemple de cette origine et de ce mode de dépôt à la porte de Paris, au village nommé Enghien, situé au nord de cette ville, dans la vallée de Montmorency; l'eau qui sort de terre dans ce lieu, étant froide, tient en dissolution une petite quantité de soufre, qu'elle laisse précipiter dès qu'elle coule librement à la surface du sol. Le même dépôt de soufre se montre dans les eaux thermales d'Aix-la-Chapelle, d'Aix en Savoie, de Balaruc, de Tivoli. Si ces eaux étoient plus chargées de soufre, qu'elles fussent plus abondantes, elles couvriroient le sol d'un dépôt de ce combustible qui pourroit être bientôt recouvert lui-même de dépôts marneux, gypseux, etc.[1], et comme il est présumable que cela s'est fait dans les terrains que j'ai cités aux époques géognostiques anciennes, où tous les phénomènes géologiques se passoient dans des dimensions centuples de celles qu'ils présentent aujourd'hui.

Le Sélénium et l'Arsenic ne se montrent guères actuellement qu'engagés dans le soufre des terrains volcaniques; ces

---

1 Patrin a émis la même idée, en disant que *le soufre du duché d'Urbin avoit été formé par la voie humide, c'est-à-dire déposé dans le sein de la terre par les eaux minérales*.

corps, et surtout le premier, y sont rares et en petite quantité en comparaison de leur fréquence, surtout de celle de l'arsenic, dans les terrains des époques saturniennes.

Le Gaz hydrogène, ou à peu près pur, ou carboné, ou sulfuré, est encore une des productions géognostiques des temps actuels. Je ne parle pas de celui qui se forme dans les lieux marécageux, il n'est pas du domaine de la géognosie; mais de celui qui se dégage constamment, ou au moins très-fréquemment, de plusieurs terrains qui n'ont aucun caractère volcanique. Tels sont les phénomènes qu'on désigne en Italie sous les noms de feu de *barigazzo*, de *pietra mala*, etc.; en France, dans le département de l'Isère, sous celui de fontaine ardente.

Une autre classe de phénomènes nommés salses, et qu'on observe non-seulement en Italie, au pied des Apennins, et en Sicile, mais encore dans l'Asie, etc., est accompagnée d'un dégagement constant de gaz hydrogène. [1]

Le Bitume, si abondant dans certaines couches des terrains de sédiment, tant en combinaison dans la houille qu'en mélange dans des calcaires, des sables ou des marnes, si abondant à la surface du sol ou des eaux dans quelques pays, ne paroît se former réellement nulle part sous nos yeux. Si ce phénomène a encore lieu, c'est dans les entrailles de la terre; mais il continue de s'épancher à la surface du sol dans plusieurs endroits, et même quelquefois en quantité assez notable: il enveloppe les sables et les autres substances qui couvrent le sol dans ces lieux et contribue ainsi à modifier, mais bien foiblement, quelques points de la surface du globe. Tels sont les sources ou épanchemens de bitume pur ou mêlé d'eau de Gabian, près Béziers; des salses et des sources du pays de Modène, principalement du mont Zibio; celui qui accom-

1 Il a été décrit avec quelques détails et quelques vues géologiques au mot Salses du Dictionnaire des sciences naturelles.

pagne, dans les *maremmes* de Sienne, aux lieux dits *Lagonis*, le dégagement d'eau en vapeur, chargée d'acide borique; celui qui nage sur les eaux de la rivière qui se jette dans l'Euphrate et sur celles du lac Asphaltique en Judée; celui qui couvre quelquefois les eaux de la mer près des îles du cap Vert, de l'île de la Trinité et de la plupart des parages voisins de montagnes ou de terrains volcaniques.

## 5. Form. MÉTALLIQUES et MÉTALLIFÈRES.

La formation réelle et naturelle, c'est-à-dire non aidée des secours de l'art, de ces corps, dans les temps actuels, est encore plus rare, plus foible et plus incertaine, que celle des corps précédens.

Il n'y a pas de doute qu'il se forme dans les galeries des mines où on exploite des pyrites de fer et de cuivre, des sulfates de ces métaux, qui recouvrent d'une couche plus ou moins épaisse de ces sels à l'état d'efflorescence, d'enduit spongieux et même de cristaux, les parois, boisages et muraillemens de ces cavités; mais on voit que l'exploitation a eu quelque influence sur ces formations si petites et si fugaces.

On peut citer comme exemples de ces produits joviens les mines de Chessy, près Lyon; celles des environs de Cuença en Espagne; celle de Silberberg, à Bodenmaïs en Bavière, où on trouve de beaux cristaux de sulfate de fer groupés sur les pyrites magnétiques et sur le *boisage* de la mine.

La formation actuelle des Pyrites est un fait beaucoup plus douteux, et on ne peut en citer qu'un petit nombre d'exemples qui aient quelque authenticité.

M. Deslongchamps a recueilli et reconnu pour être une pyrite, ou sulfure de fer, bien caractérisée par son aspect et sa composition, des dépôts rubigineux celluleux, ayant dans leur cassure la texture et l'éclat des pyrites, qui se forment dans les canaux où coule l'eau minérale de Chaudesaignes, au Cantal.

M. Covelli a remarqué qu'il s'étoit formé au Vésuve, en 1824, un sulfure de fer noir, qui paroissoit être une espèce nouvelle, dont la composition seroit $FS^3$, et la forme un prisme rhomboïdal oblique.

Enfin, on a cru reconnoître dans les véritables tourbes, c'est-à-dire dans les tourbes superficielles de formation actuelle, qu'il faut bien se garder de confondre avec le lignite friable et pyriteux, auquel on a aussi donné le nom de *tourbe pyriteuse;* on a cru reconnoître, dis-je, dans les tourbes du Bas-Boulonois de cette formation, un lit mince et sablonneux, interposé dans ces tourbes et contenant des pyrites. Ce fait, rapporté par M. Rozet, demande à être examiné de nouveau. Ce seroit, à ma connoissance, le seul exemple réel de pyrite dans la tourbe proprement dite.

Le Fer azuré, ou phosphate de fer pulvérulent, est un des minérais de formation récente des plus remarquables, non par la quantité, mais par l'évidence de la formation, dans les temps actuels, d'un minérai dont la production n'est pas aussi facile à obtenir ni à expliquer que celle des sulfates. On ne peut douter cependant de cette formation jovienne, quand on voit les racines des plantes et des arbres qui pénètrent dans la vase de certains marais, être enveloppées, comme dans un étui, par un cylindre de ce fer azuré.

Le Fer limoneux (*Raseneisenstein*) est regardé comme de formation de sédiment actuel. On assure que celui qu'on retire du fond de certains marais, où il accompagne même la tourbe (lac Balaton, Hanovre, Lusace, etc.), s'y reforme au bout d'un certain temps, et qu'on peut l'extraire ainsi plusieurs fois. Ce fait ne me paroît pas constaté avec toute l'exactitude désirable.

Mais ce qu'il y a de certain sous le rapport de l'influence de l'oxide de fer sur la formation actuelle des roches, c'est la propriété qu'a cet hydroxide d'agréger les cailloux d'une manière très-solide. J'ai sous les yeux des anneaux de fer, des pointes de pilotis, qui sont entourés d'un poudingue à ciment ferrugineux assez dur pour être scié et poli.

L'oxide de fer produit le même effet sur le sable voisin des racines qui pénètrent dans les sablonnières; il l'agrège en cylindre très-solide, qui sert comme d'étui à ces racines. J'ai également des exemples évidens de cette formation récente, et, dans ce cas-ci, la cause qui a accumulé l'oxide de fer à l'entour de la racine, au point d'en faire le ciment solide de cette espèce de roche sableuse, est assez difficile à assigner.[1]

Tels sont les phénomènes géologiques de nature chimique qui, différens de ceux qu'on peut attribuer à l'action volcanique, se montrent encore de nos jours dans l'écorce du globe ou à sa surface. Il n'est pas nécessaire de faire remarquer de nouveau combien ils sont foibles, circonscrits, pour ainsi dire imperceptibles, en comparaison de ceux qui ont produit les roches les moins étendues et les plus récentes des terrains saturniens ou antédiluviens.

Nous avons vu, dans le premier article, combien les actions mécaniques de la même période, qui pouvoient modifier la surface de la terre, avoient peu de puissance, en comparaison de celle qu'on est forcé d'accorder à l'action mécanique antédiluvienne, qui a produit les grands phénomènes que nous allons indiquer.

Mais avant d'arriver à cette période, je dois examiner les hypothèses qu'on a proposées dans ces derniers temps, pour faire admettre que les phénomènes saturniens se continuoient

---

1 On cite des cristaux de quarz dans des bois fossiles; mais ce bois appartient à la formation des lignites, qui est bien évidemment de l'époque saturnienne. Les pyrites qu'on dit se trouver abondamment dans les tourbes, doivent être rapportés aux lignites soissonnois. La découverte, racontée par Trebra et si souvent répétée, de pièces de monnoies trouvées dans un silex en bêchant un jardin, est un fait isolé, qui peut résulter d'observations incomplètes ou décevantes, etc.

encore au fond des mers, dans les cavités de l'écorce du globe, retraites impénétrables, où le génie peut construire tous les édifices qui lui plaisent, sans craindre que la pesante et lente main de l'expérience aille les y détruire.

On a donc prétendu qu'il se formoit encore au fond des mers des terrains de sédiment et d'agrégation semblables, par exemple, à nos terrains de calcaire grossier du bassin de Paris. On a cité à l'appui de cette supposition les terrains d'agrégation qui se forment en effet sous la mer, près de quelques pays volcaniques; mais on n'a pas pris garde à la différence des circonstances, à celle de la grandeur des échelles et à celle des résultats. On a voulu comparer les petits dépôts de Messine, de Java, etc., au calcaire grossier, qui, dans le seul bassin de Paris, présente une puissance de 30 à 40 mètres, et une étendue de 50 à 60 myriamètres carrés. On a eu alors recours aux suppositions par analogie.

Mais ce n'est pas à nous à prouver ce qui ne se fait pas au fond de la mer; nous n'avons que de foibles moyens pour user d'un tel argument; d'ailleurs, il est de règle que c'est à celui qui affirme à prouver: ainsi pour établir que le sol actuel a pu se former peu à peu, et qu'il continue de se former encore de la même manière au fond de la mer, mais seulement un peu plus lentement, il faut nous faire voir que dans un grand nombre de parages le fond des mers a depuis deux à trois mille ans changé de nature et d'habitans: or, quelque foible et lent que fût ce dernier changement, on en auroit des preuves ou au moins des indications; cependant on n'en apporte aucune autre que celles que nous avons mentionnées; tandis que nous avons dans le cas actuel, non pas des preuves négatives (il n'y auroit qu'une investigation complète du fond de la mer qui en pourroit donner de telles), mais quelques faits qui semblent indiquer que dans presque toutes les circonstances où on a pu connoître le fond de la mer actuelle à des époques très-reculées, on l'a toujours trouvé dans le même état. Nous avons déjà indiqué quelques-uns de ces faits dans notre Essai géognostique sur le sol parisien[1]; c'est le cas de les rappeler ici.

Ainsi, depuis qu'on pêche des perles sur les côtes de Ceilan et dans le golfe Persique, depuis environ trois cents ans qu'on en pêche dans le golfe de Mexique et sur les parages orientaux et occidentaux de cette partie de l'Amérique, on n'a pas remarqué ni qu'aucune couche pierreuse fût venue recouvrir ces coquilles, en altérer ou modifier les espèces, ni, en relevant le fond de la mer, rendre le métier de plongeur plus facile et plus sûr.

Les huîtres qu'on pêche depuis un temps immémorial dans la baie de Cancale, celles que les Romains tiroient de différens parages de la Méditerranée, s'y sont toujours trouvées : si les pêcheurs ont été obligés quelquefois de changer un peu le lieu de leur pêche, ce n'est pas parce que le sol du premier endroit avoit changé de nature, de hauteur et d'habitans ; mais parce qu'une pêche trop active en avoit diminué momentanément le nombre. Jamais on n'a remarqué que les bancs d'huîtres aient été recouverts de couche pierreuse, ou qu'ils se soient rapprochés de la surface de la mer. Cependant on sait que ces coquilles vivent non loin des côtes et de l'*embouchure des fleuves.*[2]

Ce que je viens de dire des huîtres et des hyrondes à perles, s'applique également au corail ; c'est toujours sur les mêmes côtes, à une profondeur dont les limites paroissent déterminées, que les pêcheurs de corail de la Méditerranée

---

1 Édition de 1822, p. 38, et en note.

2 Cette permanence est d'autant plus frappante qu'on a remarqué que de nouveaux bancs d'huîtres s'établissoient avec une grande facilité lorsque les circonstances favorisoient l'accumulation de ces mollusques. Il est défendu aux équipages qui sont en station dans les rades de jeter à la mer les coquilles des huîtres que l'on mange à bord, parce que

vont chercher ce zoophyte précieux, et on remarque cependant que c'est dans une mer dont les bords et le fond sont couverts de volcans, dans un lieu (le détroit de Messine) où l'on cite un des rares exemples authentiques d'une formation de pierre par agrégation de sable, que se fait le plus abondamment, et aussi depuis un temps immémorial, la pêche du corail.

Il y a trop peu de temps qu'on mesure exactement la profondeur des mers et qu'on détermine avec quelque précision la nature du fond par les sondages, pour que ces élémens de nos recherches puissent être très-exacts. Mais au défaut d'exactitude ils offrent une circonstance très-importante à notre sujet, c'est d'avoir toujours lieu dans des bas-fonds peu éloignés des côtes, surtout à l'embouchure des fleuves. On ne voit cependant pas qu'aucun ingénieur hydrographe ait annoncé qu'au lieu d'un sable mobile trouvé à telle profondeur, dans tel parage, on y ait reconnu, au bout de quelques centaines d'années, une roche solide à une moindre profondeur.

Comme on n'a aucune observation authentique qui, en faisant connoître une formation de roche seulement aussi puissante que la petite butte gypseuse de Montmartre et le petit côteau calcaire de Passy, puisse être apportée en preuve de la production d'un terrain solide dans la mer à peu de distance des côtes, on a dit que c'étoit dans les profondeurs de l'Océan que se formoient de nouveaux terrains et de nouvelles montagnes.

---

les hydrographes ont reconnu que ces accumulations de coquilles, portant quelquefois les germes de jeunes huîtres, donnoient lieu à de nouveaux bancs d'huîtres qui rendoient le mouillage moins facile et moins sûr, en coupant les cables des ancres. Je tiens ce fait, et ce que je dis plus bas sur la constance des fonds reconnus par le sondage, de M. Beautemps-Beaupré, ingénieur hydrographe en chef.

Je ne nie pas la formation possible de couches solides et puissantes de calcaire dans le fond des mers; comme on n'y a jamais pénétré, c'est un champ absolument libre pour les hypothèses; la sonde ne peut pas encore aller chercher des preuves pour les cimenter ou les détruire. Je ne nie pas même absolument la formation des granites, des gneiss, des basaltes, des trachytes; mais je demande à en douter fortement jusqu'à la production des preuves, ou même seulement des indices.

Il n'est pas présumable que les Alpes, les Pyrénées, les Cordillères, etc., se soient soulevées pièce à pièce, et pour ainsi dire à petit bruit; il est au contraire très-probable que la force qui les a élevées sur une même ligne, a agi à peu près dans le même temps d'un bout à l'autre de la ligne. Or, quelque profonde que nous supposions la mer du Sud ou la mer Atlantique, quelque petits que soient de semblables phénomènes de soulèvement par rapport à l'étendue, et surtout à la masse du globe, il n'est pas probable qu'une pareille production se fût élevée même au plus profond des mers, sans avoir produit à la surface des mers ou sur les côtes quelques mouvemens, dont on se seroit aperçu.

Si on nous dit que cela n'a pas eu lieu ainsi, qu'il ne se forme ni Alpes, ni Pyrénées au fond des mers, par conséquent ni granite, ni gneiss, ni couches redressées ou tombées, c'est tout ce que nous demandons. Nous n'avons pas plus de moyens de nier qu'il s'y forme des dépôts solides et horizontaux de sédiment qu'on n'a de moyens de nous le prouver. Cette hypothèse est donc absolument gratuite, puisqu'elle n'est appuyée sur aucun indice qui puisse la faire admettre comme propre à détruire la théorie de l'état de repos de la période jovienne; théorie déduite au contraire de tous les faits que nous avons pu observer, et qui ne peut être renversée ou modifiée que par des faits contraires qui sont encore à produire.

## III.e CLASSE. TERRAINS PYROGÈNES.

Je ne mentionne cette classe que pour n'omettre aucune des principales divisions du tableau des terrains; mais, ainsi que je l'ai déjà dit, les terrains pyrogènes actuels se lient par des nuances si insensibles avec les terrains pyrogènes anciens ou vulcaniques, qu'on ne peut pas exposer leurs caractères et leur histoire dans deux articles entièrement séparés. J'en présenterai donc les caractères principaux à la suite de la IX.e classe : quant au développement de ces caractères et des phénomènes qui composent l'histoire naturelle des volcans, c'est un sujet trop étendu pour trouver place dans ce tableau. J'ai cherché à l'exposer aussi complétement qu'il ma été possible à l'article Volcans du Dictionnaire des sciences naturelles.

Cependant, pour rassembler ici toutes les observations qui concourent à établir le repos actuel des grands phénomènes géologiques et l'absence de toute formation complète de terrain nouveau, je dois rappeler en abrégé les faits qui, dans l'histoire des terrains pyrogènes volcaniques, tendent à confirmer cette proposition.

1.° Toutes les bouches volcaniques en activité font partie d'un système volcanique dont l'origine ou l'époque d'apparition à la surface du globe est absolument inconnu. On ne peut citer aucune nouvelle bouche volcanique, aucun nouveau cône ou butte volcanique terrestre, littoral ou marin, qui ne fasse partie, ou ne soit lié avec un système de terrain volcanique saturnien, c'est-à-dire dont l'origine puisse être indiqué.

2.° Parmi les systèmes volcaniques de l'intérieur des continens, entièrement éteints, on n'a point d'exemple qu'aucune bouche ignivome s'y soit rallumée.

3.° Les laves d'origine jovienne manquent d'une multitude de roches et de minéraux, qui se présentent dans les laves anciennes ou saturniennes, et qui ont été produites par des causes différentes. On n'y connoît ni vrai basalte, ni vrai trachyte, ni minérais métalliques, etc.

4.° Les roches et minéraux des terrains pyrogènes qui sont formés ou déposés par voie de dissolution aquiforme, tels la silice du Geyser d'Islande et les calcaires concrétionnés, sont non-seulement très-peu variés, mais encore très-peu étendus et très-peu denses, en comparaison des terrains de même nature formés par les terrains plutoniques, trachytiques et vulcaniques.

---

## ARTICLE II.

# PÉRIODE SATURNIENNE.[1]

En prenant cette période de sa fin et remontant dans les siècles, elle s'étend depuis l'époque où a cessé la révolution qui a donné aux continens la forme qu'ils nous présentent, qui a placé la mer dans son bassin actuel, jusqu'à celle de la consolidation de l'écorce du globe.

Nous connoissons probablement la plupart des roches et des minéraux formés pendant cette période; nous avons, par leur résultat, une idée des grandes catastrophes qui s'y sont passées; mais nous ne pouvons nous faire aucune idée précise des causes qui les ont amenées, des phénomènes de tous les genres qui doivent les avoir accompagnées, et du spectacle que de tels phénomènes ont dû produire.

Il reste bien dans la période jovienne quelques vestiges de ces actions, quelques indices de ces causes; mais, ainsi qu'on vient de le voir, ils sont si foibles, si restreints, qu'ils ne peuvent donner aucune notion précise de la manière dont se sont formés les granites, les gneiss, les schistes luisans et même le calcaire saccaroïde; roches composées, les unes de cristaux différens, comme mêlés les uns dans les autres et cependant très-nettement séparés, de cristaux tous insolubles dans les liquides qui se montrent actuellement à la surface du globe, mais d'un aspect et d'une nature telle qu'on ne peut admettre qu'ils aient été dissous par la voie ignée; les autres de masses cristallisées, homogènes, mais presque aussi indissolubles dans les agens actuellement connus que les masses hétérogènes précédentes.

---

1 Ou antédiluvienne.

C'est pendant cette période que les fentes des montagnes se sont remplies de cristaux métalliques et pierreux, remarquables par leur abondance, leur volume et leur netteté. C'est pendant les derniers temps, c'est presque à la veille de l'époque jovienne, que les cavités des montagnes se sont tapissées de cristaux de barytine, de célestine, etc. : tous corps indissolubles dans les agens connus et qui annoncent cependant par leur grosseur et leur régularité une dissolution complète, facile, abondante et tranquille.

C'est pendant la période saturnienne et à toutes les époques de cette turbulente période, que la plupart des montagnes ont été élevées, que les couches ont été soulevées, inclinées, courbées et brisées, de manière à cacher encore mieux par ce désordre l'ordre qui avoit pu régner dans leur formation.

C'est enfin pendant cette longue période que tant de races d'êtres organisés ont été successivement créées et détruites, ou tellement cachées, qu'on n'en voit plus que les débris; et pour que tout contribue à la séparer nettement de la période jovienne, à lui imprimer tous les genres de caractères distinctifs, il s'est établi entre ces deux périodes une différence d'autant plus remarquable, qu'elle paroît être absolument indépendante de celle qui pouvoit naître de la fermentation chimique, qui semble s'être éteinte à l'époque jovienne : cette différence est celle qui résulte de la comparaison des êtres organisés, dont les générations sont disposées de telle manière qu'à peine trouve-t-on, sur le monde actuel, quelques-unes des espèces qui peuploient le monde ancien.

Les produits minéraux de la période saturnienne, si variés de nature et d'aspect, ont besoin, pour être bien connus, d'être considérés sous deux points de vue et séparés en deux divisions.

La première doit renfermer les roches qui se sont déposées sur la surface de la terre, sans offrir d'autre considération que l'ordre successif de leur dépôt : c'est ce que nous appelons, comme on l'a déjà dit, les terrains en série ou stratifiés.

La seconde réunit les roches qui se présentent en masses immenses, sans aucune indication de stratification, et qui semblent avoir été amenées à la surface de la terre par une force qui les faisoit sortir de son sein ; tels sont les granites, les syénites, les porphyres, etc.

C'est donc dans cette période que nous établirons les deux divisions annoncées plus haut sous le titre de 1.re et 2.e Considération.

---

## 1.re Considération.

## *TERRAINS EN SÉRIE* ou *STRATIFIÉS*, ou **TERRAINS NEPTUNIENS.**

On ne rappellera pas ce qui a été dit sur cette manière de considérer les roches ou terrains qui entrent dans la composition de l'écorce du globe. Le tableau général des classes de terrains et les tableaux particuliers de chaque classe, font connoître les divisions et subdivisions de ces terrains, dont la synonymie, les caractères et la position vont être successivement présentés et développés.

### IV.e CLASSE. TERRAINS CLYSMIENS[1] ou TERRAINS DILUVIENS.

Ces terrains sont les plus superficiels de toutes les roches de l'époque saturnienne; ils portent aussi l'empreinte évidente d'un délaissement des eaux; mais plutôt par transport violent que par dépôt tranquille.

Leurs parties sont quelquefois volumineuses; leurs roches sont le plus souvent formées par voie d'agrégation; elles sont rarement homogènes, même à l'œil, et leur texture est grossiére. Cependant leurs parties sont quelquefois liées par une base ou ciment formé par voie chimique ou de dissolu-

---

1 C'est-à-dire, d'inondation, parce que la *majeure partie* de ces terrains est évidemment le produit du transport et du dépôt mécanique des eaux.

*Syn.* Terrains de transport, d'alluvion, d'atterrissement, diluviens, DE BONN.; *Diluvium*, BUCKL., SEDGW., etc.; *Aufgeschwemmtes Gebirge*, KEFERST.; *Aeltere Alluvial-Bildungen*, BOUÉ. M. Keferstein y réunit sous le nom de *jüngstes Flötz*, les terrains lacustres, calcaires, siliceux, meulières, etc., dont le dépôt nous semble dû à une tout autre cause. M. d'Omalius a compris nos terrains clysmiens et les thalassiques sous le nom de terrains mastozootiques.

tion (les poudingues, brèches osseuses), et quelquefois aussi elles résultent entièrement de ce mode de formation (travertins et calcaires concrétionnés anciens, etc.).

Les roches d'agrégation en masse, ou ayant quelquefois l'apparence de couches, qui composent ces terrains, se distinguent des autres roches d'agrégation qui leur ressemblent et qui se trouvent dans d'autres terrains, en ce qu'elles ne sont jamais placées sous de vraies couches solides, tout au plus les trouve-t-on quelquefois recouvertes par un dépôt foiblement agrégé de sable ou de limon de la période jovienne, ou par une sorte d'enduit de travertin moderne, ou, enfin, par des laves.

Ces terrains, considérés sous le point de vue géognostique sous lequel nous les classons, sont très-difficiles à distinguer, dans leur point de contact, des terrains de la période jovienne, dont l'origine est analogue.

Les terrains clysmiens, aux signes qui appartiennent à tous les terrains d'inondation, de transport ou d'alluvion, joignent le caractère particulier de se présenter sous des circonstances qui doivent nécessairement faire admettre de grandes différences sous le rapport des formes, des élévations, des masses et de la puissance de l'eau, entre la surface de la terre à l'époque où ces terrains ont été déposés, et cette surface à l'époque actuelle.

Tantôt c'est dans leur position que se trouvent ces caractères. Les terrains clysmiens se présentent, soit à des élévations, soit à des distances où aucun cours d'eau, mu par les forces actuelles les plus violentes, ne pourroit arriver.

Tantôt c'est par le volume et la nature des débris et des masses qui les composent que ces terrains se distinguent des précédens; en effet, ces masses sont d'un tel volume qu'aucun cours d'eau actuel n'auroit pu les transporter, et d'une telle nature qu'on ne peut les attribuer aux roches du sol sur lequel elles se trouvent, et qui auroient été dégagées par un cours d'eau des matières désagrégeables qui les environnent ; on est donc forcé d'admettre que ces masses ont leur origine à de grandes distances du lieu où on les voit, et qu'elles y ont été amenées par une force dont on ne connoît plus, dans la nature actuelle, d'exemples applicables aux lieux et aux objets de l'observation.

Tantôt, enfin, c'est par la nature des débris organiques qu'ils renferment que ces terrains se distinguent des terrains joviens de même structure. Ainsi, quelle que soit la position de ces terrains, par rapport aux cours d'eau qui peuvent les avoir transportés, s'ils renferment des restes ou débris de corps organisés, soit animaux, soit végétaux, qu'on ne connoisse plus vivans à la surface du globe ou dont les analogues, s'ils en ont, vivent dans des climats et sous des latitudes très-différentes de celles où se trouve le terrain qui les enveloppe ; s'ils les renferment en quantité telle qu'on ne puisse attribuer leur présence à des circonstances fortuites, on doit rapporter encore, d'après nos principes, ces terrains à l'époque saturnienne ou antédiluvienne.

Tels sont les terrains limoneux qui, dans le val d'Arno et à une hauteur que l'Arno dans ses crues pourroit encore recouvrir, renferment des ossemens d'éléphans, d'hippopotames, etc. ; tel est celui qui, sur les plateaux des collines subapennines, dans les plaines et sur les plateaux des environs de Paris, à une hauteur que les eaux courantes actuelles n'ont jamais pu atteindre, renferme des ossemens des mêmes genres et des portions de palmiers.

Si, au contraire, ces débris organiques, végétaux ou animaux, peuvent provenir d'êtres qui vivent encore à la surface du globe et même dans les parages où se voient ces débris ; mais s'ils sont réunis dans une position telle qu'aucune circonstance géologique ou physique connue dans le monde actuel n'ait pu les placer dans cette position, les terrains qu'ils constituent appartiennent encore aux terrains clysmiens saturniens.

Tels sont les amas de coquilles marines et même de coquilles fluviatiles ou lacustres, absolument semblables à celles qui vivent dans le pays, qu'on voit en France, à Saint-Michel en Lhermes; en Suède, à Uddevalla; en Toscane, à Colle, etc., et qui sont placés à une élévation à laquelle ni la mer ni les cours d'eau actuels n'auroient pu les porter.

On sent, d'après les règles que nous avons cru reconnoître, les conséquences que nous en avons déduites et les principes que nous avons posés, que ces terrains ne doivent renfermer aucun reste, aucun débris de l'espèce humaine ni de ses arts. C'est, en effet, ce que l'observation a généralement constaté. Les anomalies ou exceptions qu'on a cru remarquer, sont très-peu nombreuses et demandent à être appréciées. On conçoit facilement combien de circonstances peuvent introduire dans un terrain superficiel, meuble et peu épais, des corps qui lui sont étrangers; combien il est difficile d'assigner dans une telle sorte de terrain les limites qui séparent la partie saturnienne de la partie jovienne, etc.; on sent, enfin, que cette séparation des débris organiques antédiluviens et des débris humains, n'est pas uniquement fondée sur les rapports observés dans la position des terrains alluviens et des terrains clysmiens, ni sur ceux des débris organiques qu'ils renferment, mais sur l'ensemble des phénomènes qui paroissent indiquer que la race humaine n'existoit pas à la surface du globe lors de la dernière révolution qui a dénudé nos continens et leur a donné les formes et les limites qu'on leur connoît depuis les temps historiques les plus reculés.

Nous compléterons ce que nous avons à dire sur ces terrains, en énumérant les groupes de roches et même les roches qu'on peut y distinguer. Nous allons y retrouver plusieurs des roches qui se sont déjà présentées dans les terrains joviens, et nous sommes obligés de les désigner de la même manière.

## 1.er Gr. TERR. CLYSM. LIMONEUX.[1]

Composés de parties meubles, très-atténuées, déposées en sédimens ordinairement horizontaux, quelquefois cependant comme se pénétrant par les amincissemens de leur bord, etc.

On y remarque deux roches ou plutôt deux compositions principales.

1. Limon argilo-sableux.

2. Limon argilo-tourbeux, c'est-à-dire, mêlé de parties végétales, dont les unes ont conservé leur forme, tandis que les autres sont entièrement décomposées.

Les caractères minéralogiques et chimiques de ces limons diffèrent peu de ceux que nous avons exposés en parlant de la même roche dans les terrains joviens; nous devons seulement faire remarquer, ou qu'il n'y a pas de vraie tourbe dans les terrains clysmiens, c'est-à-dire, de la tourbe ayant tous les caractères et propriétés de celle qui est exploitée pour les usages économiques et que nous avons caractérisée ailleurs, ou bien qu'on a confondu jusqu'à présent les tourbes de ces deux époques.

Ce qu'il y a d'assez bien déterminé à ce sujet, c'est que les limons tourbeux saturniens sont généralement très-peu abondans en parties végétales et très-mélangés de limons argileux ou sableux proprement dits; mais il faut toujours se garder de les confondre avec les lignites friables, nommés improprement *tourbe pyriteuse*, et que nous examinerons plus bas.[2]

---

1 *Lehm-Bildung*, Keferst.

2 On a déjà vu combien il est difficile, dans l'état actuel de la science, de distinguer les tourbes actuelles ou joviennes des tourbes anciennes ou saturniennes, et même de quelques lignites superficiels. S'il y a des pyrites dans la tourbe proprement dite, c'est-à-dire dans les dépôts de débris de végétaux herbacés supérieurs à toutes les formations, il est présumable que ce sera dans les tourbes anciennes. C'est en effet à ces tourbes que M. Boué attribue des pyrites et de la sélé-

## 2.e Gr. TERR. CLYSM. DÉTRITIQUES.[1]

Ces terrains se composent de trois sortes de roches ou de trois groupes de débris, qui présentent des considérations très-différentes et demandent des développemens particuliers.

1. Galets et Poudingues.

Peu de roches sont plus répandues que celles-ci; non-seulement il faut savoir distinguer les galets et poudingues des terrains clysmiens de ceux des terrains alluviens, ce que nous avons déjà cherché à faire; mais il faut aussi les distinguer, et surtout les poudingues, d'une roche de même sorte qui fait partie du terrain de sédiment supérieur, terrain bien plus ancien. Ces poudingues qui appartiennent à une époque très-éloignée, sont dus à des causes semblables à celles qui ont produit les galets et poudingues des terrains clysmiens. Cette distinction est quelquefois d'autant plus difficile à faire que les deux terrains, composés presque des mêmes roches, sont immédiatement posés l'un sur l'autre. Nous voulons parler des anagénites, des gompholites, etc.

Les galets et poudingues des terrains clysmiens sont composés de débris arrondis de diverses roches, dont la grosseur varie depuis la pisaire jusqu'à l'ovulaire, très-peu au-delà.

Ils sont étendus en plaines immenses, ou relevés en collines ordinairement arrondies; tantôt ils remplissent de larges vallées en s'élevant sur les côteaux à des hauteurs que ne peuvent atteindre les eaux actuelles; tantôt ils recouvrent des plateaux également supérieurs aux plus hautes crues des eaux et indépendans de tout cours d'eau. Leur puissance ou épaisseur

---

nite; mais il cite les rives de la Baltique, etc., où il y a et des tourbes joviennes et des lignites friables. Des observations ultérieures, faites avec l'intention de reconnoître ces différences, rendront ces séparations plus claires.

1 Terrains mastozootiques détritiques, d'Omalius.

est très-variable; quelquefois seulement de quelques décimètres, comme aux environs de Paris et dans quelques parties de la Suède, notamment de la Scanie; quelquefois aussi acquérant une épaisseur qui va depuis vingt à vingt-cinq mètres (au pied des Apennins) jusqu'à cent mètres (dans la plaine de la Crau en Provence), et même cinq cents mètres, tant dans cette même partie de la France que dans la vallée du Pô, canton de la Doire, etc.

Les roches qui les composent sont tantôt toutes à peu près de même nature et de celle des minéraux durs des terrains que recouvrent ces galets, ce qui indique qu'ils ne viennent pas de loin (les galets et poudingues siliceux de toute la Normandie); tantôt ces poudingues sont composés de roches variées et dont les analogues se montrent dans les chaînes de montagnes au pied desquelles ces débris ont été accumulés (les plaines et collines de la Provence).

Ces terrains renferment quelques substances pierreuses ou minérales, qui paroissent avoir été arrachées des mêmes terrains qu'eux et transportées avec eux; mais c'est ici qu'il faut bien prendre garde de les confondre avec des terrains meubles, peut-être également de transport, mais probablement d'une origine différente de ceux dont il est question ici. Nous parlerons plus bas de ces terrains meubles qui renferment avec des galets ou cailloux roulés des sables ferrifères, aurifères, platinifères, gemmifères, etc.

Un autre caractère des terrains clysmiens qui ont précédé immédiatement l'époque jovienne, c'est de n'être recouverts par aucune couche de roche solide, du moins sous une puissance et dans une étendue propres à faire distinguer un recouvrement constant et général, d'un phénomène local et circonscrit. Or ce caractère me paroît être un de ceux qui distinguent le plus efficacement ces derniers terrains clysmiens des terrains meubles aurifères, qui sont à peu près de la même époque.

2. Blocs erratiques.

On désigne sous ce nom les blocs énormes de roches dont la dimension est péponaire dans les plus foibles et polymétrique dans les plus forts, et qui sont répandus, en plus ou moins grande quantité, sur des plaines, sur des pentes et même sur des crêtes de montagnes dont le sol est d'une nature tout-à-fait différente de celle de ces blocs.

C'est un des phénomènes les plus frappans, les plus généraux et les plus inexplicables de la géologie; les naturalistes ont cherché avec ardeur et à déterminer le lieu originaire de ces blocs, et à découvrir quelle cause a pu les transporter ainsi au loin.

Les blocs erratiques diffèrent des galets par leur grosseur toujours incomparablement plus forte, ce qui suppose une cause de transmission bien plus puissante et probablement très-différente; par leur espacement, car rarement ils se touchent. Ils sont, comme leur nom l'indique, épars sur les champs, mais rarement isolés; ils sont au contraire très-souvent réunis par groupes et comme accumulés dans certains points. Cette disposition est très-claire aux environs de Genève[1]; elle se voit aussi dans les plaines de la Westphalie, dans la Séelande, dans la Suède, etc. : tantôt ils sont placés sur un sol dur, qui ne montre point d'autres roches de transport que ces blocs (les pentes des montagnes et les plateaux dans les Alpes et dans le Jura); tantôt ils sont comme enfouis dans un sable fin et qui n'a rien de commun avec leur nature et leur origine (les plaines de la Westphalie). Ils ont souvent, il est vrai, les angles et les arêtes émoussés et comme arrondis; mais ils ne sont pas roulés et présentent dans beaucoup

1 J. A. Deluc neveu, *Mémoire sur le phénomène des grandes pierres primitives alpines, distribuées par groupes dans le lac de Genève, etc.*; Mémoires de la Soc. de phys. de Genève, lu en 1826, publié en 1827, vol. 3, 2.e part.

d'autres cas des arêtes et des angles vifs dont l'aspect éloigne toute idée de roulis (au Salève, etc., d'après Pictet, Deluc neveu, etc.). Les roches hétérogènes ou homogènes, auxquelles on peut les rapporter, appartiennent presque toutes aux terrains agalysiens (primitifs) ou aux terrains hémilysiens (de transition). Ce sont donc en général des granites, des protogynes, des syénites, des euphotides, des amphibolites, des diorites, des stéaschistes, des basanites, des trappites, des quarzites, des grès, des dolomies, des calcaires saccaroides et compactes, des marbres, des lucullites, des aphanites, etc.

Ce qu'il y a d'assez constant et en même temps d'assez remarquable, c'est que ces roches anciennes sont posées sur des terrains qu'on considère comme beaucoup plus nouveaux que ceux auxquels elles appartiennent. Cette circonstance place nécessairement à une époque postérieure à la formation de ces terrains nouveaux, la cause violente qui les a transportées.

Une autre circonstance non moins remarquable est leur position souvent très-éloignée de toute chaîne de montagnes ou de collines, de tout terrain composé des roches d'où ces blocs pourroient tirer leur origine, et dont ils sont séparés ou par des plaines immenses ou par des vallées considérables, ou bien, enfin, par des bras de mer larges et profonds.

On a reconnu ce phénomène dans un grand nombre de lieux, dans le nouveau comme dans l'ancien continent, et s'il paroît plus fréquent en Europe, et surtout dans l'Europe boréale, cela résulte en grande partie de ce qu'on a eu plus d'occasion de l'y observer et de l'y étudier.

Ces observations et ces études n'ont encore conduit à aucune solution claire et par conséquent à aucune explication certaine de ce grand problème géologique.

Les exemples que nous allons citer vont faire connoître les observations et les faits d'où ont été tirées les généralités que nous venons d'exposer, et la théorie qui en résultera.

C'est au pied occidental des Alpes, principalement sur les pentes orientales du Jura qui regardent cette grande chaîne et qui en sont séparées par la large et longue vallée de l'Aar, qu'ont été faites les premières et les plus curieuses observations sur le volume, l'abondance et la position de ces blocs erratiques. C'est là qu'on a vu, sur les crêtes calcaires du Jura, à plus de cinq cents mètres d'élévation au-dessus de la vallée, dans les petits vallons qui séparent ces crêtes et qui sont comme encaissés dans de hautes murailles de rochers (ce qu'on observe très-bien dans les vals de Travers et de Saint-Imier) des amas considérables de blocs énormes, ayant quelquefois douze mètres de longueur et sept d'épaisseur, de granites et de plusieurs autres roches que nous avons nommées. Ils sont toujours à la surface du sol, tout au plus sous la terre végétale ou dans le sable de transport qui le recouvre; mais jamais dans aucune roche, pas même dans cet agrégat de cailloux roulés qu'on nomme gompholite (*Nagelflue*). Les blocs de chaque canton sont assez semblables entre eux et diffèrent de ceux des autres cantons; il n'y a que dans la grande vallée de l'Aar qu'ils se confondent.

C'est en examinant avec soin la nature dominante des roches de chaque groupe des Alpes, en remontant toutes ces vallées, recherchant avec attention le corps principal d'où ces blocs étoient partis, au moyen des *traînards* qu'ils avoient laissés sur leur route, que Escher et M. de Buch sont parvenus à reconnoître que leur source, ou du moins celle de la plupart d'entre eux, étoit dans les hautes montagnes situées à l'origine des vallées qui débouchoient dans les bassins dont ces blocs couvroient les pentes ou le milieu. Ils ont vu que leur nature s'accordoit avec celle des roches fondamentales de ces montagnes : ainsi les blocs du bassin du Rhin sont semblables aux roches des Grisons; ceux de la vallée du lac de Zurich et de la Limmat sont des débris des roches des montagnes de Glaris; ceux du bassin de la Reuss viennent des roches des sources de cette rivière ; enfin, les blocs des bassins de l'Aar et du Jura viennent des hautes montagnes du canton de Berne, etc.

Les blocs sont généralement plus nombreux sur les collines et sur les pentes qui sont opposées à l'embouchure de la grande vallée principale ; et dans le Jura, c'est dans les endroits situés vis-à-vis l'axe et l'embouchure de ces vallées que les blocs sont placés le plus haut, jusqu'à 1200 mètres au-dessus du niveau de la mer.

Mais, entre les points élevés d'où ces blocs sont partis et leur position actuelle, non-seulement ils ont eu une grande distance à franchir, mais encore il a fallu qu'ils traversassent la vallée de l'Aar ou au moins son espace, et qu'ils remontassent par-dessus les crêtes orientales du Jura, ou pour s'y placer, ou pour retomber dans les petits vallons qui les séparent. Escher fait cependant remarquer, qu'on ne les trouve jamais dans ces petits vallons inférieurs, si ce n'est dans les endroits où la chaîne du Jura semble avoir été rompue, et lorsque cette rupture se présente au débouché des vallées des Alpes.

C'est déjà beaucoup de savoir d'où viennent ces blocs et de le savoir avec toute la certitude désirable ; mais on a voulu savoir aussi comment ils avoient été portés si loin de leur origine, malgré les vallées et les collines qui séparent le lieu de leur arrivée de celui de leur départ. On a proposé un grand nombre d'hypothèses, que notre plan ne nous permet ni de présenter avec le développement nécessaire, ni de discuter. Les plus remarquables sont : 1.° celle de Deluc, qui pensoit que ces blocs avoient été lancés dans les airs par la même force qui avoit soulevé les Alpes, et qu'ils étoient retombés à une plus ou moins grande distance, suivant la puissance de cette force et sa direction ; 2.° celle de MM. de Buch, Escher, etc., qui admettent une débâcle immense, entraînant ces blocs jusqu'au pied du Jura, et leur faisant remonter la pente au moyen de l'impulsion qu'ils avoient reçue, comme on voit la boule d'un joueur remonter un tertre de gazon; 3.° d'autres ont pensé que ces blocs, presque tous de roches de transition, étoient les restes d'un manteau de ces roches, plus nouvelles que le calcaire du Jura et par conséquent beaucoup plus nouvelles qu'on ne l'admet communément, qui avoit été détruit en ne laissant que ces témoins de son existence dans ces lieux; 4.° Dolomieu supposoit que les sommets des Alpes étoient autrefois continus avec ceux du Jura par un plan incliné qui a été entamé par la même révolution qui a fait rouler ces blocs des sommets des Alpes sur les plateaux et dans les vallons du Jura; 5.° Venturi a cherché à expliquer leur transport des sommets des Alpes dans les vallées du Pô, en les faisant arriver sur des espèces de radeaux de glace; 6.° d'autres ont soulevé le Jura, autrefois au niveau du pied de Alpes, et ont soulevé avec lui les blocs qui avoient roulé sur cette plaine calcaire; 7.° enfin, M. de Buch, développant sa première théorie et l'étendant même aux phénomènes spéciaux, pense que la dispersion des blocs est une suite du phénomène du soulèvement des Alpes, postérieur à la formation des terrains tertiaires ou l'une des dernières catastrophes, si ce n'est la dernière de la période saturnienne. Cette opinion vient puissamment à l'appui de celle que j'ai émise sur l'époque des terrains plusiaques et des brèches ferrugineuses.

Nous le répétons, on ne peut, dans ce tableau général des terrains, discuter ces hypothèses. Les difficultés que la plupart d'entre elles laissent inexplicables, seront facilement saisies et le seront d'autant plus aisément que, le phénomène étant général, il est présumable que la cause l'étoit aussi. Or, on va voir dans d'autres pays des faits et des circonstances qui ne sont compatibles avec aucune de ces théories.

Les plaines sablonneuses de la Westphalie, du Hanovre, du Holstein, de la Séelande, du Mecklenbourg, du Brandebourg ; les rivages et les plaines de la Poméranie, de la Prusse et d'une partie de la Pologne, très-avancées dans les terres, entre Varsovie et Grodno, et par conséquent toutes les terres basses généralement planes et sablonneuses qui bordent la mer Baltique et même la mer d'Allemagne, depuis l'Ems et le Weser jusqu'à la Dwina et même à la Neva (on en cite aux environs de Saint-Pétersbourg. STRANGWAYS), sont couvertes de ces blocs de distance en distance ; car ils n'y sont pas également répandus, ils sont rassemblés dans certains espaces, et forment au milieu de ces vastes étendues de sables et de bruyères des groupes bien distincts, dont la forme générale est celle d'une ellipse irrégulière, qui auroit son grand axe dirigé à peu près du nord au sud, ou vers la mer Baltique. Le docteur Bruckner fait mention d'une *traînée* de blocs, située sur les limites nord du Mecklenbourg-Strélitz, et qui court de l'ouest-nord-ouest à l'est-sud-est. Enfin, ils sont, dit M. Schultz, plus abondans sur les hauteurs que dans les vallées. Les plus gros sont les plus superficiels et les plus voisins du sommet des collines. Deluc avait fait à peu près la même observation sur les côtes du Mecklenbourg.

Ces blocs, quelquefois très-volumineux, sont plus ou moins engagés dans le sable : quelques-uns sont même entièrement enfouis dans le sable qui est au-dessous des tourbes, ainsi qu'on l'observe dans l'Ostfrise, aux environs de Groningue. Comme les pierres sont rares dans ces cantons et qu'on ne trouve pas, sur de grands espaces, d'autres pierres de construction, on va les chercher à la sonde. Ce sont en général des granites, des syénites et les autres roches de cristallisation que nous avons nommées ; on y rencontre, suivant les lieux, des grès, des porphyres, qui se présentent en galets roulés sur les dunes des bords de la mer ; on y trouve aussi, et surtout du côté de Königsberg et de Reval, des blocs de calcaire compacte, qu'on recherche avec empressement, qu'on extrait et qu'on exploite pour en faire de la chaux. Ces calcaires, comme je l'ai déjà fait remarquer ailleurs[1], renferment des débris organiques d'orthocératites, de trilobites, etc., qui caractérisent non-seulement les terrains de transition, mais ceux de Suède et de Norwége en particulier.

Ces roches granitoïdes, qu'on avoit d'abord attribuées au Harz, comme étant le groupe de montagnes primitives le plus voisin de ces plaines, ont au contraire la plus grande ressemblance avec celles de la Suède, et contiennent les mêmes espèces minérales qu'elles, notamment la Wernerite. Elles présentent les mêmes roches, telles que le porphyre d'Elfdalen, les calcaires de transition des îles de Gothland et d'Œland et même les silex de la craie des îles danoises (HAUSMANN)[2]. Il paroît donc certain, comme le pense l'illustre géologue que je viens de citer, que ces blocs viennent de la presqu'île scandinave, et qu'ils ont été transportés dans une direction du nord-est au sud-ouest. La mer Baltique, ce large et profond vallon, qui les sépare de leur origine, est pour eux ce que la vallée de l'Aar est pour les blocs du Jura. Quand on aura trouvé la cause qui a fait franchir cette vallée par les blocs venant des Alpes, on pourra probablement l'employer pour expliquer le transport des roches de la Scandinavie en Poméranie, etc., malgré la vallée de la mer Baltique.

Ces lieux ne sont pas les seuls qui soient couverts de blocs erratiques; mais ce sont les plus remarquables à cause de l'espèce de barrière qui les sépare de leur terrain originaire.

La plupart des collines de terrains de sédiment moyens et

---

1 Histoire naturelle des crustacés fossiles, un vol. in-4.°, Paris, 1822, p. 60.

2 Mémoire sur l'origine des pierres éparses dans les contrées sablonneuses de l'Allemagne septentrionale. (Gœtting., *Gelehrte Anzeig.*, *Stück* 151 *und* 152; Traduction et notes, par M.r J. A. DELUC; Biblioth. universelle de Genève, 1828.)

même supérieurs qui s'élèvent au pied des Alpes, soit du côté de la France, soit du côté de l'Italie, présentent vers leur sommet de ces blocs volumineux, engagés souvent dans le sable granitique et les galets qui les recouvrent; c'est ce que l'on observe sur la colline de Supergue, près Turin; c'est ce que l'on voit sur les plateaux calcaires de la vallée de Gresivaudan, dans le département de l'Isère, qui sont couverts dans quelques endroits, suivant l'observation de M. Héricart de Thury, de blocs de granite et de marbre de transition dont on ne connoît pas l'origine. Dans ces deux cas des vallées séparent, comme dans les exemples précédens, le lieu élevé où sont les blocs de celui d'où ils viennent.

Nous avons dit que le sol sableux du Holstein et de la Séelande étoit, dans un grand nombre de points, couvert de blocs erratiques d'un volume considérable. Quand on traverse le Sund pour entrer en Suède par la Scanie, on ne perd pas de vue un instant la traînée de ces blocs. Le sol de la Scanie en est couvert comme celui de la Séelande, et ces amas de débris de montagnes, expressions employées par presque tous les voyageurs qui en ont été frappés en parcourant la Suède, se continuent bien au-delà de la Scanie et couvrent plusieurs parties des provinces suédoises. Ils sont si abondans, principalement en Smoland, qu'ils sont accumulés les uns sur les autres et s'y élèvent en collines d'une forme particulière, auxquelles les géographes suédois ont donné le nom de *ôse*.[1]

Ces collines, très-remarquables, et qu'on rencontre plus particulièrement dans les provinces de Scanie, de Smoland, de Sudermanie et d'Uplande, ont une forme longue et étroite. Elles sont un peu plus larges et un peu plus élevées à une de leurs extrémités qu'à l'autre, et sont composées de

1 Voyez, pour plus de détails sur ces terrains clysmiens en Suède, la notice que j'ai publiée dans les Annales des sciences naturelles, 1828, tom. 14, pag. 1, pl. 1.

sable et de gravier, soit granitiques, soit simplement quarzeux, et de blocs de roches granitoïdes d'un volume généralement péponaire. Enfin, ce qu'on doit observer, c'est la constante direction du nord-nord-est au sud-sud-ouest, sur une étendue très-considérable et avec un parallélisme fort remarquable. On voit donc que les blocs erratiques de la Westphalie, de la Poméranie, du Holstein, de la Séelande, etc., deviennent plus fréquens, plus nombreux, plus serrés, mais pas plus volumineux, à mesure qu'on s'approche du lieu qui paroît être évidemment celui de leur origine. On diroit que les montagnes granitiques, syénitiques, de calcaire compacte, basses et arrondies, de la partie méridionale de la Suède, ont été comme démantelées par une cause violente, et qu'elles ont couvert de leurs débris les collines basses des terrains de sédiment qui les avoisinoient. Dans ce cas, le transport des blocs ne présente rien d'extraordinaire; mais quand on suit ces blocs en Scanie, jusque sur les bords de la mer, et qu'on les retrouve immédiatement en Séelande, de l'autre côté du Sund, ayant la même nature, le même aspect, à peu près le même volume, de manière à ne pouvoir douter que ceux-ci ne soient la suite de cette série ou traînée de blocs, on éprouve un grand embarras pour leur faire traverser le détroit du Sund, qui, quoique peu large, l'est encore assez, et est surtout assez profond pour ne pas laisser concevoir comment de pareils blocs ont pu le franchir.

J'ai insisté sur les blocs erratiques des deux pays, au nord et au sud de la mer Baltique, parce qu'on peut suivre la série et comme la marche de ces blocs depuis les lieux où ils sont arrivés et où ils se sont arrêtés, dans le Mecklenbourg, jusqu'aux montagnes de Suède, qui paroissent en être la source. Ainsi, vers les parties les plus méridionales du Mecklenbourg ils sont rares; ils deviennent ensuite plus nombreux dans la Séelande, et vont toujours en augmentant de nombre jusqu'aux montagnes primitives de la Suède; mais on doit remarquer deux faits, c'est que, s'ils sont plus nombreux, ils ne sont pas plus volumineux; au contraire, ils m'ont paru en général plus petits en Scanie et en Ostrogothie que dans le Mecklenbourg et dans la Séelande; et quand on arrive sur les terrains primordiaux de granite et de gneiss, ils diminuent et disparoissent tout-à-fait, ou du moins on ne trouve plus que les blocs qui se rencontrent dans toutes les vallées des montagnes granitiques et qui résultent des fragmens détachés de ces montagnes, tombés à leur pied; et encore ces fragmens sont-ils beaucoup moins nombreux en Suède que dans les Alpes, ce qui tient à la forme plus arrondie des montagnes et à leur moindre élévation.

Mais si on ne trouve presque plus de blocs sur les collines de granite et de gneiss au midi de la Suède, on croit apercevoir les traces de la force qui les a emportés. Ces collines granitiques sont creusées sur leurs flancs et sur leur sommet de sillons à peu près horizontaux, arrondis dans leur fond et polis, comme si des masses dures et sphéroïdales les eussent formés par leur poids et leur dureté, en glissant dessus.

Ce phénomène, qui se présente dans plusieurs parties de la Suède, est extrêmement sensible dans les environs de Hogdal, sur les confins de la Suède et de la Norwége. Je l'ai remarqué dans mon voyage avec M. Berzelius, qui, comme moi, en a été frappé.[1]

Voilà donc les blocs nuls ou très-rares sur les montagnes d'où ils paroissent venir, et très-communs sur les terrains nouveaux et meubles, situés à une grande distance de ces montagnes et séparés d'elles par un bras de mer profond et très-large dans plusieurs points.

Ce phénomène ne paroit pas borné aux montagnes des

---

1 M. de Lasteyrie l'avoit observé il y a long-temps, et a consigné dernièrement ce fait dans son Journal des connoissances usuelles, tom. 5, 1827, pag. 6.

Alpes de la Scandinavie : il se représente dans plusieurs autres lieux, et si les exemples dans d'autres parties du globe sont moins nombreux et moins bien connus, cela tient à l'étude toute récente de la science à laquelle il se rattache.

La Russie et la Finlande en offrent des accumulations immenses. Dans ce dernier pays ils sont si nombreux, qu'ils obligent de faire faire aux routes des circuits multipliés.

Une grande partie des provinces de Norfolk, de Suffolk, les sommets des collines du Derbyshire, qui dominent le Cheshire, Helderness sur la côte orientale de l'Yorkshire, présentent des blocs semblables à ceux de l'Allemagne; mais, parmi ces blocs de l'Angleterre, les uns viennent de contrées éloignées et probablement de la Scandinavie, et ils sont en général arrondis; les autres viennent des montagnes de l'Angleterre, et, quoique de roches beaucoup plus tendres que les précédens, leurs arêtes et leurs angles sont conservés. M. Sedgwich, auquel on doit la connoissance de ces faits, a aussi remarqué, dans le Westmoreland et le Cumberland, ces sillons à surface polie, dont il a été fait mention plus haut.[1]

On cite des blocs de granite de 4 à 12 mètres sur les lieux les plus élevés de l'Islande, île entièrement volcanique et très-éloignée de tout pays granitique (Povelsen). Si le fait est vrai et exact, c'est un des argumens les plus puissans en faveur de la singulière hypothèse de Deluc.

Ce même phénomène se présente dans les deux Amériques. Dans l'Amérique septentrionale les blocs sont disposés dans une direction qui va du nord-est au sud-ouest. (Hayden.)

On cite des blocs de granite sur les montagnes du Potosi, au-dessus de Lima, et cependant on ne connoît de granite en place que dans le Tucuman, à plus de quatre cents lieues de là.

On cite aussi dans l'Inde, au pays d'Hyderabad (lat. 17° N.),

---

1 Sedgwich, *On the orig. of alluvial and diluvial formation. Ann. of philosophy; Apr. and July* 1825.

des blocs énormes de granite, amoncelés les uns sur les autres. (Deluc neveu.)

Les généralités ou la théorie qu'on peut déduire des observations recueillies sur les blocs erratiques, est déjà assez remarquable, quoique ce phénomène n'ait été étudié avec suite que depuis une trentaine d'années.

Nous les récapitulerons ici :

1.° On sait quelles sont les montagnes qui ont fourni les grands et célèbres amas de blocs erratiques des Alpes et des plaines de Poméranie, etc.

2.° Les roches dont ces blocs proviennent, appartiennent toutes aux terrains primordiaux, tant de cristallisation que de sédiment.

3.° Ces blocs sont souvent situés loin des lieux de leur origine, et ils en sont même séparés par des vallées profondes, très-larges, enfin, par des mers.

4.° La position de ces blocs fait connoître l'époque géologique où s'est passé le grand phénomène qui en a opéré le transport. Cette époque doit être postérieure ou au plus contemporaine à la formation des terrains de sédiment supérieur, puisqu'on n'a jamais vu aucun de ces blocs enveloppé dans les roches de ce terrain, et qu'ils sont supérieurs à l'argile plastique, à la molasse et au gompholite (*Nagelflue*).

5.° Il a fallu que la force de transmission fût très-puissante pour transporter au loin des blocs de plus de quinze cents mètres cubes.

3. Gravier coquillier.

Je désigne sous ce nom un terrain fort remarquable, qui n'a cependant pas attiré l'attention des géognostes autant qu'il en est digne ; car à peine en est-il fait mention dans les ouvrages généraux de géognosie même les plus détaillés.

Ce sont ces amas de débris de coquilles, de sable et même de coquilles entières, qui sont à peine altérées dans leur solidité, leur texture et même leur couleur, et qui, appartenant à des espèces évidemment semblables en tout aux coquilles qui vivent dans la mer actuelle, se trouvent cependant à une élévation supérieure à celle des plus hautes marées, aidées dans leur ascension des vents les plus violens.

Si de tels amas ne s'étoient montrés que sur un ou deux points de la surface du globe, on pourroit en attribuer la cause à des circonstances locales ou à quelques phénomènes particuliers.

Mais les géologues, après avoir remarqué ces amas dans quelques parties de l'Europe, doivent être frappés de les retrouver, dans une multitude de lieux, accompagnés de circonstances de position et de hauteur, qui sont dans tous ces lieux à peu près les mêmes.

C'est sur les côtes de la Charente inférieure et de la Vendée, dans le lieu nommé la butte de Saint-Michel, près de Saint-Michel en Lhermes, que ce phénomène a été signalé, en 1814, pour la première fois et avec toutes ses circonstances, par M. Fleuriau de Bellevue.

M. de Buch avoit à la vérité indiqué des amas semblables, tant en Norwége, qu'à Uddevalla en Suède, sur les limites de la Norwége; mais cette indication avoit passé presque inaperçue, jusqu'au moment où la description des amas de Saint-Michel, publiée par M. Fleuriau de Bellevue, me frappa par la ressemblance qu'elle établissoit entre elle et celle de Norwége, et m'engagea dès-lors à la faire remarquer, dans l'extrait que je donnai du Mémoire de M. de Bellevue dans le Bulletin des sciences de la société philomatique (1814, p. 78), et même à lui comparer plusieurs observations de phénomènes semblables faites sur les côtes de la Méditerranée, en Asie, etc.

Les collines de Saint-Michel, qui sont couronnées par cet amas de coquilles, sont au nombre de trois: elles sont situées à six kilomètres des bords de la mer; elles ont une longueur d'environ neuf cents mètres, et leur sommet est élevé de quinze mètres au-dessus du niveau des plus hautes marées.

Ces collines sont entièrement composées de coquilles marines ayant encore leur texture solide et leurs couleurs propres. Elles appartiennent toutes aux espèces qui vivent actuellement dans la mer qui baigne ces côtes. Ce sont principalement l'*ostrea edulis*, l'*anomia ephippium*, le *pecten sanguineus*, le *modiola barbata*, le *murex imbricatus*, le *buccinum reticulatum*, et un *turbo* qui ne paroît pas avoir été décrit et qui est nommé sur les lieux guignette de Sart.

Ces coquilles ont la plupart encore leurs deux valves réunies ; elles sont disposées entre elles comme leurs espèces analogues le sont dans la mer, et même agglutinées, comme on l'a observé dans les bancs d'huîtres.[1]

Ce fait et ce terrain ne sont cependant pas uniques, et

---

1 J'exprimois dans ce même extrait, page 79, l'opinion suivante, qui va être confirmée par l'observation que j'ai faite à Uddevalla.

« L'intégrité de ces coquilles, l'ordre dans lequel elles sont disposées, ne permettent guère de supposer qu'elles aient pu être *longtemps* battues par les vagues dans une retraite successive et lente des eaux de la mer, ni qu'elles aient pu être accumulées ainsi à 15 mètres au-dessus des plus hautes marées connues par des mouvemens extraordinaires de la mer, qui auroient eu lieu dans ces parages.

« La disposition régulière des couches du terrain environnant, qui sont horizontales et entières, c'est-à-dire sans aucune indication de bouleversement ni même de fracture, ne permet guère d'admettre que ce terrain, en se soulevant par des causes intérieures, ait fait sortir ces bancs ou collines d'huîtres du fond de la mer.

« Enfin, ces collines sont comme isolées au milieu d'autres collines qui n'ont avec elles aucune analogie de structure, et qui ne renferment aucun débris de corps organisés appartenant aux mers actuelles.

« C'est donc un terrain d'une origine tout-à-fait particulière, et tout-à-fait nouvelle, en comparaison de tous ceux que nous connoissons. »

ils paroissent avoir les plus grands rapports avec ceux qui ont été observés dans quelques autres lieux.

M. Risso a fait connoître[1], dans la presqu'île de Saint-Hospice près Nice, une formation qui ressemble beaucoup à celle des côtes de la Vendée: il a observé à dix-sept mètres au-dessus du niveau de la Méditerranée, un terrain composé d'un sable calcaire renfermant une très-grande quantité de coquilles à peine altérées et presque toutes parfaitement semblables à celles qui vivent actuellement dans cette mer.

M. Olivier[2] a vu près de Maïta, dans la presqu'île comprise entre l'Hellespont et le golfe de Saros, un grès tendre qui dans l'anse de Sestos porte, à plus de sept mètres au-dessus du niveau de la mer, un banc assez épais de coquilles marines, dont les espèces analogues vivent dans la Méditerranée. M. Olivier nomme parmi ces coquilles l'*ostrea edulis*, les *venus chione* et *cancellata*, le *solen vagina*, le *buccinum reticulatum*, le *cerithium vulgare*, etc. On voit encore sur la côte d'Asie, au-delà de la colline d'Abydos et dans la plaine, les mêmes coquilles que celles du banc de Sestos.

Brocchi cite, auprès de Catane en Sicile, des roches calcaires qui, placées sur des laves descendues de l'Etna et situées maintenant à environ *dix mètres* au-dessus du niveau de la mer, sont percées par le *modiola lithophaga*, et couvertes de serpules et d'autres coquilles dont les analogues vivent sur les côtes de Sicile.

On connoît quelques faits semblables dans les îles britanniques. M. Adanson a remarqué sur les bords du lac Lomond, en Écosse, à sept mètres au-dessus du niveau de la mer, dans une argile brune qui est recouverte de gravier, un grand nombre de coquilles marines des côtes écossaises. Il cite les

1 Nouveau Bull. des scienc., tom. 3, 1813, p. 339.

2 Voyage en Turquie, tome 2, page 41.

suivantes : *nerita glaucina* , *cardium edule* , *venus striatula* , *pecten obsoletus* , *balanus communis* , *echinus esculentus* , etc.

M. Boué indique sur les bords du Forth en Écosse des coquilles marines analogues à celles qui vivent encore dans ces mêmes parages : parmi lesquelles sont l'*ostrea edulis* , le *mytilus edulis*, le *cardium edule*[1] , le *turbo littoreus* , le *donax truncatulus* , le *patella vulgaris*, toutes coquilles très-communes et dont la détermination ne peut être douteuse.

Le capitaine Laskey a fait la même observation à peu près dans les mêmes lieux , mais sur la rive gauche de la Clyde. Ces coquilles sont toutes à un niveau qui s'étend depuis douze jusqu'à quatre mètres environ au-dessus des plus hautes mers.

La Norwége et la Suède ont présenté les exemples les plus remarquables de ces délaissemens de la mer à une hauteur infiniment supérieure à celles des plus hautes et des plus violentes marées. On les observe sur les côtes et sur les parties peu éloignées de la mer ; premièrement sur les bords du Figa-elv , dans la partie boréale de la Norwége : les coquilles sont situées, suivant Ström , à plus de cent cinquante mètres au-dessus du niveau de la mer ; elles sont généralement brisées ; et ensuite à Luroë, Tromsoë, etc. , plus vers le sud : dans ce dernier lieu elles ne sont élevées que de quatre à sept mètres au-dessus de la mer ; puis enfin dans les environs de Drontheim.

Le second gîte remarquable est en Suède , sur la côte occidentale, dans la province de Gotheborg , près de la petite ville d'Uddevalla.

Des coquilles marines, ne paroissant avoir éprouvé d'autre altération que celle qui résulte d'une longue exposition à

---

1 On sait que ce *cardium*, désigné vulgairement sous le nom de pétoncle , peut vivre dans des eaux saumâtres , et peut-être même dans des eaux complétement douces ; mais les coquilles essentiellement marines qui lui sont associées ici , doivent faire regarder ces dépôts comme des délaissemens de la mer.

l'air et aux météores atmosphériques, sont accumulées dans une petite baie bordée de rochers de gneiss : elles y sont réunies en monceaux tellement considérables, que dans ce lieu et dans quelques points des environs qui lui ressemblent, on vient, depuis un temps immémorial, chercher ces coquilles dans des petits tombereaux pour en sabler les routes.

L'amas principal de l'anse d'Uddevalla s'élève au milieu des rochers de gneiss jusqu'à environ soixante-dix mètres au-dessus du niveau de la mer.

Toutes ces coquilles sont semblables à celles de la mer actuelle : elles sont presque entièrement exemptes de mélange terreux ; et quoiqu'il y en ait beaucoup de brisées, comme cela se voit sur tous les rivages, il y en a cependant un bien plus grand nombre d'entières.

En voyant ces amas de coquilles qui paroissent si récentes, qui ne semblent avoir éprouvé aucun transport violent, qui semblent enfin avoir vécu, sinon sur les lieux mêmes, au moins dans la mer qui entouroit les places où les mouvemens de l'eau les ont accumulées, j'ai présumé que je pourrois reconnoître encore, sur ces rochers de gneiss, des traces du séjour de la mer et y trouver quelques corps marins adhérens. Je pensai que ce ne seroit pas sur les parties saillantes de ces rochers, exposés depuis trente ou quarante siècles aux influences atmosphériques, et à l'action des hommes et des animaux, que je pouvois espérer trouver ces indices du séjour de la mer, mais que je devois aller les chercher sous leurs avances et dans les cavités qui avoient pu abriter de toute action destructive ces anciens et précieux restes du dernier âge de la période saturnienne. C'est donc sous ces rochers de gneiss que je cherchai, et je ne tardai pas à trouver, au sommet même du côteau, par conséquent un peu au-dessus de l'amas coquillier, plusieurs balanes encore adhérens à la roche. La dureté de ces roches et leur forme arrondie ne me permirent d'en détacher quelques-uns qu'avec beaucoup de peine. Cependant je parvins à obtenir un fragment de ce gneiss avec la base d'un balane encore adhérente. M. Berzelius, M. Wöhler, mon fils, furent témoins du fait. Quoique ces restes indicateurs de la présence de la mer et de son séjour à cette hauteur fussent assez rares, ils ne se bornoient pas à un seul individu, nous pûmes observer près d'une douzaine de ces balanes. [1]

Ainsi, non-seulement la mer a recouvert ces rochers et y a déposé les coquilles qui y sont accumulées, mais encore elle y a séjourné assez long-temps pour que des balanes aient pu y prendre tout leur développement.

Avant de tirer de ce fait les conséquences assez curieuses qui peuvent s'en déduire, je continuerai à réunir les faits analogues qui ont été observés dans d'autres contrées.

Des coquilles marines, et par conséquent étrangères au Volga, que dès les temps les plus anciens on avoit remarquées répandues à la surface du sol dans les vallées, les plaines et les steppes qui avoisinent ce fleuve et la mer Caspienne, avoient fait présumer, même du temps de Strabon et de Pline, que la mer Caspienne avoit plus d'étendue, et Pallas, qui avoit remarqué ces corps marins dans les steppes du Jaïck, pensoit qu'ils pouvoient être des délaissemens de la mer du Nord. Ce fait, qui pourroit répandre un très-grand jour sur la question du dernier abaissement général des mers, demande à être rendu plus précis par de nouvelles observations.

L'Afrique est trop peu connue pour qu'on ait encore pu y retrouver avec certitude des délaissemens marins du genre de ceux qui nous occupent et qui se confondent si facilement avec les terrains tertiaires. Cependant, d'après une communication qui m'a été faite par M. Hertzog, il y auroit près

---

1 On trouvera le développement de ce fait et les conséquences que je crois qu'on peut en tirer, dans un mémoire que je publierai incessamment sur ce sujet intéressant.

de False-Bay, au cap de Bonne-Espérance, un banc de sable rempli de coquilles marines à peine altérées, à environ soixante-six mètres au-dessus du niveau de la mer, entre la montagne de la Table et le cap qui forme le côté occidental de False-Bay.

On peut reconnoître des délaissemens à peu près semblables dans quelques parties de l'Amérique : à la Guadeloupe les mornes de coquilles remplies de calcaire spathique, qu'on trouve si abondamment dans la partie de cette île qu'on appelle la Basse-Terre, peuvent également être rapportés à ce phénomène. On y trouve une grande quantité de moules de coquilles marines, cônes, cyprées, modioles, bucardes, etc., composés de calcaire en partie concrétionné, en partie spathique. Ici les coquilles ont été altérées; mais leur position à une élévation supérieure à celle des plus hautes mers, et leur ressemblance complète avec celle de la mer des Antilles, permettent de rapporter ces amás aux phénomènes du délaissement de la mer actuelle.

On voit à Haïti, au cap Haïtien, une accumulation de sable marin, agrégé en espèce de brecciole friable et rempli ou recouvert de coquilles marines ayant conservé presque toute leur fraîcheur, et on connoît près de la ville des Cayes, dans le lieu nommé *Morne à coquille*, un amas de coquilles marines, qui couvre une étendue de près d'une lieue. Ces dépôts, supérieurs aux plus hautes marées, paroissent appartenir encore au même phénomène.[1]

Dans l'Amérique méridionale, sur la côte de Valparaiso, on trouve à environ quarante mètres au-dessus du niveau actuel de l'Océan un banc entier de la coquille remarquable qu'on nomme *concholepas* et qui vit précisément dans ces parages.

Mais ici le phénomène semble avoir montré son origine

---

1 Je dois ces notions à MM. Mollien et Ricord.

dans le soulèvement qui eut lieu en 1822 sur une assez grande partie de la côte, qui mit à sec et éleva d'un à deux mètres au plus les bancs d'huîtres et de moules qui étoient adhérens aux rochers ainsi soulevés.[1]

Ce phénomène local, et dont le résultat a été assez foible, a-t-il été la cause du soulèvement à quarante mètres du concholepas de la même côte? C'est une question qui reste encore à résoudre.

M. Lesson a vu à la Conception, sur cette même côte, mais plus au sud, des bancs de coquilles de la mer actuelle non altérées et laissées à un niveau supérieur à celui de cette mer.

La baie d'Amphila, dans la mer Rouge, présente onze îles, couvertes, à environ dix mètres d'élévation, de zoophytes et d'échinites, semblables à ceux qui vivent actuellement dans cette mer.

A Timor, suivant MM. Quoy et Gaymard, on observe dans l'intérieur de l'île, des bancs de coraux, à environ dix mètres au-dessus du niveau de l'Océan.

Enfin, il seroit possible de rattacher à la même classe de faits ces coquilles de la mer actuelle, observées par M. Péron à environ cinq cents mètres d'élévation au-dessus des plus hautes marées dans la baie des Chiens marins, île de Timor, océan Indien[2]. Ces coquilles ne diffèrent point spécifiquement de celles de la mer qui baigne ces côtes; mais elles ont été altérées par une espèce de gonflement, qui semble résulter d'une sorte de commencement de pétrification en calcaire spathique.

---

1 M.iss Maria Graham, Lettre à Sir H. Warburton, président de la Soc. géolog. de Londres. (Bull., Féruss., 1824, t. 2, p. 23).

2 MM. Quoy et Gaimard ont fait remarquer que le récit de Péron n'est pas fondé sur des observations assez directes et assez précises pour qu'on puisse admettre les évaluations de hauteur qu'il a données.

Tels sont les faits qui établissent que la mer actuelle a baigné des terres qui sont élevées depuis un mètre jusqu'à soixante-dix mètres au moins au-dessus de son niveau, et qu'elle y a séjourné assez long-temps pour que plusieurs générations de ses mollusques s'y soient succédé.

On ne peut attribuer la différence du niveau qui se trouve entre ces délaissemens et la plus grande élévation de la mer depuis les temps historiques, qu'à deux classes de causes.

Ou a l'abaissement du niveau de la mer, ou à l'exhaussement du sol; car nous avons vu que la présence des corps marins à une si grande élévation ne peut être due à aucune marée ou inondation marine extraordinaire ou locale. L'accumulation immense des coquilles dans la baie d'Uddevalla, et la présence des balanes encore adhérens aux rochers de gneiss, forcent d'admettre un séjour plus ou moins prolongé des eaux marines.

Il ne reste donc à considérer que l'abaissement de la mer ou l'exhaussement des côtes.

Cette dernière explication a acquis une assez grande valeur par l'observation dont l'exactitude paroît se confirmer, que quelques parties des côtes de Suède et de Finlande, dans le golfe de Bothnie, semblent continuer à s'élever, et surtout par le phénomène d'exhaussement dont on a été témoin sur la côte de Valparaiso, à la suite du tremblement de terre de 1822.

Mais comme le phénomène de l'exhaussement ne peut être que local, borné et circonscrit, tandis que celui du délaissement est très-étendu et paroît déjà offrir sur le globe un assez grand nombre d'exemples pour faire admettre qu'il a été général, on trouve dans cette considération une très-puissante objection à la généralisation de l'exhaussement et même à son application à des contrées qui ne fournissent aucune preuve historique du phénomène; car il ne faut pas oublier que nous ne rejetons aucune cause géologique, quelque étrangère qu'elle soit aux lois actuelles de la physique du globe, si on rapporte cette cause à l'époque que nous avons nommée saturnienne, c'est-à-dire à des temps antérieurs à la dernière catastrophe qui a placé la mer dans le lit où on la connoît depuis un temps immémorial.

Or la mer auroit pu être amenée au niveau qu'elle a actuellement, par l'exhaussement des continens : exhaussement qui auroit dû être général puisqu'on trouve sur tous les continens des preuves de sa présence. Cette hypothèse est assez difficile à concevoir; car pour exhausser un grand nombre de points d'une croûte solide, il faut admettre la répétition de la même cause dans autant de lieux qu'il y a d'indices de la différence des niveaux, tandis qu'il ne faut qu'un affaissement de la croûte du globe dans un point pour faire baisser toutes les mers au même niveau.

Il paroît donc peu vraisemblable que les délaissemens de la mer actuelle qu'on a décrits ou cités, soient dus à l'exhaussement des parties de la croûte du globe dans tous ces points.

Il est plus probable que les productions marines situées ainsi ont été laissées par la mer, lorsque son niveau s'est abaissé, et que cet abaissement est le dernier des grands phénomènes géologiques qui ont modifié généralement la surface de la terre dans ses rapports de forme et de hauteur avec les mers.

Il n'est pas nécessaire de dire que, si cet abaissement a eu lieu, il a été général pour toutes les mers qui sont en communication directe; car on sait que la surface d'une même masse de liquide, quelle que soit son étendue et ses circonvolutions, reste toujours au même niveau.

Cette théorie étant adoptée, on est obligé de placer l'époque de cet abaissement général dans les temps saturniens; car il est encore aisé de prouver que, si la mer eût été soutenue au niveau que doit faire admettre l'élévation de soixante mètres des dépôts de plusieurs graviers coquilliers, un grand nombre de pays habités, cultivés, civilisés, même depuis les temps historiques les plus reculés, eussent été sous la mer. Or il n'est pas possible de supposer qu'un si grand nombre de lieux répandus sur tout le globe eussent été submergés et ensuite mis à sec depuis que la tradition, les monumens et l'histoire nous ont fait connoitre quelques faits de la géographie physique, sans qu'un si notable événement ait été mentionné nulle part.

Cette ancienne élévation et extension de la mer est donc antérieure à la dernière catastrophe qui a modifié la surface du globe, par conséquent aux temps que nous appelons historiques, et vraisemblablement à la présence de la race humaine à la surface du globe ; car jusqu'à présent on n'a trouvé, avec ce gravier coquillier marin aucun vestige de la présence de l'homme, aucun reste de ses monumens ou de ses arts qui soit assez intimement lié avec ce gravier pour qu'on puisse admettre qu'ils ont été déposés à la même époque que lui.

4. Falun coquillier.

Les amas de coquilles du bassin de la Loire, célèbres depuis long-temps sous le nom de *falun de Touraine*, paroissent appartenir, d'après des observations de M. J. Desnoyers, qui ne sont pas encore publiées, à un délaissement de la mer, analogue par ses circonstances et par son époque géologique à celui qui a produit le gravier coquillier. M. Desnoyers y réunit une partie du *crag* de Norfolk, des graviers et sables rouges des collines subapennines et des autres parties de l'Europe, qui sont, comme elles, composées de graviers rougeâtres, enveloppant des coquilles marines usées par le frottement, et des ossemens de mammifères terrestres sur lesquels adhèrent des corps marins; enfin, il regarde le falun coquillier comme étant encore plus nouveau que les terrains épilymniques.

Je dois me contenter de mentionner ici cette observation importante, qui établit un nouveau sous-groupe daus les terrains clysmiens : on en verra le développement et les preuves dans le Mémoire que M. Desnoyers publie sur ce sujet intéressant.

### 3.e *Gr.* TERR. CLYSM. CLASTIQUES.

Ce groupe offre avec le précédent d'une part des rapports et de l'autre des différences fort remarquables. Ces dernières sont même telles que sans les rapports d'époque, et peut-être de causes de formation, il devroit être placé dans une classe de considérations tout-à-fait distincte.

Il présente dans sa position et dans ses parties tous les caractères de fracture. C'est dans des fentes ouvertes ou dans des canaux ouverts probablement par une même cause, au milieu de roches très-solides, que se sont acumulées les parties presque toujours fracturées qui constituent les trois sortes de roches qui remplissent des *fissures* dans le phénomène des Brèches osseuses et des Brèches ferrugineuses, et des *cavités souterraines* en forme de canaux dans celui des Cavernes a ossemens.

La position de ces débris de roches et de corps organiques, et l'espèce de ceux-ci, indiquent une même époque géognostique et une époque qui est peut-être contemporaine de celle du transport des blocs erratiques et de très-peu antérieure à celle du gravier coquillier antédiluvien. Ce sont, s'il est permis de s'exprimer ainsi, les trois dernières convulsions de l'écorce de la terre; celles après lesquelles elle est entrée dans l'état de repos, non pas absolu, mais dominant, dont elle jouit maintenant.

Les fissures qui renferment les brèches osseuses et les cavernes à ossemens, sont les unes et les autres ouvertes dans des terrains calcaires, généralement de l'époque du calcaire jurassique.

Je n'en connois que dans les roches calcaires : il y en a fort peu dans de plus anciennes que le calcaire jurassique et fort peu aussi dans des calcaires plus modernes.

Ce n'est pas que ces roches n'existassent à la surface du globe à l'époque de l'ouverture de ces cavités ou au moins de leur remplissage; mais il est présumable qu'en raison de leur position, de leur structure et de leur texture, elles ne se prêtoient pas aussi aisément que le calcaire jurassique à l'ouverture ou au creusement de ces cavités.

Comme ces deux sortes de cavités ont entre elles la plus grande analogie, nous devons en examiner les caractères communs avant d'en faire connoître les particularités.

Elles sont généralement ouvertes, comme nous venons de le dire, dans le calcaire jurassique. Les brèches osseuses sont dans des fissures irrégulières, qui traversent les couches et qui ne s'étendent pas très-loin. Les cavernes à ossemens en diffèrent par leur étendue souvent prolongée à plusieurs centaines de mètres, par leurs sinuosités, leurs rétrécissemens et leurs renflemens, qui forment quelquefois d'immenses cavités. Mais des fentes à brèches aux cavernes à ossemens, il y a, comme nous le verrons, des transitions tellement insensibles, que la distinction en devient aussi difficile qu'arbitraire.

Dans les unes et les autres, et cette circonstance doit être soigneusement notée, les parois sont comme bosselées, creusées de dépressions peu profondes, arrondies dans leur fond, sur leurs angles et sur leurs arêtes, non pas comme si un corps solide les eût usées, mais comme si un liquide dissolvant les eût traversées et corrodées, en sorte que les parois opposées n'offrent jamais des saillies correspondantes, comme le seroient celles d'une fente résultant d'une fracture fraîche; mais elles montrent au contraire les rétrécissemens et les évasemens que je viens d'indiquer.[1]

---

1 On a publié un grand nombre de figures de cavernes; mais il n'en

La roche clastique, c'est-à-dire formée de débris, qui les remplit, est composée en général d'un sable plus calcaire que siliceux, et quelquefois limoneux, agrégé souvent très-solidement par un ciment calcaire. Cette roche est tantôt grise ou sans couleur dominante, et tantôt rougeâtre, teinte presque constante dans les brèches; elle enveloppe des fragmens non roulés et quelquefois aussi des fragmens roulés de calcaire compacte et de différentes roches, et des débris organiques d'espèces, de genres et de classes même très-différens, depuis des coquilles (et ce sont toujours des coquilles non marines) jusqu'aux mammifères les plus semblables à ceux qui vivent actuellement à la surface du globe.

Ces cavités, soit les fissures des brèches, soit les cavernes à ossemens, sont toujours en communication avec la surface de la terre. Je ne sache pas qu'on en ait encore cité une seule, dont l'ouverture ait été fermée par un terrain en couches solides, pas même, du moins entièrement, par des laves anciennes.[1]

Enfin, du calcaire concrétionné, des stalactites et stalagmites, recouvrent ou enveloppent ces roches clastiques; quelquefois elles pénètrent dans leurs cavités, quelquefois leurs fragmens font partie de la brèche à ossemens, et cette disposition est, comme on va le voir, également propre aux fissures à ossemens et aux cavernes.

Tels sont les principaux caractères de ce groupe de terrains.

---

est pas de même des fentes à brèches. Je n'en connois pas de figures satisfaisantes; j'ai donc cru devoir en faire prendre une idée plus précise en donnant la figure de celles qui ont été le sujet des observations insérées dans les Annales des sciences naturelles, tom. 14, pag. 410, pl. 14 et 15, et tom. 16, pl. 4.

1 J'entends par ce mot toute roche qui a été liquéfiée par le feu et qui a *coulé*.

Nous allons examiner maintenant les circonstances qui sont particulières à chacune de ses manières d'être.

1. CAVERNES A OSSEMENS.

Les cavernes sont des cavités souterraines sinueuses, offrant, dans leur prolongement, des évasemens et des rétrécissemens nombreux, dont les parois, qui ne sont jamais parallèles, paroissent comme usées et même corrodées par le passage d'un courant de matières érosantes. Tantôt elles sont creusées vers le sommet des montagnes ou sur des plateaux, et alors leur direction principale est ordinairement verticale : on les appelle plus particulièrement puits; tantôt elles partent de la base ou du milieu d'une colline, pénètrent dans son intérieur et presque toujours s'y enfoncent en s'approfondissant.[1]

Ces cavités laissent rarement voir à nu la roche presque toujours calcaire dans laquelle elles ont été creusées : elles sont plus ou moins remplies de deux sortes de roches de nature et d'origine bien différentes; ce sont :

1.° Des matières terreuses peu solides, quelquefois entièrement meubles, mêlées de débris de roches et d'ossemens, qui, dans la classe des cavernes qui nous occupent, en remplissent les parties inférieures.

2.° Des concrétions calcaires cristallines, nommées stalactites et stalagmites, qui pendent de la voûte, tapissent les parois et recouvrent d'une croûte plus ou moins épaisse le terrain meuble précédent.

On voit déjà dans la triple disposition de l'érosion à parties arrondies des parois, des stalactites et de l'agrégat pierreux et ossifère, la plus grande analogie entre les cavernes à ossemens et les brèches osseuses. M. Marcel de Serres et M. Bertrand Geslin, chacun de leur côté, ont réuni des faits qui éta-

---

1 On peut voir le développement de ces caractères au mot CAVERNE du Dictionnaire des sciences naturelles.

blissent cette analogie. Le premier a fait voir par la comparaison des roches, et surtout par celle des débris organiques renfermés dans les brèches et dans les cavernes du midi de la France, que la même catastrophe, ayant eu lieu à peu près à la même époque géognostique, avoit entraîné dans les cavités des fentes et des cavernes les ossemens d'animaux qui, liés par le limon ferrugineux qui les accompagne, remplissent ces cavités en tout ou en partie.

On reconnoît également dans cette disposition trois opérations, qui se sont faites à trois époques différentes : premièrement l'ouverture de la caverne, faite à une époque peut-être de beaucoup antérieure à son remplissage, et probablement par des causes très-différentes; secondement, le remplissage des cavités inférieures par l'introduction de terrains meubles à ossemens ou de cette véritable brèche osseuse; en troisième lieu, le dépôt du calcaire concrétionné, qui est venu recouvrir la voûte, les parois, le sol même et par conséquent la brèche osseuse dans tous les endroits où elle se trouve.

Nous n'avons rien autre chose à ajouter à ce que nous avons dit sur le creusement de ces cavernes[1], que de rejeter l'opinion que nous avions émise alors, avec la plupart des naturalistes, sur l'influence de l'eau pure dans ce creusement. Nous avons au contraire fait voir depuis la rédaction de cet article[2], que l'eau pure n'avoit pas pu produire un tel effet.

Nous devons examiner avec plus de détail le terrain d'agrégation de remplissage.

On remarque qu'il est généralement composé d'un limon argilo-marneux et sableux, quelquefois pénétré d'une matière animale, et qu'il renferme, à peu près également disséminés, des galets, des éclats de roches, du gravier et des

---

1 Voyez l'article CAVERNES, Dict. des sc. nat.

2 Voyez l'article EAU du même Dictionnaire.

ossemens d'animaux plus souvent carnassiers qu'herbivores, dont on trouvera l'énumération dans les tableaux.

Les animaux que cette énumération fait connoître, ne sont pas en nombre égal dans les cavernes; il s'en faut de beaucoup : les neuf douzièmes appartiennent à des ours, près de deux douzièmes appartiennent à l'hyène; le douzième restant se compose des os des autres espèces énumérées.

Les éléphans, rhinocéros, chevaux, bœufs, aurochs, tapirs, si connus dans les terrains de limon d'atterrissement antédiluvien, sont au contraire très-rares dans les cavernes; tandis que les carnassiers cités plus haut comme faisant les onze douzièmes des animaux des cavernes, sont très-rares dans les terrains d'atterrissement. Néanmoins, comme ils ne s'excluent pas absolument, il est suffisamment prouvé, ainsi que le fait observer M. Cuvier, qu'ils ont vécu ensemble dans le même pays.

Les ossemens n'y sont jamais réunis en un squelette entier, mais séparés et dispersés. Ils sont souvent brisés, rarement usés par un frottement de roulis, et plus particulièrement sur une de leurs faces, ce qui indique qu'ils ont été exposés dans leur place à la cause érodante. Quelques-uns semblent avoir été brisés ou entamés par la dent d'un animal carnassier; les débris de roches, soit anguleux, soit arrondis en galets, sont mêlés sans ordre avec les os dans la masse générale.

Cette brèche osseuse remplit, comme nous l'avons dit[1], les cavités, et surtout les cavités les plus basses des cavernes; sa surface est généralement horizontale, ce qui lui donne l'apparence d'une masse sédimenteuse épaisse, tenue en suspension dans un liquide et qui, en s'introduisant dans la caverne, en a rempli toutes les cavités inférieures.

Néanmoins on observe quelquefois, sur le sol horizontal de la caverne, des amas assez élevés, composés de masses angu-

---

1 Et comme le font si bien voir les belles coupes que M. Buckland a publiées des plus célèbres cavernes à ossemens.

leuses de calcaire liées par un ciment rougeâtre, semblable à celui du sol, recouvertes et liées de nouveau par des stalactites, et renfermant beaucoup d'ossemens.

Des ouvertures qui se présentent quelquefois au plafond de la caverne et qui communiquent avec la surface du sol, peuvent faire présumer que les amas de roches, les os et le limon rougeâtre, se sont introduits en partie par ces ouvertures. (Bertrand-Geslin.)

Les os y sont à peine altérés; ils ne montrent pas ces incrustations de calcaire concrétionné qu'on voit sur quelques-unes des brèches osseuses jusque dans la cavité des os longs.

Le calcaire concrétionné pend en stalactite à la voûte et recouvre en stalagmite les parois et le sol. Il est de formation très-moderne et continue à se former, et même, dans certaines cavernes, avec une grande rapidité.

Il est beaucoup plus rare de trouver des portions brisées de stalactites dans la brèche osseuse des cavernes que dans les brèches osseuses des fentes.

Tels sont les faits principaux et les plus caractéristiques des cavernes à ossemens; comme on n'en a jamais trouvé de réellement fermées dans aucun terrain à couches, quelque moderne qu'il soit, on peut dire que les brèches des cavernes appartiennent, comme celle des fentes, à la dernière révolution du globe, et par conséquent à l'époque des terrains clysmiens, dans laquelle nous les plaçons; rapprochement déjà indiqué par M. Cuvier dans le résumé placé à la fin du 4.e volume des Ossemens fossiles.

Nous allons donner une indication des principales cavernes à ossemens.

Nous commencerons par l'Allemagne, comme étant le premier pays où on les ait observées et étudiées avec beaucoup de soin.[1]

---

1 Je n'aurois pu espérer de faire mieux dans cette énumération en faisant

La caverne de BAUMANN, dans le pays de Blankenbourg, au nord de Rubeland, sur les dernières pentes orientales du Harz, et celle de Biel, qui lui est opposée : on remarque dans la première, cinq à six renflemens ou grottes qui communiquent entre elles par des passages fort étroits; la seconde se présente comme un long canal très-sinueux, mais à peu près d'un égal diamètre.

La caverne de SCHARZFELD[1], non loin d'Osterode et sur la dernière pente méridionale du Harz : elle est creusée dans un calcaire gris-jaunâtre, peu dense, qui ressemble à la craie tufau, mais qui me paroît appartenir à la formation jurassique. On y compte aussi cinq à six grottes, également séparées par des passages très-étroits. Le calcaire jurassique qui forme ses parois, renferme une assez grande quantité de carbonate de magnésie.

Les cavernes de MUGGENDORF, dans le pays de Baireuth, en Franconie, parmi lesquelles la plus remarquable est celle de Gailenreuth, sur la rive gauche de la Wiesent. Son entrée est percée dans un rocher vertical; on y compte au moins six chambres ou cavités principales, qui vont en s'enfonçant dans le corps de la montagne; elles ne communiquent entre elles que par des ouvertures très-étroites et trop étroites même pour que les animaux dont les ossemens sont accumulés dans l'une de ces grottes, aient pu y passer. Les os qu'on y trouve si abondamment, appartiennent à des espèces fort nombreuses de quadrupèdes, presque tous carnassiers. On y trouve aussi, mêlés avec les os, des galets évidemment roulés d'un marbre

---

autrement que M. Cuvier; aussi verra-t-on facilement que cette partie de l'histoire des cavernes est presque entièrement extraite de son grand ouvrage sur les Ossemens fossiles, édit. de 1823, t. 4, p. 291.

1 J'ai visité cette caverne en 1812, et, quoiqu'on en ait retiré depuis bien long-temps tous les ossemens qui peuvent être facilement extraits, j'ai pu encore trouver des dents caractéristiques d'ours.

bleuâtre, semblable à celui des brèches osseuses de Gibraltar et de Dalmatie.

Outre cette caverne, qui est la plus remarquable, on en connoît dans la même colline un très-grand nombre, qui sont désignées par les noms de Schœnestein, Brunnenstein, Holeberg, Wiserloch, Geissloch, Wunderhœhle, Klausstein ou Rabenstein, Kuhloch, Zahnloch, Schneiderloch, Rewig, etc. Les os qu'on y trouve appartiennent généralement aux espèces d'animaux énumérés au tableau; mais ce qu'elles offrent de très-remarquable, c'est que, d'après MM. Rosenmüller et Buckland, les cavernes qui sont dans les collines au nord de la Wiesent n'ont pas un seul fragment d'os, tandis que celles du sud en sont remplies.

La caverne de GLÜCKSBRUNN, dans le bailliage d'Altenstein, entre le Harz et la Franconie, n'ayant encore donné que des os d'ours.

Les collines qui renferment toutes ces cavernes ont, depuis les Crapachs jusqu'au Harz, une certaine continuité.

Les suivantes n'y sont pas liées d'une manière aussi évidente.

En WESTPHALIE. Celles de Kluterhœhle, près d'Oldenforde, et de Sundwich, près d'Iserloln, dans le comté de la Mark.

Les cavernes d'ADELSBERG en Carniole, célèbres depuis longtemps par leur immense étendue, par les amas et cours d'eau qui s'y trouvent, n'avoient pas montré d'ossemens fossiles jusqu'en 1816, que M. le chevalier de Lœwengreif découvrit une cavité fort étendue, oubliée depuis peut-être deux cents ans, et dans laquelle on a trouvé beaucoup d'ossemens d'ours; mais dernièrement M. Bertrand-Geslin en a trouvé dès l'entrée même de la caverne, en fouillant au-dessous de la croûte de stalactite rougeâtre qui la recouvre, puis dans un amas assez élevé au-dessus du sol et composé de fragmens anguleux de calcaire, réunis par des concrétions calcaires, ce qui indiqueroit, comme on l'a exposé plus haut, que les ossemens y ont été amenés avec les fragmens calcaires et qu'ils sont tombés avec eux dans les parties de la caverne où l'on voit ce mélange, par des puits ou fissures à peu près verticales, aboutissant à la surface du sol.[1]

En HONGRIE, sur les pentes méridionales des monts Crapachs, où on les connoît sous le nom de grottes des dragons. Les os appartiennent au grand ours des cavernes.

L'ANGLETERRE vient après l'Allemagne dans l'ordre chronologique de la reconnoissance des cavernes à ossemens : elles y sont bien moins nombreuses.

La plus célèbre est celle de Kirkdale, dans la partie orientale du comté d'York, à vingt-cinq milles au nord-est d'York; elle a acquis cette célébrité par le grand et beau travail qu'elle a fait sortir des mains de M. Buckland[2] : la découverte est toute récente, puisqu'elle ne date que de 1821. Son ouververture est à environ trente-trois mètres au-dessus du fond de la vallée de Pickering; elle est creusée dans un calcaire qu'on rapporte aux assises moyennes du terrain jurassique. Les ossemens d'animaux qu'on y a trouvés et que M. Buckland a décrits et figurés, indiquent environ vingt-un espèces; ce sont:

*Des hyènes appartenant à la même espèce que celle d'Allemagne et formant le plus grand nombre;* tigre, loup, renard, belette, éléphant, rhinocéros, hippopotame, cheval, bœufs, cerfs, lapins, campagnols, rats.

S'il y a des os d'ours, ils y sont en très-petite quantité.

Tous ces os sont brisés et quelques-uns semblent avoir été rongés et montrer encore l'empreinte des dents qui les ont fracturés; mais ils ne sont pas roulés. M. Buckland a trouvé dans le terrain qui les enveloppe des parties cylindroïdes qu'il regarde comme étant parfaitement semblables aux excrémens des hyènes.

---

1 Bertrand-Geslin, Ann. des sc. nat., t. 7, p. 458.

2 *Reliquiæ diluvianæ*, etc., un vol. in-4.°, Londres, 1823, avec 27 planches.

Les chambres de cette caverne, disposées entre elles comme dans toutes les autres cavernes, sont aussi tapissées et même obstruées par des stalactites.

On a découvert depuis cette époque trois autres cavernes à ossemens dans le même pays.

A Oreston, près Plymouth : on ne trouva d'abord que des os de rhinocéros dans une cavité d'un calcaire compacte qui paroissoit fermée de toutes parts, circonstance qui sembloit présenter un puissant argument contre la position ordinaire des ossemens d'animaux vertébrés. Mais bientôt on découvrit dans le même endroit une vingtaine de cavernes qui communiquoient ensemble et avec la surface du sol par des espèces de puits, et qui renfermoient du limon, des galets et des ossemens de chevaux, de bœufs, de cerfs, d'hyènes, d'ours et de loups.

En creusant un puits, en 1822, dans une mine de plomb de Callow, près de Wirksworth en Derbyshire, on découvrit une caverne remplie de limon, d'ossemens de bœufs, de cerfs, de rhinocéros. Cette caverne diffère des autres par la nature du calcaire dans lequel elle a été creusée. Celui-ci appartient au calcaire de transition supérieur, dit calcaire métallifère.

La caverne de Goat, à Paviland, sur les côtes de la mer, à 15° de Swansea, dans le Glamorgan. On y a trouvé des ossemens de cerfs, d'éléphans, etc., enfouis dans le limon qui forme ordinairement le fond de ces cavernes.

Il paroît qu'on n'a point remarqué de stalactites dans ces trois dernières cavernes, qui sont situées dans un calcaire généralement plus ancien que celui des cavernes d'Allemagne.

En 1825 on a encore découvert une caverne à ossemens près du bourg de Banwell, dans le comté de Sommerset. Elle est située dans un calcaire compacte de transition supérieur (*mountain limestone*), qui fait partie du groupe de montagnes nommées les *Mendipp hills*. Les ossemens mêlés de fragmens du calcaire de la montagne y sont engagés dans un limon argileux, rougeâtre, qui semble être entré dans la caverne par des puits naturels, placés au-dessus des amas les plus abondans. Les ossemens observés appartenoient à deux espèces de ruminans à cornes, à une de ruminans à bois et à deux de carnassiers. (Bertrand-Geslin.)

On a cru jusqu'à ces derniers temps qu'il n'y avoit point de cavernes à ossemens en France; mais depuis que M. Buckland a attiré l'attention des géologues sur ce sujet intéressant, depuis qu'il a fait connoître la position générale des ossemens dans les cavernes, et qu'il a fait voir qu'il falloit aller les chercher sous les stalactites qui forment sur le sol une croûte quelquefois très-épaisse, on en a découvert plusieurs. Il a montré lui-même, en pratiquant ce mode de recherches, que la caverne d'Osselles, près Besançon, visitée depuis bien des siècles et dans laquelle on ne soupçonnoit pas d'os fossiles, en renfermoit abondamment sous ses croûtes de stalactites. Cette caverne a cela de particulier, qu'elle n'a fourni jusqu'à présent que des os d'ours.

M. Thirria a découvert en 1827, et par la même méthode, dans le département de la Haute-Saône, par conséquent dans la même chaîne de collines, deux cavernes à ossemens, celles d'Échenoz et de Fouvent.

On a trouvé vers la même époque une caverne très-riche en ossemens d'une multitude d'espèces d'animaux, à Lunel-viel, près Montpellier. M. Marcel de Serres en a donné une très-bonne description. Ce même naturaliste a reconnu dans le midi de la France plusieurs autres cavernes à ossemens, à Saint-Antoine, à Saint-Julien, près Montpellier, etc.

M. Tournal, de Narbonne, a fait connoître une caverne à ossemens non moins remarquable que les précédentes pour les espèces d'animaux qu'elle renferme.

Toutes ces cavernes sont creusées dans le calcaire jurassique. Elles présentent les mêmes formes intérieures, les mêmes dispositions générales que celles d'Allemagne et d'Angleterre; elles sont tapissées et presque obstruées par les stalactites, et contiennent à peu près les mêmes espèces d'animaux, dont les os brisés, mêlés avec des galets, forment une brèche à ciment limono-calcaire, qui remplit les parties creuses et inférieures de ces cavernes, en offrant vers le sol une surface ou plancher assez horizontal.

Enfin M. J. de la Noue vient de trouver des ossemens d'ours dans le sol argileux de la caverne dite le *trou de Granville*, près Mircmont, dans le département de la Dordogne. On avoit très-bien décrit cette caverne remarquable pour l'étendue et le nombre de ses caveaux ramifiés, et on avoit dit qu'elle ne renfermoit pas d'ossemens; mais on les y trouve vers les parties les plus enfoncées, enfouis dans l'argile rougeâtre.

On connoît aussi des cavernes à ossemens dans l'Amérique septentrionale. M. Bigsby a décrit celle du territoire de Lanark, dans le Canada supérieur. Le sol est couvert de débris de calcaire granulaire brun, semblable à celui du terrain où est creusée cette caverne, qui forme, avec les ossemens, une espèce de brèche semblable à celle que M. Bertrand-Geslin a remarquée dans la caverne d'Adelsberg.

2. Brèches osseuses.

Ce sont des roches d'agrégations, composées, comme il vient d'être dit, d'un ciment calcaréo-sableux, ordinairement ocracé, qui enveloppe des débris de différentes roches et des ossemens plutôt brisés qu'entiers de diverses espèces d'animaux vertébrés.

La pâte de la brèche est souvent assez dure, quelquefois très-friable; elle est tantôt plus marneuse que sablonneuse, tantôt plus calcaire ou sablonneuse que marneuse.

Les cavités qui étoient restées dans cette roche, et les cavités des os, sont souvent enduites ou remplies de calcaire concrétionné. Ce calcaire pénètre quelquefois la pâte de la roche, en cimente les parties et leur donne alors une assez grande solidité.

Outre les os on y trouve des coquilles, qui sont toujours terrestres, fluviatiles et lacustres.

Les espèces d'animaux dont elles enveloppent les ossemens, sont extrêmement nombreuses et appartiennent à des classes très-différentes les unes des autres. Nous donnons, d'après M. Cuvier, dans le tableau n.° 3, l'énumération des débris organiques qu'on a observés dans ces brèches.

Ces singulières brèches présentent, relativement à leur position, deux circonstances remarquables : elles sont situées principalement et presque uniquement sur les rives des continens et des îles de la Méditerranée, se ressemblant d'ailleurs par leur nature, leur structure, leur couleur et leur gisement.

Elles remplissent toutes, en totalité ou en partie, des fentes plus ou moins larges, plus ou moins étendues, ouvertes dans le calcaire des bords de ce bassin. Ce calcaire compacte appartient ordinairement au terrain de sédiment moyen et presque toujours à la formation jurassique.

Quoique le tableau des corps organisés des brèches osseuses indique la plupart des lieux où on en a trouvé, il convient d'énumérer de nouveau ces lieux dans l'ordre géographique, afin de faire ressortir ce qu'ils présentent de remarquable en différence ou en ressemblance.

GIBRALTAR. Ce rocher, autant que je puisse le juger par sa forme, l'inclinaison et la disposition de ses couches, la description qu'on en a donnée et les échantillons qu'on en a rapportés, appartient au calcaire jurassique compacte fin. Il est creusé de cavernes remplies de stalactites, traversées de fentes à peu près perpendiculaires aux couches, remplies de la brèche osseuse, rougeâtre, plus ou moins fortement cimentée par une infiltration calcaire. Cette brèche est formée de fragmens de calcaire compacte et de calcaire grenu, presque saccaroïde, et de débris d'ossemens. On y trouve quelques coquilles terrestres et notamment l'*helix algira?* La brèche et les ossemens montrent dans leurs cavités des concrétions de calcaire spathique.

CETTE en Languedoc. Ce rocher est de calcaire compacte gris de fumée, qui ressemble beaucoup à celui que les Allemands nomment *Zechstein*, et qui seroit, par conséquent, d'une formation plus ancienne que le calcaire jurassique. Il est traversé de veines de calcaire spathique et ouvert par des fissures à peu près verticales, remplies de la brèche à ossemens d'un jaune d'ocre foncé : il renferme aussi des débris anguleux de calcaire lamellaire bleuâtre; mais on n'y a vu aucun débris d'animal marin. Les assertions opposées paroissent être erronnées.

On a également reconnu des brèches osseuses à ciment rougeâtre, à Bittarques et Vendarques, dans le département de l'Hérault; à Pezenaz, même département; à Anduze et à Saint-Hippolyte, département du Gard; à Aix, département des Bouches-du-Rhône; à Villefranche-Lauraguais, dans la Haute-Garonne; près de Perpignan, dans les Pyrénées orientales. Ces cinq dernières ont un ciment grisâtre; à Villefranche, dans le département de l'Aveyron, elles renferment des débris de pachydermes.[1]

A ANTIBES, le calcaire qui renferme les brèches appartient à la formation jurassique; mais il est grenu, presque saccaroïde, et ressemble beaucoup à la dolomie grenue. Il contient en effet la proportion de chaux et de magnésie qui constituent cette espèce[2]. Sa stratification paroît très-distincte, et ses couches, très-inclinées, semblent être tombées dans le bassin de la Méditerranée; mais M. Élie de Beaumont les con-

---

1 MARCEL DE SERRES, Ann. des sc. nat., t. 9, pag. 200.

2 Voyez la description plus detaillée et la figure que j'ai donnée de cette brèche, Ann. des sc. nat., 1828; Août.

sidère comme les fissures verticales propres à la dolomie. La tête des couches est ouverte par d'autres fissures, qui sont remplies de la brèche osseuse à ciment calcaréo-ferrugineux ; le tout paroît avoir une disposition simple et régulière, parce que rien, comme à Cette et comme à Gibraltar, n'est venu déranger cette disposition, resserrée d'ailleurs sur un très-petit espace en ce qui concerne la brèche osseuse, très-étendue, au contraire, si on ne considère que les fentes de ces montagnes et leur remplissage par une roche d'agrégation calcaréo-sablonneuse et ferrugineuse.

Je n'y ai vu aucune coquille, et je ne sache pas qu'on y en ait trouvé.[1]

La brèche de Nice offre une même disposition dans un calcaire semblable, et on voit encore la même chose dans celle de Villefranche. Ce sont, dans ces trois endroits assez voisins les uns des autres pour qu'on puisse les considérer comme des parties d'une même montagne, malgré le vallon du Var qui les sépare, des calcaires jurassiques (ou conchyliens, Élie de Beaumont), tantôt compactes, fins, d'une couleur jaunâtre, tantôt grenus et grisâtres. Un calcaire concrétionné à texture cristalline tapisse ou remplit plus ou moins complétement les cavités de ces brèches.

Il ne paroît pas qu'elles aient plus que la précédente admis des coquilles marines dans leur formation ; mais le dépôt de coquilles marines semblables à celles de la mer actuelle, qu'on trouve au-dessus de Nice, à une hauteur de vingt-cinq

---

1 L'analyse faite dans le laboratoire de l'école royale des mines a donné les proportions suivantes :

| | |
|---|---|
| Carbonate de chaux.......... | 0,480 |
| Carbonate de magnésie....... | 0,479 |
| Carbonate de fer............ | 0,028 |
| Eau hygrométrique........... | 0,008 |
| | 0,995. |

mètres environ, peut très-bien avoir fourni aux fissures qui renferment ces brèches, mais postérieurement à leur formation, quelques coquilles, qui y auroient été entraînées par des causes indéterminées. Au reste, la présence de ces coquilles dans le gîte même des brèches est elle-même très-incertaine.

Les brèches d'Uliveto, près Pise, par conséquent toujours sur la côte septentrionale de la Méditerranée, sont de même dans des fissures d'un calcaire blanchâtre et grenu, accompagnées de calcaire spathique. Leur ciment est rougeâtre; elles sont composées de fragmens de la roche qui les renferme, et d'ossemens très-brisés. M. Cuvier les a visitées, et y a vu *la brèche rougeâtre traversant la masse calcaire de la montagne en divers sens, comme s'il y avoit eu des cavernes et des fentes que cette brèche auroit remplies après coup*. Ces petites cavités sont tapissées de calcaire spathique. Les os y sont accompagnés de coquilles terrestres.

Le cap Palinure, dans le royaume de Naples, présente une réunion d'ossemens dans une grotte qui est creusée à l'extrémité du petit rameau de montagne qui descend de l'Apennin dans cet endroit. Cette circonstance semble établir une nouvelle liaison entre les brèches et les cavernes à ossemens. La pâte est grise ou brune. Les fragmens d'os sont mêlés à des fragmens de calcaire jurassique gris et saccaroïde.

En Corse, à quelque distance au nord de Bastia, à près de deux cents mètres au-dessus du niveau de la mer, se présentent des brèches osseuses dans un ciment rougeâtre, remplissant plusieurs fentes qui traversent le calcaire bleuâtre ou blanchâtre dont la masse de la montagne est composée. Outre les ossemens brisés, on y voit des fragmens de calcaire saccaroïde. Le tout lié souvent par du calcaire concrétionné.

A Cagliari, en Sardaigne, le ciment de la brèche est terreux et friable, et les débris d'ossemens, qui appartiennent ici à de petites espèces, sont plus abondans que le ciment.

On y observe des fragmens de calcaire concrétionné blanchâtre. Les os appartiennent presque tous à un campagnol qui ne se trouve plus en Sardaigne.

En SICILE. Les brèches osseuses de Maridolce près Palerme: leur position géognostique est peu connue, et elles ont autant d'analogie avec les grottes à ossemens qu'avec les brèches.

En DALMATIE. Les brèches osseuses sont éparses sur différens points et occupent toute la côte de la Dalmatie vénitienne : leur ciment est rougeâtre et ferrugineux; elles remplissent de grandes fentes verticales et horizontales (dit Fortis); chaque amas est incrusté de calcaire concrétionné (stalactite) rougeâtre, et l'intérieur des os creux est rempli de calcaire spathique. Ce même ciment rougeâtre et concrétionné enveloppe une grande quantité d'éclats de marbre dont les angles sont conservés. On ne voit dans ces brèches aucun vestige de corps marins.

Les brèches osseuses de Cerigo montrent aussi un ciment assez dur, rougeâtre; mais on n'a point de notions précises sur leur gisement.

Les os fossiles de Concud, près TERUEL en Aragon, offrent, d'après la description de Bowles, quelque imparfaite qu'elle soit, une assez grande ressemblance de gisement avec les autres brèches par la couleur rougeâtre du ciment qui les lie, par les parties pierreuses et les coquilles terrestres et fluviatiles qui les accompagnent.

Les brèches osseuses du VÉRONAIS et de Ronca peuvent très-bien porter ce nom, d'après la manière dont les portions d'os et de fragmens de calcaire compacte jurassique sont réunies dans un ciment rougeâtre, qui a beaucoup de ressemblance avec les breccioles volcaniques de ces mêmes lieux, que j'ai décrits ailleurs [1], et dont les parties sont liées par une con-

1 Mémoire sur les terrains de sédiment supérieur et calcaréo-trappéen du Vicentin, 1 vol. in-4.°, Paris, 1823, pag. 6.

crétion calcaire cristalline, mais elles se trouvent éparses ou même enfoncées dans des cavités caverneuses, et non pas dans des fissures ou fentes coupant les couches, comme celles qu'on a décrites en parlant d'Antibes. Ces brèches osseuses font encore avec celles de Dalmatie, du cap Palinure, etc., le passage des brèches aux cavernes.

3. Brèches ferrugineuses.

Je désigne sous ce nom des brèches qui ont la même disposition, la même structure que les brèches osseuses, et qui n'en diffèrent que parce que leur ciment est plus ferrugineux, et qu'elles renferment souvent une si grande quantité de minérai de fer hydroxidé pisiforme, qu'elles fournissent un des minérais de fer le meilleur et le plus riche.

Ces brèches remplissent des fissures, des fentes et même des cavernes. Ces cavités communiquent toujours avec la surface du sol; elles sont ouvertes dans différentes roches calcaires, mais principalement dans les assises du calcaire jurassique; elles ne sont recouvertes par aucune roche en couches, tout au plus par des terrains alluviens; elles ont donc avec les brèches osseuses, tant des fissures que des cavernes, la plus grande analogie de forme et de position, et probablement d'époque de formation. Il ne manquoit pour établir leur ressemblance complète que d'y reconnoître des ossemens ayant appartenu aux animaux des cavernes. M. Schubler[1] indique des dents de mastodonte, de rhinocéros, etc., dans les mines de fer pisiforme superficielles de Salmandingen, sur les hauteurs de l'Alb du Wurtemberg, et M. Necker-Saussure a reconnu des os et des dents d'*ursus spelæus*, dans les mines de fer de même formation de la Carniole, etc. Leurs parois semblent avoir été, ainsi que celles de ces cavités, comme corro-

---

1 Dans Alberti : *Die Gebirge des Königreichs Würtemberg*, etc. Stuttgart, 1826, pag. 302.

dées par un liquide dissolvant, et le fer pisiforme qu'elles renferment, et qui se présente quelquefois en nodules beaucoup plus volumineux, semble avoir été formé à la manière des pisolithes de Carlsbad, Vichy, etc., et avoir été produit par une cause géologique analogue.

Ces brèches se remarquent principalement dans les collines et plateaux jurassiques des environs de Bâle, de Delémont, de Lucel, du canton d'Arau, etc.[1]

### 4.e *Gr.* TERR. CLYSM. PLUSIAQUES.[2]

J'ai beaucoup hésité à rapporter à l'époque géognostique des terrains clysmiens, à une époque qui paroît si récente, des terrains renfermant des minéraux qui, par leur nature et leurs propriétés si simples et si tranchées, paroissent avoir été formés dans des temps et par des moyens qui nous semblent aussi inconnus qu'inconcevables; des minéraux qui se trouvent cependant en quantité assez considérable pour être l'objet d'exploitations lucratives et durables.

J'ai d'autant plus hésité, que des géologues distingués par leur savoir, leurs observations et leur génie, ou n'ont fait

---

1 Voyez la notice détaillée que j'ai publiée sur ce sujet dans les Ann. des sc. nat., t. 14, pag. 410, avec deux planches qui représentent la brèche osseuse d'Antibes et les brèches ferrugineuses de Lucel, et l'addition importante que M. Necker-Saussure m'a permis d'y faire, *ibid.*, t. 16, pag. 89, pl. 4, etc. On y trouvera développé les faits et les relations sur lesquels j'appuie ces rapprochemens.

2 C'est-à-dire *riches*. Dans le système de nomenclature triviale et *caractéristique*, mais non *significative*, que j'ai adopté, on ne pouvoit guère trouver, pour désigner ces terrains, un nom général, qui fût plus qualificatif que celui-ci. En effet, c'est de ce terrain que s'extraient toutes les matières que les hommes considèrent comme le signe, et quelques-uns même comme la source des richesses. Les diamans, les pierres précieuses les plus estimées, saphirs, spinelle, etc., l'or et le platine, viennent, comme on va le voir, de ce terrain.

aucune mention de ces terrains dans les tableaux de formation qu'ils ont publiés, ou ont indiqué dans une tout autre position les métaux qui s'y trouvent et qui ne se sont encore trouvés que là.

Mais il ne faut pas être ébloui par la présence des saphirs, des spinelles, des zircons, des diamans, de l'or, de l'étain, du platine, dans ces terrains; il ne faut même pas être trop préoccupé par la circonstance fort singulière, en effet, que les diamans et le platine ne se sont point encore rencontrés ailleurs : il faut, pour placer ces terrains dans leur vraie position géognostique, ne considérer que deux circonstances, mais deux circonstances importantes. La première, c'est qu'aucun des corps qu'on vient de nommer n'est ici dans sa position originaire; qu'il ne fait pas partie d'une couche solide; qu'il n'est pas cristallisé dans les cavités d'une roche, mais que tous ces minéraux en grains ou en cristaux, aussi émoussés que leur dureté a pu le permettre, sont disséminés dans un terrain meuble. Secondement, et cette circonstance est la plus importante pour fixer l'époque du dépôt de ce terrain meuble, c'est qu'il n'est jamais recouvert par aucune couche de terrain de sédiment qu'on doive ou qu'on puisse apporter à une époque antérieure à la formation des terrains de sédiment supérieurs, ni même à une époque aussi ancienne que ces terrains, si toutefois on peut asseoir une règle précise d'après la description qu'on en possède.

Les terrains clysmiens plusiaques sont généralement meubles ou foiblement agrégés, composés de matières terreuses, de sables fins, de graviers et même de galets au plus ovulaires; ils admettent quelquefois des galets et des débris plus volumineux; mais ces parties y sont plus rares, plus disséminées, et ne font pas, par leur agrégation, partie constituante des terrains; elles n'y sont, pour ainsi dire, qu'adventices, comme quelques masses que nous allons indiquer.

La base de cette agrégation est en général un sable quarzeux très-ferrugineux.

Ces terrains se présentent en dépôts souvent épais, quelquefois très-vastes, tantôt remplissant le fond de vallées larges et presque horizontales, tantôt s'étendant sur des plaines ou des plateaux considérables et même assez élevés, tantôt, enfin, couvrant des dos ou des pentes très-peu inclinées de collines peu élevées. (Les lavages d'étain [*Seifenwerk*] de l'Erzgebirge en Saxe, de Bohème, de Cornouailles, etc.)

Ils sont composés généralement de galets de quarz hyalin-laiteux, d'améthistes, de jaspe, de phtanite, de trappite, de fer oxidé limoneux et argileux très-impur; de fer titané sablonneux, qu'on nomme menakanite, de graviers granitiques et quarzeux.

Ils renferment des grains ou cristaux à arêtes émoussées, des corindons télésies de toutes les couleurs, quelques corindons adamantins, des spinelles, des cymophanes, des topazes, des zircons hyacinthes et des zircons jargons, enfin des diamans, mais jusqu'à présent dans trois seuls points, dans l'Inde, à Bornéo et dans le Brésil.

Ils contiennent, mais toujours en grains ou paillettes, de l'or, quelquefois assez abondamment; ils contiennent aussi du platine et les métaux qui l'accompagnent, mais seulement dans l'Amérique méridionale, et en Asie au pied des monts Ourals, du titane ruthile et de l'anatase (au Brésil), du fer oxidulé, du fer oligiste, du fer hydroxidé pisiforme, de l'étain oxidé.

Les galets et débris ovulaires et même céphalaires qu'on y trouve quelquefois, appartiennent à la syénite, au diorite, au trappite.

Suivant que les minéraux précieux que l'on connoît sous la dénomination vulgaire de *gemmes* ou que les métaux précieux y sont dominans, on peut les distinguer en terrains plusiaques gemmifères ou métallifères; mais cette distinction ne paroît avoir rien d'essentiel : aussi ne la développerai-je pas davantage.

Ces terrains sont très-répandus sur la surface du globe ; mais ils n'ont été remarqués et décrits que dans les lieux où ils renferment des matières minérales recherchées par leur valeur.

Nous en citerons plusieurs non-seulement comme étant célèbres par les minéraux précieux qu'ils fournissent, mais aussi pour donner des exemples des faits d'où on a déduit les généralités caractéristiques de ces terrains.

Le GRAVIER STANNIFÈRE paroît avoir une disposition un peu différente de celle des autres sables métallifères, et demande à être considéré particulièrement. Il en diffère surtout en ce qu'il est situé sur des croupes ou des plateaux de montagnes, et presque toujours sur le granite ou peu éloigné de cette roche et des filons et gîtes d'étain qu'elle renferme, en sorte qu'on peut reconnoître sans incertitude le site originaire du métal principal.

En France, le terrain meuble qu'on a nommé d'*alluvion*, des bords de la mer, près Piriac, dans le département de la Loire inférieure, a montré dans un gravier granitique de nombreux grains et galets d'étain oxidé, accompagné de fer titané, de corindon, de zircon, de grenats, de cymophane et de quelques paillettes d'or. Il est placé tantôt sur le granite, qui contient plus loin des filons d'étain, et tantôt sur le terrain schisteux qui le recouvre.

En Cornouailles, également au-dessus du terrain primitif qui renferme les filons d'étain, se trouve un sable granitique stannifère, qui recouvre en dépôts de 2 à 20 mètres les parties de collines peu inclinées, et le sol des vallées qui sont au pied de ces collines. Ces dépôts appartiennent si évidemment au terrain clysmien, qu'on trouve dans les parties supérieures *des ossemens de mammifères.*

L'étain de lavage de Saxe (*Seifenwerk*) est connu depuis

long-temps, et a une position à peu près semblable à celles qu'on vient de citer.

Un fait fort remarquable, c'est que la plus grande partie de l'étain de la presqu'île de l'Inde vient de terrains clysmiens, dont les principaux sont situés près de Salergore et de Péra. Il paroît y être accompagné d'argile et de minérai de fer argileux.

Enfin, dans l'Amérique méridionale, à Paraopeba, dans la capitainerie de Minas-Geraës, on cite de même un terrain sableux stannifère.

On voit par ces exemples que ces terrains ne renferment pas autant de minéraux variés que ceux qui constituent en général les sables plusiaques, dont nous allons donner quelques exemples, mais qu'ils présentent cependant assez de circonstances communes aux deux terrains pour être rapportés à la même époque.

Les Graviers et Sables aurifères des rivières d'Europe ne sont autre chose que des parties lavées des terrains clysmiens métallifères, qui couvrent le sol des vallées et des plaines que ces rivières traversent. Ce lavage a enlevé une partie des matières terreuses qui composent ce terrain. C'est donc particulièrement dans les lieux où il est assez riche pour être exploité et lavé, qu'on doit l'étudier, pour voir comment il est composé.

En Asie, au pied des monts Ourals, dans les environs d'Ékaterinebourg, etc. C'est un terrain meuble assez puissant, composé de sable et de limon marneux, dans lequel l'or est disséminé et qui renferme aussi du platine sur plusieurs points. On n'y a pas encore découvert de diamans, mais il contient beaucoup de pierres gemmes différentes, des morceaux de lignites, du fer limoneux, des galets de granite, de silex corné, d'agate, etc. Il n'est placé sous aucune couche solide; il n'est recouvert que par du limon tourbeux, qui renferme dans quelques endroits des *ossemens de mammifères;* enfin, par des tourbes et des terrains d'alluvion.

Le GRAVIER GEMMIFÈRE à diamans de l'Inde offre à peu près les mêmes dispositions, si ce n'est qu'étant plus ferrugineux, il acquiert quelquefois assez de solidité pour qu'on soit obligé de le briser; mais, quelque puissant qu'il soit, il n'est recouvert par aucun terrain en couche.

Les TERRAINS PLUSIAQUES AURIFÈRES de l'Afrique occidentale sembleroient, au premier aspect, présenter quelques exceptions à cette règle, car on est obligé de creuser des puits de 3 à 4 mètres de profondeur pour arriver à l'or; mais ces puits ne traversent que des dépôts de gravier, c'est-à-dire des parties des mêmes terrains qui, plus superficielles, ne renferment pas le métal pesant, qui paroît s'être réuni plus abondamment dans les parties inférieures de ce terrain meuble. C'est ici qu'on voit un exemple bien déterminé de la présence des galets ovulaires et céphalaires, et du sable ferrugineux, caractéristique de ces terrains.

Ces mêmes terrains, mais beaucoup plus riches en espèces minérales variées, couvrent des vallées et des plateaux bas dans les parties septentrionales et montueuses du Brésil, de la Colombie. Ils renferment les diamans, l'or et le platine, qu'on exploite dans ces régions de l'Amérique méridionale.

Enfin, des terrains semblables et également aurifères ont été reconnus dans la Caroline septentrionale.

Ces exemples[1] nous paroissent suffisans pour confirmer ce que nous avons annoncé au commencement de cet article, c'est que tous ces terrains plusiaques appartiennent à l'époque des terrains clysmiens et ne sont pas, comme on l'a cru longtemps, des parties simplement désagrégées et non déplacées de couches ou roches solides, dépendant de formations ou terrains plus anciens.

FER PISIFORME. Il ne faut pas confondre le minérai de fer

1 On peut en voir les développemens aux articles DIAMANT, OR et PLATINE du Dict. des sc. nat.

que je rapporte à cette formation, avec un minérai également nommé pisiforme (*Bohnerz*), mais que j'appelle *oolithique*, pour le distinguer essentiellement de celui dont il s'agit ici.

Le fer oolithique est en petits grains, au plus de la grosseur du millet, interposés en lits dans les assises ou couches moyennes, et surtout inférieures, du calcaire jurassique, etc. Le fer pisiforme de l'époque clysmienne est, au contraire, toujours superficiel ou tout au plus recouvert, soit par des terrains alluviens, soit par des roches également clysmiennes. Il est généralement en grains sphéroïdaux ou nodulaires plus gros que le fer oolithique : c'est du fer hydroxidé. Il accompagne quelquefois, comme on vient de le voir, les graviers métallifères et même les gemmifères, que j'attribue à la même époque, et qui sont presque toujours ferrugineux. Quelquefois aussi, et c'est le cas où il se fait remarquer par lui-même, il fait la partie dominante du sol, n'étant accompagné que d'argile, de marne ou de limon argileux et ferrugineux. Il remplit seul ou mélangé les cavités superficielles du sol, pénètre dans ses cavités ouvertes, et y forme les brèches ferrugineuses plus ou moins riches en métal, dont j'ai parlé à l'article des terrains clastiques. Il ne paroît renfermer nulle part aucune coquille marine qu'on puisse regarder évidemment comme de la même époque que lui.

Il n'y a de différence entre les brèches ferrugineuses et le fer pisiforme dont je traite ici spécialement, que parce que celui-ci est considéré comme étant étendu en dépôts plus ou moins puissans, placés à des hauteurs différentes, et absolument dans la même position et les mêmes circonstances géologiques que les graviers métallifères.

Les minérais supérieurs, superficiels et pisiformes du Jura, tant françois que suisse, du Berry, de Bréniguel dans le Lot-et-Garonne, et d'une multitude d'autres lieux, me paroissent appartenir à cette époque géognostique ; mais je ne dois y rapporter avec certitude que ceux que j'ai vus et décrits dans les notices que j'ai citées plus haut, à l'occasion des brèches ferrugineuses.

Le fer pisiforme diffère un peu des autres graviers plusiaques, en ce qu'il ne doit pas sa forme sphéroïdale au transport, mais à une action chimique, qui a accompagné ou précédé de très-près l'époque où il a été étendu à la surface du sol voisin du lieu où il s'étoit formé.

## *Résultats théoriques des terrains clysmiens.*

Il paroîtroit que la dernière catastrophe générale du globe, celle qui a placé la mer dans le bassin qu'elle occupe actuellement, et qui a donné leurs formes actuelles à nos continens et à nos grandes îles, a produit, à la surface de la terre, des phénomènes très-différens dans leur espèce, mais qui montrent un caractère commun dans leur cause et leur contemporanéité.

Ce seroit cette catastrophe qui auroit transporté les blocs erratiques [1], qui auroit sillonné les rochers des collines et des vallées, à une hauteur supérieure à celle de toutes les eaux actuelles, qui auroit couvert les plateaux de galets ou les auroit amoncelées en montagnes dans les plaines basses, qui auroit apporté dans certaines vallées, sur certaines plaines et plateaux, des terrains sablonneux, aurifères et gemmifères, lorsque les localités produisoient ou avoient produit les roches matrices des minéraux qu'on trouve dans ces terrains meubles ; c'est elle qui auroit transporté et laissé dans les vallées les ossemens de grands mammifères, qu'on trouve enfouis dans leur sédiment:

---

1 M. Boué a dit, en rendant compte du Mémoire de M. Hausmann, sur les blocs erratiques : « Ce phénomène est le résultat d'une catastrophe violente que la partie septentrionale du globe a éprouvée dans « la dernière période de son changement général. » (Bull., Féruss., 1828, tom. 13, pag. 192.)

c'est cette même catastrophe qui auroit rempli les cavernes et les fissures des montagnes calcaires, ou des brèches osseuses qu'on y voit, lorsque le pays nourrissoit les animaux d'où proviennent ces ossemens, ou de minérais de fer pisolithique, lorsque le terrain pouvoit le fournir.

Ce sont les derniers paroxismes de cette grande catastrophe qui ont laissé à 30 ou 80 mètres de hauteur les coquilles à peine altérées des mêmes mollusques qui vivent encore dans nos mers.

C'est elle, enfin, qui a fait périr les animaux qui couvroient une grande partie de la surface de la terre habitable, et qui en a transporté les cadavres, d'une part, dans le bassin et les affluens de la mer glaciale, où ils se sont gelés et conservés, et de l'autre dans les mers tempérées et chaudes, où ils ont été ensevelis et détruits, mais en laissant dans tous les endroits propres à les retenir, les ossemens détachés de ces animaux promptement décomposés dans ces climats.

Nous ne possédons encore aucune masse d'observations assez considérable, pas même d'observation isolée assez frappante, qui puisse nous indiquer de quelle nature étoit le liquide aqueux qui a transporté ces matériaux et produit ces phénomènes; car il ne peut guères y avoir de doute que la force de transmission ne dérivât d'un liquide en mouvement; mais étoit-ce de l'eau douce ou de l'eau marine? Dans le premier cas, cette eau venoit-elle du ciel ou de l'intérieur de la terre? Les fissures et les cavités ouvertes dans sa croûte, tant calcaire que granitique, ne faisoient-elles pas partie des canaux par où ce liquide a été vomi par torrens à la surface des terres?

Les chaînes et terrains calcaires jurassiques et alpins semblent montrer encore dans leurs fissures, cavernes, puits et canaux souterrains, les routes suivies par ces torrens, ainsi que leurs issues. Les *fiords* ou golfes profonds et étroits qui pénètrent si avant dans les terres en Écosse, en Norwége, en Finlande[1], semblent également montrer les fissures de sortie de ces torrens, fissures fermées maintenant par les débris de matières meubles et les grands bouleversemens qui ont dû résulter d'un tel cataclysme.

Ou bien la mer actuelle, couvrant encore à cette époque une partie des continens, les a-t-elle abandonnés tout à coup, soit en s'engouffrant dans des cavités ouvertes dans son sein, soit en s'épanchant dans des directions diverses de dessus les terres qui s'élevoient rapidement au-dessus de sa surface?

Quelle que soit l'hypothèse principale qu'on admette, il restera encore à expliquer un grand nombre de phénomènes géologiques dus à des causes spéciales et locales; ces phénomènes résulteront néanmoins, mais médiatement, de la même catastrophe, et appartiendront par conséquent à la même époque géologique, à celle de la formation des terrains clysmiens saturniens.

---

1 Voyez une carte topographique et physique de la Finlande, qui montre cette disposition de la manière la plus frappante, et qui fait partie de l'ouvrage publié par M. Moritz de Engelhardt, sous le titre de *Darstellungen aus dem Felsgebäude Russlands*, 1.er cahier; Berlin, 1820, in-fol.

## V.e CLASSE. TERRAINS YZÉMIENS [1] ou DE SÉDIMENT. [2]

Cette partie étendue et puissante de l'écorce du globe offre en grand, et même sous de petits volumes, une structure clairement stratifiée. Les terrains que cette classe renferme présentent tous, de la manière la plus nette, ce caractère de structure qui ne se voit dans aucun autre avec la même évidence : ce sont les terrains en couche, et par conséquent en série, les plus sûrs, les moins embarrassés d'exceptions et d'anomalies.

Les roches non stratifiées qui s'y montrent quelquefois, ou bien y sont rares et très-restreintes, comme le gypse et quelques dolomies, ou bien, comme les ophiolites et les porphyres, elles diffèrent entièrement des roches stratifiées par leur mode de formation et même par leur position : c'est ce qu'on examinera à l'article de ces roches.

Les roches qui appartiennent évidemment à cette classe de terrain, montrent, dans leur texture et dans leur structure, sauf les exceptions du gypse, de la dolomie et du selmarin, un mode de formation par voie mécanique, c'est-à-dire, que la plus forte masse des parties qui les composent n'a point été tenue en dissolution chimique. Ces parties n'ont été que suspendues dans un liquide qui les a déposées plus ou moins lentement, suivant leur ténuité.

Quoique le plus grand nombre des roches des terrains yzémiens ait été produit par sédiment, il en est quelques-

---

1 La plus grande masse de ces terrains est produite par des sédimens mécaniques. Ils renferment aussi des roches cristallisées (le gypse, la dolomie, le selmarin, etc.); mais elles y sont en très-petite quantité.

2 Terrains secondaires et tertiaires, terrains de sédiment, *Flötz-Gebirge*.

unes qui, comme on vient de le dire, ont été faites par voie de dissolution et de précipitation, ou par tout autre procédé chimique, et d'autres, comme les gompholites, les poudingues, les brèches et le pséphite, qui ont été faites par voie de transport.

C'est dans ces terrains, et fortement engagés dans leurs roches, que se voient le plus de débris organiques, surtout de la classe des mollusques testacés. La présence de ces débris nous fournira un moyen commode et sûr de reconnoître ces terrains et leurs diverses parties, et par conséquent de mettre dans la place qui leur convient, celles de leurs roches qu'on trouve isolées.

Nous venons de dire que les terrains yzémiens formoient une des plus puissantes parties de l'écorce du globe. Les roches qui entrent dans leur composition sont très-nombreuses, très-variées, susceptibles de présenter des considérations importantes et très-différentes les unes des autres; il faut donc, pour mettre plus de clarté dans leur histoire, chercher à les séparer en plusieurs grands groupes ou ordres, et leur assigner des limites.

Ces limites ne seront pas arbitraires; elles seront fondées sur les indices des grands changemens qui ont eu lieu à la surface du globe à différentes époques, et qui ont eu chaque fois deux sortes d'influences, souvent très-distinctes.

L'une se manifeste par une cessation générale, et non pas uniquement locale, du parallélisme des couches, et par un changement notable dans leur nature et plus encore dans leur texture.

L'autre s'est fait sentir sur les êtres organisés qui vivoient à ces époques à la surface du globe ou dans les mers; elle paroît avoir eu pour résultat de détruire certaines espèces et de modifier ou même de changer entièrement celles qui ont vécu après ces grands événemens géologiques.

Nous nous bornons à diviser en trois ordres le système entier des terrains yzémiens. On pourra peut-être dans la suite, en se fondant sur les principes de division que nous venons de présenter, augmenter le nombre de ces divisions; mais jusqu'à présent elles peuvent suffire, et on devra remarquer qu'en n'attachant point une valeur absolue aux caractères qu'on va leur attribuer, ces ordres de terrain se distinguent assez nettement les uns des autres par une réunion considérable de caractères importans.

## 1.er ORDRE. TERRAINS YZÉMIENS THALASSIQUES[1] ou DE SÉDIMENT SUPÉRIEUR.

Ils s'étendent depuis les dernières formations de sédiment antédiluviennes jusqu'à la craie exclusivement : ils ne comprennent ni les terrains alluviens ni les terrains clysmiens.

Leur mode de formation est presque entièrement mécanique, souvent même à sédiment grossier. Il n'y a, dans ces terrains, de roches formées par voie de dissolution, que le travertin, la meulière et les autres silex, et le gypse.

Les débris organiques qu'ils renferment, et surtout l'absence, jusqu'à présent sans exception, de plusieurs genres et d'un grand nombre d'espèces d'animaux, caractérisent parfaitement cette époque géognostique.

Ces débris caractéristiques, qui ne sont pas indistinctement

---

1 Ou *de la mer*. Je préfère ces épithètes presque insignifiantes, et qu'on n'a par conséquent aucune raison de discuter et de changer, aux noms adjectifs ou numériques qui indiquent des époques ou des positions, telles que tertiaires ou supérieures. Cependant en y voyant des terrains lacustres, on pourra encore critiquer celui-ci, si on oublie qu'on n'a pas eu pour objet *de dire tout en un mot*, mais seulement d'indiquer la nature principale et dominante des groupes qui composent ce terrain essentiellement marin.

Voyez ce que j'ai dit sur la nomenclature géologique à la fin de l'*introduction*.

*Syn*. Terrains tertiaires. *Mergelkalk* de M. de Hof.

répandus dans toutes les parties de ce terrain, appartiennent aux genres et espèces d'animaux désignés aux tableaux n.os 4, 5, 6 et 7.

Des mammifères, principalement des pachydermes et des carnassiers, des oiseaux, des cétacés, des reptiles de tous les ordres, mais plus particulièrement des chéloniens, des poissons, des crustacés, quelques insectes fort rarement, et parmi les zoophytes, des fongies et des orbilolites.

Parmi les mollusques testacés, les genres de coquilles que l'on désigne vulgairement par l'épithète de littorales, notamment des cérites, fuseaux, cythérées, arches, nummulites, et enfin une multitude de genres et d'espèces, qui montent à plus de douze cents connus, en sorte que les caractères négatifs sont plus faciles à exprimer que les positifs, mais ils ne sont jamais que présumés; une seule observation peut, d'un moment à l'autre, leur enlever leur valeur absolue, mais non pas leur valeur relative.

Néanmoins on n'a trouvé jusqu'à présent, dans ce terrain, en position naturelle, c'est-à-dire, comme y ayant vécu, aucun trilobite, orthocératite, productus, spirifer, inocérame, catillus, ammonite, bélemnite, quoique ces derniers testacés soient si abondans dans le terrain immédiatement inférieur à celui-ci.

Les végétaux fossiles offrent des caractères qui n'ont pas moins d'importance; ainsi les phyllites ou feuilles de dicotylédons, les tiges de palmiers, les fruits des différens genres de cette famille, y sont communs, et plusieurs ne se trouvent guère que dans cette division des terrains yzémiens, tandis que les fougères véritables y sont très-rares. On n'y a encore vu aucune tige de calamite, de lycopodites, de cycadées, etc.

Ce terrain est nettement stratifié en couches et bancs; on y voit rarement des lits. La stratification de ses diverses parties est en général parallèle et horizontale.

Il ne forme que des collines, des monticules et des plateaux peu élevés, dont le plus haut niveau ne paroît pas dépasser neuf cents mètres. dans ce qu'on peut appeler sa position normale; car dans quelques cas il paroît avoir été porté jusqu'à deux mille cinq cents mètres.

Les pentes de ces collines sont généralement douces, et quand elles présentent des terrasses ou des escarpemens, ils sont peu hauts.

Le terrain thalassique est répandu sur tout le globe; cependant on n'en connoît encore que peu d'exemples authentiques en Amérique et en Asie. Il ne couvre jamais une grande étendue de pays sans interruption. Il est plutôt disposé par îles ou par bassins. Le bassin de Paris, celui de Londres, les collines subapennines, offrent des exemples tranchés de ces terrains dans leur plus grande étendue.

Les terrains thalassiques sont généralement calcaires, sableux et marneux; ils ne renferment aucun véritable gîte de minérai exploitable; ils ne contiennent même au-dessus des argiles plastiques aucun sulfure métallique en quantité notable.

Le peu de minérai pyriteux et ferrugineux que ces argiles renferment, y est disséminé en nodules ou petits lits interrompus. On n'y voit aucune sorte de filons, soit pierreux, soit métalliques; mais ces terrains contiennent entre quelques-unes de leurs assises, et dans certaines localités, des lits de combustible fossile, qui appartiennent constamment aux lignites.

Il y a dans ces terrains quelques fissures assez étendues, des canaux ou puits verticaux et quelques cavernes; mais ces cavités y sont rares.

Les corps organisés fossiles, notamment les mollusques testacés, y sont assez généralement disposés par lits continus, composés quelquefois d'une espèce dominante. Tantôt ce sont des cythérées, comme dans les marnes du gypse, tantôt des huîtres, des cérites, des lucines, des corbules, des turritelles, des nummulites, etc.

Les coquilles y sont ce qu'on nomme calcinées. Quelquefois aussi elles y sont pétrifiées en silex ; mais c'est plutôt leur noyau que leur test qui a pris cette nature.

Telles sont les considérations générales qu'offre le système entier des terrains yzémiens supérieurs.

Le tableau que nous en donnons et dont nous allons discuter les diverses parties, fait connoître la suite des formations ou groupes de roches et des roches que nous attribuons à ce terrain, et l'ordre de superposition qu'elles affectent le plus ordinairement.

### *Observation générale sur les terrains thalassiques.*

Il me paroît à propos, avant de décrire les groupes ou les formations qui composent ce terrain, de revenir sur ce que j'entends dans le cas actuel et dans les cas semblables par formation locale, et de faire voir que ce qu'on a dit sur les dépôts de ces terrains par bassins est tout-à-fait conforme à ce que nous avons énoncé, M. Cuvier et moi, long-temps avant qu'on ait présenté ce mode de gisement comme nouveau ou comme une objection à notre classification des divers groupes de roches des terrains parisiens; de rappeler enfin que nous avions su reconnoître la distinction établie par l'illustre professeur de Freiberg entre les diverses sortes de gisement qu'il a nommées formation locale, formation morcelée et formation par bassin, et que nous avions tâché de l'appliquer avec précision à l'ensemble des terrains parisiens.

Nous pensons donc, M. Cuvier et moi, que les terrains dits tertiaires, dont le bassin de Paris offre l'exemple le plus développé et le mieux connu, ne peuvent être regardés comme une formation locale dans la véritable signification de ce mot, c'est-à-dire comme une formation qu'on n'auroit trouvée que dans deux ou trois lieux de la surface du globe, telle que pourroit être la roche de topaze de Schneckenstein, la formation des diamans, la phosphorite terreuse d'Estramadure, etc.; mais que c'est un terrain répandu sur presque tout le globe, qui, au lieu de couvrir sans interruption de grandes étendues de pays, est disposé par bassins qui ne sont peut-être pas moins étendus que des terrains beaucoup plus anciens, quoiqu'il soit de règle assez générale en géologie, que les formations prennent d'autant moins d'extension qu'elles deviennent plus superficielles. Il s'en faut donc de beaucoup que ces bassins soient aussi petits et aussi rares qu'on l'a cru lorsqu'on les a signalés pour la première fois.

Ainsi, nous le répétons avec beaucoup de géologues, le terrain dit tertiaire n'est *point une formation locale*, mais c'est une *formation principalement par bassin*, et encore n'est-elle pas toujours ainsi; car les collines subapennines, qui présentent ce terrain des deux côtés de l'Apennin, n'offrent nullement l'apparence d'un bassin.

Secondement, tous les bassins font voir ou réunis, ou diversement groupés et séparés, le même système de roche; c'est un fait qui n'est pas contesté, et j'ai vu assez de terrains tertiaires en France, en Allemagne, en Italie, en Angleterre; j'en ai réuni assez d'échantillons, pour avancer avec quelque autorité cette généralité.

Troisièmement, et ce fait, encore plus frappant, est-il aussi moins contesté: ces terrains, si bien caractérisés par leur position, par l'ensemble de leurs roches, le sont encore mieux, non pas par les dépouilles de telle et telle espèce, de tel et tel genre de corps organisés, mais par le système général, par l'ensemble de ces dépouilles. C'est un caractère général qu'on ne peut faire bien connoître que par des énumérations complètes, comparées les unes avec les autres, comme c'est le cas de toutes les distinctions ou réunions qu'on nomme naturelles [1]; en sorte que, si on réunissoit un *monceau* de

---

1 S'il falloit dire d'une manière précise et absolue en quoi les habitans de la Provence diffèrent physiquement des habitans de la Norman-

coquilles de la craie, en supposant même qu'il s'y trouvât quelques cérithes, quelques lucines, etc., et un *monceau* de coquilles des terrains tertiaires, en supposant qu'il s'y rencontrât quelques ammonites, quelques bélemnites et quelques gryphées (ce qui ne s'est pas, que je sache, encore vu), il n'est pas un géologue expérimenté qui ne reconnût ces deux *monceaux* pour appartenir à des terrains différens, et qui n'indiquât tout de suite les terrains d'où ils viennent.

Or, c'est par ces traits généraux que se ressemblent tous les terrains tertiaires connus; c'est par les rapports numériques de leurs débris organiques, comparés avec ceux des autres terrains, et non par des listes absolues de ces débris, qu'ils s'en distinguent : ce sont ces traits généraux qui indiquent une époque commune, une période et des circonstances communes de formation.

Nous n'avons jamais dit que dans chacun de ces bassins les différentes roches qui composent ces terrains et les débris organiques qui y sont ensevelis, dussent tous s'y trouver; qu'ils dussent s'y trouver dans le même ordre de superposition, qu'ils ne dussent jamais varier, ni de nature, ni d'espèce, ni de prédominance. Nous n'avons jamais dit (et si nous l'avions dit, nous nous empresserions de restreindre un principe beaucoup trop absolu et qui n'est une conséquence ni de nos travaux, ni des règles de formation admises pour nos terrains) que ces roches ne puissent pas différer considérablement, suivant les lieux, renfermer plus de mica et d'argile dans les Apennins, plus de sable et de mica en Suisse, plus de calcaire et de marne

---

die, on n'avanceroit pas un seul caractère qui ne fût contestable, et cependant quel est l'homme le moins observateur qui, voyant un régiment composé de Normands à côté d'un régiment composé de Provençaux, ne sera pas frappé tout de suite des différences physiques de ces deux troupes d'hommes: telle est la différence des caractères absolus et des caractères tirés des rapports numériques.

en France et en Angleterre; du gypse dans un lieu, de la marne sans gypse dans un autre; de l'argile plastique dans le bassin de Paris, et point du tout dans d'autres bassins; des dépôts puissans, solides, etc., de lignite en Provence, et seulement quelques indices de ce combustible dans le bassin de Paris. Mais nous avons dit que ces lignites avec leur argile s'étoient toujours présentés à nous dans les parties inférieures des terrains tertiaires que nous avons eu occasion d'étudier, sans avoir jamais avancé qu'ils ne dussent se trouver que là.

Il nous semble donc que nos généralités, présentées, comme nous l'avons fait, c'est-à-dire comme l'expression des faits que nous avions observés, ou même comme l'expression des faits ou des cas les plus ordinaires, restent avec toute leur valeur, et que le terrain tertiaire placé au-dessus de la craie, déposé sur toute la terre dans des bassins plus ou moins étendus et circonscrits, s'y reconnoissant partout par la *nature générale de ses roches* et par *l'ensemble des débris organiques* qu'il renferme, indiquoit une formation générale qui a eu lieu à une même époque géognostique par des causes et dans des circonstances semblables sur peut-être plus de la moitié du globe.[1]

Par conséquent, en examinant par groupes et successivement les roches qui entrent dans la composition des terrains yzémiens supérieurs, je ne prétends pas établir ni que ces groupes soient toujours composés des roches dont nous les formons, ni que ces roches y soient toujours disposées dans

---

1 Les laves actuelles, si semblables entre elles, malgré leurs différences de détail, si différentes du trachyte et des basaltes du monde antédiluvien; ces laves, qui s'épanchent toujours dans des limites bien plus circonscrites que ne sont celles de terrains tertiaires, mais qui se montrent sur tous les points du globe, sont un des phénomènes que je puis apporter pour expliquer le plus clairement possible ce que j'entends par époque, causes et circonstances géognostiques semblables.

le même ordre, ni que les groupes eux-mêmes se suivent partout dans l'ordre où on les a placés ici; nous disons seulement que ce sont les associations et l'ordre qui se sont présentés le plus ordinairement.

## 1.er *Gr.* TERRAINS ÉPILYMNIQUES.[1]

Il est difficile d'établir la limite précise qui sépare la partie saturnienne de ce terrain souvent composée de calcaire concrétionné, de la partie jovienne du terrain de même nature et de même texture. Cette distinction est même absolument impossible dans quelques circonstances; c'est le cas de tous les corps et de tous les phénomènes naturels. Il y a partout des transitions insensibles, qui, par cela même qu'elles sont générales, ne peuvent être apportées en objection contre aucune division.

Le terrain lacustre supérieur est le plus nouveau des terrains yzémiens; il n'est recouvert que par des terrains alluviens ou clysmiens, et jamais par aucun terrain marin de sédiment.[2]

---

1 Terrains lacustres supérieurs; *Upper fresh Waterformation; Tertiäre Süsswasser-Bildung*, Boué; *Jüngste Süsswasser-Kalkbildung*, Keferstein. Ce géologue la place parmi les terrains d'alluvion; nous ne pouvons admettre cette manière de voir.

2 M. Jules Desnoyers me semble avoir reconnu qu'un terrain clysmien marin, qui comprend le *crag* des géologues anglois, qui offre une accumulation immense de coquilles marines, presque toujours usées par le transport, accompagnées de débris de grands mammifères, portant quelquefois l'empreinte de leur séjour dans la mer, avoit recouvert tous les terrains thalassiques, même l'épilymnique; il l'a principalement étudié dans les parties du bassin de la Loire qui appartiennent à la Touraine et à l'Anjou. (Voyez ce qui en a été dit plus haut au 4.e groupe des terrains clysmiens sous le nom de falun coquillier.)

Cette curieuse observation ne me paroît pas infirmer le principe établi, qu'aucun terrain marin *de sédiment* n'avoit encore été reconnu au-dessus du terrain épilymnique, du moins dans le bassin de Paris et dans tous ceux qui montrent ce terrain lacustre avec la même évidence.

Il se confond donc quelquefois dans ses limites ou parties supérieures avec les terrains alluviens limoneux.

Dans les pays où il y a entre ce terrain lacustre et celui que nous appelons moyen, ou palæothérien, un terrain marin (quelle qu'en soit l'origine ou la cause), les limites inférieures du terrain épilymnique sont faciles à déterminer. Tout terrain lacustre supérieur à ce dépôt marin ou seulement au gypse à ossemens appartient à cette formation. Mais dans les lieux beaucoup plus nombreux, où ce dépôt de séparation n'existe pas, le terrain épilymnique passe au terrain palæothérien et se confond aisément avec lui. On n'a d'autre caractère pour l'en distinguer, que celui qui se tire de la nature des débris organiques et de celle des roches; encore ce dernier caractère est-il très-peu tranché.

Le terrain épilymnique montre deux natures de roches, qui sont souvent mêlées, mais que nous considérerons séparément; ce sont des calcaires marneux avec des marnes argileuses ou calcaires, et des roches siliceuses.

1. Calcaire travertin, ou calcaire concrétionné, à grain fin, presque compacte, blanc ou jaunâtre; c'est le travertin ancien;

Calcaire concrétionné, laminaire ou lamellaire (stalactites et stalagmites).

Ce sont, parmi les calcaires de ces variétés, ceux qui indiquent par leur position qu'ils ont été formés avant l'époque jovienne ou actuelle.

Il y en a peu d'exemples authentiques.

Les travertins et concrétions de Colle près Sienne, par leur position vers le sommet d'une colline beaucoup trop élevée pour être jamais inondée par la crue des eaux actuelles, et qui ne présente aucune source incrustante supérieure, peuvent être regardés comme un exemple de ces calcaires.

Les calcaires lacustres supérieurs au sable et par conséquent au gypse des bassins de Paris doivent y être également rapportés.

Le CALCAIRE MARNEUX, la MARNE CALCAIRE et la MARNE ARGILEUSE diffèrent peu ; cependant le premier ne renferme presque point d'argile, mais il se désagrège facilement à l'air. Le second est encore plus désagrégeable et renferme de l'argile ; dans le troisième il y a plus d'argile que de calcaire: c'est la roche argileuse qui accompagne ordinairement les silex meulières.

Le calcaire travertin et le calcaire marneux lacustre se font reconnoitre par une circonstance qui ne manque presque jamais, quelque compactes qu'ils soient ; on y remarque des cavités tubulaires très-déliées, quelquefois sinueuses, interrompues, qui sont assez généralement perpendiculaires aux surfaces de stratification, et à peu prés parallèles entre elles ; elles ressemblent aux canaux que laisseroient, dans une matière visqueuse, des bulles de gaz qui les traverseroient. Ces cavités sont quelquefois couvertes d'un enduit verdâtre, ou remplies de marne friable.

Les autres roches de cette formation sont ou entièrement siliceuses ou très-chargées de silice ; ce sont:

2. Le CALCAIRE SILICEUX, mélange des deux, peu abondant et mal caractérisé dans le terrain supérieur ;

Le SILEX MEULIÈRE, roche dominante et caractéristique de ce terrain dans le bassin de Paris.

Il est en bancs irréguliers, interrompus, brisés, engagés dans de la marne argileuse et dans du sable marneux. On peut en reconnoître deux modifications, dont la position est constamment la même : l'une, compacte et supérieure, montre les tubulures sinueuses que nous avons déjà signalées dans le calcaire marneux, et renferme de nombreux débris et moules de coquilles lacustres. Les moules de ces coquilles et même leur test sont siliceux ; leurs cavités sont quelquefois tapissées de petits cristaux de quarz, ce qui indique dissolution complète de la matière siliceuse.

L'autre, poreuse et inférieure, est plus rougeâtre que la

première et généralement dépourvue de débris organiques.

M. Constant Prévost a très-bien établi que la meulière compacte à coquilles devoit s'être formée plus particulièrement sur le bord des espèces de bassins au fond desquels toute la masse de meulière s'est déposée, et que la meulière poreuse avoit occupé le fond de ce bassin à une profondeur et dans des circonstances qui n'avoient pu permettre à des êtres organisés, ou de vivre, ou d'être conservés. Toutes deux ont été formées par bancs continus, mais interrompus, ou par masses, soit ovulaires soit lenticulaires, placées à peu près sur le même plan et disposées avec une sorte de régularité. Les fragmens qui se présentent maintenant, et le désordre qui semble régner dans ce dépôt, sont une suite de fractures et d'affaissement postérieurs à leur formation, et dû au peu de solidité de la marne qui les renferme et au tassement de la masse de sable qui les supporte.

Silex pyromaque et résinite. Les premiers diffèrent assez de ceux de la craie, pour qu'un observateur habitué à les voir sache les distinguer, mais pas assez pour que ces différences puissent être facilement exprimées. Les seconds sont rares et en général moins bien caractérisés que dans le terrain inférieur.

Telles sont les roches qui composent le terrain lacustre supérieur ou épilymnique; mais ce terrain est encore mieux caractérisé par les débris organiques qu'il renferme, tant dans ses roches calcaires que dans ses roches siliceuses. (Voyez le tableau n.° 4.)

Les mammifères et autres animaux vertébrés de l'ancien monde, dont les débris se trouvent dans les parties limoneuses et clastiques des terrains clysmiens, peuvent aussi se rencontrer dans les roches calcaires et marneuses des terrains épilymniques.

Ils s'y trouvent associés avec les coquilles lacustres et terrestres, qui, se rencontrant bien plus abondamment dans ces terrains et qui même s'y rencontrant plus souvent seules, peuvent servir plus efficacement à les caractériser.

Les débris de végétaux y sont peut-être encore plus caractéristiques que les dépouilles animales; car les espèces qu'on trouve dans ces terrains ne se sont pas encore montrées dans les terrains lacustres inférieurs.[1]

Les exemples qu'on peut donner avec certitude de ces terrains, et que nous avons déjà indiqués ailleurs, sont[2] :

En FRANCE. Sur la plupart des plateaux du bassin de Paris, et hors de ce bassin : près d'Épernon; dans les environs d'Étampes, de Saint-Arnoud, de Soissons; à Passy-sur-Eure; à Cinq-Mars-la-Pile, près de Langeais en Touraine, les silex meulières y sont translucides et renferment des coquilles lacustres; près de Montpellier, les coquilles, parmi lesquelles se trouvent un grand nombre d'hélix, différent à peine de celles qui vivent encore; dans le département du Gard, où paroissent se présenter, comme près de Paris, les deux terrains lacustres; l'Auvergne et le Cantal, la Haute-Loire, l'Allier, le Cher, l'Indre, Loir-et-Cher, la Sarthe, le Loiret, le Bastberg dans le Bas-Rhin, etc.

En SUISSE. Le vallon du Locle, près Neuchâtel, dans le

---

1 L'énumération donnée au tableau n.° 4, résulte du travail sur les Végétaux fossiles, publié par M. Adolphe Brongniart, Mém. du Mus. d'hist. natur de Paris, vol. 8, pag. 210, pl. 11 et pl. 14; Descript. géolog. des terrains de Paris, par MM. Cuvier et Alexandre Brongniart, édition de 1822, pl. 8, 10 et 11.

2 Nous avons cité et décrit un grand nombre de terrains lacustres dans la Description géologique des terrains de Paris, édit. de 1822, pag. 274 et 295 à 320. Nous avons fait ressortir leurs particularités, et nous avons discuté les caractères qui peuvent faire attribuer les unes aux terrains lacustres supérieurs, et les autres aux terrains lacustres moyens.

Jura; le terrain d'Œningen, près du lac de Constance : on y trouve des anodontes.

En ANGLETERRE. A l'île de Wight, où les deux terrains lacustres se présentent assez distinctement.

En ALLEMAGNE. A Ursprung près d'Ulm; en Thuringe; près Vienne en Autriche; en Hongrie, dans un grand nombre de lieux.

En ITALIE. Aux environs de Sienne, de Rome, etc. : près de cette dernière ville il est difficile d'assigner la limite qui sépare le travertin antédiluvien de celui qui se forme actuellement.

### *Théorie du terrain lacustre épilymnique.*

Ce terrain montre tous les caractères d'un dépôt de carbonate de chaux, de marne et de silice, fait tantôt par sédiment, tantôt par voie de précipitation chimique, dans un liquide aqueux qui ne paroissoit contenir que des dépouilles d'animaux et de végétaux, dont nous voyons les analogues vivre généralement, et la plupart même uniquement, dans les eaux douces.

Parmi les exemples, pris sur toutes les parties du globe, que nous avons cités de ce terrain, il n'y en a pas un qui ait présenté un mélange réel de corps marins et de corps organisés terrestres ou lacustres. Il y a donc une réunion de probabilités qui équivaut presque à une certitude, que ces terrains ont été déposés dans des marais ou lacs d'eau douce, dans des circonstances et par des causes semblables à celles qui produisent encore des terrains analogues à ceux-ci dans le lac Baskie en Écosse, dans les lacs de Hongrie et probablement dans beaucoup d'autres lieux que nous ne connoissons pas encore ou que nous n'avons pas pu citer, faute de renseignemens suffisans.

Les terrains lacustres actuels nous représentent donc, mais

sur une échelle beaucoup plus petite, la manière dont les terrains lacustres anciens ont dû se former. L'étendue de leurs couches, leur régularité dans beaucoup de cas, la présence des parties siliceuses, volumineuses et abondantes, et cependant évidemment déposées par voie de précipitation chimique dans les lieux où on les voit; les tubulures sinueuses, désignant le passage du gaz, qui, en se dégageant, a laissé précipiter le calcaire et peut-être aussi la silice, sont des circonstances qui indiquent une précipitation tranquille et régulière au fond d'une eau douce; rien, au contraire, ne donne le plus léger indice ni d'une eau marine, ni de l'agitation d'un transport de terrain.

### 2.e *Gr.* TERRAINS PROTÉIQUES [1] ou MARNO-SABLEUX-MARINS.

Ce terrain, dont nous prenons le type dans le bassin de Paris, est pour nous d'une sous-époque géognostique et d'une origine entièrement différente de celui qui le précède et de celui qui le suit. Il en diffère par tous les caractères tirés de la nature des roches et de celle des débris organiques qu'il renferme.

Dans les lieux que nous choisissons pour termes de comparaison, et sur lesquels nous devons prendre les principaux caractères de ce terrain, ses limites sont bien déterminées. C'est supérieurement le terrain lacustre, et c'est inférieurement encore un terrain lacustre. Or, comme le terrain marno-sableux renferme principalement des débris de corps marins,

---

1 Produits par la mer, mais sans qu'on puisse toujours les reconnoître aisément et les distinguer des tritoniens.

*Syn.* Terrains marins supérieurs. — ? *Crag of Suffolk, Norfolk; Bagshot-sand* (voyez la note 2 de la page 134). — *Molasse- oder Postpaleotherium-Mergelformation*, Kef. — *Zweite tertiäre Sandstein- und Kalkformation*, Boué. — Calcaire moellon, Marcel de Serres.

il se termine nettement aux points où les corps marins disparoissent pour être *entièrement* remplacés par des corps terrestres ou lacustres.

En prenant le bassin de Paris pour type de ce terrain, on y reconnoît les roches suivantes, qui se suivent de haut en bas dans l'ordre où nous les nommons.

1. Grès blanc. C'est un grès, dans l'acception minéralogique de ce mot, tantôt blanc et pur (Fontainebleau, Nemours, butte d'Aumont), tantôt rougeâtre ou jaunâtre, ferrugineux et un peu micacé, et se présentant plutôt à l'état de sable qu'à celui de roche solide (Meudon, Feuguerolle, Montmartre, Romainville, etc.).

Il renferme en minéraux et roches subordonnés :

Du Fer sablonneux, en rognons dans les parties supérieures (hauteur de Viroflay, Montmartre, Pantin, etc.);

Du *manganèse terne* en enduit ou en dendrites profondes (Belloy, département de Seine-et-Oise);

Et de nombreuses coquilles marines de différens genres ou espèces, dont on ne voit que les moules : il est extrêmement rare que le test soit conservé. Comme ces coquilles diffèrent souvent de celles des marnes qui suivent ce grès, nous devons en indiquer particulièrement les espèces caractéristiques. Il est assez difficile d'établir cette détermination avec exactitude, à cause de la circonstance si commune de la destruction du test.[1]

Ces corps marins sont disséminés sans ordre dans les parties supérieures du grès. Il est fort remarquable que dans le plus grand nombre des lieux où on les observe, près Paris, aucun n'ait conservé son test, pas même l'*ostrea flabellula*, quoique

---

1 Voyez le tableau n.° 5, qui renferme les corps organisés fossiles marins de tout le terrain thalassique, mais avec l'indication des groupes auxquels chaque espèce peut être rapportée.

les huîtres le perdent rarement. Mais la place de ce test est restée en cavité dans le grès, et en assez bon état pour qu'on puisse obtenir, en le moulant en cire, une empreinte susceptible d'être déterminée avec exactitude. Le test a donc existé pendant quelque temps dans le grès et a ensuite été dissous; les parties calcaires ont été si complétement enlevées, que le grès ne fait que très-rarement effervescence avec les acides.

A une plus grande distance de Paris, du côté de Compiègne, etc., les coquilles du grès, si toutefois elles appartiennent à ce terrain, ont conservé leur test.

2. GOMPHOLITE[1] ET POUDINGUE. Les terrains protéiques ont une très-grande extension. Nous l'avions soupçonné dès 1822[2]; nous avions même hasardé d'y introduire la molasse de Suisse, terrain immense en étendue et en puissance, et par conséquent les agrégats non moins immenses qui la surmontent. Ce rapprochement a été confirmé de la manière la plus flatteuse pour nous, par le travail le plus complet et le plus satisfaisant qu'on puisse faire sur ces terrains[3]. M. Studer a établi, par la réunion des preuves géognostiques de toute nature, que la molasse dont il sera question plus bas, appartenoit aux terrains marins supérieurs au gypse. Le gompholite me paroît être en Suisse, en Bavière, etc., dans une position analogue à notre grès marin supérieur ou grès blanc. Je serois fort embarrassé de dire, dans l'état actuel de la science, s'ils sont

---

1 *Nagelflue* des Suisses. Voyez dans l'écrit intitulé *Classification minéralogique des roches* (1 vol. in-8°; LEVRAULT, Paris et Strasbourg, 1827), les caractères distinctifs de cette roche et de toutes celles qui seront simplement mentionnées dans la suite de ce tableau.

2 Description géognostique des environs de Paris, 1822, pag. 186 et 187, in-4.° La nature des corps organisés renfermés dans cette roche suffit pour établir entre elle et notre terrain marin supérieur au gypse de nombreuses analogies, etc.

3 *Monographie der Molasse*, par B. STUDER, 1 vol. in-8.° Berne, 1825.

exactement contemporains, et s'ils ne le sont pas, lequel a été déposé avant l'autre. En commençant par le grès blanc, je n'ai eu pour objet que de présenter la première la roche qui fait partie du pays que j'ai pris pour type des terrains thalassiques.

Le gompholite est placé sur la molasse ou fait partie de la molasse, comme les poudingues siliceux sont placés sur nos grès marins supérieurs et en font partie. Il n'y a de différence entre ces deux agrégats que celle de la nature des roches roulées qui les forment, et leur puissance. Ces différences sont de peu d'importance en géologie; mais la position, qui est dans ces roches presque le seul et vrai caractère géognostique, est la même.

Dans le bassin de Paris et dans le sol de diverses parties de la France, tant vers le Nord que vers l'Ouest, de véritables poudingues, dans l'acception minéralogique de ce mot, c'est-à-dire des agrégats de galets de silex avec du ciment siliceux, recouvrent le grès en lits plus ou moins puissans, et se lient même avec lui (Romainville, Sanois). Il ne faut pas confondre ces poudingues, qui sont au-dessus du grès, avec ceux dont nous parlerons plus bas. Or nous regardons le poudingue supérieur au grès comme analogue au gompholite de Suisse. Ils sont à nos foibles collines et à nos silex de la craie ce que les gompholites de Suisse, etc., sont aux montagnes alpines et à leurs roches granitoïdes.

Ce dernier agrégat se présente en collines et montagnes d'une étendue, d'une puissance et d'une hauteur prodigieuses; elles semblent indiquer une origine et des causes violentes, qui s'accordent peu avec l'idée qu'on s'est faite pendant long-temps de la formation récente et de transport des terrains de sédiment supérieurs. Il a fallu reconnoître les rapports de ces roches clastiques avec les terrains qu'elles recouvrent, ce qui a offert de grandes difficultés; il a fallu remarquer qu'elles ne sont elles-mêmes jamais recouvertes par d'autres roches que par les terrains alluviens et clysmiens, le terrain épilymnique et quelques parties très-supérieures du terrain protéique, pour présumer d'abord et s'assurer ensuite que ces énormes masses n'étoient pas antérieures à l'époque des terrains de sédiment supérieurs; mais elles pouvoient leur être postérieures et appartenir aux terrains clysmiens caillouteux. Ce que nous avons dit sur la position de ces terrains, constamment supérieurs à tout dépôt, ne permet pas de les confondre avec les roches clastiques des terrains thalassiques ou de sédiment supérieurs.

Par conséquent les gompholites polygéniques de la Suisse, les gompholites monogéniques de Salzbourg, des départemens de la Drôme, des Basses-Alpes, etc., appartiennent à la dernière époque marine des terrains de sédiment supérieurs. Ils recouvrent, dans plusieurs cas, les roches sableuses, telles que le macigno molasse; quelquefois aussi ils en sont recouverts : par conséquent il paroît qu'ils ont alterné avec elles, du moins d'après le récit des naturalistes qui les ont observés; car, pour moi, je ne les ai vus que supérieurs.

Ces roches sont solides, et tellement solides, qu'elles se taillent nettement et peuvent recevoir le poli.

Elles ne renferment d'ailleurs aucun minéral ni aucun métal; elles enveloppent quelquefois des débris organiques qui, malgré leur état imparfait de conservation, peuvent être employés utilement pour établir l'époque de leur formation par rapport aux autres parties des terrains yzémiens supérieurs.

Enfin, elles sont accompagnées de deux roches ou parties coquillières que M. Studer nomme le *Grès coquillier* et le *Nagelflue coquillier*, renfermant, le premier un grand nombre de coquilles assez entières, et le second, des débris de coquilles dispersées sans ordre dans la masse de ce gompholite. On n'en voit souvent que les moules, comme dans les poudingues supérieurs du grès de Montmartre, de Romainville, etc.; mais ces moules sont tapissés de calcaire spathique, ce qui indique que la formation de ces poudingues n'a pas été totalement privée de l'influence de l'action chimique. Nous reviendrons sur le grès en parlant de la molasse.

Les exemples que je viens de donner suffisent pour faire connoître de quelle roche j'ai entendu parler. Les exemples de détails se trouveront dans les ouvrages cités, et surtout dans le grand travail de M. Studer.[1]

3. MACIGNO MOLASSE. Cette roche, qui est composée de sable, de calcaire, d'un peu d'argile et de mica, avec une texture grenue, lâche et une consistance presque friable[2], a souvent la plus grande ressemblance avec les psammites des terrains de traumate (*Grauwacke*), et montre dans sa composition, sa texture et sa solidité, des variations assez nombreuses : elle ne se présente pas dans le bassin de Paris proprement dit, mais elle forme dans la Suisse et dans plusieurs parties de l'Europe méridionale des terrains puissans, étendus, composés d'assises très-épaisses, quelquefois à peine distinctes, qui renferment peu de corps étrangers.

On y trouve, comme roches subordonnées, du grès coquillier, du calcaire fétide, de la marne argileuse et des nodules calcaires plus durs que le reste de la roche, et qu'on nomme en Suisse *Knauer*. Ils sont disposés en assises parallèles, mais interrompues, et renferment une assez grande proportion de carbonate de chaux[3]. On y trouve aussi des

1 Ouvrage cité, pag. 106, 109, 111, etc.

2 Voyez sa spécification au mot MACIGNO, tom. XXVII du Dict. des sc. nat. ; et ma *Classification minéralogique des roches*, 1827, page 128.

3 M. Bronner en a fait l'analyse, que M. Studer a insérée dans son ouvrage (pag. 98) :

| | |
|---|---|
| Carbonate de chaux........ | 45,2 |
| Oxide de fer............. | 5,8 |
| Silice.................... | 37,0 |
| Argile.................... | 3,9 |
| Potasse et Perte.......... | 2,3 |
| Eau....................... | 5,2 |
| | 99,4. |

lignites en lits souvent très-puissans, très-étendus et accompagnés de lits plus minces de marne calcaire dure. Comme ces lits se présentent aussi dans d'autres lieux, qu'il n'y a pas encore pour nous de moyens assurés de les distinguer, et qu'ils me paroissent appartenir au groupe lacustre palæothérien, nous y reviendrons plus bas.

Les minéraux disséminés dans cette roche sont très-peu nombreux; j'y ai vu du calcaire spathique très-bien cristallisé (près Vevay). On y cite du gypse sélénite.

Les débris organiques qu'elle renferme sont ordinairement des coquilles marines, dans ses parties supérieures et moyennes, puis des lignites, des coquilles lacustres, des feuilles de palmier, etc., dans ses parties inférieures ou palæothériennes.

J'avois déjà rapporté, comme je viens de le dire plus haut, la molasse de Suisse aux terrains de sédiment marins, supérieurs au gypse; mais je l'avois fait avec quelque hésitation. Je n'en doute plus maintenant, depuis que M. Studer a admis et prouvé ces rapprochemens. Le grès marin supérieur, la molasse, le calcaire moellon, les marnes marines, soit isolés soit réunis deux à deux, représentent tout le terrain marin supérieur au calcaire grossier ou le groupe protéique.

Il ne faut pas vouloir trouver entre les roches presque d'agrégation, qui composent le groupe protéique à des distances si grandes, la même nature minéralogique, les mêmes espèces de corps organisés, le même ordre de position ; ce seroit exiger de la géognosie plus qu'elle ne peut donner : il doit suffire pour le moment de trouver un ensemble de roches, ayant une somme de caractères semblables dans tous les pays, placés sur un ensemble de roche présentant une autre somme de caractères également semblables dans des pays éloignés. C'est ce que paroît nous présenter de la manière la plus complète et la plus frappante le groupe protéique.

En nous arrêtant, dans la description de la MOLASSE, à la partie marine, nous y remarquerons, avec M. Studer, trois roches particulières : le grès coquillier, la molasse proprement dite et le calcaire fétide; mais ce dernier appartenant au dépôt de lignite palæothérien, il ne doit pas en être fait mention ici.

Le GRÈS COQUILLIER, composé de sable quarzeux, cimenté par un carbonate de chaux, qui paroît provenir des coquilles nombreuses qu'il renferme, contient en outre un grand nombre de grains d'un noir verdâtre et une substance verdâtre qui le traverse en veinules. M. Bronner a examiné cette matière assez remarquable dans cette position géognostique, et lui a trouvé une composition non moins remarquable [1] qui la rapproche tout-à-fait du phosphate de chaux ferrifère et de la glauconie crayeuse.

Les corps organisés fossiles qu'il renferme, et qui sont indiqués au tableau n.° 5, sont en général beaucoup de coquilles marines bivalves, dont on ne voit souvent que les noyaux et les fragmens. Les univalves sont rares en comparaison, ce qui offre une analogie fort remarquable avec ce que M. Marcel de Serres a observé dans le calcaire moellon des environs de Montpellier. On ne connoît dans le grès coquillier aucun débris organique qui ait pu appartenir à des êtres terrestres ou lacustres, ou aux terrains de craie.

Le grès coquillier est très-nettement stratifié et forme toujours les couches ou assises supérieures de la molasse. (Ar-

---

| 1 | |
|---|---|
| Carbonate de chaux | 40 |
| Phosphate de chaux | 36,7 |
| Silice et traces de manganèse de fer et de magnésie | 16,3 |
| Eau et matière animale | 5,8 |
| Perte | 1,2 |
| | 100. |

govie, entre Zofingen et Regensberg; au Buchelberg, où il atteint une élévation de 675$^{m}$ au-dessus de l'Océan.)[1]

La Molasse qui forme la roche dominante du terrain qui porte son nom, et qui lui donne ses caractères, ne demande plus à être considérée que sous le rapport de ses pétrifications, de sa puissance, de son étendue et de ses variétés.

M. Studer a épuisé tout ce qu'il y a à dire sur ses pétrifications, et ses résultats, d'un bien plus grand poids que ceux que j'avois tirés de mes rapides observations, confirment pleinement ce que j'avois présumé et annoncé dans l'édition de 1822 de la Description géognostique du terrain de Paris (pag. 186, 3.°). Il n'y a point de coquilles lacustres au *milieu* même de la molasse. Toutes les coquilles sont marines et analogues en général aux espèces du grès supérieur de nos collines gypseuses, des collines subapennines décrites par Brocchi, et des collines des environs de Vienne, décrites par M. Constant Prévost. Lors même qu'on en trouveroit quelques-unes, leur présence pourroit s'expliquer très-naturellement par les considérations sur les mélanges exposées ailleurs. Les feuilles de palmiers et d'autres arbres de la carrière de molasse de Bergère, près de Lausanne, paroissent avoir été enveloppées dans cette roche par la cause que nous avons admise dans ces considérations. D'ailleurs il ne faut pas oublier que nous allons trouver des lignites lacustres dans la partie inférieure de la molasse.

On ne peut citer avec certitude aucune bélemnite, ammonite, térébratule, ni aucun autre débris organique marin des terrains crétacés ou jurassiques : on n'y connoît pas même de nummulites (pag. 389). M. Studer discute beaucoup mieux que je n'avois pu le faire les prétendues exceptions à cette règle, et fait voir le peu de confiance qu'on doit donner aux

---

1 Studer, ouvrage cité, pag. 96 et suivantes.

faits qui semblent opposés à cette généralité[1] : il admet la présence de la mer et son séjour sur place ; il se fonde (pag. 246) sur ce que presque toutes les coquilles fossiles de la molasse appartiennent à des espèces qui vivent dans le sable ou qui sont adhérentes aux écueils, et que leur présence démontre qu'*elles ont vécu et se sont propagées dans la place* où on les trouve ; enfin, on cite aussi (page 310) à Court, dans la vallée de Munster, un rocher dont le pied est visiblement percé par des pholades. Cette circonstance, qui semble indiquer un rivage, doit faire examiner si les bancs de coquilles qu'on trouve sur les pentes des collines les traversent réellement, ou si on ne peut pas les considérer comme les traces ou restes d'anciens rivages (pag. 337). Cependant la ressemblance entière de position, de nature et d'espèces de coquilles qui se montrent sur les flancs opposés des collines du Belpberg et du Langenberg, ont porté tous les écrivains suisses à considérer comme un fait certain que c'est la continuation d'une même couche, dont une partie a été enlevée par l'ouverture de la large vallée de Gürbe. Malgré la différence de hauteur absolue, qui est d'environ trois cents mètres (pag. 360), les couches d'huîtres sont toujours à peu près à la même hauteur au-dessus des lits de panopées (pag. 373).

Ces observations, très-curieuses, très-importantes, non-seulement pour la géognosie de la Suisse, mais pour l'histoire des terrains protéiques, tendent toutes à faire admettre que les corps organisés fossiles de ces terrains ont vécu sur le lieu ou à très-peu de distance du lieu où on les trouve ; que leurs bancs ou lits ne sont pas superficiels, mais s'en-

---

1 Nous ne pouvons entrer dans les détails de ce travail d'érudition et de critique. Si on veut apprécier les motifs de M. Studer, il faut les lire dans l'ouvrage original, pag. 248 — 252.

foncent sous les terrains qui composent le sommet des collines qui en font voir les affleuremens sur leurs pentes.

Quant à la hauteur de cette roche, et par conséquent du groupe auquel elle appartient, c'est certainement dans les Alpes suisses qu'elle est la plus considérable. On sait que le Rigi, qui est composé de gompholite, atteint une élévation de 1900 mètres au-dessus de la mer : la molasse proprement dite ne s'élève pas au-delà de 800 mètres.

Les exemples des terrains protéiques, et notamment de ceux dans lesquels cette roche est dominante, seront présentés à la fin de l'histoire des roches qui les composent.

4. CALCAIRE MOELLON [1]. C'est un calcaire généralement sableux, rare et très-peu puissant dans le bassin de Paris, et qui manque quelquefois entièrement comme calcaire; mais qui est presque toujours représenté comme formation marine par les lits plus ou moins épais et constans de coquilles marines qui surmontent presque toujours le grès précédent. Lorsque ce calcaire existe, ou bien il se présente d'une manière non douteuse avec les caractères calcaires prédominans, comme à Nanteuil-le-Haudouin, près Paris [2]; aux envi-

1 J'adopte cette dénomination proposée par M. Marcel de Serres, mais je ne puis adopter qu'il y ait, dans ce qu'il a publié à ce sujet, autre chose de nouveau que ce nom et l'observation de la puissance de ce calcaire beaucoup plus considérable dans le midi de la France qu'aux environs de Paris. On développera cette assertion à la fin de l'article des terrains thalassiques, parce qu'on en appréciera mieux la valeur lorsqu'on aura vu les faits qui prouvent que nous avons reconnu et établi *depuis long-temps* l'existence d'un calcaire grossier au-dessus des terrains d'eau douce moyens.

2 Descript. géolog. des env. de Paris, édit. de 1822, pag. 53 et 55, 126 et 265. Il y a cependant quelque doute sur l'application de cet exemple au groupe protéique. M. Lagrave vient de les augmenter par ses observations consignées dans le Précis de statistique sur le canton de Nanteuil-le-Haudouin (Annuaire du dép. de l'Oise, 1829, pag. 14).

rons de Montpellier ; au Loroux, près Nantes, etc. ; ou bien il est mêlé d'une quantité de sable assez considérable, comme dans les collines subapennines, dans les parties supérieures de la molasse de la Suisse, etc. (Voyez plus bas l'énumération des lieux où se présente l'ensemble des terrains protéiques.)

Ce qu'il offre de remarquable, en outre de sa grande épaisseur, aux environs de Montpellier, c'est la présence et la réunion des ossemens des terrains clysmiens et de ceux du groupe palæothérien. La présence de débris de mammifères terrestres, non-seulement dans un terrain marin, mais couverts même de corps marins, a déjà été observée en Italie près Castelarcuato, dans un terrain marin supérieur, analogue à celui dont il est ici question : il ne reste donc de particulier dans celui de Montpellier que la présence des débris d'animaux qu'on croyoit plus anciens que ces terrains, le *palæotherium* et le *lophiodon*. On cherchera à l'article de la Théorie des terrains thalassiques comment on peut se rendre compte de ces faits.

5. Marnes marines. Elles sont tantôt calcaires, tantôt argileuses, en lits peu puissans, et caractérisées marines par les coquilles qu'elles renferment.

Elles sont quelquefois tellement calcaires, qu'elles passent, dans certains points, à l'état de calcaire compacte, fin, propre à la lithographie. (Montmartre, Moulignon, plateau de Montmorency, etc.)

Dans d'autres lieux et dans d'autres circonstances, elles sont ou très-argileuses, ou très-sablonneuses.

Quoique peu distantes du grès précédent, elles montrent souvent un ensemble de coquilles assez différentes, tout en conservant des espèces communes aux deux roches. Nous indiquons aussi dans le tableau n.° 5 celles qui nous ont paru les plus caractéristiques. Ces coquilles sont souvent brisées, comme pilées, mais le têt est presque toujours conservé.

Les huîtres sont, comme on le remarquera, nombreuses dans la marne argileuse et rares dans le grès. C'est encore comme elles se trouvent dans la nature. Mais on doit observer qu'elles sont par lits, qu'elles sont adhérentes les unes aux autres, ou adhérentes aux lits de calcaire compacte, interposés dans cette marne; qu'elles sont presque toutes entières et bivalves [1]; qu'il y a très-peu d'autres coquilles avec elles: toutes circonstances qui indiquent, si même elles ne le prouvent pas, qu'elles ont vécu dans les lieux où on les trouve.

Comme il est très-difficile, ainsi que je l'ai dit plus haut, de distinguer ce terrain marin supérieur au gypse du terrain marin qui lui est inférieur, les exemples de la présence de ce terrain hors du bassin de Paris sont souvent incertains. Nous tenterons cependant d'en indiquer quelques-uns, ne fût-ce que pour donner plus de poids aux généralités, en montrant qu'elles résultent de faits observés dans plusieurs bassins.

Avant de citer ces exemples, je dois présenter le tableau des caractères distinctifs qui me semblent pouvoir servir à faire distinguer le terrain protéique du terrain tritonien.

Ce terrain est principalement quarzo-sableux et ferrugineux, surtout dans ses parties moyennes.

On voit beaucoup de galets de silex et de grès dans ses parties supérieures. Ces galets sont quelquefois mêlés avec les moules des coquilles mentionnées plus haut.

Ces coquilles consistent principalement en cérites cordonnées, en cithérées, *pectunculus pulvinatus*, *ostrea flabellula*, et quelques autres petites huîtres.

Il montre dans ses parties inférieures beaucoup de paillettes de mica.

C'est aussi dans cette partie que se voient des lits de marne

---

1 Cette disposition est très-claire, et par conséquent très-frappante, sur les grandes huîtres, *ostrea pseudo-chama*, qu'on trouve dans la marne argileuse au moulin de Pontet, au-dessus de Pontchartrain.

argileuse et calcaire, renfermant des espèces d'huîtres très-nombreuses et souvent très-grosses, *ostrea pseudo-chama*, *hippopus*, etc.

On y connoît des os de cétacés, notamment de lamantin; des clypéastres; mais peu d'autres échinites, peu de madrépores, point de nummulites.

On peut rapporter à cette partie marine et supérieure du terrain de sédiment supérieur :

Le bassin du Loroux, près Nantes.

Le territoire de Banyuls des Aspres, sur la rive gauche du Tech (Pyrénées orientales); de Nissan, entre Narbonne et Bézier; le Boutonnet, près Montpellier.

Bonpas, près d'Avignon, qui conduit, par nuances insensibles, à rapporter le macigno molasse de la Suisse au terrain marno-sableux marin.[1]

La colline de Highgate, près Londres, et la partie supérieure de Headenhill, dans l'île de Wight.

---

1 On trouvera les preuves développées de ces rapprochemens dans la description géologique des environs de Paris par MM. Cuvier et Brongniart, édition de 1822, pag. 176 à 195 et suivantes. On y verra, notamment pag. 179, 181 et 182, la *distinction précise* des deux terrains, et marins et calcaires; l'un inférieur, l'autre supérieur au gypse, non-seulement dans les endroits cités ici, mais encore dans d'autres lieux; enfin on pourra remarquer que nous avons signalé particulièrement (pag. 182) les environs de Montpellier, comme offrant un *calcaire marin qu'on devoit rapporter à la formation marine supérieure ou postérieure au gypse*. On ne contrarie donc nullement *les idées généralement reçues*, comme semble le craindre M. Marcel de Serres (Ann. des sc. nat., 1827, t. 2, pag. 325), en annonçant sa *Découverte d'un calcaire marin en lits puissans et continus, plus récent que le calcaire grossier*; car cette découverte, quelque valeur qu'on lui attribue, confirme pleinement la distinction que nous avons faite dès 1810, et développée en 1822, entre ces deux dépôts marins, l'un inférieur et l'autre supérieur au second terrain d'eau douce, etc.

Le Lochenberg, près Burgdorf, aux environs de Berne, etc.

Les collines subapennines, depuis Asti en Piémont, jusqu'à Monte-Leone en Calabre. Elles présentent vers leur sommet le sable ferrugineux, les galets, les huîtres et ossemens d'animaux terrestres, couverts de corps marins, qui prouvent que la mer a recouvert ces ossemens terrestres pendant assez long-temps pour que les huîtres et les balanes qui y adhèrent aient pu s'y développer.

Les environs de Bonifacio en Corse.

Les environs de Vienne en Autriche, d'après M. C. Prévost.

En Hongrie, entre les rivières de Gran et d'Ipoly, d'après M. Beudant.

## 3.^e *Gr.* TERRAINS PALÆOTHÉRIENS.[1]

C'est le terrain lacustre le plus étendu, le mieux et le plus constamment bien caractérisé; c'est celui auquel je rapporte tous les terrains de cette origine qui ne sont pas évidemment placés au-dessus d'un terrain marno-sableux marin ou qu'aucune circonstance ne peut y faire placer avec certitude.

Quoique nous prenions principalement les caractères de ce terrain dans le bassin de Paris, on va voir que, sauf quelques particularités, on en retrouve les caractères généraux dans presque toutes les parties de l'Europe où on l'a reconnu.

Cette formation n'a point toujours, comme dans le bassin de Paris, des limites supérieures claires et déterminées par un terrain marin, *quelle qu'en soit l'origine;* elle est quelquefois superficielle ou simplement recouverte, soit par des terrains

---

1 PALÆOTHÉRIENS, parce que les *Palæotherium* et les autres pachydermes de cette famille le font reconnoître partout, quelle que soit la nature de la roche qui les renferme.

*Syn.* Seconds terrains d'eau douce ou lacustres inférieurs. — *Pariser Gyps oder mittlere Süsswasser-Formation*, KEFERST. — *Süsswasser-Bildung des ersten tertiären Kalkes*, BOUÉ.

clysmiens, soit par des terrains pyrogènes (le Puy-en-Vélay, l'Auvergne, le Cantal).

Ses limites inférieures sont partout fort nettement prononcées: c'est, ou le terrain tritonien (grès, calcaire grossier, etc.), qui est un terrain marin, ou des roches plus anciennes.

Sa texture, tantôt sédimenteuse, tantôt en grande partie cristalline, indique un mode de formation au moins autant par voie chimique que par voie de sédiment. Si la partie qu'on observe n'est pas entièrement le produit d'une précipitation chimique, il est rare qu'elle n'offre pas tous les caractères d'une dissolution préalable, au moins partielle, car, outre sa texture quelquefois concrétionnée et même cristalline (le gypse), outre ses couches et nodules siliceux, ses roches renferment des cavités tapissées de cristaux de calcaire spathique très-volumineux, de quarz très-gros et très-limpide, et de concrétions d'agate calcédonieuse (à Mouron, une lieue avant Coulommiers, département de Seine-et-Marne, où cette disposition est aussi claire que brillante) : caractères qui indiquent une dissolution préalable et complète de calcaire et de silice, et qui éloignent l'idée de tout sédiment mécanique au milieu d'une masse d'eau abondante et agitée, qui, loin de permettre de telles cristallisations, auroit dû s'y opposer, en étendant considérablement la dissolution, etc.

Ce terrain présente donc, dans la nature et la structure des roches et des minéraux qui le composent, tous les caractères d'une formation propre, presque entièrement chimique, résultant de la cristallisation *sur place* d'une dissolution saturée de sulfate de chaux, de sulfate de strontiane, de carbonate de chaux, de silicate de magnésie, mêlée de quelques dépôts sédimenteux de marnes argileuses et calcaires.

Mais c'est par les débris organiques, venant tous d'animaux ou de végétaux, soit terrestres, soit lacustres ou fluviatiles, que ce terrain se fait reconnoître et se distingue de tous les autres.

Nous présentons dans le tableau n.° 6 la liste de ceux qu'on y a reconnus et qu'on a déterminés avec précision. On y retrouvera plusieurs des espèces déjà nommées au terrain épilymnique, soit parce que les espèces appartiennent en effet aux deux terrains, soit parce qu'on n'a pas toujours pu distinguer clairement ces deux terrains, qui ont une même origine.

Tous les débris organiques trouvés dans ces terrains appartiennent donc évidemment à des êtres dont les genres analogues vivent actuellement à la surface de la terre ou dans les eaux douces. Je ne sache pas qu'on ait encore rencontré dans *le milieu* de ces masses, c'est-à-dire dans les parties qui sont loin du contact avec les terrains marins inférieurs et supérieurs, aucun débris de mollusques, de poissons, de cétacés ou de reptiles marins, aucun madrépore, aucun fucus.

Le terrain palæothérien est clairement stratifié, au moins dans ses parties supérieures et marneuses. Sa stratification est généralement horizontale, parallèle, et à couches peu épaisses. Ses parties massives, lorsqu'il en présente, offrent quelquefois (dans le gypse à ossemens), une division prismatoïde, et souvent (dans le calcaire siliceux) des cavités irrégulières, sinueuses. Dans ce dernier cas la stratification est peu nette.

Il forme, ou des plaines basses, étendues, ou des plateaux peu élevés, à surface plane et à bords et pentes rapides, ou, enfin, des collines ou plutôt des buttes coniques.

Son plus haut niveau ne nous est pas encore bien connu; mais il ne paroît pas dépasser de deux cents mètres celui de l'Océan.

Ce terrain, et principalement ses roches marneuses et calcaires, est fort répandu à la surface du globe; mais il ne se présente jamais sans coupures ou interruption sur une grande étendue de pays. Les terrains lacustres palæothériens toujours circonscrits offrent des formations morcelées par bassins, plateaux ou buttes.

Il ne renferme aucun filon ni veine métallique, mais quelques petits amas de fer hydraté, de manganèse terne (Montmartre), quelques masses de xylolithe qui semblent représenter les dépôts de lignites qui peuvent appartenir à ce terrain.

On y voit quelquefois de grandes fissures ou fentes, et même des cavités assez étendues pour être considérées comme des cavernes. Ces circonstances, bien caractérisées, sont fort rares.

Les pentes des plateaux et des collines qui appartiennent à cet ordre de terrain sont quelquefois couvertes de débris et de gros blocs, résultant de la dislocation de ses propres couches.

Les roches qui entrent dans la composition de ce terrain sont en général calcaires et siliceuses. Les premières dominent : la magnésie y est abondante; les sulfates de chaux et de strontiane s'y présentent souvent : on y connoît du soufre à nu; mais s'il y a des sulfures métalliques, ils y sont tellement rares, que je n'en puis citer aucun exemple authentique.

Les roches qui le composent sont dans l'ordre de superposition le plus général et le plus probable :

1. Lignites suisses ou de la Molasse. A mesure que les couches de la terre sont mieux étudiées, qu'elles sont examinées avec une sorte de minutie souvent fatigante et pour l'observateur et pour le lecteur, mais si efficace pour conduire avec sûreté aux généralisations; à mesure qu'elles sont examinées ainsi par des hommes différens dans des pays différens, la science géologique fait des progrès qui consistent à distinguer ce qui étoit confondu, à mettre à leur juste place géologique les roches qu'on avoit réunies sous des rapports minéralogiques et zoologiques; rapports les plus sûrs qu'on puisse employer tant que les rapports géologiques ne sont pas bien connus.

Les roches ou terrains, ou même les lits subordonnés de

combustible fossile, qu'on appelle *lignite*, sont tout-à-fait dans ce cas. Autrefois ils étoient confondus avec les charbons de terre. J'ai cherché avec M. Voigt à les en distinguer clairement; mais je n'avois encore reconnu qu'un seul gîte ou qu'une seule formation de ces charbons fossiles : maintenant on peut, sans craindre de passer à l'extrémité opposée, en reconnoître au moins quatre, qu'on verra à leur place respective dans le tableau des terrains, sous les dénominations de lignite de Suisse, lignite tritonien, lignite soissonnois, lignite de l'île d'Aix, etc. : ce ne sont peut-être pas les seuls, et il est possible que les lignites de Provence fassent un cinquième dépôt, à placer entre les lignites soissonnois et le lignite de l'île d'Aix. Tous n'ont pas la même importance, et ceux qui en ont le plus, comme les lignites suisse et soissonnois, ne la conservent pas dans tous les pays.

Ils se ressemblent tellement que cette circonstance est une des principales causes de leur réunion en un seul groupe. Il n'y a souvent que leur position qui puisse faire établir entre eux de réelles différences géognostiques.

Cette difficulté, d'où résulte nécessairement de l'incertitude dans la détermination de leur époque de formation, lorsqu'ils ne sont pas interposés dans des terrains connus, m'a engagé à réunir en un seul groupe, sous le nom de *marno-charbonneux*, tous les lignites des terrains thalassiques, afin d'en faire mieux ressortir les ressemblances et les différences en les décrivant ensemble. Je me bornerai donc à nommer à chaque terrain et à caractériser brièvement le gîte de lignite qu'on y trouve. L'établissement du gîte de lignite que je propose de distinguer sous le nom de *lignite suisse*, me paroît naturel et propre à faire disparoître les difficultés qu'on trouvoit dans la position de ce lignite, surtout à cause de la nature des corps organisés qu'il renferme, lorsqu'on vouloit les rapporter aux lignites soissonnois ou de l'argile plastique.

Ces lignites sont évidemment placés sous la molasse ou

dans les assises les plus inférieures de cette roche du groupe protéique; mais cette roche est marine, et les lignites, ainsi que les roches marneuses, au milieu desquelles ils sont, ne présentent que des corps organisés terrestres ou lacustres. Ils n'ont donc pas été primitivement déposés ou formés dans le sein de la mer.

En examinant ces corps d'une manière non-seulement générale, mais même spéciale, on voit qu'ils ont beaucoup plus de rapports avec les corps organisés du groupe palæothérien, également d'origine lacustre, qu'avec aucune autre formation. Il paroît donc qu'ils ont été déposés, comme le groupe palæothérien, dans une eau douce, et que ce dépôt a eu lieu à peu près à la même époque géognostique que les terrains palæothériens. On sait qu'un des moyens les plus sûrs, et peut-être le seul, de déterminer les époques géognostiques, c'est la succession des générations. Ces lignites sont d'ailleurs placés, comme le groupe palæothérien, au-dessous d'un terrain marin protéique; et, dans les circonstances où on a pu voir, ou au moins présumer, quel étoit le terrain qu'ils recouvroient, on a cru reconnoître d'abord un terrain lacustre plus ou moins épais, ensuite un terrain de calcaire grossier ou tritonien.

Maintenant, si nous comparons ces lignites avec le terrain palæothérien, sous le rapport des corps organisés fossiles, nous saisirons mieux les analogies et les différences.

On a reconnu dans les lignites suisses des débris de mammifères, ce qu'on n'a pas encore observé dans les lignites soissonnois, tels que nous les supposons placés[1]. Les uns sont des animaux de genres et d'espèces voisins des grands mammifères des terrains clysmiens (le *mastodon angustidens*, le rhinocéros,

---

1 Nous avons lieu de présumer que plusieurs des lignites soissonnois sont d'une époque beaucoup plus nouvelle que nous le pensions, et qu'ils sont différens des lignites de l'argile plastique.

un castor); les autres sont des animaux qui, sans être entièrement semblables à ceux du gypse, ont cependant plus d'analogie avec ces anciens animaux qu'avec ceux des terrains clysmiens. Quelques-uns même sont communs aux lignites suisses ou au moins à leurs analogues d'Alsace et d'Italie, et aux terrains lacustres du groupe palæothérien. Parmi les premiers on doit compter les *anthracotherium* des lignites de Toscane et d'Alsace, dont une espèce, l'*anthracotherium velacum*, s'est présentée dans les marnes lymniques du Puy-en-Vélay. Parmi les seconds, on doit remarquer le lophiodon, qui se trouve dans le lignite du Laonois et dans les marnes lymniques de Soissons, d'Argenton, d'Issel, et le *palæotherium isselanum*, qui lie les marnes de ce lieu avec celles d'Argenton, comme ces dernières sont liées aux marnes lymniques du gypse par d'autres rapports géologiques.

On remarquera l'analogie zoologique de ces genres avec les *palæotherium* et les *anoplotherium*.

Parmi les végétaux qui paroissent avoir vécu sur le même sol et dans le même temps où se sont déposés les lignites suisses, les marnes lymniques et même le gypse, on doit remarquer le *flabellaria Schlotheimii*, dans le lignite de Hœring et dans la molasse de Lausanne; le *flabellaria lamanonis*, dans les marnes lymniques d'Aix; l'*endogenites bacillaris*, dans les lignites de Kæpfnach et de Lobsann, et un endogénite, dans les marnes lymniques de Montmartre.

J'ai en vue, par la comparaison de ces faits, d'établir l'analogie qui me paroît exister entre la période et les causes de formation des lignites suisses, et la période et les causes de formation du groupe paléothérien. On remarquera deux choses : premièrement, qu'il n'est nullement question d'établir le moindre rapprochement entre la molasse et le gypse de Montmartre; secondement, que ces périodes géognostiques ont pu avoir, comme je l'ai exposé dans l'introduction, une longue durée; que les phénomènes et les productions du commencement d'une période étoient un peu différens de ceux du même genre qui avoient lieu à sa fin ; qu'à l'époque du passage d'une période à l'autre il y avoit, comme l'indiquent tous les faits, comme Dolomieu et de Saussure l'ont dit depuis long-temps, de grands mouvemens à la surface de la terre, qui devoient s'opposer à la séparation très-nette des terrains qui se succédoient, etc., et qu'en plaçant, comme je l'ai fait, parce que je crois que c'est l'ordre naturel, les lignites suisses à la tête ou au commencement du groupe palæothérien, j'exprime leur différence essentielle d'avec la molasse et leurs rapports avec les parties moyennes et lacustres qui caractérisent d'une manière beaucoup plus absolue les terrains palæothériens.

Les lignites suisses forment des lits quelquefois très-puissans, alternant avec des marnes calcaires et des calcaires bitumineux et fétides, pétris de coquilles lacustres, qui se présentent quelquefois isolées, c'est-à-dire sans lignite.

Les lignites que je rapporte à cette formation, sont :

En France, le lignite de Lobsann près Wissembourg, en Alsace ; il est au milieu d'un terrain de marne lacustre, et il a, comme le fait remarquer M. Voltz, la plus grande analogie avec le gîte de Kæpfnach. Le même terrain renferme, dans le Sundgau, du gypse que le même géologue compare à celui du Puy-en-Vélay.[1]

En Suisse, les couches de lignites de Vevay, Lausanne, Kæpfnach près Horgen, d'Ugg, etc.

En Italie, celles de Cadibona, dans le golfe de Gênes, où se sont trouvés des ossemens d'animaux voisins des mastodontes, et que M. Cuvier a décrits sous le nom d'*anthracotherium*.

Le gîte de charbon minéral de Hœring en Tyrol appartient au même groupe de roches du terrain thalassique. Le gompho-

1 Celui de Bouxwiller est encore trop problématique pour que je puisse le rapporter aux lignites suisses.

lite qui le recouvre, les phyllites, les coquilles fluviatiles, cyclades, lymnées, planorbes, etc., qui se montrent dans les marnes et dans le calcaire bitumineux qui les accompagne, et dans le lignite piciforme lui-même, établissent entre ce gîte, celui de Vevay, de Horgen, etc., une ressemblance complète et frappante. Si ces derniers appartiennent aux terrains thalassiques, comme je ne puis en douter, celui de Hœring ne peut en être séparé.

Je présume que des débris de mammifères et de reptiles, trouvés non-seulement fossiles, mais pétrifiés, sur les rives de l'Irravadi, dans l'Inde, peuvent être rapportés à cette formation. Je les ai placés en conséquence dans le tableau des corps organisés fossiles des lignites.

2. Marnes lymniques. Elles sont en général plus calcaires qu'argileuses, blanchâtres, jaunâtres ou verdâtres; elles renferment plusieurs des espèces de mollusques testacés compris dans le tableau qu'on a donné de ces corps organisés; elles renferment aussi des débris de végétaux terrestres (des palmiers), et c'est dans cette position qu'on doit placer les dépôts de *lignites* qu'on peut attribuer à ce terrain.

Elles sont supérieures ou inférieures au gypse, ou alternent avec lui.

C'est dans ces marnes, soit supérieures soit inférieures au gypse, qu'on trouve la célestine (sulfate de strontiane), tant compacte que grenue, en nodules ellipsoïdes ou lenticulaires, cloisonnés, et dont les fissures sont quelquefois couvertes de célestine aciculaire.

3. Gypse grossier ou palæothérien. Il est jaunâtre pâle; sa texture est lamellaire, quelquefois un peu fibreuse; il est mêlé de calcaire, et forme tantôt des lits minces, alternant avec les marnes lymniques, tantôt des masses stratifiées, à couches épaisses, divisées en prismes irréguliers par des fissures perpendiculaires à la stratification.

Il renferme, dans ses parties marneuses, du soufre concrétionné (Montmartre), du manganèse terne, en petites plaques ondulées, et dans sa masse même, du silex corné en nodules ellipsoïdes.

Il ne présente guère en débris organiques que des ossemens. On n'y rencontre que très-rarement des coquilles, des insectes et des végétaux.

4. CALCAIRE SILICEUX. Il est gris pâle, gris foncé, gris jaunâtre, blanc jaunâtre, à grains tellement fins, à texture tellement dense que plusieurs échantillons de ce calcaire (à Lachapelle, près Crecy, à l'est de Paris), vus isolément, ne se distinguent pas au premier aspect du calcaire compacte fin du Jura.

Il est mêlé de silice dans des proportions et d'une manière très-variables. Quelquefois la silice y est également répandue, invisible, et ne se manifeste que par la dureté qu'elle donne au calcaire et par le résidu qu'elle laisse par l'action des acides; plus souvent elle s'y montre, sous forme de silex, en amas ramifiés, veinés ou veinulés, se croisant sous toute sorte de directions, en concrétions calcédonieuses, agathines ou jaspoïdes, tapissant les cavités nombreuses que présente ce calcaire, enfin, donnant l'idée d'un mélange agité de dépôt calcaire-vaseux et de silice gélatineuse.

Dans cet état ce calcaire ne présente pas de stratification distincte, au contraire il offre l'aspect de masses irrégulières et comme brisées, empâtées dans un ciment de marne calcaire.

Les roches et minéraux qui accompagnent le calcaire siliceux comme roche principale, sont le quarz hyalin, l'agathe, la calcédoine, le silex résinite, le silex ménilite, le silex nectique, le calcaire spathique, la marne argileuse feuilletée, le silex corné et enfin la MAGNÉSITE PLASTIQUE et FEUILLETÉE.

## *Exemples du groupe* PALÆOTHÉRIEN.

Je rapporterai à ce groupe, comme je l'ai dit au commencement de son histoire, tous les terrains lacustres qui ne sont pas évidemment placés au-dessus d'un terrain marin qu'on puisse regarder comme de même époque que le groupe protéique ou marno-sableux.

Ainsi, en France et dans le bassin de Paris, presque tous les pays plats, soit plaines, soit plateaux, qui à l'est de cette ville s'étendent des environs de Luzarche au nord, vers Arpajon et Fontainebleau au sud, et jusqu'à Coulommiers à l'est, offrent toutes les variétés de ce terrain. C'est à Coulommiers que se voit la magnésite plastique, qui a été citée plus haut comme en faisant partie. [1]

Au Puy-en-Vélay, où l'on voit avec les terrains lacustres et les coquilles qui les caractérisent, des amas de gypse, des squelettes de palæothérium. [2]

A Aix, en Provence, c'est le second point où le gypse paroisse se présenter comme à Montmartre. M. Marcel de Serres vient d'y reconnoître des débris d'insectes très-nombreux et fort remarquables.

Les autres exemples de terrains lacustres que je vais citer, ne renferment pas de gypse, ou ne le présentent qu'en cristaux disséminés.

On connoît encore en France le terrain palæothérien, à Bernos dans le département des Landes, et dans un très-grand nombre de lieux aux environs de Montpellier; dans le département du Gard, près d'Alais et à Salinelles, près de Sommières, etc. C'est dans ce dernier lieu que s'est présentée la

---

1 Descript. géologique des environs de Paris, édit. de 1822, pag. 205. — Ann. des min., 1822, pag. 291.

2 BERTRAND-ROUX, Description.

magnésite dans une situation analogue à celle que nous lui avons reconnue près Coulommiers.[1]

Dans la vallée de la Sorgue, près Vaucluse; auprès d'Agen. M. de Férussac rapporte ce dernier à la seconde formation.

Dans l'Auvergne et le Cantal, où il se présente en bancs puissans, renfermant des silex, au-dessous des roches volcaniques de ces pays[2]; dans le département de l'Allier, aux environs de Gannat et à Vichy; dans le département du Cher, entre Mehun et Quincy (il renferme des calcaires et des silex résinites, remarquables par leur belle couleur rouge carminé); à Argenton, dans le département de l'Indre, où il renferme de nombreux débris de squelettes de lophiodon et d'autres mammifères de genres actuellement inconnus; dans le département du Loiret, aux environs d'Orléans, où il présente à peu près les mêmes circonstances; à Bouxwiller, au pied du Bastberg, dans le département du Bas-Rhin.

En Angleterre, dans l'île de Wight, où les deux terrains d'eau douce, si bien décrits par M. Webster, sont parfaitement distincts.

Dans le Jura et en Suisse les terrains lacustres offrent une disposition particulière : ils sont généralement plus nettement stratifiés et dépourvus de ces tubulures sinueuses qui les caractérisent ordinairement; tel est celui du vallon du Locle, près Neufchâtel; d'Œningen, près du lac de Constance.

On en a découvert aussi un très-grand nombre en Allemagne, et ceux-ci ne manquent d'aucun des caractères qui appartiennent à cette sorte de terrain; tels sont ceux d'Urspring, près d'Ulm; des cantons au sud de Vienne, de la Thuringe, etc.

En Hongrie, à Nagy-Vasory, contrée de Balaton; au Blocksberg, près Bude, où M. Beudant a reconnu ces terrains, avec

1 Ann. des mines, 1822, page 302.

2 Mém. sur les terrains d'eau douce; Ann. du Muséum d'hist. nat. de Paris, tome 15, page 388.

l'ensemble de tous les caractères qu'ils présentent aux environs de Paris.

L'Italie méridionale, depuis Sienne et les confins de la Toscane, jusqu'auprès de Tarente, montre des étendues considérables de ce terrain, qui a ici un caractère particulier de nouveauté; mais qui offre les caractères communs de texture dense, de tubulures sinueuses, de coquilles et végétaux lacustres, qui appartiennent en général aux terrains d'eau douce. Les exemples sont trop nombreux pour que je les énumère; on les trouvera décrits avec détails dans la Description géognostique des terrains de Paris.[1]

### *Théorie des terrains lacustres ou d'eau douce.*

Ces terrains, à peine soupçonnés il y a vingt ans, sont reconnus maintenant, ainsi qu'on vient de le voir dans un grand nombre de lieux. Ils ne présentent dans tous ces lieux qu'un seul caractère qui leur soit commun, sans exception: c'est de renfermer exclusivement des débris de corps organisés qui sont semblables à ceux qui, vivant actuellement à la surface de la terre ou dans les eaux douces, ne vivent pas également, généralement et naturellement dans la mer ou les eaux salées; voilà ce qui constitue la règle, la généralité, le premier point de la théorie, celui d'où il faut partir, d'après ce qui me semble être les lois ordinaires de la logique.

C'est ce caractère qui constitue pour moi le *vrai terrain lacustre*, celui qui a dû s'être formé dans ou sous des eaux douces.

On a reconnu ensuite d'autres terrains qui contiennent aussi des débris organiques terrestres ou lacustres, souvent même très-abondamment; mais souvent aussi ces corps, ou bien sont mêlés avec des productions marines (le terrain de Weis-

---

1 Édition de 1822, pages 312 et suiv.

senau, près Mayence), ou bien ils alternent avec des lits qui renferment plus ou moins de débris marins (les lignites soissonnois, etc., peut-être les houilles).

De là deux divisions de terrains lacustres, et dans chacune de ces divisions deux sortes différentes, qui indiquent autant de modes ou de circonstances différentes de formation.

La première division des terrains lacustres renferme ceux qui indiquent, par le caractère presque absolu de la présence sans mélange de corps non marins, qu'ils ont été déposés dans des eaux non marines. Ce dépôt paroît avoir été fait dans deux circonstances assez différentes.

Dans la première, les roches qui constituent ce terrain montrent une stratification imparfaite ou très-irrégulière, une texture compacte ou même cristalline, et renferment des minéraux qui ont été évidemment dissous, tels que du calcaire spathique, du silex pyromaque, du quarz hyalin, du gypse ou lamellaire ou sous forme de cristaux, et jusqu'à de la mésotype[1]. Ils montrent une multitude de tubulures et de petites cavités cylindroïdes, souvent parallèles, souvent bifurquées, toujours sinueuses, qui, comme je l'ai dit dans d'autres écrits, semblent indiquer le passage d'un gaz à travers une masse molle et un peu visqueuse. Les coquilles et autres débris organiques d'eau douce qu'ils renferment, y sont dispersés sans ordre, mais ils y sont plus entiers, rarement même écrasés. Je n'y connois aucune coquille bivalve, comme si ces mollusques, toujours confinés dans le fond ou sur le sol, n'avoient pu vivre dans une eau trop saturée de matières terreuses et salines; tandis que les lymnées et les planorbes

---

1 En Auvergne, au Puy dit de la Piquette, trouvé par M. le comte de Laizer: j'ai reconnu dans les curieux échantillons, qui m'ont été remis par cet amateur distingué, des cristaux bien caractérisés de mésotype et d'apophyllite, tapissant les cavités des *indusia tubulata* et des autres débris organiques qui composent ce calcaire.

avoient pu, en s'élevant vers les rives ou vers la surface, échapper à cette influence.

Ce sont pour moi des terrains lacustres de cristallisation confuse, mêlés souvent, il est vrai, de parties sédimenteuses, mais bien certainement dus à un précipité chimique de calcaire et de silex dans une eau douce qui tenoit ces matières en dissolution au moyen, soit de l'acide carbonique, soit du gaz hydrogène sulfuré, soit d'un tout autre agent.

Les terrains lacustres de meulière des plateaux du bassin de Paris (qui sont supra-protéiques); les terrains lacustres de calcaire siliceux de Champigny, Septeuil, etc. (qui sont intra-protéiques); ceux des départemens de la Nièvre, du Cantal, de l'Auvergne, d'Ulm, etc., me paroissent résulter la plupart de ce mode de formation. Je ne sache pas qu'on ait encore cité dans ces terrains un seul débris authentique d'un animal ou d'un végétal exclusivement marin.

Le terrain lacustre qui se forme au fond du lac de Bakie en Écosse, et celui qui se forme par un autre agent de dissolution, au fond du lac de Tartari, entre Rome et Tivoli, sont des exemples et même des preuves actuelles et évidentes de cet ancien mode de formation.

C'est là le vrai terrain lacustre ou d'eau douce.

La seconde sorte de terrain lacustre est également vraie, c'est-à-dire pure de mélange; mais c'est celui qui présente dans sa structure en grand une stratification mince, très-régulière, une texture plutôt grossière ou d'agrégation, que compacte ou de cristallisation, dans lequel on ne voit presque aucune substance minérale cristalline, à peine quelques silex en lits (vallon du Locle), mais surtout point de ces tubulures ou canaux sinueux, si fréquens dans les premiers : les coquilles y sont la plupart écrasées, et c'est dans ces terrains qu'on a renconnu pour la première fois des coquilles bivalves d'eau douce. (Œningen, Aix en Provence, etc.)

Ceux-ci paroissent avoir été faits par voie mécanique. On

peut se figurer assez bien leur formation, en admettant que des cours d'eau chargés de matières calcaires et même siliceuses, précipitées de leur eau ou enlevées au sol de leur lit ou de leurs rives, ont déposé ces matières dans des lacs ou grands amas d'eau douce, en enveloppant les corps organisés qui y vivoient, et formant sur le fond de ces lacs d'eau douce des sédimens stratifiés horizontalement[1]. Ces terrains ne renferment en général que des débris de corps organisés terrestres ou d'eau douce; mais on conçoit qu'ils pourroient avoir enveloppé quelques débris d'une autre origine.

La seconde division de terrains qui renferment des débris d'animaux et végétaux d'eau douce, mêlés ou alternant avec des débris marins, me semble avoir une tout autre origine. Il y en a encore de deux sortes : les premiers sont composés de lits assez régulièrement stratifiés de matière charbonneuse, d'argile, de marne renfermant des animaux et végétaux lacustres, et alternant une ou plusieurs fois avec des couches de calcaire, de sable ou de marnes qui contiennent des restes d'animaux marins. Ces restes sont en général assez entiers, quoiqu'en contact quelquefois avec des galets.

Les terrains de cette sorte paroissent avoir été formés dans des marécages d'eau douce, à peu de distance des mers, et avoir été recouverts une ou plusieurs fois par les eaux marines et par leurs produits, soit qu'ils aient glissé sous ces eaux et se soient étendus sur la grève ou sur les galets qui la composent, soit que ces eaux aient monté et les aient recouverts; circonstance très-importante, mais étrangère à la question actuelle (les lignites soissonnois et peut-être aussi les lignites de la molasse et même la houille filicifère).

Cette théorie s'accorde assez bien avec l'épaisseur souvent considérable de ces dépôts, et avec l'alternance des débris ma-

---

1 J'ai déjà ébauché cette théorie dans les additions à la *Description géologique des environs de Paris*, édit. de 1822, p. 319.

rins et des débris lacustres dans quelques-uns de ces lignites ; elle explique les mélanges dans les points de contact entre le terrain marécageux et le terrain marin qui l'a recouvert.

Les terrains de la seconde sorte ne sont pas réellement des terrains lacustres ou d'eau douce ; ils sont composés de roches d'agrégation très - grossières, sableuses, marneuses et calcaires, formées souvent d'une multitude de débris de coquilles marines. Leur stratification est assez sensible, assez puissante ; ils ont, enfin, tous les caractères du calcaire grossier, et ils n'en diffèrent que parce qu'ils renferment un assez grand nombre de coquilles d'eau douce et terrestres, et même des produits végétaux, tels que des fruits, des fragmens de lignite de même origine. Sans la présence notable de ces débris, on n'auroit pas été tenté de les rapporter aux terrains lacustres, auxquels ils n'appartiennent réellement pas. La théorie la plus simple montre que ces terrains ont été formés sous des eaux marines, non loin des rivages et à l'embouchure des cours d'eau qui amenoient dans la mer les animaux et les végétaux terrestres, fluviatiles ou lacustres, qui vivoient dans ces cours d'eau, dans les marécages qu'ils traversoient ou sur leurs rives.

Les collines de Weissenau, près Mayence, et celles des environs de Francfort, offrent un des exemples les plus frappans de cette sorte de terrain. On peut dire que le calcaire grossier des environs de Paris, avec les petits lits de productions lacustres ou terrestres qu'il renferme, et les coquilles d'eau douce qu'on voit quelquefois disséminées dans ses couches (Mont-Rouge, Meudon, S.-Maurice, etc.), est encore un exemple moins frappant, mais non moins vrai et non moins instructif de cette formation.

Ainsi l'observation attentive de ces terrains y fait reconnoître quatre modes différens de formation ; une théorie déduite de ces observations conduit assez simplement aux causes qui doivent avoir produit les différences qu'on remarque dans ces quatre sortes de terrains.

## 4.e Gr. TERRAINS TRITONIENS[1] ou CALCARÉO-SABLEUX.

Il pourroit prendre ce dernier nom de la nature dominante des roches qui le composent.

Ses limites, tant supérieures qu'inférieures, sont difficiles à établir.

Lorsqu'il est recouvert par le terrain palæothérien, sa limite supérieure est claire; mais lorsque ce terrain lacustre n'existe pas, il se confond, sans qu'il soit possible de trouver la ligne de séparation, avec le terrain protéique (marno-sableux supérieur), également marin (c'est le cas des collines subapennines). Ses limites inférieures sont l'argile plastique et ses lignites, lorsqu'ils existent et qu'on peut les distinguer sûrement des marnes argileuses et des lignites qui lui sont interposés; mais lorsque ce groupe argileux n'existe pas, la craie ou les roches plus anciennes forment ses limites inférieures.

La texture et le mode de formation de ce groupe me paroissent être ses caractères les plus tranchés et les plus importans; car ils dépendent des circonstances physiques de l'époque géognostique pendant laquelle ce terrain a été déposé; ils l'accompagnent sur toutes les parties du globe où on l'a reconnu, et ils ont puissamment contribué à le faire reconnoître.

Ce groupe de roches a été essentiellement formé par voie mécanique ou de sédiment et même de sédiment grossier. Sa texture est grenue, grossière, souvent lâche, et sa consistance friable.

---

1 Ce nom peut ne rien signifier; mais si on veut, pour le retenir plus facilement, le lier avec quelques idées qui soient en rapport avec les principaux caractères de ces terrains, on se rappellera que c'est le nom d'un fils de Neptune, c'est-à-dire un terrain marin porteur de conques ou cors marins, c'est-à-dire très-abondant en coquilles marines turbinées : Cérites, Buccins, Murex, etc.

*Syn.* Formation du premier calcaire tertiaire. (A. Boué.)

Cependant, et comme pour faire voir qu'il n'est pas terrain de transport, mais qu'il a été déposé sur le lieu où on le trouve, il montre, dans ses assises supérieures, des roches et minéraux quarzeux et calcaires de cristallisation (le grès luisant de Beauchamps; le quarz hyalin et le calcaire spathique inverse de Neuilly, etc.). Il montre dans ses parties moyennes des silex cornés, qui remplacent des coquilles marines ou qui ont été déposés en nodules aplatis (Sèvres, Gentilly); mais ces parties, formées par voie chimique, sont très-petites en comparaison de la masse sédimenteuse.

Les débris organiques qu'il renferme fournissent un autre caractère tranché et constant de ce groupe : c'est le gîte d'une multitude d'espèces de coquilles marines, dont le nombre dépasse de beaucoup 1200 et dont *l'ensemble* rappelle celui des genres et des espèces qui habitent actuellement les mers.

Le nombre des espèces de coquilles est trop considérable pour qu'on puisse en donner l'énumération comme caractère; nous devons nous contenter d'indiquer les genres qui ne se sont pas encore trouvés dans les terrains inférieurs, et quelques-uns des principaux genres de ces derniers terrains, qu'on n'a pas encore reconnus dans le groupe principal des terrains yzémiens supérieurs. Les tableaux publiés par M. Defrance, et qu'on peut consulter au mot PÉTRIFICATION du Dictionnaire des sciences naturelles, nous fourniront tous les élémens de celui que nous présentons comme caractéristique de ce terrain à la suite du tableau n.° 5.

Il renferme en outre des poissons en grand nombre, quelques reptiles marins, qui y sont très-rares, des cétacés; mais jusqu'à présent on n'y a trouvé aucun débris de mammifère terrestre ni d'oiseau, ou du moins les indications rares qu'on en donne sont encore très-incertaines.

On voit que les caractères zoologiques de ces terrains sont plus négatifs que positifs, et que par conséquent ils ne sont bons que pour le moment actuel.

Le groupe calcaréo-sableux est stratifié d'une manière très-distincte; ses bancs sont puissans et sa stratification est horizontale dans les pays de plaine éloignés des chaînes de montagnes et des terrains pyrogènes.

Il forme des plaines, des plateaux ou des collines alongées en pente douce vers la base, plus rapide vers le sommet.

Son niveau diffère beaucoup, selon les terrains dont il est voisin. Si, comme je l'ai présumé, plusieurs sommets des Alpes, tels que les Diablerets, etc., appartiennent à ce groupe, cela porteroit son plus haut niveau à plus de 2300 mètres; mais on remarquera qu'il n'est point là dans sa place naturelle ou de formation; il est probable qu'il y a été porté par soulèvement. C'est dans les pays éloignés des chaînes de montagnes et presque plats, qu'il faut aller prendre son véritable niveau, et il paroît qu'on peut l'évaluer alors à 200 mètres au plus au-dessus du niveau actuel de la mer.[1]

Ce groupe est répandu sur une grande partie de l'Europe; il y forme des terrains assez étendus, mais cependant limités et même morcelés par bassins et plateaux.

Il ne renferme dans ses trois premières roches ni filon, ni veine, ni amas, soit métallique, soit pyriteux, soit pierreux, à l'exception des druses de quarz et de calcaire spathique mentionnées plus haut. De l'autre part, ce caractère négatif, qui souffre peut-être quelques exceptions, mais qui en offre si peu que je ne puis en citer aucun exemple authentique, n'est propre qu'aux trois premières roches; il cesse à la dernière, à celle qui est désignée sous le nom d'argile plastique.

Il présente dans ses diverses parties, mais plutôt dans les supérieures et les inférieures que dans les moyennes, des galets de silex, de calcaire ou d'autres roches, tantôt isolés,

---

1 Le point le plus élevé auquel il parvienne dans le bassin de Paris; et au mont Ouen, près de Gisors, il est à environ 134 mètres au-dessus du niveau de l'Océan.

épars ou en amas peu étendus (les galets siliceux du grès de Beauchamps, ceux de la glauconie grossière de Chantilly, etc.), tantôt en accumulations immenses dans toutes leurs dimensions, par conséquent des portions considérables de roche clastique ou de transport, désignée sous les noms de poudingue ou de gompholite.

Enfin, on y observe quelquefois de grandes cavités, ayant la forme tantôt de fissures perpendiculaires aux couches, ou de cavernes qui s'y enfoncent, mais qui sont très-peu profondes et qui n'ont par conséquent presque point d'étendue; tantôt de puits, c'est-à-dire de cavités cylindroïdes presque verticales, soit vides et ouvertes jusqu'à la surface du sol, soit fermées avant de parvenir à cette surface et remplies de marnes sablonneuses, de cailloux et de diverses autres matières de transport.

Nous plaçons aussi au nombre des accidens ou circonstances accidentelles, c'est-à-dire non propres à la généralité de ces terrains, les débris de corps organisés non marins qu'on y trouve quelquefois mêlés avec les débris marins qui lui appartiennent en propre; tels sont les bois pétrifiés ou à l'état de lignite fibreux, les coquilles lacustres, fluviatiles ou terrestres, qu'on a rencontrés dans quelques endroits (à Weissenau près Mayence, à Meudon, à Montrouge, etc.). On a vu à la théorie des terrains lacustres, comment on peut se rendre compte d'une manière simple et conforme à l'observation, de la présence de ces corps fluviatiles et terrestres au milieu d'un terrain essentiellement marin.

Les roches qui entrent dans la composition de ce groupe, soit comme roches essentielles, soit comme roches subordonnées, et les minéraux qui s'y trouvent, sont les suivans, sur lesquelles il nous reste peu d'observations à faire.

1. Grès blanc ou tritonien et Grès lustré. C'est un grès subordonné au calcaire grossier, qui se montre en couches plus ou

moins puissantes et plus ou moins pures dans les parties supérieures du groupe tritonien ou calcaréo-sableux, qui touche même au terrain lacustre palæothérien et qui semble dans quelques cas avoir été le fond sablonneux de la mer et être devenu ensuite le fond sablonneux des eaux douces, lorsque celles-ci ont remplacé les eaux salées; car c'est dans ce point de contact que les productions organiques des deux milieux se trouvent mêlés (à Beauchamps, près Pontoise, etc.)[1]. C'est dans cette partie sableuse et quarzeuse de ce groupe que se montre le plus évidemment l'action chimique et cristalline qui a encore eu de l'influence. Le grès est souvent luisant; ses fissures sont tapissées de petits cristaux de quarz, etc.

2. CALCAIRE GROSSIER OU TRITONIEN. Roche calcaire, à texture grenue, lâche, impure, mêlée de marne ocreuse, de sable, etc., présentant des assises très-distinctes, nombreuses, plus ou moins puissantes, en stratification ordinairement horizontale, offrant de nombreuses variétés de texture, depuis la plus fine et la plus compacte (dans les pierres qu'on nomme *clicart*, *liais* et *roche*), jusqu'à la plus grossière (dans celles qu'on appelle *lambourde*).

Les roches subordonnées sont, dans les parties supérieures, le silex corné, en lits minces, interrompus (Gentilly), et les marnes calcaire et argileuse, avec quelques lits de lignite; et dans les parties inférieures, la glauconie grossière, roche mélangée, composée de calcaire grossier et de silicate de fer terreux, vert et granulaire.

---

1 On voit que toutes ces règles sont déduites de ce qui s'observe dans le bassin de Paris, que l'on a pris, ainsi que j'en ai prévenu plusieurs fois, pour le modèle ou type comparatif des terrains yzémiens supérieurs, parce qu'il a été décrit le plus complétement comme tel, et que je le connois mieux qu'aucun autre. Je ferai ressortir plus bas les points de ressemblance et de différence que présentent les mêmes terrains dans d'autres lieux.

Les minéraux disséminés que renferme le calcaire grossier sont, principalement dans les assises supérieures, le fluorite en très-petits cristaux cubiques, le quarz hyalin prismé, le calcaire spathique ; et dans les assises inférieures, le fer chloriteux granulaire.

On sait que le calcaire grossier est la pierre dont on se sert dans les constructions de Paris ; que cette *pierre à bâtir des Parisiens* porte, suivant sa grosseur et ses qualités, les noms de *pierre d'appareil, pierre de taille, moellon*, etc.

## 5.ᵉ *Gr.* TERRAINS MARNO-CHARBONNEUX.

J'avois réuni autrefois ce groupe de roches avec l'argile plastique, parce que ces deux dépôts sont généralement inférieurs au calcaire grossier et souvent placés immédiatement l'un sur l'autre. Cependant j'avois dès-lors élevé des doutes sur la simultanéité de leur formation, et j'avois comme pressenti leur séparation ultérieure.[1]

Mais, d'une part, de nouvelles observations, faites aux environs de Paris par M. Desnoyers, ayant prouvé qu'ils peuvent être séparés l'un de l'autre par des bancs assez puissans de calcaire grossier, et de l'autre part, la considération des débris organiques, si abondans dans le dépôt marno-charbonneux, et, au contraire, si rares dans l'argile plastique, si même il y en a, conduisent à séparer ces deux dépôts plus complétement qu'on ne l'avoit fait jusqu'à présent.

Nous allons donc considérer le dépôt marno-charbonneux d'une manière indépendante du dépôt argilo-sableux.

Le groupe MARNO-CHARBONNEUX, qu'il ne faut pas confondre avec le lignite suisse, paroît former un dépôt tantôt subordonné au calcaire grossier, et tantôt principal et indé-

---

1 Descr. géologique des environs de Paris, 1822; *De l'argile plastique*, etc., pag. 19, où les deux bancs d'argile sont déjà assez clairement distingués.

pendant de ce calcaire, qui ne s'y montre pas ou qui n'y occupe qu'une position très-secondaire.

Il est généralement situé dans les parties inférieures du terrain calcaire, et quelquefois tout-à-fait au-dessous de cette roche; quelquefois aussi il est placé au milieu de ses couches (lignites de Montrouge).

Quoique ce terrain soit d'une texture principalement sédimenteuse, et qu'il soit par conséquent le produit d'une précipitation mécanique, néanmoins il recèle des minéraux, des druses, même des roches, qui résultent d'une précipitation évidemment chimique.

Il est stratifié d'une manière très-distincte en lits ordinairement peu épais, mais qui se présentent, dans d'autres circonstances, avec une puissance considérable.

Cependant ils n'influent pas sur la forme extérieure du sol qui les renferme, et ne se montrent jamais sur une grande étendue de terrain sans être interrompus.

L'ensemble des roches dénommées au tableau, c'est-à-dire l'argile, le sable, et surtout le lignite, dans tous ses états, est un des caractères les plus tranchés de ce terrain. Les débris organiques offrent un autre ordre de caractères, sur lequel on reviendra plus bas. On doit se contenter d'indiquer que, d'une part, des coquilles lacustres, et parmi celles-ci les cyrènes et les mélanopsides, et de l'autre, que des coquilles marines, notamment des huitres et des cérites, offrent assez constamment dans ce terrain une succession ou alternance de lits fort remarquable.

Les roches et minéraux qui se présentent dans ce groupe, tantôt tous ensemble, tantôt indépendamment les uns des autres, sont:

L'Argile figuline, qui ne diffère que très-peu de l'argile plastique, qu'on va trouver plus bas; elle est cependant moins plastique, plus fragmentaire, même moins pure, et par conséquent moins réfractaire que cette argile.

Des MARNES, qui sont toujours argileuses et qui ne paroissent être que l'argile précédente, mêlée d'un peu de calcaire.

Le SABLE, et même quelquefois du *grès quarzeux*, très-blanc et très-puissant.

Enfin le LIGNITE SOISSONNOIS dans toutes ses variétés, depuis le fibreux, qui ressemble à du bois à peine altéré, jusqu'au jayet, dans lequel le bois est devenu noir et très-dense.

Ce terrain renferme des minéraux disséminés.

Le SUCCIN, dans presque tous les lieux où on observe ce terrain.

Le *gypse* en cristaux limpides et assez volumineux.

La *webstérite*, en rognons mamelonnés, à texture compacte, et la webstérite oolithique, dont le nom indique la structure.

Le *phosphorite terreux*, brunâtre, en rognons cylindroïdes, mêlé ou accompagné de phosphate de fer (Auteuil).

La *célestine* (strontiane sulfatée), en petits cristaux implantés.

Le *quarz hyalin*, en petits cristaux limpides, tantôt dans le sol et tantôt dans le lignite lui-même.

Enfin, des *pyrites*, qui semblent être d'autant plus abondantes, que les lits qui les renferment sont plus voisins du fond de la formation ou plus près de la surface de la craie. Ces pyrites sont quelquefois, mais très-rarement, accompagnées de célestine.

Les débris organiques qui s'y trouvent, appartenant, les uns à des corps marins, les autres à des êtres qui ont vécu dans les eaux douces et à la surface de la terre, doivent être présentés dans deux tableaux distincts : le premier renfermera les débris de corps organisés lacustres, fluviatiles ou terrestres; le second, les débris de corps marins qui ne se trouvent ordinairement que dans les couches supérieures.

On remarquera combien les corps marins sont peu nombreux en espèces, en comparaison des animaux et des végétaux terrestres et lacustres. On remarquera également qu'on n'a encore trouvé dans ce dépôt ni conferves, ni algues.

Arrivés à l'indication des exemples que nous devons apporter à ce groupe, il se présente plusieurs difficultés.

1.° Il est quelquefois presque impossible, dans l'état actuel de la science, de séparer les gîtes du terrain marno-charbonneux de ceux qui appartiennent en propre au terrain argilo-sableux.

2.° Comme il paroît bien reconnu maintenant qu'on trouve une argile plastique parfaitement caractérisée au-dessous de la craie, et qu'on n'a d'autre moyen pour la distinguer que la superposition, il faut, pour placer certaines argiles plastiques au-dessus ou au-dessous de la craie, des renseignemens qui nous manquent souvent; en sorte qu'on ne peut assigner avec certitude aux exemples suivans, ni l'une ni l'autre de ces deux positions.

### *Exemples du groupe* MARNO-CHARBONNEUX.

Dans le bassin de Paris et non loin de cette ville.

A Marly : du sable, des coquilles brisées, des indices de lignite et de résine fossile. — Dans la plaine de Bagneux, au milieu des couches de calcaire grossier, avec les coquilles qui accompagnent ordinairement cette roche. (C. Prévost.) — Les environs de Soissons, de Reims, d'Épernay, où le sable, les coquilles fluviatiles et marines, le lignite pyriteux, le succin, sont très-abondans, tandis que l'argile plastique proprement dite est à peine distincte.

Les dépôts puissans, abondans et multipliés de lignite, accompagné de sable, de marne argileuse et de beaucoup de coquilles lacustres, du département de la Drôme, de Piolenc près d'Orange, de Sisteron et Forcalquier, de Saint-Paulet près du pont Saint-Esprit, de Voreppes dans le département de l'Isère, et surtout ceux des environs d'Aix, de Marseille et de Toulon. [1]

1 J'ai cherché à établir, dans mon article Lignite du Dictionnaire des sciences naturelles, que les charbons fossiles des environs d'Aix, etc.,

En Angleterre, ceux de l'île de Sheppey, à l'embouchure de la Tamise, si riches en fruits fossiles pyriteux ; et les argiles bleues, mêlées de succin, de Highgate et de Brentford, près Londres?

En Allemagne, tous les gîtes puissans de lignites inférieurs aux terrains basaltiques, et notamment ceux du mont Meisner et de l'Habichtswald en Hesse, de Tœplitz et de Putcheris, de Carlsbad ; et enfin les marnes argileuses, mêlées de sable et riches en succin, des rives de la mer Baltique, du côté de Kœnigsberg.

## 6.e Gr. TERRAINS ARGILO-SABLEUX.

1. Sable quarzeux ; 2. Argile plastique. Malgré leur contact presque immédiat, il n'est pas reconnu avec toute certitude que l'argile plastique et son sable appartiennent à la même formation que le lignite soissonnois, ni même que l'un et l'autre ne doivent être plus nettement séparés du calcaire grossier que ne le présente le tableau que je développe.

Cet avertissement s'oppose à ce qu'il résulte aucune erreur réelle de leur rapprochement provisoire.

---

étoient des lignites appartenant aux terrains tertiaires. Cette opinion paroît avoir été plutôt confirmée qu'ébranlée par les observateurs qui, depuis sa publication, ont cherché à l'examiner et à en vérifier les fondemens ; mais si j'ai réussi à assigner la place de ces lignites dans une des grandes classes des terrains de sédiment, je ne suis pas également sûr d'avoir déterminé avec exactitude leur position spéciale dans l'un des groupes de cette classe. J'ai présumé, d'après quelques circonstances, que les lignites de Provence étoient inférieurs au terrain tritonien ; néanmoins je crois que cette présomption demande à être constatée ou détruite par de nouvelles observations dirigées vers ce but. Il en est de même des autres exemples rapportés à ce groupe. Il est possible, comme le pense M. Boué, que la plupart des lignites exploités, qui sont tous lacustres, appartiennent plutôt au terrain palæothérien ou infraprotéique qu'au groupe marno-charbonneux, inférieur au terrain tritonien.

L'argile plastique, telle que je l'ai définie ailleurs[1], occupe constamment, du moins je n'ai pas d'exemples du contraire, la partie la plus inférieure des terrains de sédiment supérieurs. Elle est ou immédiatement posée sur la craie, et, dans ce cas, sa liaison avec le terrain de sédiment supérieur est évidente, ou bien, celle-ci n'existant pas, elle est placée sur des terrains inférieurs à la craie, et alors il n'est pas sûr qu'elle appartienne à ce premier ordre des terrains de sédiment.

Ces deux roches réunies, formant le sous-groupe que nous examinons, présentent les caractères suivans :

Leur mode de formation est en grande partie sédimenteux; mais c'est un sédiment fin et tellement pur, pour ce qui concerne l'argile plastique, qu'on peut soupçonner que l'action chimique qui va se manifester d'une manière évidente par d'autres phénomènes, a eu de l'influence sur ces dépôts. Néanmoins le sable quarzeux qui l'accompagne, et qui dans beaucoup de cas est grossier, indique un dépôt mécanique.

La stratification est peu distincte et même très-incertaine dans la plupart des lieux où on peut observer clairement les argiles plastiques. Ce sont plutôt des âmas couchés sur des

---

1 Descr. géologique des environs de Paris, édition de 1822, pag. 18; et Classification minéralogique des roches, Paris, 1827, pag. 60.

Quand on emploie ce nom dans les descriptions géologiques, il ne faut pas lui donner une autre acception que celle qu'il doit exprimer, sans cela les noms ne servent plus à rien. L'argile plastique n'est ni effervescente, ni fusible; elle a une composition chimique remarquable par son identité. Elle ne contient pas un centième de chaux. Il ne peut donc y avoir des argiles plastiques calcarifères, marneuses, effervescentes, etc., car ces mélanges n'appartiennent plus à l'espèce que j'ai définie et désignée sous ce nom; et, en rendant ainsi la définition et les caractères vagues, on trouvera de ces prétendues argiles plastiques dans tous les terrains, tandis que les vraies argiles de ce nom paroissent restreintes à des formations très-peu nombreuses.

surfaces de roches et dans les bassins que peuvent présenter ces surfaces. L'inégalité d'épaisseur d'un même gîte d'argile dans ses diverses parties indique cette disposition.

Le sable quarzeux recouvre ces dépôts ou alterne quelquefois avec eux.

L'argile plastique ne paroît renfermer, au milieu même de sa masse, aucun débris organique ; et la règle que nous avons cru reconnoître et que nous avons énoncée il y a long-temps, a été plutôt confirmée qu'infirmée par les observations qui ont été faites depuis. Les débris organiques qu'on a attribués à l'argile plastique, appartiennent ordinairement aux argiles figulines, qui forment au-dessus d'elle un dépôt supérieur, distinct en tout, et indépendant des argiles plastiques proprement dites.

Mais cette argile enveloppe souvent et des cristaux de gypse, soit isolés, soit groupés, et des nodules de pyrites affectant différentes formes. Ce sont les seuls minérais qu'on puisse lui attribuer avec certitude.

Enfin, il paroît que l'argile plastique, considérée comme espèce minérale, se présente dans une autre situation minéralogique, et que plusieurs dépôts de cette argile, que j'avois cru pouvoir placer dans les terrains yzémiens supérieurs à la craie, sont au contraire situés au-dessous de cette roche.

Cette nouvelle vue réduit ainsi qu'il suit les exemples qu'on peut citer avec quelque certitude d'argile plastique supérieure à la craie.

### *Exemples du groupe* ARGILO-SABLEUX.

Dans le bassin de Paris :

Les environs du village d'Abondant, sur les lisières de la forêt de Dreux. — A Condé, près Houdan. — A Gentilly, Arcueil, Vauvres, Issy, Meudon, au sud de Paris ; à Auteuil, à l'ouest. — A Noyer, sur la route de Gisors à Rouen. — A Moret, près Fontainebleau. — Dans les environs de Montereau,

Dans les lieux suivans, la position de l'argile plastique au-dessus de la craie est moins évidente.

A Andennes et dans d'autres lieux des environs de Namur. — Aux environs de Cologne.

Dans le bassin de Londres.

En Allemagne, Grossalmerode en Hesse, d'où se tire l'argile plastique employée à la fabrication des creusets célèbres de ce pays.

Il paroît bien prouvé maintenant, par les observations de MM. Passy, Jules Desnoyers, etc., que l'argile plastique de Saveignies, à l'ouest et au nord-ouest de Beauvais, et celle de Forges en Normandie, appartiennent à une formation plus profonde et qui est inférieure à la craie.

## 7.e *Gr.* TERRAINS CLASTIQUES.

Ce petit groupe est peut-être très-répandu sur la terre; mais les roches, ou plutôt la roche presque unique qui le compose, ressemble tant aux roches clastiques ou de transport des autres terrains, il présente lui-même, dans ses rapports de position, dans les débris minéraux et organiques qu'il renferme rarement, si peu de caractères distinctifs, qu'on est obligé d'en restreindre considérablement l'histoire, faute de trouver des moyens de l'étendre avec quelque certitude à plusieurs pays, et par conséquent d'en offrir plusieurs exemples. Je l'aurois même passé entièrement sous silence, si je n'avois trouvé, dans les poudingues siliceux des bords du Loing, entre Nemours et Châteaulaudon, un exemple de cette roche, qui me paroît avoir une position bien déterminée et différente de celle du gompholite (*Nagelflue*) de la Suisse, etc. Mais auquel de ces groupes clastiques faut-il rapporter une multitude de terrains également composés de cailloux roulés, plus siliceux que calcaires, qu'on rencontre dans des pays dont le sol appartient aux terrains crétacés ou à ceux qui le suivent ou le précèdent presque immédiatement ? C'est à quoi il m'est impossible de répondre avec certitude dans l'état actuel de la géognosie, et ce qu'il ne m'est pas permis de discuter avec les développemens nécessaires dans ce tableau.

Je me contenterai donc de dire que je placerai dans le *groupe clastique des terrains thalassiques tritoniens* les terrains composés de débris arrondis qui, par leur position supérieure aux terrains crétacés, ne peuvent être placés dans les terrains clastiques des terrains pélagiques, et, par leur position inférieure aux terrains thalassiques palæothériens, ne peuvent être réunis avec les gompholites du groupe protéique.

Tels sont : les poudingues inférieurs au calcaire grossier de la Morlaye, département de l'Oise ; ceux des environs de Nemours, de Moret, évidemment placés entre la craie et le calcaire lacustre palæothérien.

## *Considérations théoriques sur les terrains thalassiques.*

Je n'ai point le projet de proposer d'hypothèses pour remonter aux phénomènes généraux qui ont pu donner naissance à l'ensemble de ces terrains, ni même aux causes spéciales qui ont pu les former et les modifier suivant les lieux : je chercherai, en rassemblant sous un point de vue plus resserré et en comparant entre eux les faits principaux qui composent l'histoire des terrains thalassiques, à montrer que si l'hypothèse de la retraite et du retour de la mer indiqués par l'alternance des terrains lacustres et des terrains marins, est sujette à quelques difficultés, les autres hypothèses qu'on a proposées pour expliquer ces faits et leurs liaisons, peuvent encore moins y satisfaire.

Récapitulons d'abord les observations, en choisissant les mieux connues et les plus frappantes.

La craie, limite inférieure ou base du terrain thalassique,

est bien définie. Il n'y a dans nos contrées aucune transition entre ces deux classes de terrains.

Au-dessus de la craie se trouve généralement, et sur des étendues considérables de pays, depuis la partie occidentale de la France jusque vers l'extrémité orientale de l'Europe, un dépôt de calcaire à texture généralement grossière, pétri de corps marins, coquilles, zoophytes, poissons, offrant par conséquent des preuves irrécusables que ce dépôt a eu lieu sous une eau marine, et à peu près à la même époque dans ces différens lieux, puisque les corps organisés dont ils renferment les débris ont tous un aspect frappant de contemporanéité.

Dans les terrains que nous avons désignés par le nom de *tritoniens*, et qui renferment le calcaire qu'on nomme *grossier*, se voient bien çà et là quelques débris de corps organisés lacustres ou terrestres, mais ils ne font pas la cent-millième partie des autres; ils ne se trouvent que dans quelques localités, comme on doit trouver dans les sables et limons de l'embouchure des fleuves des productions terrestres et fluviatiles, charriées par les cours d'eau et mêlées avec les productions marines. Ils y sont en général disséminés et se présentent dans les terrains marins de la période thalassique comme pour nous apprendre qu'il existoit à cette époque des terres découvertes et des cours d'eau qui les parcouroient.

La craie, ou le terrain inférieur au calcaire grossier, n'est pas toujours immédiatement recouverte par cette roche. Il y a quelquefois entre ces deux calcaires des dépôts inégaux d'un terrain composé d'argile pure et de bois bitumineux, accompagné de corps organisés terrestres ou fluviatiles, par conséquent un dépôt d'une tout autre nature et d'une tout autre origine. Ces dépôts, en lits plus ou moins épais, ne se trouvent pas seulement entre ces deux terrains, mais ils se rencontrent aussi jusque vers le milieu du calcaire grossier, et sont mêlés avec des coquilles marines de ce calcaire. Ne peut-on pas regarder la présence de ces foibles dépôts étrangers comme un accident, comme l'introduction sous un plus grand volume, parce qu'elle s'étoit faite dans des lieux propres à les rassembler, de ces débris animaux et végétaux, charriés par les cours d'eau dans la mer, et accumulés dans certains points par des circonstances locales. Ce seroient des terrains d'eau douce analogues à ceux de la seconde classe, dont Œningen est le type, qui, au lieu de s'être déposés, comme ceux-ci, dans des lacs ou amas d'eau douce, se seroient déposés dans la mer même. Leur texture sédimenteuse, leur structure souvent schistoïde, leur mélange et même l'alternance de leurs lits avec des productions marines, en sont des indices et même des preuves frappantes; et, en admettant pour ces roches lacustres sous-marines l'opinion de M. C. Prévost, en les distinguant ainsi des véritables roches lacustres, nous rendons les caractères de ces dernières plus précis et plus puissans.

Au-dessus de ces calcaires grossiers ou des roches marines qui les accompagnent ou les remplacent, et qui constituent ce que j'ai nommé le *groupe tritonien*, se présente dans beaucoup de lieux, mais surtout dans le bassin de Paris, d'une manière claire, puissante, développée, un terrain de plus de cinquante mètres de puissance dans quelques points, qui n'a aucun des caractères d'un terrain de sédiment grossier; qui est en partie calcaire, en partie siliceux; qui n'est stratifié qu'en grand; qui a une homogénéité, une compacité interrompue par des tubulures sinueuses et presque verticales, et qui est pétri, dans plusieurs de ses parties, et suivant les localités, d'une multitude de coquilles et même de produits végétaux d'eau douce, sans *mélange d'aucun corps marin*. Les coquilles, malgré la ténuité de leur têt, y sont souvent parfaitement entières, et tout semble indiquer qu'elles ont vécu sur le lieu où elles sont pétrifiées.

Au milieu de ce terrain puissant se trouvent, dans le bassin de Paris principalement, et peut-être dans quelques autres, mais d'une manière moins distincte, des bancs de gypse à texture cristalline, très-régulièrement stratifiés, alternant avec des bancs de marne, renfermant quelques coquilles terrestres ou d'eau douce, des poissons lacustres ou fluviatiles, quelques végétaux terrestres et les débris d'une multitude de mammifères terrestres et de reptiles d'eau douce dont on n'a pas encore trouvé de vestiges dans le calcaire marin inférieur; ces bancs gypseux ne renferment *dans leur masse* aucun débris organique marin.

Dans d'autres lieux, ce sont des lits puissans de charbons fossiles, accompagnés de bois pétrifié, de coquilles et de poissons lacustres, d'ossemens pétrifiés de mammifères terrestres ou riverains, de reptiles lacustres sans vestiges de corps marins.

Tout porte donc à croire que ces marnes lymniques, si riches en productions d'eau douce, si complétement dénuées de corps marins, les bancs de gypse ou les lits de charbon fossile qu'elles renferment, ont été déposées dans des eaux douces par voie de sédiment ou de précipité chimique. Pour admettre la continuation de la présence de la mer là où elle ne montre aucune trace de sa présence et où tout indique au contraire un liquide analogue à celui de nos lacs d'eau douce, il faut se jeter dans des hypothèses d'une telle complication, que les preuves les plus irréfragables seroient nécessaires pour nous les faire admettre.

Au-dessus de cette masse marno-gypseuse, offrant tous les caractères d'une formation d'eau douce, se présente, ou tout à coup ou par nuances insensibles, un terrain d'une assez foible épaisseur dans le bassin de Paris, mais d'une puissance et d'une étendue immenses dans le midi de la France, dans la Suisse subalpine, dans l'Italie subapennine, et qui ressemble tellement, dans certains lieux, au calcaire grossier inférieur, qu'il a fallu des observations nombreuses, précises et minutieuses, pour l'en distinguer. Ce terrain, comme l'inférieur, est principalement marin, c'est-à-dire qu'il renferme en majorité immense des coquilles marines et d'autres corps marins; mais ces coquilles offrent des espèces souvent différentes de celles qui remplissent le calcaire grossier inférieur : on y a observé des os de mammifères marins, lamentins, baleines, etc., qu'on ne peut encore admettre avec certitude dans les terrains inférieurs. On y voit néanmoins quelques débris de corps terrestres et lacustres; on y voit aussi, et principalement dans les parties inférieures, des lits de bois fossiles bitumineux ou lignites, accompagnés de coquilles lacustres, mêlées quelquefois de coquilles marines dans leur surface de contact avec le terrain marin.

Quand le terrain lacustre que nous avons nommé *palæothérien* touche *immédiatement* aux deux terrains marins dont l'un le porte et l'autre le surmonte, les assises de limitation ou de passage des deux terrains présentent quelquefois, mais rarement et d'une manière toujours très-restreinte (au pied nord-ouest de Montmartre), le mélange des débris organiques qui se montrent ensuite sans mélange dans le milieu des masses de ces deux terrains.

Le terrain marin supérieur, que nous appelons *protéique*, est en général plus sableux que calcaire, d'une texture plus grossière que compacte; les coquilles et autres débris marins qu'il enveloppe sont souvent brisés ou roulés. Il renferme des galets, et il est même quelquefois surmonté de masses énormes de poudingues : il offre enfin tous les caractères d'un terrain de sédiment grossier et de transport. On pourroit même le croire amené par une vaste et rapide invasion des eaux de la mer, si les lits réguliers de coquilles réunies comme par familles, si les bancs d'huîtres adhérant ensemble et en position comme dans la mer, si les galets couverts de balanes et d'huîtres qu'on y trouve [1], si les roches percées de pho-

---

1 On ne peut répéter ici les exemples qu'on a donnés de ces faits dans les détails précédens et dans la Géognosie du terrain de Paris.

lades, qui s'y présentent comme des rescifs, si enfin les débris de mammiféres terrestres, qu'on y rencontre quelquefois couverts de balanes et de coquilles marines, ne forçoient de reconnoître qu'une eau marine *a séjourné* sur ce terrain.

Il nous paroît donc bien difficile de ne pas admettre que ce terrain a été déposé au fond de la mer, comme celui qui est inférieur au terrain lacustre palæothérien; mais il a été déposé par une autre mer, c'est-à-dire par une mer qui nourrissoit d'autres espèces d'animaux, dans une période géologique où vivoient des mammifères tant marins que terrestres, soit qu'ils aient seulement commencé alors à paroître sur le globe, soit qu'ils y fussent devenus assez abondans pour que leurs dépouilles aient pu échapper à la destruction et se faire remarquer dans les couches de la terre.

Mais ces terrains, si évidemment sous-marins, du moins pour nous, sont maintenant à sec : la mer qui les couvroit s'est donc encore retirée, soit par l'abaissement de ses eaux, soit par l'exhaussement des terres. Les amas d'eau douce qui se sont formés dans quelques cavités de ce sol, y ont déposé un nouveau et dernier terrain lacustre, présentant avec les terrains palæothériens des différences de même valeur que celles qu'on observe entre le terrain protéique et le terrain tritonien.

Tels sont les faits généraux que M. Cuvier et moi avons reconnus dans la disposition des différentes roches qui composent le terrain thalassique du bassin de Paris, que j'ai retrouvés à peu près les mêmes dans des terrains de la même période, en France, en Allemagne et en Italie, que tous les géologues qui ont visité ces lieux ont également reconnus. Je parle de dispositions générales et non de considérations ou d'exceptions de détails, et, pour rendre cette assertion encore plus précise, je répéterai que nous avons reconnu et que la plupart des géologues admettent avec nous[1] :

1 Voyez surtout l'opinion bien prononcée de MM. Studer et Hausmann.

Que les terrains thalassiques de Paris et d'autres lieux présentent, *vers leur fond*, une roche grossière, remplie de productions marines; *au-dessus*, des roches diverses, plus compactes et même cristallines, remplies de débris d'animaux et de végétaux terrestres et lacustres; *au-dessus*, un autre terrain, de structure grossière, rempli de productions marines, et *enfin encore au-dessus*, un dernier terrain, où il n'y a plus que des produits organiques lacustres ou terrestres.

Ces quatre alternatives, que je désigne par les expressions univoques de terrains *tritonien*, *palæothérien*, *protéique* et *épilymnique* peuvent se suivre depuis le bassin de Paris jusqu'en Hongrie, où elles se montrent d'une manière plus ou moins claire, plus ou moins complète, par conséquent avec les seules variations qu'éprouvent tous les terrains, quels qu'ils soient, lorsqu'on les observe à de grandes distances.

Le calcaire grossier inférieur ou TRITONIEN se présente le plus rarement, parce qu'il est le plus profond; il paroît cependant se trouver en Angleterre, en Bretagne, dans les Landes, à Montpellier, en Bavière, dans le Vicentin, en Autriche, en Hongrie, en Italie, sous la marne bleue subapennine, où il est caractérisé par des nummulites et des térébratules; enfin, il paroit être représenté en Suisse par la molasse que M. Studer nomme *molasse rouge*.

Le terrain lacustre PALÆOTHÉRIEN montre sa formation marneuse pure en Auvergne, à Vaucluse[1], à Sommière, à l'île de Wight, en Bavière, en Wurtemberg, en Hongrie, etc. Sa formation marneuse et gypseuse au Puy-en-Vélay, à Aix en Provence; et sa formation marneuse et charbonneuse en Provence, en Alsace, en Suisse, à Vevay, Paudex, Horgen ou Kœpfnach, etc.

Le terrain PROTÉIQUE, nommé *grès marin supérieur* à Paris,

1 M. Hausmann l'a vu sous le calcaire protéique de Bonpas, près d'Avignon. J'ai rapporté ce calcaire à la molasse. Cet illustre géologue confirme ce rapprochement. (*Zeitschrift*, 1827.)

*calcaire moellon* à Montpellier, *molasse avec huîtres* ou *grès coquillier* en Suisse [1], *marne calcaire* en Hongrie, *marne bleue coquillière subapennine* en Italie [2], est bien plus puissant, bien plus visible et assez régulièrement étendu sur les deux précédens, depuis l'extrémité occidentale de l'Europe jusqu'à son extrémité orientale.

Enfin, le terrain ÉPILYMNIQUE ou d'eau douce supérieur se présente par plaques plus ou moins étendues et bien plus nombreuses que celles du palæothérien, sur le terrain marin protéique, dans une multitude de lieux que nous avons nommés ailleurs.

C'est ainsi, selon nous, qu'il faut envisager la régularité, l'uniformité et l'étendue de ces formations. Cette manière de les considérer fait voir que le phénomène du retour de la mer dans le bassin de Paris n'est pas un phénomène local, comme il faudroit l'admettre dans la supposition d'une *invasion accidentelle;* qu'il est général, comme doit l'être tout changement dans le niveau de l'Océan, et qu'il a laissé les traces de son passage et de son séjour sur toutes les parties obser-

---

1 Ainsi dans la Suisse on a, en allant de haut en bas :

Molasse avec huîtres, ou grès coquillier = Terrain protéique.

Molasse, avec coquilles d'eau douce, gypse, lignites, etc. ............... = Terrain palæothérien.

Molasse rouge ..................... = Terrain tritonien?

2 Remplaçant la molasse supérieure de Suisse, comme la plupart des géologues en conviennent. M. Boué, en m'accordant l'honneur de l'avoir indiqué le premier, donne les preuves les plus évidentes de l'identité de formation de ces deux roches. Il présume que le terrain protéique est bien plus puissant et bien plus répandu qu'on ne l'avoit cru, tandis que le tritonien est au contraire très-restreint.

M. Marcel de Serres a aussi insisté sur le grand développement de ce groupe dans le midi de la France, et sur tout le littoral de la Méditerranée ; il a fait remarquer que le calcaire moellon, roche du groupe protéique, étoit, dans cette partie de la France, la pierre de construction le plus généralement employée.

vées de l'Europe. Il doit aussi se retrouver dans les parties des autres continens qui avoient à cette époque le même niveau que l'Europe, et qui n'ont pas été dépouillées de cette croûte si souvent friable et meuble par la catastrophe des terrains clysmiens ou par toute autre cause encore inconnue.

Il s'agit d'expliquer cette double alternative de sol marin et de sol lacustre. Sans chercher à en donner une explication de détail, ni à remonter aux causes premières, nous avons dit qu'elle indiquoit deux fois la présence de la mer sur notre sol et sur tous ceux qui lui ressemblent, et deux fois le délaissement de la mer et la présence d'eaux lacustres. Nous convenons qu'il est difficile de trouver des causes de ces deux invasions des eaux marines et de leur séjour; mais de ce qu'on ne peut aller au-delà d'une induction qui paroît si naturelle, qui n'admet aucune impossibilité réelle [1], est-on en droit de la nier pour la remplacer par une hypothèse qui nous semble bien plus compliquée et sujette à un bien plus grand nombre de difficultés?

Notre hypothèse est simple; on peut presque l'appeler théorie, car elle se réduit à ces conséquences : deux terrains marins bien caractérisés et deux terrains lacustres non moins caractérisés et bien réguliers indiquent la double alternative de la présence de la mer et de celle des eaux douces.

M. C. Prévost a cherché à établir que cette formation de terrains si différens avoit eu lieu dans le même liquide, et qu'à l'exception des terrains épilymniques (d'eau douce supérieurs), le calcaire grossier, le terrain palæothérien, composé de ses deux bancs de marnes pétries de coquilles d'eau douce et de son gypse, le tout dénué de corps marins dans sa masse moyenne, et le terrain protéique ou marin supérieur, avoient

---

1 Voyez la note placée à la fin de ces premières considérations.

été déposés dans la même mer, lorsqu'elle couvroit l'Europe à la hauteur des collines subapennines.[1]

M. Prévost et les géologues qui admettent son hypothèse, avec diverses variations, ne regardent cependant pas le bassin de Paris comme ayant continué d'être en communication immédiate avec la mer. « Ce bassin, dit cet auteur[2], a été *un* « *grand lac salé, traversé par des cours d'eau volumineux*, VE- « NANT ALTERNATIVEMENT DE LA MER ET DES CONTINENS, qui ont « produit les mélanges et enchevêtremens marins et lacus- « tres. Le bassin cesse de communiquer avec l'Océan, et le « niveau de ses eaux s'abaisse au-dessous de celui des eaux « marines; mais une *irruption* ACCIDENTELLE *de l'Océan dépose* « *les sables et grès marins supérieurs*, et la mer se retire défi- « nitivement. »

En supposant que cette hypothèse toute locale pût s'appli-

---

1 Il est difficile de discuter cette explication de M. Prévost, parce qu'elle n'est encore publiée nulle part avec le développement nécessaire. Le mémoire ou la dissertation géologique qu'il vient de publier sous le titre: *Les continens actuels ont-ils été à plusieurs reprises submergés par la mer*, et qui est extrait du tome 4 des Mémoires de la Société d'histoire naturelle de Paris, ne renferme que la première partie de son travail et ne présente que les observations et les inductions qui peuvent être apportées pour résoudre négativement cette question. Nous ne la connoissons donc que par les courts extraits qu'il en a donnés, par ce que nous lui avons entendu dire et par l'avantage que j'ai eu de la discuter avec lui. Mais je n'oserois pas assurer que j'aie bien saisi dans tous ses détails une hypothèse très-compliquée, et qui exige, pour être bien comprise, qu'on ait sous les yeux les développemens donnés par l'auteur et les cartes sur lesquelles il les a tracés.

2 Bull. des sciences par la soc. phil.; 1825, Mai, pag. 74 et 88. — Bull., Férussac; 1826, tom. 7, n.° 1 et n.° 130. — Ann. de chimie et de physique; 1827, tome 35, page 442. Ce dernier extrait me paroissant être l'expression la plus complète de l'opinion de l'auteur, je le prends pour base de la discussion.

quer exactement au bassin de Paris, il faudroit admettre aussi que ces phénomènes de lacs d'eau salée séparés de l'Océan, puis remplis, quoique salés, de marnes entièrement lacustres, puis recouverts par une irruption *accidentelle* de nouveaux terrains marins, ont eu lieu de la même manière dans les bassins de la Loire, de l'Allier et de l'Hérault, de l'Aar, d'Ulm, de Bavière, de Hongrie, de Lombardie, où se présentent les alternatives de terrains lacustres et de terrains marins.

La discussion de l'application de cette hypothèse, déjà si compliquée pour le bassin de Paris, aux bassins que nous venons de nommer, nous entraîneroit dans des détails beaucoup trop longs; d'ailleurs elle ne nous paroît pas nécessaire pour combattre l'hypothèse de M. Prévost.

Nous nous contenterons donc de rappeler l'attention sur des faits, des circonstances et des dispositions, qui nous semblent peu conciliables avec l'hypothèse de la formation d'un terrain lacustre sous les eaux de la mer et d'une *irruption soudaine* de la mer pour former des terrains de plusieurs centaines de mètres d'épaisseur.

Je laisse de côté ce qui est relatif à l'argile plastique et à ses débris organiques d'eau douce, cette disposition étant une de celles qui peut le mieux s'expliquer par l'hypothèse de M. Prévost, parce qu'elle présente précisement ces caractères de mélange qui indiquent un dépôt sous-marin, et qui manquent entièrement aux vrais terrains d'eau douce. Mais je demanderai s'il est bien facile de concevoir et bien simple d'admettre que des terrains très-régulièrement stratifiés en grand, comme le terrain palæothérien, composés de plusieurs bancs de roches présentant une texture homogène fine, qui éloigne l'idée d'un sédiment de transport pour rappeler celle d'un précipité chimique, que des roches qui renferment, non pas quelques coquilles lacustres, dispersées çà et là, mais des lits puissans, réguliers, composés presque entièrement et uniquement de ces coquilles (Saint-Ouen, Pantin, etc.), aient pu être amenés dans une baie d'eau de mer, sans envelopper aucune production marine et en tuant tous les corps marins, dissolvant pour ainsi dire leurs dépouilles, pour ne laisser intactes que les coquilles lacustres, et non pas seulement dans le bassin de Paris, mais dans tous ceux que nous avons nommés.

Il nous semble qu'il faut se prêter à bien des suppositions, moins gigantesques, il est vrai, que le retour de la mer, mais aussi moins simples et peut-être plus difficiles à concevoir. D'ailleurs nous ferons remarquer que la difficulté est si grande, que M. Prévost est obligé d'admettre ce retour, mais *accidentellement*, dit-il. Or, la difficulté n'est pas, selon nous, de faire rester la mer, mais de la faire remonter et revenir sur des terrains qu'elle avoit abandonnés. Si elle a pu s'élever un jour à 150 mètres au-dessus de son niveau dans le bassin de Paris, la cause qui l'y a portée a dû la porter également dans ceux du Languedoc, de la Suisse, de la Lombardie, de la Hongrie, etc.; cette cause, au lieu d'être transitoire, a pu être permanente et l'y faire rester. Or, ce séjour n'est pas une hypothèse; il résulte, selon nous, des faits les plus authentiques, que nous avons déjà indiqués; il nous paroît démontré par l'adhérence des huîtres et des balanes aux ossemens de mammifères des terrains tertiaires de Lombardie, aux galets de quarz de la côte de Gênes, près Saint-Rémo; par les bancs d'huîtres, de panopées, de pernes, qu'on voit si régulièrement placés, les uns près Paris, les autres en Italie; par les trous de pholade, qu'on voit sur les rochers ou rescifs, sur lesquels s'appuient ces terrains, etc.

Mais une difficulté d'un tout autre ordre que semble nous présenter l'hypothèse de la formation des terrains marins et lacustres par simple transport de sédiment mécanique, c'est la présence au milieu de ces terrains de minéraux indissolubles, cristallisés, dont la production ne peut être attribuée qu'à une action chimique très-puissante. J'avoue que je ne me fais aucune idée de la formation par transport et par dépôt au fond des eaux de la mer, des nodules sphéroïdaux de sulfate de strontiane qu'on trouve au milieu des marnes du gypse; des nodules sphéroïdaux de silex dans le gypse. Je ne puis concevoir que la silice pure, qui a formé au milieu des masses non stratifiées du calcaire siliceux de Champigny, de Crecy, etc., des druses de quarz hyalin, ait été amenée en dissolution par un cours d'eau descendant de l'Auvergne et des Cévennes.

Certainement, si ces minéraux insolubles étoient tenus en suspension mécanique dans ces eaux affluentes, ils ne se seroient pas réunis en nodules quelquefois cristallins ou en cristaux dans le fond de la mer; et, s'ils y étoient en dissolution, il est peu présumable que cette dissolution, en entrant dans la mer, et par conséquent en s'étendant dans une grande masse d'eau marine, ait laissé précipiter sur-le-champ ces corps insolubles. Alors il faut admettre que ce n'étoit plus de l'eau douce, mais des dissolutions salines, qui formoient des cours d'eau, et par conséquent marcher d'hypothèse en hypothèse.

Si c'est à des sources minérales sourdant au fond de la mer (comme il n'y a pas de doute qu'il y en a et qu'il y en avoit autrefois de bien plus puissantes), qu'on veut attribuer ces calcaires, strontianites et quarz cristallisés, il faut supposer une réunion bien extraordinaire de circonstances pour admettre que ces sources soient sorties précisément dans le lieu où il n'y avoit aucune coquille marine, et précisément dans celui où les fleuves avoient amené des coquilles fluviatiles et terrestres, et d'autres productions non marines.

Je ne chercherai pas à expliquer ces faits, je l'ai déjà dit. Je ne vois aucune hypothèse qui puisse y satisfaire entièrement; mais si les géologues veulent trouver dans la nature actuelle des phénomènes qui représentent en petit les phénomènes gigantesques des temps anciens, c'est dans des fleuves immenses de dissolution aquiforme, sortant des entrailles de la terre et déposant à sa surface, dans le fond des mares, des lacs et de la mer même, les minéraux qu'ils tenoient en dissolution, enveloppant des débris d'animaux lacustres dans les lacs et des débris d'animaux marins dans la mer, qu'il faut aller les chercher. Les eaux minérales actuelles de Carlsbad, de Vichy, de Saint-Nectaire, des Euganéens, de la plaine de Tivoli, des Lagonis de Toscane, du pied des volcans d'Europe, des Cordillères, de Java, des Antilles, du Geyser d'Islande, des sources de Loorgootha dans l'Inde, etc., peuvent donner une esquisse, mais bien foible, bien en miniature, de ces énormes phénomènes. C'est là qu'arrivent, dissous par leurs propres mélanges et combinaisons, du gypse, du calcaire, de la silice en quantité souvent considérable, de la magnésie, du sulfate de strontiane, de l'acide borique, etc., corps si peu solubles ou même absolument indissolubles dans nos eaux actuelles.

Mais, encore une fois, comment concevoir que des roches qui ne renferment rien de marin, mais qui contiennent des masses, nodules ou cristaux distincts de ces minéraux, liés intimement avec la roche, par conséquent évidemment de même formation qu'elle, aient pu être amenées, depuis le centre de la France jusque dans la mer de Paris, tenues en dissolution dans des eaux qui n'ont rien précipité sur la route, pour laisser tout précipiter et cristalliser, lorsque cette dissolution s'est étendue dans l'immensité des eaux marines[1] ?

---

1 Hypothèse pour hypothèse, je ne vois pas qu'il soit plus difficile de concevoir des causes de soulèvement et d'éruption de la mer sur les continens, qu'un terrain d'eau douce gypseux, siliceux et charbonneux, comme les terrains lacustres de Paris, de Suisse, d'Italie, de Hongrie, etc., se formant au sein des eaux marines, chassant toutes les productions marines, tant vivantes que mortes, tant mobiles qu'adhérentes,

On a voulu aussi considérer ces terrains d'une tout autre manière que les autres, en les désignant comme des *formations locales*, déposées dans des bassins séparés, et présentant d'énormes différences dans chacun de ces bassins.

J'ai cherché, au commencement de l'histoire des terrains thalassiques, à préciser ce qu'on devoit entendre par formation locale et formation par bassins. Je ne vois pas quelle raison particulière pourroit porter à désigner par le premier nom les terrains thalassiques de préférence à beaucoup d'autres terrains, auxquels on n'a jamais prétendu l'appliquer. Qu'on jette les yeux sur une carte géologique de la surface actuelle de l'Europe (celle de M. Boué, par exemple), on verra les terrains thalassiques y former, en France, en Allemagne, en Italie, en Hongrie, en Moldavie, etc., de grandes plaques

---

pour les remplacer par des productions terrestres, lacustres et fluviatiles de toute espèce.

La stabilité du niveau des mers depuis les temps les plus reculés, admise par les géomètres et invoquée par M. C. Prévost, est un fait, une conséquence de l'état de repos du globe et de l'équilibre de ses forces, mais n'est pas un principe. Jamais les géomètres n'ont pu prétendre qu'il fût impossible qu'il s'élevât, dans le fond de l'Océan, une immense boursouflure, que cette boursouflure ou ces boursouflures, en élevant le niveau des mers, n'en épanchassent les eaux sur les continens; que ces boursouflures, en s'affaissant, se crevant ou s'écroulant, n'aient permis aux eaux de rentrer précipitamment dans leur lit, etc., et puisque M. Prévost cherche dans le monde actuel les restes des forces, des moyens et des phénomènes du monde ancien, on peut montrer en petit des exemples de ces soulèvemens et de ces affaissemens : la côte de Valparaiso a offert un exemple frappant et récent d'un exhaussement de sol; si cet exhaussement a eu lieu sur un rivage élevé, à plus forte raison pouvoit-il se présenter autrefois dans le fond des mers, où la croûte terrestre, peut-être moins épaisse, devoit offrir une moindre résistance à des forces alors beaucoup plus puissantes.

Parmi plusieurs îles volcaniques qui ont disparu en tout ou en partie, une des plus remarquables est celle qui, en 1719, s'éleva non loin

jaunes, qui ne le cèdent guère en étendue aux plaques qui désignent les autres terrains. Supposons maintenant la surface de la terre dépouillée de cette écorce, nous verrons les terrains de craie former d'autres plaques qui ne seront guère ni plus nombreuses, ni plus étendues; enlevons encore cette croûte et même plusieurs autres, pour mettre à nu le lias, les terrains conchyliens, même ceux de grès bigarré ou de porphyre : les couleurs qui les indiqueront ne montreront ni des plaques plus grandes, ni des plaques plus étendues. Si nous dénudons la terre jusqu'aux terrains houillers, c'est alors que la formation paroîtra encore plus morcelée. Enfin, je ne vois aucune roche, pas même le granite, que l'on puisse regarder avec certitude comme enveloppant sans interruption toute la surface du globe. Mais il est inutile de pousser plus

---

de Tercère. En Novembre 1720, elle étoit visible à une distance de sept à huit lieues, et avoit trois lieues de diamètre. En 1723 elle disparut et s'enfonça à la profondeur de plus de 150 mètres.[1]

Si les dimensions déjà assez considérables de cette île eussent été plus grandes, si, comme l'île de Sobrina qui a paru dans les mêmes parages en 1811, elle eût apporté des squelettes de poissons et des roches calcaires; si son séjour hors de la mer, au lieu d'être de trois ans, eût été long, elle eût pu se couvrir de végétaux, et se peupler d'animaux dont les dépouilles, enveloppées dans les dépôts d'eaux thermales calcarifères, auroient formé un calcaire lacustre, semblable au nôtre. Ce terrain lacustre, en rentrant dans la mer, eut été recouvert à son tour de produits et de dépôts marins, etc.

Mais j'attache très-peu d'importance à ces phénomènes locaux et modernes, qui diffèrent trop, en cause, intensité, dimension et durée, des grands et généraux phénomènes qui peuvent avoir soulevé tantôt nos continens et tantôt la mer; car, si on admet le premier mode de soulèvement, le second en est une conséquence nécessaire. Il n'est pas probable que le soulèvement des terres se soit arrêté sur les rivages des mers.

1 Mém. de l'Acad. roy. des sc., 1722. — Voyage de Fleurieu.

loin l'argument relatif à l'étendue [1]; car je ne crois pas qu'on veuille ni qu'on puisse soutenir que les terrains tertiaires ou thalassiques soient de formations *locales*, si, prenant cette expression d'après la définition que nous en avons donnée avec le fondateur de l'école géologique, on veut être conséquent dans son application; mais on traite ces terrains de formation par bassins, et comme nous employons aussi cette même expression pour désigner leur manière d'être à la surface du globe, il faut voir en quoi nous différons de M. Marcel de Serres et de quelques autres géologues, dans son application.

---

1 Un géologue de profession et d'une expérience consommée, qui s'est continuellement et profondément occupé de cette science, dit formellement dans l'extrait critique qu'il a donné de notre ouvrage (Mém. de Göttingue, 1827, cah. 103 et 104, et *Zeitschrift* de Leonhard, 1827, n.os 11 et 12), *que maintenant les terrains de Paris ne peuvent plus être considérés comme formation locale, mais comme appartenant à la série générale des couches de la terre.* Cet extrait confirme de la manière la plus flatteuse, et d'après les *propres observations de l'auteur*, les rapprochemens que j'ai faits entre les terrains de Paris et ceux de plusieurs autres contrées.

Dans le compte qu'on a rendu de cet extrait (Bull. des sciences nat., par M. de Férussac, 1828, tom. 13, n.° 266), on a fait dire à l'auteur qu'il considéroit le gypse comme une roche subordonnée au calcaire. M. Hausmann ne me paroît pas avoir voulu exprimer cette idée dans le passage suivant (page 515 du *Min. Zeitschrift* de Leonhard). Après avoir parlé de la formation d'eau douce, *composée de gypse et de marne*, dans le bassin de Paris, à Aix et au Puy-en-Vélay, il dit : *le gypse manque en Auvergne et à Vaucluse* (où il n'y a que des terrains d'eau douce sans calcaire grossier). *Il se confirme que le gypse est là, comme partout, une couche subordonnée et particulière.* Il est clair que c'est dans le terrain d'eau douce que ce minéral est une couche subordonnée, et c'est aussi notre opinion : opinion qui n'a aucun rapport avec l'idée de considérer le gypse de Montmartre comme terrain subordonné au calcaire grossier marin.

On peut donner et on donne, tant en géographie physique qu'en géognosie, le nom de *bassin* à des étendues qui sont limitées et comme distinguées les unes des autres par diverses sortes d'élévations du sol : montagnes, plateaux, simples collines.

Lorsque ces sortes d'enceintes sont comme fermées, qu'elles sont partout assez élevées pour que les eaux qui s'y réunissent ne puissent en sortir qu'en surmontant les collines de l'enceinte, elles forment des lacs, c'est-à-dire des amas d'eau douce (c'est le cas le plus ordinaire), ou des mers analogues à la mer Caspienne (c'est un cas des plus rares). Il seroit trop long et trop étranger à notre sujet d'en exposer la raison. Si, au contraire, les dépressions du sol, grandes en étendue, mais foibles en profondeur, communiquent toutes entre elles ou avec le grand bassin des mers, ce ne sont plus que de larges vallées aboutissant à des baies; c'est le cas de la plupart des bassins terrestres et des bassins sous-marins dont plusieurs sont indiqués par des caps prolongés l'un vers l'autre, des séries d'îles, etc.

Si on dit que c'est dans de tels bassins que se sont déposés les terrains tertiaires, que leur dépôt a été plus abondant dans la partie moyenne et profonde que sur les coteaux de bordure, que les productions organiques n'ont pas été complétement et précisément les mêmes dans tous ces bassins, qu'elles ont été d'autant plus différentes que ces bassins étoient plus éloignés et placés sous des climats et dans des circonstances plus différentes; j'admets d'autant plus volontiers ces propositions qu'elles me semblent être une conséquence naturelle, et de ce que nous observons dans ce qui nous reste du monde ancien, et de ce que nous voyons se faire à la surface du globe et dans le fond des mers dans le monde actuel.

Ainsi, quoique tous les dépôts qui ont eu lieu depuis les temps historiques les plus reculés, appartiennent à la même période géologique, il n'y a pas de doute que, même en prenant une seule zone, les coquilles qui entrent dans la composition des couches qui pourront se former dans le golfe du Congo, dans la mer Rouge, dans le golfe Persique, dans le golfe du Bengale, dans les mers des Moluques, dans le golfe du Mexique, etc., ne présentent des différences locales; mais ces dépôts auront tous le caractère commun de la période jovienne. Si la mer venoit à s'abaisser, de manière à mettre ces bassins à découvert, leurs bordures porteroient à peine quelques traces des dépôts puissans de leur fond; elles n'en porteroient même aucun, si cet abaissement étoit ou rapide ou accompagné de grands mouvemens d'eau qui, se faisant toujours plus sentir dans les bas-fonds que dans la profondeur, auroient balayé tous les terrains foiblement aggrégés qui auroient pu se former sur les collines de bordures.

C'est ainsi que je conçois les bassins tertiaires de Londres, de Paris, des Landes, de la Provence, de l'Hérault, de la Suisse, de la Bavière, des Apennins, de la Hongrie, et peut-être même ceux des États de Pensylvanie, de l'Irrawadi dans l'Inde, et tous ceux qui restent à découvrir.

Mais si, au lieu de ces sortes de séparations ou de limites plutôt indiquées que complètes, on veut entourer ces bassins de manière à en faire autant de caspiennes, dans lesquelles les phénomènes et les productions auront été différens, qui se seront trouvées à différentes hauteurs, dans lesquelles les phénomènes géologiques auront eu des durées très-diverses; c'est ce que je puis admettre, parce que je ne vois ni dans la structure et la forme des terrains thalassiques, ni dans la nature actuelle, bien plus semblable à celle des terrains tertiaires qu'à celle des terrains secondaires, aucun fait propre à établir l'existence de ces nombreuses et indépendantes caspiennes.

Telle est donc l'idée que M. Cuvier et moi nous nous faisons de la disposition des terrains tertiaires par bassin, idée qui s'accorde parfaitement avec la *ressemblance générale* de leurs roches et de leur structure, avec la *ressemblance générale* des débris organiques qu'ils renferment, avec la *ressemblance générale* de leur position normale et avec les différences spéciales qu'ils doivent offrir dans ces mêmes parties, suivant les positions géographiques et les circonstances dans lesquelles ils se trouvoient.

Les terrains tertiaires de Paris ne sont pas entièrement semblables, dans leur structure, dans leurs roches, leurs minéraux et leurs corps organisés fossiles, aux autres terrains tertiaires; mais, à l'exception des terrains de granite et des calcaires de transition, qui ont offert jusqu'à présent sur tout le globe une ressemblance frappante, je vois dans les terrains de grès bigarré, de calcaire jurassique, de calcaire pénéen, etc., des dissemblances de détail, suivant les contrées où on les a observés, peut-être plus grandes que celles que présentent les terrains tertiaires des points les plus éloignés, et M. Beudant a été frappé de cette étonnante ressemblance entre les terrains tertiaires de Hongrie et ceux du bassin de Paris.

Mais c'est trop insister sur une considération si peu importante et si peu fondée, qui n'a de valeur que quand, négligeant de considérer les terrains dans l'ensemble de leurs caractères, on veut retrouver à Montpellier ou à Rome exactement les mêmes roches, les mêmes couches, les mêmes coquilles, etc., qu'aux environs de Paris.

Ainsi, la présence du terrain palæothérien dans le calcaire moellon des terrains protéiques de Montpellier ne nous paroît pas encore être une anomalie aux généralités de formation que nous avons cru reconnoître, ni détruire aucune idée reçue, ni ôter aucune valeur aux caractères zoologiques. Les terrains protéiques, soit sableux, soit calcaires, comme nous les avons reconnus depuis long-temps, sont postérieurs aux terrains palæothériens; mais il n'en résulte pas que tous les animaux qui habitoient la surface de la terre à l'époque de la formation des couches de son écorce qui en renferment les débris, ne puissent se trouver que dans le bassin de Paris ; leur présence dans celui de Montpellier donne au contraire un caractère de ressemblance de plus aux bassins tertiaires, éloignés les uns des autres et nettement séparés par des chaînes de montagnes. Enfin, on ne voit pas pourquoi tous ces animaux auroient dû être morts et comme anéantis au moment de l'invasion marine qui a produit les terrains protéiques. Le fait de Montpellier nous apprend seulement que cette invasion a trouvé, dans cette partie de la France, les mêmes animaux terrestres que dans le bassin de Paris, et que leurs os, au lieu d'avoir été ensevelis dans un gypse lacustre, ont été enveloppés dans un calcaire sous-marin.

Enfin, M. Marcel de Serres et M. Tournal de Narbonne, qui nous ont donné des descriptions détaillées de leurs cantons, faites avec le soin, l'exactitude et la sagacité géologique qui doivent les rendre précieuses pour la science, ont cru reconnoître de grandes anomalies entre la nature et l'origine marine et lacustre des roches qui les composent, et les mêmes circonstances qui ont accompagné la formation de ces roches dans le bassin de Paris. Nous croyons au contraire pouvoir les remercier d'avoir ajouté par leurs utiles travaux, des faits de plus à ceux qui nous ont portés à conclure que les terrains thalassiques étoient composés *en grand* à peu près de la même manière sur toute l'Europe. Le tableau ci-après, en faisant connoître la structure de ces bassins comparés au nôtre, fournira une preuve suffisante de cette assertion.

| TERR. THALASSIQUES (TERTIAIRES) du midi de la France. Par M. MARCEL DE SERRES. | TERR. THALASSIQUES du bassin de Paris, en comparaison de ceux de Montpellier et de Narbonne. | TERR. THALASSIQUES (TERTIAIRES) des environs de Narbonne. Par M. TOURNAL. |
|---|---|---|
| 1.° TERRAIN D'EAU DOUCE SUPÉRIEUR, avec coquilles terrestres et fluviatiles, végétaux dicotylédones, débris d'insectes, etc., rapporté par l'auteur lui-même au 3.<sup></sup>e terrain d'eau douce de Paris. | TERRAIN D'EAU DOUCE ÉPILYMNIQUE, avec ses travertins, silex, meulières, etc. | *Calcaire d'eau douce*, avec hélix, planorbes, lymnées, calcaire-tuf, etc.<br>Terrain d'eau douce à pierres meulières sans corps organ. fossiles, avec marnes et sélénite. |
| 2.° TERRAINS MARINS SUPÉRIEURS, composés :<br>De sables micacés, avec débris de mammifères terrestres et marins, reptiles de terre et d'eau douce, poissons et coquilles fossiles, débris de palæothérium et de lophiodon;<br>De calcaire moellon, avec débris de *mammifères*, poissons, mollusques, etc., *marins*;<br>De marne argileuse, avec coquilles marines et couche d'argile intermédiaire, avec coquilles fluviatiles et *melanopsis*. | TERRAIN MARIN PROTÉIQUE, avec son sable micacé, ses débris de mammifères marins, ses os de lamantins, ses marnes argileuses dont les lits inférieurs touchent et se mêlent (à Montmartre, Pantin, etc.), avec les lits supérieurs du terrain suivant. | *C. Grès et sables (marins)* micacés, renfermant à peu près les fossiles du système *A* et *B*.<br>*B*. Calcaire moellon, avec débris de mollusques, crustacés, poissons *marins*.<br>*A*. Marnes argileuses, avec *balanus*, *pecten*, *ostrea flabellata*.<br>*D*. Marnes argileuses rougeâtres, passant aux grès et alternant, dans les surfaces de contact supérieures, avec des *calcaires marins*, et dans ses surfaces inférieures, avec des *calcaires d'eau douce*. |
| 3.° TERR. D'EAU DOUCE (rapportés par l'auteur au 2.e terr. d'eau douce de Paris) composés :<br>De calcaire pisolithe, de calcaires marneux, de calcaires siliceux, avec coquilles terrestres et fluviatiles;<br>De marnes, silex et *magnésite schistoïde*, avec gypse (à Aix en Provence), dont les couches et les marnes ne renferment que des animaux et végétaux terrestres et lacustres. | TERRAIN D'EAU DOUCE PALÆOTHÉRIEN gypseux et marneux, avec ses calcaires marins *à tubulures sinueuses*, ses silex cornés, ses palmiers fossiles, son calcaire siliceux, sa *magnésie schistoïde*, etc., dont les lits inférieurs touchent aux lits supérieurs du terrain suivant et s'y mêlent quelquefois.<br>(Montmartre, Meudon, S. Maur, etc.) | *C. Calc. blanc (d'eau douce) à tubulures sinueuses.*<br>*B*. Marne calcaire, etc., avec plantes fossiles.<br>*A*. Gypse marneux analogue au gypse de Montmart. et d'Aix. (C'est M. Tournal qui le dit.)<br>*E*. Terrain d'eau douce à lignites, exploité comme mine de houille.<br>(Peut appartenir aux terrains palæothériens aussi bien qu'aux tritoniens.) |
| 4.° TERR. MARINS INFÉRIEURS qu'on peut assimiler au premier terrain marin de Paris (dit encore l'auteur) composés :<br>De calcaire grossier, avec coquilles marines, tiges de végétaux dicotylédones, *pecten*, *pinna*, etc.,<br>Enfin, de glauconie grossière. | TERRAIN MARIN TRITONIEN, avec ses marnes argileuses, ses bois pétrifiés au milieu des masses, ses petits lits de lignites, sa glauconie grossière, etc. | Paroît manquer ou du moins n'est pas mentionné.<br>Il manque aussi quelquefois dans le bassin de Paris. |
| 5.° TERR. D'EAU DOUCE INFÉRIEUR, avec marnes, lignites, lymnés, cyclades, *unio*, etc. | Paroît faire partie du terrain supérieur. | Paroît manquer, à moins que ce ne soit le dépôt *E* supérieur. |

On voit avec quelle facilité et quel degré désirable de précision on peut rapporter la structure de leurs terrains tertiaires au nôtre. Il ne faut, par exemple, pour celui de Narbonne, que prolonger les bras des accolades de réunion autrement que ne l'a fait M. Tournal. Si l'on porte la comparaison plus loin, c'est-à-dire jusque dans les Apennins, on y remarqueroit d'autres points de ressemblance; car il ne faut pas oublier que dans les terrains protéiques des collines subapennines on trouve des débris de mammifères terrestres (des rhinocéros) et marins (des baleines).

Mais, nous le répétons, et nous sommes à cet égard très-flatté de voir M. Catullo professer les mêmes principes que nous et les appuyer de ses observations, ce n'est qu'*en grand* et dans leurs principaux caractères qu'il faut comparer les terrains. La ressemblance des détails est une circonstance exceptionnelle, plutôt curieuse qu'importante, et dont on ne doit tirer qu'un foible avantage, surtout quand il s'agit de comparer des terrains de même formation qui sont très-éloignés géographiquement.

## II. ORDRE. TERRAINS YZÉMIENS PÉLAGIQUES[1] ou TERRAINS DE SÉDIMENT MOYENS.[2]

Leur limite supérieure est déterminée avec assez de précision; ils partent de dessous les terrains de sédiment supérieurs ou de la craie, lorsque cette roche existe, ou de toute autre roche qui lui est inférieure, et s'étendent jusqu'au lias exclusivement.

Ces limites sont fondées, ainsi qu'on va le voir, sur les caractères que l'on regarde comme les plus importans en géologie : les rapports de stratification et les espèces de corps organisés fossiles.

---

1 Ou de la haute-mer. Voyez ce qui est dit au sujet de ces dénominations à la note sur les terrains de sédiment supérieurs ou *yzémiens thalassiques.*

2 Terrains secondaires (en partie), DE HUMBOLDT. — Terrains ammonéens (en partie), D'OMALIUS D'HALLOY. — *Supermedial-Order* (en partie), PHIL. et CONYBEARE. — Partie des 6.e, 7.e et 8.e ordres de la 3.e classe, *Flötzgebirge* de M. BOUÉ — *Jüngeres Flötzgebirge* et une partie du *Mittleres Flötzgebirge*, KEFERST.

La texture généralement compacte de ces terrains, leur aspect mat et terreux, leur structure si constamment stratifiée, indiquent un *mode de formation presque entièrement mécanique* ou par voie de sédiment. C'est un des grands groupes de terrains dans lequel il y a le moins de roches et même de minéraux cristallisés. C'est par les espèces de corps organisés dont ce terrain renferme les débris fossiles, qu'il se distingue essentiellement et même facilement des terrains de sédiment supérieurs, et encore assez bien, quoique d'une manière beaucoup moins tranchée, des terrains de sédiment inférieurs; car il renferme un très-grand nombre de genres qu'on n'a pas encore reconnus dans les terrains supérieurs, tandis qu'il ne se distingue des inférieurs que par des espèces ou par quelques genres peu éloignés les uns des autres.

Nous ne devons indiquer, parmi les caractères généraux des terrains yzémiens pélagiques, que les corps organisés fossiles qui le caractérisent : on aura une énumération plus complète et plus détaillée des corps fossiles qu'ils renferment, en réunissant dans un même tableau ceux que nous désignerons comme propres à chacun des groupes de roches qui composent ce terrain.

Les corps organisés, animaux et végétaux, dont les débris paroissent particuliers à ces terrains et qui peuvent être employés pour le caractériser, appartiennent généralement à des êtres marins; aussi n'y voit-on ni mammifères terrestres ou fluviatiles, ni oiseaux, ni végétaux terrestres, ou du moins ne les voit-on jamais en assez grande quantité et dans une position telle qu'on puisse en conclure que les roches de ces terrains ont fait partie de la surface du sol, ou ont été formées dans des amas d'eau douce. Il n'y a d'exception à cette généralité que le groupe veldien.

C'est donc aux reptiles et aux reptiles sauriens principalement que commence l'énumération des animaux vertébrés qu'on connoît dans les terrains pélagiques; les poissons y sont rares et mal déterminés. Mais la plupart des corps organisés qu'ils renferment appartiennent aux mollusques. Parmi les plus caractéristiques on y signale d'abord les bélemnites, puis un nombre prodigieux d'ammonites et d'autres céphalopodes, de térébratules, de trigonies; parmi les échinites, les ananchites paroissent être le genre caractéristique, et parmi les zoophytes, les marsupites. Il y a peu de végétaux, et ce sont en général des fucoïdes.

Ces terrains sont essentiellement stratifiés; leurs couches et assises sont souvent nombreuses et peu puissantes, plus souvent inclinées qu'horizontales, souvent même très-ondulées ou même pliées : leur stratification est presque toujours contrastante avec celle des couches du terrain de sédiment supérieur et même avec celle du lias, et c'est, comme on l'a dit plus haut, un des motifs de séparation de ce terrain d'avec celui dont le lias fait partie.

Les terrains pélagiques forment des montagnes très-élevées, à dos arrondi, à pentes roides; mais presque toujours beaucoup plus roides d'un côté que de l'autre.

Ils présentent les plateaux, les collines, et surtout les terrasses les mieux caractérisées et les plus étendues.

Ils donnent naissance à des cours d'eau nombreux et déjà très-abondans à leurs sources. Le plus haut niveau de ces terrains peut être porté à environ 1800 mètres au-dessus de l'Océan. C'est une formation très-répandue, beaucoup plus distincte cependant en Europe, en Asie et dans quelques parties de l'Afrique que dans le nouveau continent : elle n'est pas précisément enveloppante, mais elle couvre quelquefois sans interruption de grandes étendues de pays.

La nature des roches dominantes dans ces terrains est le calcaire et la marne argileuse; il y a peu de roches siliceuses, soit à l'état de silex, soit à l'état de grès.

Le terrain pélagique est aussi très-pauvre en minérais métalliques, et encore ces minérais ne s'y présentent jamais en filons, veines ou amas : ils y sont ou disséminés, ou en nodules, ou en lits subordonnés.

Le fer est le seul métal qui s'y trouve abondamment à l'état de fer hydroxidé, soit compacte, soit concrétionné, soit oolithique.

On y a trouvé quelques amas ou lits de combustibles charbonneux, mais ils y sont rares et pourvus de caractères minéralogiques et géologiques bien différens de ceux que présente la houille filicifère.

Les accidens géologiques les plus remarquables, et ceux qui paroissent comme plus particuliers à ces terrains qu'à aucun autre, ce sont les cavernes profondes, étendues, sinueuses, qu'ils présentent en grand nombre dans tous les lieux où on les a observés. Ces cavernes ou cavités souterraines se dirigent dans tous les sens, depuis l'horizontal jusqu'au vertical.

Les dépressions, fissures et fentes, qui ne sont pour ainsi dire que des modifications du phénomène des cavernes, sont également très-nombreuses dans ces terrains, et elles sont souvent remplies de roches clastiques, de brèches osseuses et de minérai de fer pisolithique, bien différent du fer oolithique, interposé dans les couches mêmes de ce terrain.

Les roches qui composent cet ordre de terrains sont peu variées : elles peuvent être réunies en quatre groupes principaux, dont on va faire connoître les caractères particuliers et les parties composantes.

### 1.er *Gr.* TERRAINS PÉLAGIQUES CRÉTACÉS.[1]

Les roches que nous réunissons sous ce titre, sont essentiellement calcaires. Cette espèce minérale y est dominante, quelquefois même assez pure, et lorsque la silice, sous forme

1 Craie. — Terrains de craie de la série calcaire, DE BONNARD. — *Weisser Jurakalk*, HAUSMANN. — *Scaglia* des Italiens.

de sable, s'y introduit en quantité notable, ce groupe passe au suivant et y passe par des nuances insensibles.

Il est complétement de formation sédimenteuse; il n'offre presque rien de cristallin ; cependant la finesse de ses parties et l'homogénéité de sa texture pourroient faire présumer que la craie est due à un précipité chimique. Sa stratification est quelquefois peu caractérisée; il se présente alors comme une masse puissante, divisée par des fissures assez nombreuses, qui, en s'écartant plus ou moins de la verticale, se joignent et séparent cette masse en grandes parties presque pyramidales et irrégulières. Mais si des fissures de stratification horizontales et parallèles n'indiquent pas d'une manière claire un dépôt opéré successivement, les silex qui se montrent dans ces masses en lits nombreux et parallèles, ne laissent aucun doute sur ce mode de formation.

Les terrains crétacés se présentent en général sous la forme de plateaux à bords verticaux ou de monticules arrondis peu élevés, à pentes roides; ils couvrent souvent une très-grande étendue de pays et ne renferment ordinairement ni cavernes, ni cours d'eau, mais des fentes ouvertes assez larges; on n'y rencontre guère en minérai que des pyrites.

C'est surtout par les pétrifications que ce groupe se distingue du suivant. Les corps organisés fossiles ne s'y trouvent pas également répandus; quelques-uns appartiennent plus spécialement à certaines roches de ce groupe qu'à d'autres.

1. Craie blanche[1]. C'est la plus pure, la plus blanche, et celle dont la stratification est la moins distincte; elle renferme :

Des Silex pyromaques en nodules à contours arrondis, disposés en lits parallèles, mais interrompus;

Des Pyrites, en petits nodules cristallisés, disséminés dans la masse;

---

1 *Upper-Chalk*, de la Bèche. — *Erdige Kreide*, A. Boué.

La CÉLESTINE (strontiane sulfatée), en cristaux implantés ou dans les fissures du silex pyromaque ou même sur les parois de celles de la craie (Meudon).

2. CRAIE TUFAU[1]. Craie grise ou craie moyenne grise, sableuse, micacée et friable, renfermant, en nodules soit épars, soit disposés en lits interrompus :

Des SILEX CORNÉS.[2]

Du MACIGNO CRAYEUX[3], roche plus ou moins solide, résultant d'un mélange de sable, de craie et de mica. Il se trouve en quantité très-variable dans presque tous les terrains de craie tufau, mais notamment à Ryegate en Surrey ; à Bonne-Fontaine, près Laflèche, dans le département de la Sarthe.

3. GLAUCONIE CRAYEUSE[4], à pâte de craie blanche ou grise, renfermant une multitude de grains verts de silicate de fer, ou *fer chloriteux granulaire;*

Des *silex cornés*, en lits subordonnés et interrompus ;

Du *phosphate de fer* et *de chaux*, mêlé de *pyrites*, en nodules disséminés.

Il paroît qu'on rencontre quelquefois au milieu de ce groupe une couche subordonnée de marne argileuse[5], riche en pétrifications, dont les espèces sont communes à la craie tufau et à la glauconie sableuse. Le gîte de Folkstone, près Douvres, appartient à ce dépôt subordonné. L'énumération des coquilles caractéristiques de ce lit sera comprise dans celle des corps organisés fossiles des glauconies.

---

1 *Mergelige oder grobe Kreide*, A. BOUÉ. — *Greychalk.* — *Chalk Marle.* — *Malm.*

2 *Chert.*

3 *Firestone* des Anglois.

4 Faisant partie tantôt du *greychalk* des Anglois, tantôt du *green-sand.* — *Tourtia.* — *Chloritische Kreide*, BOUÉ. — *Planerkalk.* — *Upper green-sand*, CONYB.

5 On la nomme *gault* ou *galt* dans les environs de Cambridge, et les géologues anglois lui ont conservé ce nom.

Les corps organisés fossiles de ce groupe de terrain, quoique moins nombreux que ceux des terrains supérieurs, sont encore très-multipliés. Les genres, et surtout les espèces, diffèrent considérablement des précédens et encore plus des corps qui vivent actuellement à la surface du globe. Nous donnons au tableau n.° 8 l'énumération d'un grand nombre d'entre eux, pris parmi les plus communs et les plus caractéristiques.

### *Exemples du groupe* CRÉTACÉ.

Les exemples de ce groupe sont tellement nombreux, que nous devons nous contenter d'indiquer les suivans, comme lui appartenant avec plus de certitude qu'aucun autre.

En FRANCE. Dans le bassin de Paris, et auprès de cette ville, à Meudon, Bougival, et sur ses limites en allant du sud à l'ouest par l'est et le nord, Montereau, Compiègne, Gisors, Mantes, Laroche-Guyon, etc.; une partie des départemens du Nord, du Pas-de-Calais, de la Somme, de l'Oise, de l'Aine et de la Seine inférieure; dans le Calvados, Honfleur et Pont-l'Évêque; dans l'Orne, Lisieux et l'Aigle; dans l'Eure-et-Loire, Loir-et-Cher, le Loiret, Indre-et-Loire, et dans l'Indre, près du Blanc; dans l'Yonne, aux environs de Joigny, et dans la Dordogne, aux environs de Périgueux. Dans ce dernier lieu on ne voit presque que de la craie tufau.

En ANGLETERRE, principalement sur les côtes de Sussex, les comtés de Norfolk, d'Herdfort, etc.

L'île de Mœns; les environs de Faxoë, en Séelande; la Scanie; les environs de Grodno, en Lithuanie, et de Krzemeniec, en Volhynie, etc.

Les autres pays et lieux que l'on cite souvent comme formés de craie, me semblent appartenir plutôt au groupe suivant.

## 2.e Gr. TERR. PÉLAG. ARÉNACÉS.[1]

Les roches qui composent ce groupe sont assez généralement disposées dans l'ordre que présente la liste insérée au tableau général. Néanmoins il y a, suivant les lieux, une grande variation dans la présence, la nature, la prédominance, et même dans la succession de détail de ces roches.

Les limites de ce groupe, tant supérieures qu'inférieures, sont vagues, et il n'est bien caractérisé que par ses roches moyennes et ses pétrifications.

Ce terrain est presque entièrement de formation mécanique : il est même composé de parties grossières; cependant on reconnoît encore dans ses pétrifications siliceuses et dans quelques géodes quarzeuses des indices de l'action chimique.

La stratification y est souvent peu sensible et ne se manifeste que par les nodules de silex et l'alternance des roches différentes ou des parties plus dures qui le composent. (Biaritz, près Bayonne.)

Il est rarement superficiel, et par conséquent n'imprime aucune forme caractéristique aux pays qui le renferment. Cependant, à raison de sa texture grossière, de sa friabilité, de sa désagrégation facile, ce terrain ne forme jamais ces escarpemens à pic ou à falaises, qui sont propres au groupe précédent.

1. Glauconie sableuse. Elle est riche en *pyrites*, mais pauvre en toute autre espèce de minérai. Ces pyrites et les autres minéraux qui s'y trouvent, y sont disséminés en parties ou noyaux épars. Le fer phosphaté s'y présente en noyaux avel-

---

[1] *Inferior green-sand.* — *Grüner Sandstein*, A. Boué, qui y rapporte le *bunter Alpensandstein* de Uttinger et une partie du *Quadersandstein* des Allemands. — Grès et sables verts et ferrugineux, grès secondaire à lignite, de Humboldt. — Encore le *tourtia?* des environs de Valenciennes.

laires ou ovulaires verdâtres, mêlés de phosphorite et de pyrite. (Wissant en Picardie ; côtes de Calais, de Douvres, etc.)

Elle renferme, ou dans sa masse même, ou dans ses parties inférieures, des dépôts de combustible charbonneux, qui appartiennent aux lignites.

Comme c'est dans l'île d'Aix, département de la Charente, que ce dépôt est le mieux caractérisé, nous l'avons désigné par le nom de lignite de l'*île d'Aix*[1]. Il a moins de puissance, d'étendue, de continuité, que le lignite suisse et que le lignite soissonnois ou des argiles plastiques ; tous les débris organiques qui l'accompagnent sont marins. On y trouve aussi une matière résineuse, analogue au succin ; mais elle est moins dure, moins transparente, rarement d'un beau jaune, quelquefois brune, ne renfermant point ou presque point d'acide succinique.

2. Argile veldienne[2]. Entre cette partie plus calcaire que sablonneuse du groupe arénacé et le sable ferrugineux on a remarqué, d'abord en Angleterre, une roche ou dépôt argileux, très-puissant, dont la position précise a été le sujet de grandes discussions entre les géologues anglais : c'est l'argile qu'ils ont nommée *Weald clay*, du nom du canton, qu'elle forme dans les provinces de Sussex et de Kent. Il paroît qu'on trouve des analogues de cette argile sur le continent, ce qui indique que ce n'est pas un dépôt purement accidentel et local.

Cette roche est souvent une véritable argile et non une marne : elle ne fait point effervescence, du moins dans les parties qui ne sont point mêlées de débris de coquilles ; elle est infusible au feu de porcelaine. Elle a donc les mêmes caractères que l'argile plastique supérieure à la craie, et sert aux mêmes usages.

---

1 Voyez l'article Lignite, dans le Dictionnaire des scienc. natur.

2 *Weald clay*. — *Hastings-sand*, etc., des géologues anglois.

Nous devons cependant la désigner par un nom géologique différent, pour indiquer sa position, et conservant celui que lui ont donné les géologues anglois des lieux où ils l'ont observée, nous la nommerons *argile plastique veldienne*, ou plus brièvement *argile veldienne*, d'autant plus que nous ne sommes pas sûr que toutes soient plastiques, c'est-à-dire non calcaires et infusibles.

Une circonstance fort remarquable et sur laquelle il ne paroît plus possible d'élever de doutes, c'est que ce dépôt argileux ne renferme que des débris organiques d'eau douce.

Dans le département de l'Oise, à l'ouest-nord-ouest de Beauvais, cette argile est brunâtre, bitumineuse, avec des empreintes de végétaux qu'on a pris pour des fougères analogues à celles du terrain houiller, mais qui ont été reconnus pour appartenir à un genre différent, nommé *Pecopteris*. M. Mantell décrit l'espèce sous le nom de *Pecopteris reticulata*.

Dans ce même département de la Normandie on pourroit rapporter à l'argile veldienne, l'argile plastique de Saveignies, et dans le département de la Seine-inférieure, celle de Forge.[1]

3. Sable ferrugineux. Ce groupe arénacé, dans ses parties inférieures, est presque entièrement sablonneux; ensuite il devient très-ferrugineux et enveloppe même de nombreux nodules, souvent cloisonnés, de minérai de fer limoneux.

On place aussi dans ce groupe, et vers ses parties inférieures, un grès (*tilgate beds*) qui ne renferme en Angleterre que des débris d'animaux lacustres et un dépôt de silice pulvérulente, jaunâtre et brunâtre, qu'on désigne sous le nom de *tripoli*. Il renferme quelquefois un peu de calcaire et des noyaux de silex corné. On donne pour exemple de cette

---

1 Nous plaçons ces argiles au-dessous de la craie, d'après l'opinion de M. d'Omalius d'Halloy et les observations de MM. Passy, Jules Desnoyers, etc.

roche dans le terrain arénacé, Amberg en Bavière, et le Teutoburger-Wald.

Les matières minérales qui composent ce groupe sont donc essentiellement de la glauconie sableuse, du sable quarzeux, de l'argile, du bois fossile charbonneux, et du fer hydroxidé. Ces deux dernières circonstances contribuent à ôter à cette craie inférieure la couleur blanche ou blanchâtre qui appartient ordinairement à la supérieure, et à lui donner une couleur grisâtre, jaunâtre, ferrugineuse, verdâtre, vert sombre et même noire. (Biaritz, près Bayonne; Folkstone; Réthel, dans les Ardennes; la montagne des Fis, en Savoie, etc.)

On y cite aussi de la barytine.

On peut placer dans ce groupe, et principalement dans le voisinage des couches de sable ferrugineux, la plupart des gîtes d'ocre que l'on connoît, tant en France qu'en Angleterre, aux environs d'Oxford, et aussi, suivant les géologues anglois, l'argile smectique ou terre à foulon, qu'on exploite à Woburn dans le Bedfordshire, et à Nutfield près de Ryegate en Surrey.

4. Calcaire lumachelle purbeckien. Cette quatrième roche du sous-groupe veldien est un calcaire compacte susceptible de poli, et rempli de coquilles univalves qui ont la plus grande ressemblance avec le *paludina vivipara*. Ce marbre, observé d'abord dans l'île de Purbeck, offroit une roche calcaire lacustre qui étoit comme isolée; mais de nouvelles observations ont fait disparoître cette anomalie, en montrant que ce marbre étoit le même que celui de Sussex. M. de la Bèche, en l'y réunissant dans la seconde édition de son Tableau géologique, a éclairci une observation que M. Conybeare regardoit dans le temps comme incomplète.

Nous avons dit que c'étoit par ses corps organisés fossiles que ce groupe de roche se distinguoit essentiellement des autres. Nous donnons (tableau n.° 9) l'énumération de ses fossiles caractéristiques.

On auroit pu préciser davantage cette liste, en la subdivisant, pour en appliquer les différentes parties aux roches auxquelles elles sont plus particulièrement propres; mais, outre que de tels détails ne sont pas de nature à entrer dans cet article, il seroit possible qu'une telle subdivision fût plus spécieuse qu'exacte; car il n'y a pas de doute que plusieurs espèces se trouvent dans des terrains différens, ce dont on s'assurera aisément, en comparant cette liste avec celle des corps organisés fossiles de la craie blanche.

Cependant la considération du dépôt argileux et calcaire qui s'y trouve comme intercalé, et qui renferme presque uniquement des débris de corps organisés lacustres, nous engagera à présenter séparément la liste des animaux et des végétaux qui se rapportent à ce sous-groupe, dont l'argile veldienne, le sable ferrugineux et le calcaire lumachelle purbeckien sont les roches principales. [1]

### *Exemples du groupe* ARÉNACÉ.

Les mêmes lieux présentent souvent la craie blanche, réunie avec le terrain arénacé. Nous allons chercher à choisir pour exemple ceux dans lesquels ce dernier terrain est dominant.

En FRANCE. Le terrain crétacé de l'île d'Aix et de l'embouchure de la Charente. Il commence à la glauconie. On y voit, comme appartenant au groupe arénacé, le sable ferrugineux; — la glauconie sableuse, qui paroît alterner avec lui et

---

1 Voyez au sujet de ce sous-groupe remarquable et des terrains qui le composent, ce qu'en ont écrit MM. WEBSTER, FITTON, DE LA BÈCHE, et dernièrement M. GID. MANTELL, dans son ouvrage intitulé : *Illustr. of the geology of Sussex*, 1 vol. in-4.°, 1827. — M. P. J. MARTIN, *Geolog. mem. on a part of West-Sussex*, etc., 1 vol. in-4.°, 1828. — M. MURCHISON, Essai géol. sur l'extrém. N. O. du Sussex, *Trans. de la soc. géol.*, 2.e sér., vol. 2, p. 97.

même lui être quelquefois inférieur ; — la marne veldienne avec ses nodules de succin résineux et ses morceaux de lignite, mêlés de bois silicifié, dont les cavités, autrefois percées par des larves, sont remplies d'agates. La silice a eu dans le terrain arénacé de ce lieu une très-grande influence, car presque tous les corps organisés fossiles sont changés en silex ou en agate ; tels sont parmi les zoophytes : des turbinolies, des astrées, des madrépores ; parmi les coquilles : les dicérates? ou caprines (*caprina adversa*, D'ORBIGNY) ; les *ostrea pectinata*, les *pecten quinquecostatus* ; on y voit même des nodules de silice, à rayons divergens, qui ont la forme de pyrites sphéroïdales radiées.

Près de Valenciennes et de Mons, immédiatement au-dessus des terrains houillers : c'est la roche nommée *tourtia*, qui est la glauconie crayeuse, très-bien caractérisée.

Auversmesnil, vallée de Saint-Germain, département de l'Orne ; les environs du Blanc et du Blizon, dans le département de l'Indre ; Réthel, dans les Ardennes ; le cap de la Hève, près du Hâvre ; Dives, près Caen ; la côte de Biaritz, près Bayonne ; la Perte du Rhône, près Bellegarde.

En ANGLETERRE. Folkstone, dans le Kent ; Brighton, en Sussex, où se trouve le groupe arénacé proprement dit et le sous-groupe veldien, etc.

Dans les ALPES DE SAVOIE. La chaîne du Buet, comprenant les montagnes des Fis, de Sales, etc.[1] La glauconie est portée

---

1 Mais point la montagne des Diablerets, près Bex. Je ne pense pas qu'on puisse rapporter la couche coquillière de cette montagne à la craie, ainsi que M. Keferstein l'a proposé ; mais bien au calcaire grossier.

M. Boué admet le même rapprochement : il attribue aussi à ce groupe du terrain crétacé, le lignite d'Entreverne, en Savoie. Je ne connois aucun fait qui puisse établir avec évidence cette réunion, tandis que les coquilles qui sont lacustres et non marines, semblent indiquer que ce lignite est de même époque que le lignite soissonnois ou plutôt que le lignite suisse.

ici à une élévation remarquable vers le sommet des Alpes : elle est compacte et noire.[1]

En ALLEMAGNE. Les roches escarpées dites *Teufelsmauer*, *Regenstein*, dans le Harz, près d'Halberstadt, Quedlinburg, Goslar, etc. En Westphalie, près Paderborn, Unna, Dortmund, etc. ; en Bavière, les environs d'Amberg ; ici le groupe arénacé se confond avec le calcaire jurassique par ses coquilles, toutes siliceuses. Près Brunn, en Moravie, etc.

Les environs de Moscou présentent la même ammonite et plusieurs des coquilles qu'on connoît à Folkstone et à Réthel.

### 3.e *Gr.* TERR. PÉLAG. ÉPIOLITHIQUES.[2]

Ce groupe, composé d'un grand nombre de roches, comme le fait voir le tableau, est peu important, car il manque dans un grand nombre de terrains jurassiques, recouverts immédiatement par les terrains crétacés. Ses limites sont difficiles à assigner. On ne sait si l'on doit rattacher ses roches mal caractérisées, soit aux terrains crétacés, soit, comme le pense M. Buckland, aux terrains jurassiques, ou s'il mérite de former un groupe à part.

Nous posons, avec les géognostes anglois qui ont cité plusieurs exemples de ce terrain, sa limite supérieure au sable ferrugineux, et sa limite inférieure à la marne oxfordienne inclusivement. Son mode de formation est entière-

---

1 Voyez à ce sujet la Description géologique des environs de Paris, édit. de 1822, page 98, et mon Mémoire sur les caractères zoologiques des formations, Annales des mines, 1821, tom. 6, pag. 537.

2 C'est un terrain presque innominé : il est décrit, défini même, mais jamais nommé : ce sont les *marnes bleues supérieures* de M. Constant Prévost, par opposition à celles du lias, qui sont inférieures à l'oolithe ; c'est l'*upper oolitic systeme* de M. Conybeare, ou l'oolithe supérieure. J'ai cherché à rendre cette phrase caractéristique, dont on ne peut faire un adjectif, par l'expression univoque d'épioolithique, et par contraction, *épiolithique*.

ment mécanique : il est très-distinctement stratifié, à assises nombreuses et peu puissantes; il a peu d'étendue. Les minéraux qu'on y trouve, en le prenant dans toute son épaisseur, sont des silex cornés, des pyrites, du gypse, de la barytine, des lignites en morceaux épars ; il renferme aussi, dans une de ses couches subordonnées, la marne oxfordienne, des nodules sphéroïdaux de calcaire compacte, bitumineux ou argileux, divisés en plusieurs parties prismatiques. Les géologues anglois les ont nommés *septaria*.

Il est peu répandu, et nous n'en connnoissons d'exemples authentiques qu'en Angleterre et en France. On ne le cite point dans le reste de l'Europe.

C'est par deux caractères que ce terrain se distingue des autres : 1.° par l'abondance des couches de marne calcaire et argileuse qui le composent; 2.° par ses corps organisés fossiles.

1. Le Calcaire portlandien, du nom de l'île de Portland, où il est très-caractérisé, abondant, et exploité pour la construction des monumens de Londres, est composé en général de petits grains oolithiques miliaires. Il paroît être caractérisé par l'*ammonites triplicatus*. Il renferme des lits interrompus de silex corné.

Nous ne connoissons encore sur le continent aucune roche calcaire qu'on puisse rapporter avec certitude à cette roche, quoique plusieurs calcaires de la Charente inférieure semblent avoir beaucoup d'analogie avec elle.

Nous suivons l'opinion de M. Boué, en y rapportant, mais avec doute, les calcaires sableux et les grès à fucoïdes de quelques parties des Alpes de Suisse, des Alpes de Ligurie, des Apennins et des Carpathes.

2. La Marne argileuse havrienne paroît être analogue à celle de Kimmeridge. L'*ostrea deltoidea*, coquille très-bien caractérisée, et le *gryphœa virgula*, qui se trouvent dans l'un

et l'autre lieu, paroissent établir clairement cette analogie, qui est augmentée par la présence des trigonies.

3. Le CALCAIRE que nous appelons CORALLIQUE [1], pour signaler le grand nombre de productions marines qu'il renferme, paroît se retrouver au cap de la Hève, près le Hâvre, au-dessous de la marne argileuse précédente, comme aux environs d'Oxford; mais, au lieu des madrépores très-abondans dans ce dernier lieu, il présente, au Hâvre, ainsi qu'à Hécourt, à Doudeauville, à Beuvreil dans les environs de Beauvais, un grand nombre de petites gryphées (*gryphæa virgula*, DEFR.), et l'*ostrea gregarea*, qui se trouve en Angleterre dans le calcaire de ce groupe. Les gryphées engagées dans un calcaire compacte à grain fin et polissable, forment la lumachelle que nous avons nommée *virgulaire*.

4. La MARNE OXFORDIENNE nous paroît assez difficile à retrouver avec certitude dans le terrain pélagique épiolithique de France. Ses beaux cristaux de sélénite n'offrent pas un caractère assez particulier pour la faire reconnoître dans les marnes argileuses inférieures du cap de la Hève, qui en renferment aussi.

## 4.e *Gr.* TERR. PÉLAG. JURASSIQUES. [2]

Ce groupe, remarquable par son étendue en toutes dimensions, par son importance, par la ressemblance de ses carac-

1 *Coral-rag* des géologues anglois. (Voyez le tableau, pour le complément des exemples de lieux, de la synonymie et de la liste des minéraux engagés.)

2 Souvent aussi *calcaire oolithique* moyen ou principal (*great oolithe*); mais le nom de *terrains jurassiques* nous paroît préférable, parce qu'il est plus général, qu'il indique un terrain composé de différentes roches, se trouvant dans une position géognostique analogue à celle de la chaîne du Jura. — *Lower oolitic System*, CONYB. — *Oolite formation*, DE LA BÈCHE. Nous ne la commençons qu'au *Cornbrash*. — *Jurakalk*, A. BOUÉ, moins le lias; et jusqu'au *Mergelthon* de Honfleur. Je vais développer les motifs de ces restrictions.

tères dans tous les pays, est cependant mal limité tant supérieurement qu'inférieurement. Ses limites sont posées artificiellement, et on ne peut pas encore déterminer clairement la séparation des couches qui ont été produites ou déposées à des époques géognostiques et dans des circonstances différentes.

Nous adoptons, pour le moment, le mode de limitation suivante :

Pour limite supérieure, les marnes argileuses et calcaires du groupe épiolithique. Nous sommes conduit à cette opinion par l'observation qu'aucun sommet élevé du groupe complet, volumineux, très-étendu du terrain jurassique, dans le Jura même, n'est recouvert par ce terrain, ce qui semble indiquer : premièrement, que ne s'étant pas déposé à la même époque que lui et comme à sa suite, il n'est point un membre inhérent de ce grand corps de roches calcaires; secondement, que, s'il s'est déposé dans plusieurs lieux au-dessus du groupe jurassique, il s'en est séparé facilement et complétement dans d'autres lieux, ce qui paroît établir entre ces deux groupes une ligne de séparation plus facile, et par conséquent naturelle.

La limitation inférieure, fixée au lias, me paroît encore plus tranchée, et me semble très-bien établie par la nature différente des roches composantes et par celle des minéraux qu'elle renferme. Le groupe jurassique, tel que nous le définissons, et quand il n'est pas placé *immédiatement* sur les terrains métallifères, ne contient aucun minérai métallique, tandis qu'ils sont assez abondans dans le lias. Les corps organisés fossiles de ce dernier sont presque tous différens de ceux du système oolithique; enfin, la stratification est quelquefois contrastante. Nous reviendrons sur cette comparaison à l'article du *Lias*.

Ce terrain, sauf quelques veines ou quelques druses de calcaire spathique, de fluorite, etc., est entièrement de formation mécanique. La nature dominante de ses roches est calcaire. Ce calcaire appartient en général aux variétés de calcaire compacte que j'ai définies ailleurs, et que j'ai désignées sous les noms de *calcaire compacte commun* et de *calcaire compacte fin, blanc et jaunâtre.*

Il est nettement stratifié; les couches sont très-multipliées. La stratification n'est horizontale que lorsque le terrain est en plaine ou en plateaux éloignés des terrains granitoïdes.

Malgré l'homogénéité de ce calcaire dans la plupart de ses variétés, malgré sa compacité, il est rarement susceptible de donner des masses d'une grande étendue; et sa couleur étant généralement pâle et incertaine, on n'y exploite presque aucun marbre.

Les collines et montagnes qui dépendent de ce terrain ont en général une forme bien déterminée. Elles présentent des pentes souvent très-roides d'un côté, qui offrent des escarpemens successifs d'une assez grande élévation, dus à la tête des couches qui, s'inclinant d'une manière plus ou moins rapide de l'autre côté, offrent des plans inclinés souvent d'une grande étendue.

Quelquefois aussi le terrain jurassique s'élève en masses à stratification peu inclinées, terminées par des plateaux rarement horizontaux et creusés de vallées peu profondes.

Cette disposition est si générale, et surtout si frappante dans la chaîne du Jura proprement dite, qu'il suffit de la citer pour exemple.

Les couches sont quelquefois presque verticales, et semblent, dans quelques cas, s'être appuyées, en prenant cette position, contre les extrémités coupées à pic de couches presque horizontales. (Le Salève présente un exemple de cette disposition.)

Ce terrain s'élève à une assez grande hauteur. Le plus haut niveau d'un terrain jurassique bien déterminé, est celui de la Dole, dans le Jura. Il est de 1,700 mètres au-dessus du niveau de la mer.

Le terrain jurassique, cette partie principale du terrain pélagique, a une grande généralité et couvre des pays d'une étendue considérable. Cependant on ne peut le regarder comme une formation enveloppante ; car il y a de vastes pays, tels que la Scandinavie[1], la Pologne, etc., qui paroissent en être entièrement ou presque entièrement dépourvus.

Je ne connois d'autres gîtes de minérai ni d'autres métaux dans la masse même[2] de ce terrain que du fer hydroxidé oolithique, ocreux ou compacte, du manganèse lithoïde et terreux (à Thivier, près Périgueux ; à l'Oiselière, près de Cullan, département du Cher) et des pyrites dans les marnes argileuses qui en séparent les principales assises et quelquefois dans le calcaire lui-même (près d'Arau). Quoique ce caractère des terrains jurassiques soit négatif, il a presque la valeur d'un caractère positif, par l'examen que j'ai pu faire d'un grand nombre de suites de roches de ces terrains et par l'assentiment presque général des géologues.

C'est par les cavernes ou autres cavités étendues et nombreuses qui le percent, et par ses pétrifications encore plus nombreuses en genres et en espèces, que ce terrain se distingue particulièrement des autres terrains de sédiment.

Les premières présentent l'image de canaux irrégulièrement renflés et rétrécis, qui serpentent au milieu de ses couches, en les suivant ou les traversant dans toutes sortes de directions. Ces cavités ont donné autrefois passage à des cours d'eau puissans, comme le prouvent l'aspect de leurs parois et les matières de transport qu'on trouve dans le fond de ces cavernes et sur les saillies des rochers qui en forment les parois.

---

1 J'ai vu de l'oolithe de l'île de Gothlande qui paroît avoir tous les caractères de l'oolithe jurassique; mais de pareils échantillons ne peuvent servir qu'à faire présumer et rechercher la présence d'un terrain.

2 Il n'y a presque pas une formation qui ne participe du terrain qui la précède ou qui la suit, dans ses points de contact avec ces terrains.

Enfin, plusieurs donnent encore passage à ces cours d'eau. Les sources de l'Orbe, etc., dans le Jura, celle de la Sorgue, à Vaucluse, sont des preuves frappantes de cette ancienne destination des cavernes.

Les débris organiques fossiles sont tellement nombreux, que cette considération suffiroit seule pour rendre difficile de donner une énumération complète de toutes les espèces de ces corps que l'on a observées dans le groupe jurassique.

Mais le plus grand nombre de ces espèces est resté indéterminé. Leur connexion intime avec la roche, la perte de leur têt pour les coquilles, rendent les échantillons presque toujours incomplets et indéterminables. Néanmoins nous ébaucherons cette énumération en prenant pour noyau celle que MM. Philipps et Conybeare ont donnée.

Les subdivisions du terrain pélagique jurassique qui peuvent être bonnes et claires pour un pays, ne me semblent pas encore établies d'une manière assez générale pour être appliquées à tous les terrains jurassiques connus même en Europe. Cependant celles que nous avons indiquées dans le tableau ont été assez exactement observées, en Angleterre, en France et dans quelques parties de l'Allemagne, pour être admises dans ce qu'elles ont de principal. J'ai cru utile de diviser ce groupe en trois sous-groupes, que j'ai cherché à désigner par des noms qu'on puisse prendre adjectivement, et qui soient indépendans de toute opinion particulière et de toute circonstance locale. Ces divisions, déjà indiquées dans le groupe jurassique sous les noms de *grande oolithe*, d'*oolithe inférieure*, étoient plutôt qualifiées que nommées par ces expressions.

1.er *Sous-gr.* TERR. PÉLAG. **SUPRAJURASSIQUES.** [1]

1. CALCAIRE SCHISTOÏDE [2], généralement supérieur, plus

1 *Lower oolithe system.* PHIL. et CONYB.

2 *Schieferkalk.* — *Cornbrash*, *Forest marble.*

compacte et moins oolithique que les autres. Il paroît que presque tous les calcaires compactes fins, qu'on nomme *pierres lithographiques*, à cause de leur usage, se trouvent dans cette division des terrains jurassiques. Les carrières des environs de Pappenheim et de Solenhofen, près d'Eichstædt en Franconie, royaume de Bavière, qui approvisionnent presque toute l'Europe de cette pierre, en sont un exemple bien connu.

Un autre exemple non moins remarquable est fourni par les carrières de Stonesfield, dans le comté d'Oxford, en Angleterre.

Ces lieux ont fait connoître les corps organisés fossiles qui paroissent appartenir plus particulièrement à ces assises supérieures du terrain jurassique, et qui sont aussi remarquables par leur nombre que par leurs espèces. Nous donnons la liste de ceux qui nous semblent les plus caractéristiques, dans le tableau n.° 11.

2. CALCAIRE ZOOPHYTIQUE. Au-dessous, et peut-être sans distinction précise et constante, se trouve un calcaire souvent rempli de zoophytes fossiles, et que les géologues françois qui l'ont observé en Normandie, ont nommé *calcaire à polypiers*. Il renferme en outre un assez grand nombre de coquilles, indiquées au tableau déjà mentionné.

Il contient aussi ce bois fossile pétrifié en calcaire, auquel on a donné le nom de *tartufite*, etc. (Port-en-Bessin, Calvados.)

Quoique cette division supérieure du groupe jurassique présente peu d'oolithe, elle n'en est cependant pas entièrement dépourvue. C'est à ce groupe que paroît appartenir l'oolithe miliaire, qui montre des empreintes et des restes de végétaux, notamment de filicites (Mamers, département de la Sarthe). Nous en avons indiqué les principales espèces dans le tableau n.° 11 des corps organisés fossiles de ce groupe.

### 2.e *Sous-gr.* TERR. PÉLAG. **MÉDIOJURASSIQUES.**

Partout où on a observé ce sous-groupe, il a présenté des couches puissantes et nombreuses d'oolithe miliaire et cannabine généralement blanche, grise ou même brune (dans le Jura même, vers Glovelin, vers Delémont; au nord-est d'Arau, etc.). Il se compose principalement des roches suivantes :

3. CALCAIRE COMPACTE COMMUN souvent fragmentaire et généralement d'un blanc ou d'un gris-jaunâtre pâle ; c'est sa couleur dominante : il est néanmoins quelquefois rougeâtre, brunâtre, gris-noirâtre ou même bleuâtre. Il alterne avec des couches puissantes de marne argileuse, qui sont elles-mêmes composées de lits interrompus de nodules de marne calcaire, et qui enveloppent plus de coquilles que le calcaire. On y trouve aussi des lits de quelques décimètres de puissance de marne calcaire, pétrie de minérai de fer hydroxidé oolithique à oolithe miliaire, et remplis de coquilles fossiles diverses; deux circonstances qui ne sont point à négliger, car il y a dans le Jura deux gîtes de minérai de fer tout-à-fait distincts, qui appartiennent à des époques géologiques très-différentes, et qui diffèrent par les circonstances de position, de grosseur des oolithes, et par la présence ou l'absence des corps organisés fossiles.[1]

L'OOLITHE MILIAIRE, c'est la seconde roche dominante de ce sous-groupe; elle est quelquefois entièrement siliceuse. C'est néanmoins une circonstance peu commune. M. Fabre l'a observée à Bruère, près Saint-Amand, dans les environs de Bourges, et M. J. de la Noue dans les environs de Nontron (Dordogne).

4. DOLOMIE JURASSIQUE. Au-dessous ou dans le terrain médiojurassique, mais bien certainement au-dessous du calcaire schistoïde, se présente, dans un très-grand nombre de pays dont le terrain pélagique jurassique forme le sol principal, une masse plus ou moins puissante de dolomie grenue, jau-

---

1 Voyez ce qui a été dit plus haut du minérai de fer hydroxidé pisiforme, aux TERRAINS CLYSMIENS, *brèches ferrugineuses*, 3.^e *groupe*, et TERRAINS PLUSIAQUES, 4.^e *groupe*.

nâtre, grisâtre ou blanchâtre. C'est la première fois que cette roche se montre dans les couches de l'écorce du globe, en allant de sa surface dans sa profondeur. Cette dolomie, sur laquelle M. de Buch a appelé l'attention des géologues par des faits si nouveaux, des observations ingénieuses et une théorie hardie, fait voir, en Franconie, sa position précise entre le calcaire schistoïde et le calcaire compacte, qui appartient, par ses pétrifications, à la formation jurassique.

Cette roche, qui est un composé de carbonate de chaux et de carbonate de magnésie, a constamment une structure ou grenue ou sublamelliforme, presque compacte. Elle est généralement criblée d'une multitude de petites cavités qui sont tapissées de cristaux appartenant au rhomboïde primitif de la dolomie. Elle est ordinairement friable et sans indice distinct de stratification continue; mais elle présente souvent des masses divisées par de nombreuses fissures verticales. Cette double disposition donne aux montagnes et aux rochers qui en sont composés, quand ils sont volumineux, élevés et isolés, un aspect de ruines qui est fort remarquable.

M. de Buch signale deux autres circonstances géognostiques particulières à cette dolomie. Premièrement elle ne renferme en général que très-peu de débris organiques. Néanmoins je crois devoir faire observer que la plupart des roches qui, dans le Jura, paroissent en offrir la structure, montrent en même temps qu'elles sont originaires de masses plus ou moins volumineuses de madrépores. Le calcaire madréporique du cap Saint-Hospice, près Nice, en est un exemple remarquable. Secondement, c'est dans cette roche que sont creusées presque toutes les cavernes du Jura.

Ce fait est remarquable et confirmé par des observations postérieures à l'opinion émise par M. de Buch. Il semble s'expliquer assez clairement par la présence des petites et nombreuses cavités qu'on voit dans cette roche, et qui sont comme les indices de plus grandes cavités. Elles ont offert un premier passage aux eaux, qui n'ont pas eu de peine à enlever les parties d'une roche d'une désagrégation si facile. Enfin, on remarque également que les parties du calcaire jurassique dans lesquelles se sont ouvertes les fentes remplies par les brèches osseuses, appartiennent assez souvent à cette nature de roche, c'est-à-dire à la dolomie.

### *Exemples de la dolomie* JURASSIQUE.

En FRANCE. Le calcaire dans lequel sont ouvertes les fentes des brèches osseuses d'Antibes.

Les rochers madréporiques du cap Saint-Hospice, près Nice.

Nalzen, dans les Pyrénées. (BOUÉ.)

Port-en-Bessin, près Bayeux (Calvados).

En ITALIE. Vallée de la Brenta, vers Enego. Dolomie blanche; la surface des fissures est couverte de cristaux nacrés.

Le rocher de Terracine, dans les États-Romains, vers son milieu.

PAYS ALLEMANDS. Tous les environs d'Eichstædt en Franconie. En masse non stratifiée, souvent saillante à la surface du sol, recouvrant un calcaire compacte à pétrifications d'ammonite, etc., recouvert par le calcaire schistoïde compacte, riche en pétrifications de Solenhofen. Pegnitz.

La roche des parois de la caverne à ossemens de Scharfeld, près d'Osterode. La plus friable et la plus blanche est celle qui contient le plus de carbonate de magnésie.

Les environs d'Ulm, de Ratisbonne, de Nickolsburg, dans la partie sud-ouest de l'Autriche. (BOUÉ.)

Les environs d'Ofen et de Bakune en Hongrie.

Cuba, entre le Potrero de Jaruco, et le port du Batabaro; au Mexique, plateau de Chilparrugo. (HUMBOLDT.)

### 3.e *Sous-gr.* TERR. PÉLAG. **INFRAJURASSIQUES.**

5. CALCAIRE COMPACTE et OOLITHE FERRUGINEUSE. Ces deux roches sont souvent tellement liées, tellement confondues, qu'il n'est ni possible ni nécessaire de les considérer séparé-

ment; elles sont ordinairement séparées des calcaires jurassiques supérieurs et moyens par la dolomie et par des couches de calcaire compacte, renfermant l'*ammonites planulites* de Schlotheim (environs d'Eichstædt en Franconie); mais la séparation de ce sous-groupe d'avec le terrain médiojurassique n'est pas toujours très-claire, et alors il ne s'en distingue qu'assez difficilement, les corps organisés qu'il renferme étant presque tous de même espèce que ceux des couches jurassiques supérieures. Ses caractères les plus constans et les plus généraux sont, de renfermer des lits et des grains de minérai de fer hydroxidé oolithique, au milieu même de l'oolithe et des débris organiques qu'elle enveloppe en grand nombre (les environs de Bayeux, dans le Calvados).

C'est aussi dans ce terrain que commence à se présenter la barytine, qui devient d'autant plus abondante, qu'on pénètre plus avant dans les couches de la terre.

Cette roche est réunie par plusieurs géologues (MM. A. Boué, de Humboldt, etc.), sous le nom d'*oolithe ferrugineuse* (*eisenschüssige Oolithen*), au groupe du lias qui va suivre; mais j'ai cru devoir la rapporter au groupe jurassique.

Suivant les géologues anglois, d'après les observations faites dans le département du Calvados, et surtout d'après celles que j'ai faites, avec M. Charbaut, dans les environs de Salins, département de la Meurthe, la différence très-notable qu'il y a entre la série des corps organisés dont elle renferme les débris, et celle des débris organiques du lias, paroit établir entre ces deux roches des différences bien plus remarquables ou d'une valeur beaucoup plus grande qu'entre cette oolithe inférieure et la grande oolithe. On se convaincra de la réalité de ces différences en comparant le tableau des corps organisés de chacune de ces trois roches.

Les exemples du terrain jurassique que j'ai donnés dans le discours sont suffisans. Ce groupe est trop commun pour qu'il soit nécessaire d'en citer davantage.

STIPITES. C'est à cette époque ou à ce sous-groupe que paroît devoir se rapporter le principal dépôt jurassique de combustible charbonneux fossile, qu'on a regardé quelquefois comme un lignite, plus souvent comme une houille, et qu'on a décrit sous le nom de houille du calcaire; mais il n'est ni l'un ni l'autre. Il est dû à une végétation tout-à-fait différente, composée principalement de cycadées[1], et que nous désignerons par le nom de *stipites*, nom général de la tige des cycas, comme nous avons nommé *lignites* les combustibles fossiles qui résultent de l'enfouissement des végétaux ligneux dicotylédons.

Nous allons retrouver un dépôt semblable, dû à la même sorte de végétation, dans le terrain de Keuper; mais celui du terrain infrajurassique paroît le plus considérable.

Les exemples les plus remarquables des stipites de ce sous-groupe sont ceux de Whitby dans le Yorkshire et de Brora; de Neuewelt, près Bâle; de Larzac, dans les environs de Milhau, département de l'Aveyron. Le charbon fossile exploité à Bornholm paroît appartenir à cette époque.

## III.e ORDRE. TERRAINS YZÉMIENS ABYSSIQUES[2] ou TERRAINS DE SÉDIMENT INFÉRIEURS.[3]

Le système de roches et de couches qui se présente au-dessous du groupe infrajurassique et de l'oolithe ferrugineuse, quand elle en fait partie, montre tous les caractères qui indiquent une période géognostique très-différente de celle pendant laquelle se sont déposés les terrains pélagiques.

---

1 ADOLPHE BRONGNIART, Prodrome des végétaux fossiles, 1 vol. in-8.°, 1828, Levrault, p. 198; et Considération sur la végétation fossile, etc. (Ann. des sc. nat., Nov. 1828).

2 Ou des abîmes de la mer, de l'ancienne mer.

3 Terrains secondaires, terrains alpins. Depuis le lias ou partie inférieure de la formation du Jura jusqu'au terrain houiller ou *erste Flötz-Sandstein-Formation* de M. Boué inclusivement.

Ces terrains, que je nomme abyssiques, s'étendent depuis le Lias inclusivement jusqu'au terrain hémilysien ou calcaire de transition exclusivement.

Leur texture est ou entièrement compacte, sédimenteuse et même grossière (le lias, les calcaires, marnes, psammites et grès), ou entièrement cristalline (le gypse, le selmarin); par conséquent leur mode de formation est ou entièrement mécanique, ou entièrement chimique; rarement y trouve-t-on des roches qui résultent de l'influence de cette double action; les roches cristallines qu'on vient de nommer sont formées des minéraux nommés salins et dissolubles dans l'eau. Par conséquent le mode de formation dominant dans ces terrains est mécanique. Ce sont donc encore des terrains plus *yzémiens* que *lysiens*.

Ils sont essentiellement et clairement stratifiés; mais leur stratification est souvent oblique, courbée, même sinueuse et contournée.

Les terrains abyssiques couvrent des pays d'une grande étendue et sont connus sur toutes les parties du globe : ils forment des montagnes peu hautes, à croupes généralement arrondies et qui offrent quelquefois des escarpemens assez élevés, lorsqu'elles sont composées de grès ou de psammite.

Il y a entre les nombreux débris organiques qu'ils renferment et ceux des terrains pélagiques des différences d'un ordre très-élevé; néanmoins on trouve parmi les mollusques et les végétaux quelques espèces qui paroissent être communes aux deux classes.

C'est dans ces terrains que se montre pour la première fois, en allant de bas en haut, la génération des reptiles. On n'y connoît aucun indice de mammifères ni d'oiseaux; on n'y cite pas non plus le moindre vestige de trilobites.

C'est aussi dans ce terrain que commencent à paroître, en allant de haut en bas, les métaux proprement dits, et cette circonstance est une de celles qui motivent le mieux la distinction que je leur accorde. Mais ces métaux et les espèces minérales qui les accompagnent ne s'y présentent qu'en taches, grains, nodules ou petits amas disséminés et même assez rares, et jamais en filons réels. Comme c'est dans les assises de ce terrain supérieur au gypse et au selmarin, que se trouvent ces métaux, et que cependant ces roches ne renferment jamais de métaux, leur disposition en petits amas explique comment ces substances, si elles émanent de l'intérieur de la terre, ont pu arriver au-dessus des couches de minérais salins, sans les traverser et sans y laisser de leur trace, ainsi que l'auroient fait ces mêmes substances, si, étant disposées en filon, elles eussent indiqué par cette manière d'être, qu'elles ont rempli des fentes qui auroient dû être en communication avec la source probablement très-profonde de ces matières métalliques.

Il me paroît présumable qu'à l'exception des gypses grossiers des terrains thalassiques, la plupart des autres, surtout les gypses striés, qui sont accompagnés de beaucoup de marne argileuse, variée de couleur, appartiennent à la période géognostique des terrains abyssiques. On ne trouve guère au-dessus et au-dessous que du gypse sélénite, et parmi les gypses réputés de transition, les uns, tel que celui de Bex, sont décidément reconnus pour appartenir aux terrains abyssiques, et les autres, tels que ceux du val Canaria, etc., suivront probablement le sort des Alpes et seront, comme elles, ramenées à une époque géognostique beaucoup plus récente que celle qu'on leur attribuoit.

L'ordre dans lequel nous présentons les groupes de roches et même les roches qui composent ces terrains, est assez exactement conforme à celui dans lequel se succèdent ses diverses parties.

### 1.er *Gr.* TERR. ABYSS. DU LIAS.[1]

Au-dessous de l'oolithe infrajurassique des terrains pélagiques se trouve, dans l'Allemagne occidentale, dans toute

1 Nom technique des carriers anglois. M. d'Omalius d'Halloy, tenant

la France, dans l'Angleterre, et peut-être encore ailleurs, un groupe de terrain tout-à-fait distinct du précédent par tous ses caractères minéralogiques, et surtout par les générations organiques qui vivoient dans les mers et sur la terre à l'époque de sa formation : ces différences m'ont paru si nombreuses, si importantes et même si tranchées, que j'ai cru pouvoir placer ici la ligne qui sépare les terrains abyssiques des groupes dont l'ensemble forme les terrains pélagiques.[1]

Le lias proprement dit, premier groupe des terrains abyssiques, s'étend jusqu'aux marnes bigarrées ou Keuper, et n'en est pas nettement séparé.

Son mode de formation est presque entièrement mécanique. Cependant les lamelles cristallines qu'il fait voir, les minéraux cristallins qu'il renferme, indiquent l'influence de l'action chimique ou de cristallisation.

---

à donner des noms adjectifs à tous les terrains, propose *liasique*. — Calcaire à gryphites arquées. — Marnes bleues inférieures. — *Lias* ou *Mergelkalk*, Boué.

1 J'ai pris cette opinion dès 1817, lors de mon voyage dans le Jura et la Suisse, et M. Charbaut contribua beaucoup à me la donner par les observations qu'il me fit faire aux environs de Salins. Je l'ai consignée en 1822 dans la Description géologique des environs de Paris, p. 245. Je l'ai rappelée dans l'introduction à ma classification des roches mélangées, publiée en 1827 ; la différence de manière de voir des géologues anglois et allemands, les objections qu'on m'a faites, et notamment celle d'un géologue aussi savant que M. Hausmann, m'ont engagé à revoir et à peser de nouveau les motifs qui m'y avoient engagé. Ils m'ont paru assez nombreux et surtout assez puissans pour persister dans cette division. On pourra en juger par l'exposé que je présente pour la première fois des caractères géognostiques des terrains de lias ; il faut, pour les apprécier, prendre l'ensemble des caractères des terrains abyssiques et le comparer avec l'ensemble des caractères des terrains pélagiques ; or, le lias ne peut pas être séparé des premiers, de l'aveu même des géologues, qui le réunissent aux terrains pélagiques.

La texture de la roche, soit qu'on l'observe dans le calcaire et les marnes qui la composent principalement, soit qu'on l'observe dans les roches arénacées qui s'y rencontrent, est grossière ou terreuse.

Il est nettement stratifié, et sa stratification en assises généralement peu puissantes est souvent plus droite que contournée; première différence entre lui et le calcaire jurassique.

Cette stratification est tantôt horizontale et tantôt fortement inclinée, et c'est ici que se présente, dans le lias du Jura, le caractère géologique regardé comme de première valeur pour établir des époques différentes de formation. Les couches de lias sont rarement en stratification concordante avec celle du calcaire jurassique, et, comme le fait observer M. Charbaut [1], cette concordance est une exception, tandis que la stratification contrastante est la règle. Cette disposition peut s'observer dans plusieurs parties du Jura, mais notamment et très-facilement à la butte de Pimont, au nord-est de Lons-le-Saulnier, où les marnes de l'oolithe infrajurassique sont placées en stratification horizontale sur les têtes des couches de lias, qui est en stratification inclinée de moins de 45°.

Cette disposition, si elle étoit isolée, pourroit être attribuée à un accident, mais elle se présente, avec moins d'évidence, il est vrai, dans un grand nombre de points du Jura moyen, ce qui fait dire à M. Charbaut que *le lias étoit formé depuis long-temps et déjà renversé lorsque le calcaire oolithique est venu se déposer sur lui.*

Le nivellement présente un autre caractère, d'une valeur presque égale au précédent. Le sommet de quelques collines ou buttes de lias est quelquefois plus élevé que les couches du calcaire oolithique, qui lui sont cependant évidemment supérieures dans l'ordre de la chronologie géognostique.

On a dit que le lias se présentoit en Europe sur un très-grand

---

1 Ann. des mines, tom. 13, 1826, pag. 177 et suiv.

nombre de points. Il n'y est pas toujours recouvert de calcaire oolithique; il paroît que celui du département du Gard est absolument dégagé de ce terrain et a été déposé d'une manière tout-à-fait indépendante.

J'ai fait remarquer plus haut que c'est dans les terrains abyssiques que se montrent les premiers gîtes métalliques de plomb, de zinc sulfuré, etc., et de quelle manière ils s'y montrent : le lias ne renferme ces métaux que rarement et en petite quantité; mais, enfin, il en contient, tandis que je n'en ai jamais vu, et je ne sache pas qu'aucun géologue en ait encore cité dans le calcaire oolithique, sauf le cas particulier et rare où ce terrain est immédiatement placé sur les terrains agalysiens, ou au moins sur les arkoses métallifères qui les continuent (environs d'Alençon). Cette circonstance est importante; elle indique des phénomènes géognostiques très-différens entre les deux ordres de terrain, et fournit un des plus puissans argumens en faveur de leur séparation prononcée.

Il n'y a pas de houille proprement dite dans le lias, tel que nous le connoissons jusqu'à présent; ce sont des lignites qui sont accompagnés quelquefois de débris de végétaux très-semblables aux fougères des houilles; mais ils sont en lits peu puissans et ne donnent qu'un combustible d'assez mauvaise qualité.

Mais c'est dans le système général des débris organiques animaux que se présentent encore des différences aussi tranchées qu'importantes; on les appréciera facilement en comparant les listes des débris organiques des oolithes jurassiques du terrain pélagique, avec celles du lias des terrains abyssiques.

On voit d'abord que les coquilles caractéristiques de ce groupe sont l'*ammonites Bucklandi*, le *plagiostoma giganteum*, le *gryphæa arcuata* de Lamarck.

On remarquera ensuite que parmi les reptiles il n'y a plus de crocodiles dans le lias, et que les espèces d'Ichtyosaures et de Plésiosaures, seuls genres qu'on y indique, sont différentes de celles des terrains pélagiques.

Parmi dix-huit espèces d'ammonites du terrain pélagique et dix-neuf du lias, il n'y a que cinq espèces communes aux deux terrains.

Parmi les autres coquilles, tant univalves que bivalves, dont quatre-vingt-cinq espèces déterminées appartiennent aux terrains pélagiques et vingt-huit au lias, il n'y a guère que sept espèces désignées comme étant communes aux deux terrains. Plusieurs genres qui se trouvent dans un terrain, ne se sont pas rencontrés dans l'autre; ainsi, les Trigonies, les Pinnes, et peut-être bien d'autres genres, que l'état imparfait de la conchyliologie fossile n'a pas permis de déterminer et qui sont assez abondans dans les terrains pélagiques, n'ont pas encore été cités dans le lias, tandis que celui-ci renferme des gryphées, des spirifères, des pentamères, des hyppopodiums, qu'on ne trouve plus dans les terrains supérieurs.

On voit donc, ainsi que je l'ai annoncé, que les caractères géognostiques ou de stratification, minéralogiques et zoologiques, se réunissent pour établir entre le lias, premier groupe des terrains abyssiques, et les terrains pélagiques des différences essentielles, de première valeur, qui me semblent suffisantes pour placer entre ces terrains une ligne de séparation de la catégorie des *ordres* beaucoup plus prononcée que celles qui séparent les simples groupes de roches.

Le groupe des terrains abyssiques qui est désigné par le nom de lias, renferme en roches subordonnées un grès, un calcaire marneux, qui est le calcaire à gryphites proprement dit, et un ampélite alumineux.

1. Grès du lias. Il ne paroît pas avoir de position bien déterminée : il est tantôt supérieur au calcaire, et tantôt interposé en bancs entre les couches de marnes, et descend même dans le groupe suivant; il a reçu aussi le nom de grès à carreau

(*Quadersandstein*), et a été confondu souvent avec le grès des glauconies crayeuses et sableuses, et même avec le grès bigarré; mais sa position, quand on peut l'observer, et les débris de végétaux, quand il s'en présente, peuvent servir à le distinguer. Ce grès passe quelquefois au psammite et même aux arkoses, c'est surtout lorsque le lias recouvre presque immédiatement le terrain primordial. Il renferme quelquefois de petits lits de charbon fossile qui est à l'état d'anthracite (col du Chardonnet), du minérai de fer hydroxidé compacte (la Voulte).

2. Calcaire marneux. C'est le calcaire à gryphite arquée (*gryphæa arcuata*, Lam.; *gryphæa incurva*, Sow.). C'est dans cette roche que se trouve le plus grand nombre d'espèces de coquilles et d'espèces de minéraux; le tableau les fait connoître. On remarquera qu'on y cite encore du sulfate de baryte, qu'on y indique le silex comme y étant fort rare. Ces minéraux se trouvent aussi dans le grès.

3. Ampélite alumineux. Cette roche se présente dans plusieurs terrains, et surtout dans les terrains inférieurs à celui-ci, mais on ne peut se refuser à la reconnoître dans les schistes argileux, bitumineux et pyriteux, qui, à Whitby et dans quelques autres lieux, fournissent de l'alun. On y rapporte aussi l'ampélite alumineux avec gypse d'Amberg, qui renferme en outre de la célestine d'Arau. (Boué.)

## 2.e *Gr.* TERR. ABYSS. DU KEUPER.[1]

Ce groupe, établi par M. Charbaut et ensuite par les géologues allemands, sous le nom univoque de *Keuper*, est constamment inférieur au premier; il s'y lie néanmoins par des

1 Nom technique des mineurs de l'Allemagne occidentale. — M. d'Omalius d'Halloy propose d'appeler ce terrain *keuprique*. — Marnes irisées, Charbaut; Marnes bigarrées, qu'il ne faut pas confondre avec celles du grès.

roches et des pétrifications communes : il renferme plus de roches argileuses et marneuses que d'autres. Il est surtout remarquable parce que c'est le gîte principal et le plus ordinaire du gypse strié, et du selmarin rupestre. Il paroît que c'est dans ce groupe, lors même qu'il ne renferme pas de selmarin rupestre, que prennent naissance les sources salées, beaucoup plus fréquentes que le selmarin; c'est donc lui qui renferme les marnes salées proprement dites (*Salzthon*).

Il contient, en roches subordonnées, un grès avec des empreintes végétales, des argiles employées pour la poterie, du calcaire presque compacte en bancs peu épais, du calcaire lumachelle, des marnes bitumineuses, qui renferment des stipites tantôt en lits peu puissans, tantôt en nodules, et, presque toujours au-dessus du gypse, du selmarin rupestre. Le gypse et le sel sont plus abondans dans ses parties inférieures que dans ses supérieures.

Les grès qu'il renferme, et qui sont ordinairement mêlés d'argile ou même de marnes, qui passent par conséquent à la roche que j'ai définie sous le nom de macigno, présentent, dans divers lieux d'Allemagne, des empreintes et des restes de végétaux[1]. C'est le second dépôt de Stipite, en allant de haut en bas.

On remarque souvent dans les terrains de lias et de keuper des enfoncemens en forme d'entonnoirs, qui se sont formés dans ces terrains et qui continuent à se former encore. M. Charbaut, qui a fait cette observation, les attribue avec beaucoup de vraisemblance à la dissolution du gypse et du selmarin, qui s'opère toujours par le passage des eaux souterraines.

---

1 Je ne crois pas qu'on puisse rapporter à ce groupe les arkoses métallifères que j'ai décrites ailleurs, ni par conséquent les nids métalliques, etc., qu'elles renferment aux Écouchets, en Bourgogne, etc., et que cite M. Boué : je crois les arkoses de ces localités, et celles qui leur ressemblent, de beaucoup inférieures au keuper, et quelquefois même aux deux autres groupes des terrains abyssiques.

### *Exemples des terrains de* LIAS *et de* KEUPER.

France. Tous les environs de Salins, au sud du fort Belin, à la descente de Moutaine, au sud de Salins, etc. : avec son keuper et son gypse.

Lons-le-Saulnier, au nord-ouest : avec célestine et dépôt de lignite. — Vic, Gemonval, Corcelle, offrant le second dépôt de stipite mentionné plus haut. — Environs d'Alais, Sauvage, Anduze, etc. : avec lignite et ampélite, gypse strié, etc. — Environs de Lyon, Saint-Cyr au Montdor : avec rognons de fer hydroxidé compacte et oligiste métalloïde ; et au sud de Chessy. — Environs de Castellane, Auvit : avec gypse et lignites. — A Saint-Amand, département du Cher : avec *gryphæa cymbium?* — Dans le département de l'Yonne, au nord-ouest d'Avallon : avec taches de galène, barytine, etc. ; et à l'est d'Avallon. (De Bonnard.) — En Normandie, Longean, Blaye, à l'ouest de Bayeux : avec trichites, lignites. — Dans les Ardennes, à Flize, entre Metz et Sedan ; à Warcq, près de Mézière. — Dans la Moselle, à Vigy près Metz : avec nodules de fer hydroxidé compacte, renfermant de la célestine ; dans les environs de Montmédy, etc.

En Suisse. A Asuel, dans le bassin de la Lache ; dans les environs d'Arau. — A Neuewelt, près de Bâle : avec les marnes irisées, schisteuses, solides, remplies d'empreintes végétales, énumérées au tableau des corps organisés fossiles, et qui placent ce dépôt charbonneux parmi les stipites.

En Angleterre. A Whitby, dans l'Yorkshire ; dans la partie inférieure de cette côte : avec les pyrites, la barytine, le jayet, l'ampélite alumineux ; Charmouth et Lyme-regis en Dorsetshire ; Westbury-Cliff en Glocestershire, etc.

Il est possible que le charbon minéral de l'île de Bornholm, qui me paroît être un stipite, celui d'Höganes, et les végétaux fossiles de Hör en Scanie, appartiennent aux terrains de lias plutôt encore qu'au groupe infrajurassique ; mais spécialement à la partie sableuse de ce groupe, à celle qui est désignée dans le tableau sous le nom de grès du lias, et dans laquelle on reconnoît, comme à Bornholm, des végétaux, quelques coquilles et du fer hydroxidé.

On peut donner pour exemple du keuper ou marnes irisées du lias, renfermant le gypse et le selmarin, presque tous les gîtes connus de l'est de la France, dans les départemens de la Meuse, du Jura, etc., et en Allemagne les dépôts de ce sel en Tyrol, Salzbourg, etc., et même ceux du royaume de Wurtemberg et du pays de Bade, quoiqu'ils soient plus particulièrement situés dans le calcaire conchylien, terrain immédiatement inférieur au lias.

Mais un exemple des plus remarquables des terrains de lias, est celui que nous donnent les couches non primitives dans l'acception vulgaire de ce mot, qui sont comprises entre le Mont-Blanc, le mont Rose, le mont Viso et le mont Pelvoux dans l'Oisans, notamment au Petit-cœur dans le vallon de Naves près Moutier, et au col du Chardonnet, au nord de Briançon; couches qui se lient avec celles du même terrain déjà reconnues à Digne, Castellane, Sisteron, etc., en Provence.

Le terrain de lias dans les Hautes-Alpes avoit déjà été indiqué par MM. Buckland et Keferstein, et reconnu par M. Bakewell. Mais M. Élie de Beaumont[1] en a déterminé la présence certaine et la position au moyen des caractères zoologiques des bélemnites, des ammonites, etc.; il a fait connoître exactement son étendue, ses singuliers rapports, sa stratification concordante, et enfin l'alternance de ces roches, dans les lieux qu'on vient de citer, avec des lits de schistes argileux, de calschistes, de grès ?, etc., qui renferment des *débris* de végétaux des mêmes espèces que celles qui forment dans *leur entier* les dépôts houillers.

---

1 Ann. des sc. nat., t. 14, 1828, Juin, et tom. 15, 1828, Décembre, pag. 353.

## 3.e Gr. TERR. ABYSS. CONCHYLIENS.[1]

Ce groupe du terrain abyssique est un de ceux qui manquent le plus souvent : on ne le connoît ni en Angleterre, ni dans le nord de la France et de l'Allemagne, et ce n'est même que depuis peu de temps qu'on l'a reconnu d'une manière indubitable dans le midi et dans l'est de la France.

Mais il est caractérisé d'une manière très-tranchée par la nature de son calcaire, par l'absence de toute matière métallique et par le grand nombre de débris organiques qu'il renferme.

Ses limites sont établies avec assez de précision par deux groupes dont les roches sont d'une nature tout-à-fait différente de celles qui lui sont propres : les marnes du keuper en dessus et les roches siliceuses du grés bigarré en dessous.

1. Calcaire conchylien. Sa texture est entièrement compacte, et par conséquent son mode de formation entièrement mécanique ; elle indique un sédiment fin et tranquille. Ce calcaire est nettement stratifié, toujours trop profondément engagé dans d'autres roches pour imprimer une forme particulière au sol qui le recouvre.

C'est un groupe de roches qui se présente en général sous une étendue très-limitée.

Les débris organiques qu'il renferme sont, ainsi qu'on l'a annoncé au commencement de cet article, nombreux et caractéristiques par les différences très-tranchées qu'ils ont avec les fossiles des autres groupes de ce terrain. Le tableau les fait connoître autant que cela est possible dans l'état actuel de nos connoissances en zoologie fossile.

C'est une chose digne de remarque, que cette génération rassemblée dans un terrain très-peu puissant, qui, d'une part, est presque entièrement différente de celles qui se pré-

---

1 *Muschelkalk*, *Zechstein* de plusieurs géologues de l'Allemagne méridionale. — *Rauchgrauer Kalk* de Mérian.

sentent immédiatement avant ou après elle dans les terrains supérieurs et inférieurs, et qui, de l'autre, est presque entièrement composée des mêmes êtres organisés et dans les parties méridionales de la France et dans les parties septentrionales de l'Allemagne.

Le terrain conchylien renferme comme roches subordonnées :

1. Du Calcaire marneux qui contient lui-même quelques cristaux disséminés de quarz hyalin et quelques taches de galène ;

Du gypse strié.

2. Du Selmarin rupestre et ses marnes argileuses (à Durheim, Wimpfen, etc., en Wurtemberg ; à Sulz, Rothweil, etc., dans la vallée du Neckar).

Le tableau indique d'autres roches et minéraux sur lesquels nous n'avons aucune observation particulière à présenter.

## *Exemples du terrain conchylien.*

En France. Près Toulon, le cap de Seine et le pied du mont Faron. Tous les caractères minéralogiques et zoologiques de ce calcaire y sont réunis et présentent une identité remarquable avec ceux des autres lieux que nous allons citer.

Dans le département de la Meurthe, à Rehainviller près Lunéville, avec des os de crocodiles ; et à Wissembourg.

A Aubenas en Vivarais, immédiatement sur l'arkose.

En Allemagne. Au pied du Meisner en Hesse. — A Elze, dans le pays d'Hanovre. — Au Heinberg, près Gœttingue. — Près de Gotha. — Dans le Harz, à Blankenbourg.

A Pyrmont, avec encrinites, célestine, arragonite, quarz et même galène. (Boué.)

Dans le Wurtemberg, près de Bade, et dans la vallée du Neckar, à Durheim, Rothweil, Heilbronn.

## 4.e Gr. TERR. ABYSS. PŒCILIENS.[1]

C'est un terrain composé principalement de grès brunâtre ou rougeâtre, de psammite bigarré, de macigno oolithique, de marne bigarrée et des autres roches énumérées au tableau des terrains.

Ses limites, tant supérieures qu'inférieures, sont peu fixes: la position la plus ordinaire de sa masse principale est celle que nous lui avons assignée dans le tableau; mais il paroît que le calcaire conchylien, et même une partie du gypse et du selmarin du keuper, s'y montrant quelquefois comme roche subordonnée, étendent ses limites supérieures au-dessus du terrain après lequel nous le plaçons, et qu'inférieurement il se confond si bien avec les pséphites, l'arkose et les psammites rougeâtres des terrains houillers, surtout lorsque le calcaire pénéen n'existe pas, qu'il est très-difficile d'assigner avec précision ses limites inférieures. Il renferme peu de débris organiques, et ceux-ci, qui sont généralement des végétaux, paroissent se retrouver dans les terrains inférieurs et supérieurs à ce terrain; aussi trouve-t-on dans les ouvrages des géologues une grande dissidence d'opinions sur sa position et ses limites.

Le terrain pœcilien est de formation presque entièrement sédimenteuse et même souvent clastique, renfermant des galets de roches quarzeuses ou autres, enveloppés soit im-

---

1 Il faut éviter autant qu'il est possible de confondre les roches qui entrent dans la composition d'un terrain avec le terrain lui-même. Le nom de *grès bigarré*, qu'on a donné à ce terrain, entraîne toujours avec lui l'idée d'une roche quarzeuse, qui peut cependant ne pas s'y trouver. Le nom que nous proposons d'y substituer, rappellera le caractère de coloration variée, qui a fait donner le nom de *bunter*, varié, bigarré, aux roches de ce terrain, et par extension au terrain lui-même. — *Bunter Sandstein* des géologues allemands. — *Gypseous red-sandstone* et *red-marle* des géologues anglois.

médiatement dans le grès, soit dans les marnes qui l'accompagnent ou le pénètrent. A peine présente-t-il, dans quelques couches subordonnées et dans quelques masses minérales disséminées, des indices de l'action de dissolution.

Il est en général très-nettement stratifié, à stratification droite et souvent à peu de chose près horizontale; ses assises sont quelquefois divisées en grands parallélipipèdes ou en rhomboïdes irréguliers, par des fissures perpendiculaires ou obliques à leur surface.

Il forme plutôt des collines ou des plateaux que des montagnes, dont les pentes sont ordinairement douces et très-désagrégées; ce qui résulte et du peu d'adhérence des parties qui composent les roches de cette formation et de la facile altération que l'eau fait éprouver aux marnes ferrugineuses, au gypse et au selmarin, qui entrent souvent dans la composition de ce terrain. Ces pentes sont souvent profondément ravinées par les eaux.

Ce terrain est très-répandu à la surface du globe, et peut être considéré comme une formation générale et presque enveloppante.

Les minéraux et minérais métalliques qui s'y trouvent, y sont disposés en lits, amas, druses et nodules, et jamais en filons; cependant, si on a soin de distinguer le terrain pœcilien proprement dit des terrains d'arkose, le nombre des minéraux qu'il renferme est de beaucoup restreint.

On y trouve comme roches en lits ou couches subordonnées:

1. Le Grès et le Psammite bigarrés, qui se suppléent et même se confondent. C'est la roche principale du terrain renfermant le Macigno oolithique, l'ancienne oolithe, autrefois la seule connue (*Rogenstein* des géologues allemands); c'est un macigno très-bien caractérisé, formant une des couches subordonnées du grès bigarré du Harz et du pays de Mansfeld.

Des SMECTITES ou argile à foulon (Raddle pits, près Braithweel, etc., CONYBEARE).

2. Les MARNES BIGARRÉES[1], avec leur gypse strié, qui contribuent à le faire distinguer des autres grès rouges (Roquevaire en Provence; Decise dans la Nièvre; Neuewelt près de Bâle, MÉRIAN).

3. Le SELMARIN RUPESTRE (au Spessart, dans la partie orientale du Wurtemberg; en Souabe: dans le pays de Bade, etc.).

Du LIGNITE en petits lits ou petits amas disséminés, provenant peut-être des fougères et arbres conifères dont on voit de nombreuses et belles empreintes dans le grès bigarré (dans les environs de Wasselonne, de Soultz-aux-bains, etc., en Alsace; près de Bâle, de Tubingue, etc.).

On y cite aussi de la dolomie spathique. (BOUÉ.)

Le FER, dont la présence est indiquée par la couleur souvent très-rouge de cette roche et par la marne d'un rouge foncé, qui remplit ses cavités ou alterne avec elle, s'y présente aussi en lits ou en amas puissans à l'état de fer hydroxidé lithoïde (dans les environs des lacs Salziger et Süsser, près de Halle, où le grès bigarré est un psammite schistoïde rougeâtre très-bien caractérisé; dans le Lot, DUFRESNOY).

Enfin, la célestine, la barytine, le manganèse et peut-être le fer oxidulé sablonneux.

Le soufre (en Gallicie, BOUÉ) en druses et petites taches lamellaires paroît s'y rencontrer aussi; c'est avec le gypse et le selmarin le seul minéral de formation cristalline qu'on y cite avec certitude.

Quant aux autres minéraux et minérais que M. Boué y place, tels que le plomb, le cuivre, le cobalt (à Bleiberg, à

---

1 Qu'il ne faut pas confondre avec les marnes irisées du keuper. Pour éviter cette confusion, on devroit appeler les premières *marnes keupriques* et celles-ci *marnes pœciliennes*.

Marmarosch, à Chessy, à Recoaro), je présume, d'après ce que j'ai vu dans les deux derniers lieux, que ces terrains métallifères sont mieux placés plus bas dans la formation des arkoses[1]; tandis que les exemples pris à Bastène et dans des terrains semblables à celui-ci (en Espagne; dans le Holstein, à Lunebourg, où l'on cite le quarz, la glaubérite, le gypse, l'arragonite, la boracite, le pétrole, etc.), paroissent avoir plus de rapports avec le keuper par leurs circonstances de roches et de position qu'avec le grès bigarré proprement dit.[2] Au reste, cette différence dans la position à assigner aux minéraux et roches que je viens de citer, a très-peu d'importance, d'après ce que j'ai dit en commençant sur l'incertitude des limites du terrain pœcilien.

## *Exemples du* TERRAIN PŒCILIEN.

L'incertitude qui règne souvent dans la détermination entre le grès bigarré et le grès rouge, lorsque ces roches ne sont pas immédiatement accompagnées de celles qui contribuent à établir leur différence; la position comme roche subordonnée du grès bigarré dans les deuxième et troisième groupes, rendent assez difficile de donner des exemples authentiques de ce terrain.[3]

---

1 M. Conybeare paroît admettre cette opinion, p. 281 — 287.

2 M. Dufresnoy confirme cette dernière présomption par les observations qu'il vient de présenter, Ann. des Mines, 1827, t. 2, p. 377. Il place même ces terrains encore plus hauts, puisqu'il les met au-dessus du lias.

3 Nous avons encore recours à l'utile et savant tableau de M. Boué, et je note d'un (B.) les exemples que je donne sur son autorité; néanmoins je dois faire observer qu'il a réuni au grès bigarré des terrains qui me paroissent généralement plus anciens, et que je citerai plus bas au terrain d'arkose.

Quant à la réunion du macigno solide des Italiens à cette roche, je suis très-disposé à l'admettre, ce qui porteroit les ophiolites à une époque encore bien plus nouvelle que celle que je leur ai assignée.

En France. Entre Brignolles et Fréjus. — Dans les Vosges, à Wasselonne, près Bruyères, avec végétaux filiciformes (Mougeot). — A Soultz-aux-bains près Strasbourg. — Près de Vic, avec des végétaux filiciformes (B.). — Près d'Aubenas, lié à l'arkose du même lieu.

Pays allemands. Rheinfelden, sur les bords du Rhin, au pied de la forêt Noire; Pyrmont. — Le Harz, à Ilsenbourg, Wernigerode, avec le macigno oolithique; à Eisleben. — En Hesse, le plateau de Kaufungerwald, à l'est de Cassel; les environs de Marbourg, sous le basalte. — Les environs de Heidelberg (Leonhard). — Le terrain entre les lacs de Salziger et Süsser, près de Halle en Saxe.

Angleterre. Dans le terrain salifère des environs de Norwich, en Chestershire. Il est rouge dans les assises supérieures, et renferme des galets de quarz et du grès blanchâtre dans les parties inférieures; quand il renferme du gypse, c'est principalement dans ses parties supérieures.

Enfin, dans un si grand nombre de lieux en Angleterre, en Allemagne et en France, qu'une plus longue énumération seroit presque sans terme et inutile.

M. Boué cite des exemples de grès bigarré, avec gypse et selmarin, dans la Castille et dans la Manche. Il rapporte aussi à ce terrain les couches puissantes de selmarin rupestre de Wieliczka et de Bochnia, en y réunissant les couches qui renferment des lignites, des coquilles et des semences. Il y rapporte également le *macigno* et la *pietra serena et forte* des Italiens. On verra à l'article des terrains hémilysiens calcaires combien ce dernier rapprochement est encore incertain.

### 5.e Groupe. TERR. ABYSS. PÉNÉENS.[1]

Le terrain pœcilien est une espèce d'horizon géognostique, pour nous servir de l'heureuse expression de M. de Humboldt,

1 Nom donné par M. d'Omalius d'Halloy au calcaire dominant dans ce terrain. Il faut oublier sa signification, qui, si elle est vraie pour quel-

qui oscille dans un grand espace entre le lias et le terrain pénéen, mais qui ne s'est jamais montré au-dessous de celui-ci. Ce terrain calcaire et les roches qui l'accompagnent sont donc limités supérieurement par le grès bigarré du terrain pœcilien, qui ne manque presque jamais.

Sa limite inférieure est bien plus difficile à déterminer. Si on le place au-dessus du schiste bitumineux métallifère, qui paroît avoir une origine si différente de celle du calcaire pénéen, on réduit cette formation à une bien foible dimension. Si on l'étend jusqu'au terrain houiller, on y comprend et ces schistes bitumineux, et un terrain clastique (les pséphites), qui indiquent, par leur nature et leur structure, des causes et une époque de formation bien différentes de celles de ces terrains.

Dans cette incertitude, nous adopterons la limitation un peu arbitraire du plus grand nombre des géologues, en comprenant le schiste bitumineux métallifère dans le terrain pénéen; nous placerons donc au-dessous de ce schiste et avant le pséphite, la limite inférieure de ce terrain.

Le mode principal de formation de ces terrains est encore mécanique, et par conséquent les roches qui le composent ont une texture compacte, sédimenteuse ou même grossière, plutôt que cristalline. Cependant l'influence de l'action chimique ou de dissolution s'y fait sentir beaucoup plus puissamment que dans les terrains supérieurs. Elle se manifeste par la texture grenue de la dolomie abondante dans ce terrain,

---

ques parties de l'Allemagne et de l'Angleterre (le calcaire est en effet très-pauvre en minérais métalliques), ne l'est pas également pour d'autres parties du globe, et surtout lorsqu'on joint à ce groupe les schistes cuivreux, etc. Mais c'est un nom univoque tiré d'une langue scientifique, qui appartient à tous les peuples. — *Zechstein* des mineurs allemands. — Calcaire alpin des géologues françois et allemands. — *Magnesian limestone* des Anglois.

et par les sulfures de plomb, de cuivre, de zinc, de fer, de mercure, etc., qui s'y rencontrent fréquemment.

Tantôt ce terrain est non-seulement clairement stratifié, mais sa structure en grand est même fissile; tantôt, au contraire, il n'offre aucun indice de stratification, et c'est surtout lorsqu'il est principalement composé de dolomie. Il est alors divisé par des fissures presque verticales ou par des cavités sinueuses, nombreuses, de forme et d'étendue très-diverses. Dans le premier cas, il n'imprime au sol aucune forme extérieure particulière [1]. Dans le second cas, il donne lieu à des collines ou montagnes à cône pointu, à pente très-roide, comme déchirées par de nombreuses et profondes fissures verticales (le Langkofel, vallée de Gröden en Tyrol, décrit et figuré par M. de Buch).

Ce terrain, quoiqu'assez répandu pour être considéré comme une formation générale, n'a cependant pas l'étendue et la continuité des terrains jurassiques et pœciliens.

Les minérais qu'il renferme y présentent une disposition très-différente, suivant qu'ils appartiennent aux premiers ou aux seconds systèmes de roches de ce terrain. Dans les uns ils sont en petits amas, en druses et même en filons; dans les autres ils sont en lits ou disséminés.

Enfin on rencontre dans les roches calcaires de ce groupe des cavernes assez vastes (les *Kalkschlotten* du Harz et du pied du Thuringerwald sont creusées dans la partie calcaire de ce terrain).

C'est surtout par les espèces et les genres de corps organisés qu'il renferme que ce terrain se distingue des autres. Cette distinction seroit même plus précise, si l'on vouloit attribuer à deux groupes distincts les deux principales sortes de roches qui le composent; car les pétrifications de chacune de ces sor-

---

1 Nous verrons cependant plus bas que le terrain pénéen des environs d'Eisleben a une forme extérieure assez remarquable.

tes sont non-seulement différentes de toutes celles des terrains supérieurs et inférieurs, mais elles sont encore très-différentes l'une de l'autre; ce qui nous force d'en renvoyer l'indication à l'article des roches qu'elles caractérisent. On doit seulement faire remarquer que c'est dans ce terrain que se présentent, en allant de bas en haut, les premières générations d'animaux vertébrés (si en effet le phyllade ichthyophore de Glaris n'est pas de transition, comme tout porte à le croire).

Le terrain pénéen est quelquefois traversé, coupé et même dérangé par des filons, qui sont d'ailleurs assez rares, et qui présentent des renflemens et des étranglemens fort singuliers; ils ne renferment guère que des minérais de cuivre, de cobalt et de bismuth natif.

Les roches qui composent le terrain pénéen, énumérées au tableau, doivent être séparées en deux divisions, fondées aussi bien sur leur nature que sur leur position. Les unes sont calcaires et souvent magnésiennes; les autres sont schisteuses et souvent bitumineuses.

Ce tableau, comme tous ceux que nous avons présentés, offre l'énumération complète de toutes les roches qui entrent dans la composition du terrain; mais il en manque souvent plusieurs, et c'est surtout le cas dans le terrain en question.: il est même fort rare qu'il soit complet.

Le terrain pénéen se compose de cinq ou six roches principales, qui en renferment elles-mêmes plusieurs subordonnées. Parmi les premières, les plus constantes sont la dolomie, le calcaire compacte et le schiste bitumineux.[1]

L'ordre dans lequel elles se présentent le plus ordinairement en Saxe, est celui qui a été suivi dans le tableau.

1 Nous prenons le type de comparaison de ce calcaire et de ses roches subordonnées en Allemagne, et notamment dans le pays de Mansfeld, où il a été si bien étudié et décrit par MM. Freiesleben, Uttinger, de Hoff, etc. Nous tâcherons d'y rapporter les terrains des autres pays que nous considérons comme analogues.

1. Le Gypse strié, quelquefois accompagné de selmarin.

2. Le Calcaire fétide, grisâtre, à texture fissile, à structure quelquefois sublamellaire.

Il est incertain pour moi que ce gypse et ce selmarin soient différens de ceux du terrain pœcilien, qui est à si peu de distance de cette formation. On voit dans toutes les descriptions que ce gypse, même celui qui est désigné comme ancien, est toujours placé au-dessus du calcaire caractéristique de ce groupe. Il renferme, comme le précédent, des cristaux de quarz. Le calcaire fétide qui l'accompagne paroît lui être intimement lié, et appartenir par conséquent, comme lui, au groupe précédent.

3. La Dolomie pénéenne, qui entre dans ce groupe, et qui est si bien caractérisée en Angleterre et en France, où elle remplace presque entièrement le calcaire, peut être représentée en Allemagne par le *calcaire celluleux* et la *marne cendrée*. On remarquera qu'en Angleterre, et en France à Figeac dans le Lot et à Cartigny dans le Calvados, où elle recouvre une roche sableuse qui paroît avoir la nature et la position des pséphites, cette dolomie se présente tantôt avec une texture assez compacte, et tantôt avec une texture terreuse et même pulvérulente.

La Marne cendrée (*Asche*) est une circonstance assez remarquable et particulière aux terrains du pays de Mansfeld[1] et de Thuringe. On y a trouvé des fragmens de calcaire fé-

---

1 On a trouvé dans celle du pays de Mansfeld :

| | |
|---|---|
| Carbonate de chaux.......... | 53 |
| Carbonate de magnésie........ | 23 |
| Fer........................ | 4 |
| Silice et matière charbonneuse? | 10. |

La silice et le charbon avoient été indiqués ; mais Lehman paroît être le seul qui y ait reconnu de la magnésie : c'est, dit-il, une *terre poreuse, mêlée de matière calcaire et de talc.*

tide et de lignite. Elle s'endurcit quelquefois et prend, en Allemagne, le nom de *Rauchstein*. Les géologues de ce pays y admettent la présence du bitume, ce qui lui est commun avec le calcaire ou dolomie des Allgaws, entre la Suisse et la Souabe, nommé par M. Uttinger, *Hochgebirgs-Kalkstein*. Cette matière terreuse est elle-même une dolomie.

La dolomie, et le calcaire celluleux, qui n'en est peut-être qu'une variété impure, se montrent avec une couleur, un aspect et même une structure très-différente. La première est souvent schistoïde, radiée et globuleuse, ou botryoïde; le second est souvent mêlé d'ocre, d'argile, etc. : l'une et l'autre sont souvent bréchiformes.

4. Le Calcaire pénéen proprement dit (le *Zechstein* des mineurs allemands). Il offre un grand nombre de caractères qui le distinguent minéralogiquement de la dolomie précédente, sans cependant l'en séparer nettement.

C'est une roche calcaire compacte, à texture dense et très-fine; à cassure facile et conchoïde; de couleurs variant du gris de fumée au brun rougeâtre, toujours plus foncées que celles du calcaire jurassique, mais moins que celles du calcaire hémilysien; renfermant des cavités plus ou moins nombreuses et plus ou moins étendues. Sa stratification est quelquefois claire et en couches minces (dans la Hesse); quelquefois elle est obscure, et elle se présente alors en masses puissantes (dans les Allgaws, Uttinger); tantôt elle est à découvert à la surface du sol, y formant des collines assez élevées et à pentes roides; tantôt, enfermée sous d'autres couches, elle n'imprime au sol aucune forme particulière.

Ce calcaire contient peu de pétrifications; mais celles qu'il renferme sont assez différentes des autres corps organisés fossiles, pour servir à le caractériser.

Les tableaux n.os 15 et 16, composés principalement des élémens fournis par M. de Schlotheim, donnent l'indication des débris organiques qui appartiennent au terrain pénéen. Ces corps, en général très-altérés et comme liés avec la roche elle-même, indiquent qu'ils ont été soumis à une violente pression.

Ce calcaire renferme quelquefois des gîtes assez abondans de minérais, qui y sont plutôt en amas qu'en filons ; ce sont :

Du Fer hydroxidé en couches et du Fer carbonaté spathique, du Manganèse terne, principalement dans le calcaire celluleux. (A Schmalkalde.)

De la Galène, en petites masses disséminées.

De la Calamine, en grands dépôts ou amas de forme irrégulière.

Quelques filons métallifères traversent ce terrain. Ce sont, à Bieber en Hesse, des filons de barytine à renflemens, contenant principalement du *cobalt gris*, du *bismuth*, du *cuivre natif*, du *fer carbonaté*, etc.

5. Schiste bitumineux. C'est une roche assez peu variée et qui ne renferme même d'autres roches subordonnées que de l'ampélite.

Il est noir ou d'un noir grisâtre, très-fissile ; ses fissures de stratification sont souvent ondoyantes ; ce qui rend la surface de ce schiste comme gaufrée ; il est marneux, c'est-à-dire qu'il renferme du calcaire et qu'il fait effervescence ; il a néanmoins une texture grenue, cristalline, un éclat soyeux, qui indique une dissolution préalable et la cristallisation confuse d'un de ses ingrédiens ; il est pénétré d'une multitude de petits grains de pyrite et de cuivre sulfuré, quelquefois visibles, mais quelquefois aussi tellement petits, qu'ils sont indiscernables : 100 parties de ce schiste donnent 3 parties de cuivre foiblement argentifère.

Il forme un lit souvent très-mince, présentant de nombreux ressauts et de fréquens étranglemens.

Les minérais qu'il renferme, soit de cette manière, soit en amas ou en petits lits plus distincts, sont, outre ceux que je viens d'indiquer ; des minérais de mercure (car je présume que le gîte de mercure d'Idria en Carniole, et peut-être aussi ceux du Palatinat, appartiennent à ce terrain) ; des pyrites de fer qui, par leur présence dans une roche schisteuse et bitumineuse, et par leur facile décomposition, constituent un des *ampélites alumineux* ou mines d'alun.

Les corps organisés fossiles de ce schiste du terrain pénéen sont très-différens de ceux des calcaires du même terrain. Nous en donnons la liste.

On remarquera la frappante ressemblance qu'il y a entre cette petite couche de l'écorce du globe dans des contrées si éloignées l'une de l'autre, et ensuite la singulière circonstance zoologique qui a placé à cette époque géologique, dans ces contrées, des genres de poissons qui diffèrent autant de tous ceux que l'on connoît, qu'ils se ressemblent entre eux. Plusieurs de ces poissons pourroient appartenir à des genres qui vivent ordinairement dans les eaux douces ; mais d'autres sont plus généralement marins, et d'ailleurs les autres débris organiques, tant mollusques que végétaux, concourent à faire présumer que ces terrains ont été formés dans le fond des eaux marines, et en ont enveloppé les habitans.

Les terrains pénéens calcaires et schisteux me paroissent si différens que je crois devoir en présenter les exemples séparément.

### *Exemples de terrains* PÉNÉENS CALCAIRES.

FRANCE. Mercuer, près d'Aubenas : calcaire gris foncé, analogue au calcaire pénéen, avec taches de galène ; il est sur l'arkose [1] ; le calcaire qui le suit, a beaucoup des caractères de

[1] Mémoire sur l'arkose (Ann. des sc. nat., Juin, 1826, tom. 8, pl. 25). Je doutois alors que ce calcaire fût supérieur à l'arkose. Je n'en doute plus maintenant ; mais je doute que les coquilles (ammonites et pecten), que je lui attribue, lui appartiennent réellement. On voit, page 15, que je ne les ai pas recueillies dans le lieu même.

la dolomie.[1] — A Figeac, ce sont la dolomie, la calamine et sa position, qui lui donnent les caractères du terrain pénéen. — A Sauxais, dans la Vienne. Une dolomie jaunâtre, subcompacte, celluleuse, bréchiforme, avec de nombreuses taches de galène, et des coquilles turbinées, à peu près comme à Géra.

Allemagne. Sur les bords méridionaux du Harz, à Walkenried, Grund, etc., avec le gypse, la dolomie bréchiforme; dans la Thuringe, à Limstein, près Schmalkalden, où la dolomie est remplie d'une térébratule grosse comme une graine de chanvre, espèce dont je ne connois pas de description; à Glücksbrunn, Géra, dans la principauté de Reuss, où se sont présentés les *productus aculeatus*, pris pour des gryphées. Les coquilles turbinées, mais indéterminables, qui se voient dans la dolomie celluleuse de Géra, établissent sa ressemblance avec la dolomie de Sauxais.

A Bieber, près d'Hanau, et à Riegelsdorf en Hesse, il y a des filons cobaltifères. — A Freyburg, dolomie ocracée cellulaire. — A Sangershausen, calcaire compacte, gris de fumée, avec taches de cuivre sulfuré, etc.

En Suisse, à Rheïnfelden et Waldshut, au-dessus de l'arkose.

En Silésie, à Tarnowitz et à Nackel, où se présentent, dans l'ordre ordinaire, le calcaire ou dolomie celluleuse (*Rauchwacke*), avec fer hydroxidé et silex corné, et un calcaire pénéen, renfermant de la galène, de la calamine.

Le gîte de calamine, remarquable par sa puissance, et qu'on appelle de la vieille montagne, à Moresnet, près d'Aix-

---

1 Des essais analytiques y ont indiqué :

| | |
|---|---|
| Carbonate de chaux........ | 63 |
| Carbonate de magnésie..... | 19 |
| Silice.................... | 10 |
| Fer et alumine............ | 3. |

la-Chapelle, me paroît appartenir au calcaire du terrain pénéen par tous ses caractères. Il ne présente aucune stratification, aucun corps organisé; il renferme du fer hydroxidé, du zinc oxidé dans différens états, de la dolomie brunâtre, grenue, etc.; et à peu de distance, presque dans le même arrondissement géognostique, c'est-à-dire à Chaudfontaine, près de Liége, etc., se présente encore cette même dolomie avec la barytine concrétionnée, etc. M. d'Omalius place ce gîte célèbre dans le calcaire carbonifère, et probablement son opinion est plus fondée que la mienne.

L'Angleterre présente de nombreux exemples de ce terrain, dans lequel domine, ainsi qu'on l'a dit, et d'une manière très-frappante, la dolomie jaunâtre, grenue, compacte, cellulaire, botryoïde, schistoïde, renfermant, comme dans le continent européen, de la calamine, de la blende, de la galène en petits nodules : dans l'Yorkshire, dans les collines de Meudip, les calcaires de Nottingham et de Durham. Il renferme en outre des nodules de fer hématite, des veines de barytine, entre Ferrybridge et York, à Bramham, Moor, etc., et de l'arragonite à Whitehaven.

Les couches de Sunderland, de Nottingham, de Durham, de Northumberland, de Cumberland, etc., présentent des collines de ce terrain pénéen, presque toujours placé en stratification contrastante sur le terrain houiller, et composé de presque toutes les roches que M. Sedgwick regarde comme analogues à celles des terrains pœcilien et pénéen, sauf le conchylien, qui paroît manquer.

S'il étoit bien établi que les riches filons argentifères du Réal de Catorce et de Xaschi près Zimapan, au Mexique, et ceux de Chota et de Paseo, au Pérou, traversent un calcaire alpin ou pénéen, il faudroit oublier complétement la signification de ce dernier nom.

*Exemples de terrains* PÉNÉENS SCHISTEUX.

A Muse, près d'Igornay, à deux lieues nord d'Autun. On n'y connoît encore que le schiste bitumineux et le *paleothrissum inæquilobum;* en sorte qu'on n'a que ce seul caractère pour le rapporter au schiste bitumineux des terrains pénéens.

Dans la Hesse, le pays de Mansfeld, le Voigtland, etc., exemples classiques de ces terrains, ainsi qu'on l'a dit.

Au Huggel, etc., dans la principauté d'Osnabruck.

On observe à Goldberg en Silésie, un calcaire semblable au pénéen, alternant avec du schiste bitumineux cuivreux. (MANÈS.)

Le terrain d'Idria, en Carniole, qui renferme les mines de mercure, paroît avoir la plus grande analogie avec le terrain pénéen. On remarque que le calcaire y est compacte, fin, d'un gris de fumée, à cassure conchoïde, et qu'il ne renferme aucune pétrification ; les dépôts métalliques y sont abondans et réunis en espèces de paquets. On y remarque, comme dans le calcaire pénéen, une grande rareté de pétrifications. On retrouve dans le schiste bitumineux et le mercure disséminé dans ce schiste, les analogues du cuivre du schiste bitumineux de la Hesse; on y retrouve jusqu'aux lignites d'une espèce particulière, aux pyrites et aux coquilles qui ont quelque ressemblance avec le *productus rugosus* ou *speluncarius*.

On a reconnu dans les schistes marneux des environs de Thickley, etc., dans le comté de Durham, des empreintes végétales et quelques espèces de poissons qui paroissent identiques avec ceux du schiste cuivreux d'Allemagne (SEDGWICK). On présume aussi que les schistes de Banniskirk au sud de Thurso, en Écosse, qui renferment des ichthyolites, pourroient être également rapportés à ce groupe (MURCHISON).

Ces exemples, pris en Europe, doivent nous suffire ; mais il convient de faire observer qu'une roche assez semblable, quant à sa nature, au schiste marneux-bitumineux, et absolument semblable, quant aux poissons qu'elle renferme, s'est présentée dans l'Amérique septentrionale, à Westfield, dans le Connecticut.

C'est un fait des plus remarquables et des plus importans pour prouver l'influence des mêmes causes sur les phénomènes géologiques dans les lieux les plus éloignés.

### 6.^e, 7.^e et 8.^e *Gr. du* TERRAIN ABYSSIQUE.

### *Observations préliminaires sur ces groupes.*

Au-dessous du terrain précédent se présente l'un ou l'autre des groupes suivans, sans qu'on puisse assigner exactement la position géologique de chacun d'eux. L'ordre dans lequel nous les plaçons dans le tableau général n'indique donc pas une série constante de ces mêmes terrains, mais seulement celle qui semble la plus ordinaire.

Ainsi, on trouve entre les terrains pénéens et les granites-gneiss, tantôt une série de roches rudimentaires, sans l'accession ni de la houille, ni d'aucune autre sorte de roche; tantôt le terrain houiller se présente presque immédiatement, excluant ainsi toute autre roche.

Enfin, dans d'autres lieux, au-dessous de ce même terrain, et avant qu'on ait atteint les roches de cristallisation, on est obligé de traverser une série de roches, les unes demi-cristallisées, telles que le calcaire, le schiste, les phyllades, etc.; les autres entièrement cristallines, telles que les porphyres, les eurites, les diorites, les syénites, etc.

Les roches rudimentaires, les charbonneuses et les demi-cristallisées, étant en général formées par voie de sédiment, sont en série. Les roches cristallisées n'indiquant aucune stratification, sont hors de série. Ce n'est donc que des premières qu'il sera question ici. Nous nous contenterons pour le moment de nommer les autres.

Cette considération nous force d'envisager cette série de

roches qui est située entre les terrains pénéens et les terrains agalysiens, d'une manière un peu différente de celle sous laquelle nous avons examiné les autres terrains, et d'exposer d'abord, dans le tableau ci-contre, les séries principales qu'elles présentent suivant les lieux, ensuite de réunir, sous différens caractères ou titres, les élémens communs de ces séries, de manière à en faire une seule, dans laquelle cependant l'ordre le plus ordinaire de ces élémens sera conservé autant qu'il est possible.

La première série est la plus simple, celle qui conduit le plus rapidement au granite-gneiss, ou terrain primitif, en admettant que cette roche est la plus ancienne des roches connues.

La seconde est aussi très-simple, la houille étant à peine recouverte et placée immédiatement sur le granite.

Dans la troisième, qui conduit encore au granite presque sans intermédiaire, il y a un plus grand nombre de roches.

Dans les quatrième et cinquième on n'arrive qu'aux terrains nommés vulgairement *terrains de transition*, et on ne sait pas si le granite manque, ou s'il est situé au-dessous de ces terrains, à une distance telle des terrains anthraciques, qu'aucun travail d'exploitation, aucun escarpement, n'ont pu le faire connoître.

On voit dans les tableaux particuliers de ces séries sur quelles observations elles sont fondées. Si ces observations ne sont pas complètes ou exactes, les conséquences fausses que nous en aurons tirées ne peuvent être rapportées qu'à cette cause d'erreurs; erreurs qui ne peuvent pas non plus être imputées aux observateurs, mais seulement aux circonstances indépendantes d'eux, qui n'ont pu leur permettre de les rendre ni plus complètes ni plus précises.

Comme il n'est pas possible de traiter de front ces cinq séries différentes, je les réunirai en une seule série continue, dans laquelle je tâcherai de suivre l'ordre le plus ordinaire, sans cependant établir par là que cet ordre soit constant.

*Principales séries des roches entre les terrains pénéens et les terrains agalysiens.*

| 1. *FRANCE*, etc. — Aubenas; les Écouchets près Couches; Bourgogne. Waldshut près Schaffhouse. | 2. *FRANCE. Au centre et à l'ouest.* — Dép. de la Loire. Montrelais; Saint-George-Chatellaison. | 3. *FRANCE. Nord-est.* — Lorraine (Thirria). Alsace (Voltz). Vosges (Élie de Beaumont). | 4. *ÉCOSSE.* | 5. *ALLEMAGNE. Sud-ouest et nord.* — Wurtemberg; la Saale; Bavière; Silésie. |
|---|---|---|---|---|
| 1. Arkose miliaire et commune. | Arkose commune. | Arkose miliaire et commune. | | |
| 2. Mimophyre. | | | | |
| 3. .................. | .................. | Pséphite rougeâtre. | .................. | Pséphite. |
| 4. .................. | .................. | .................. | Porphyre, Basanites. | Porphyre et Spilite. |
| 5. Psammites. | Houille, Psammites. | Houille, Psammites. | Houille, Psammites. | Houille, Psammites. |
| 6. .................. | Phyllades. | Schiste et Phyllades. | .................. | Schiste et Phyllades. |
| 7. .................. | .................. | .................. | Calcaire carbonifère. | |
| 8. .................. | .................. | .................. | Psammite rougeâtre. | Psammite rougeâtre. |
| 9. Arkose granitoïde. | .................. | Arkose granitoïde. | | |
| Granite. | Granite et autres roches agalysiennes. | Granite. | Terrains hémilysiens calcareux. | Terrains hémilysiens calcareux et schisteux. Terrains agalysiens. |

## 6.e Gr. TERR. ABYSSIQUES RUDIMENTAIRES.

Ce groupe est généralement et même quelquefois uniquement composé de débris : de là son nom.

Il s'étend tantôt des terrains pénéens au groupe houiller, tantôt des mêmes points de départ jusqu'aux terrains agalysiens, avec lesquels il se lie. Dans ce second cas il renferme quelquefois des roches entritiques et carbonifères plus ou moins développées; quelquefois aussi il ne renferme aucune de ces roches. C'est le cas le plus simple : c'est celui que nous allons examiner, afin de caractériser avec clarté le groupe rudimentaire.

Quoique ce nom indique un mode de formation essentiellement mécanique, ce terrain montre cependant de nombreux signes de l'influence chimique ou de dissolution dans les petites masses de minéraux cristallisés qu'il renferme disséminées, et dans les druses cristallines qu'on y rencontre.

Il est stratifié, mais sa stratification est obscure ou en bancs puissans.

Il forme des collines quelquefois assez élevées. Dans d'autres cas il est seulement adossé à la base ou placé au sommet de collines formées d'autres roches. Il présente en général peu d'étendue, quoique très-fréquent sur presque toutes les parties du globe.

Il ne renferme que très-rarement des débris organiques. Je ne sache pas qu'on y ait vu d'autres corps que des portions de végétaux qui paroissent appartenir aux mêmes genres que ceux du terrain houiller.

Il est quelquefois très-riche en minérais métalliques, qui y sont disposés, ou en taches, ou en nodules, ou en druses, ou en amas couchés, mais jamais en filons. Ce sont, en métaux : de la galène et d'autres minérais de plomb, de la blende, des pyrites, du cuivre carbonaté, du mercure sulfuré, du fer oligiste, de la calamine, du manganèse métalloïde et terne, du chrome oxidé; et en substances minérales : du calcaire spathique, de la barytine, du fluorite.

Ces substances minérales pierreuses et métalliques se trouvent presque exclusivement dans les arkoses molaire et granitoïde, quelquefois dans l'arkose miliaire, peut-être jamais dans le pséphite.

### *Exemples du groupe* RUDIMENTAIRE *des terrains* ABYSSIQUES.

France. Les environs d'Aubenas, près du village de Mercuer, département de l'Aveyron. C'est une arkose commune et miliaire, sans métaux, placée immédiatement sur le granite.[1]

Remilly, département de la Côte-d'or : immédiatement sur le granite, avec barytine et galène.[2]

Dans les environs d'Avallon et dans d'autres parties du département de l'Yonne. C'est encore l'arkose commune, immédiatement sur le granite, avec fer oxidé, fluorite, galène et barytine, qui pénètrent en filons dans le granite.[3]

Anteyrac, Blavosy, Brive, dans les environs du Puy-en-Vélay. Arkose commune, immédiatement sur le granite, avec pyrites.

La montagne des Écouchets, près Couches (Saône-et-Loire). C'est l'arkose granitoïde, avec oxide de chrome, immédiatement sur le granite.

Romanèche, près Mâcon. Arkose granitoïde, avec amas puis-

---

1 Mém. sur l'arkose, Ann. des sc. nat., 1826, tom. 8, pl. 25, fig. 2 et 3.

2 *Ibid.*, fig. 1.

3 De Bonnard. Notice géognostique sur quelques parties de la Bourgogne; Ann. des sc. nat., tom. 3, pl. 28; Ann. des min., tom. 10, pag. 195 et 427, pl. 6 et 7.

La coupe théorique et les coupes spéciales d'où elle est déduite, ne laissent aucun doute sur cette superposition immédiate.

sans de manganèse et barytine, immédiatement sur le granite, dans lequel elle pénètre. (De Bonnard.)

Chessy, près Lyon. Le terrain abyssique rudimentaire est composé principalement d'arkose tant commune que miliaire, accompagnée de roches argiloïdes et de quelques masses de trappite felspathique; il est remarquable par les minérais de cuivre oxidulé, malachite, azuré, etc., qu'il renferme. Il est placé immédiatement sur un stéachiste.

Le cap Cépet, près Toulon, présente la réunion des roches les plus caractéristiques de ce groupe et de quelques-unes des suivans; les pséphites grisâtre (*Weissliegende*) et rougeâtre, avec fragmens d'eurite felspathique, de stéachiste, etc. (le *rothe Todtliegènde,* absolument semblable à celui d'Allemagne), l'arkose miliaire et commune, le phyllade pailleté rougeâtre, le psammite rougeâtre, le trappite felspathique, d'un noir verdâtre, etc. : la houille s'y trouve aussi, mais je ne l'y ai pas vue. On a dû remarquer (p. 242) que le calcaire conchylien, absolument semblable à celui de Gœttingue, se trouvoit dans le même lieu.

Vallée du Rhin et contrées voisines. — Au pied oriental des Vosges, près de Sultz, de Bruyère, etc. Psammite rougeâtre, avec galets de quarz (grès vosgien, Voltz), et arkose granitoïde sur le granite. (Voltz.)

Suisse. Canton de Schafhouse. Waldshut, au pied de la Forêt-Noire. Le terrain rudimentaire est composé d'arkose, d'argile sableuse, et rempli de druses de quarz, de fluorite, de calcaire, de nodules de fer oligiste terreux et de cuivre malachite [1]. Il est placé immédiatement sous le calcaire pénéen et sur le granite-gneiss.

Les mines de mercure du Palatinat, à Obermoschel, dans

---

1 Ann. des sc. nat., *loc. cit.*, p. 29. La présence de la malachite est une circonstance qui confirme la situation que j'ai assignée plus haut à l'arkose cuprifère de Chessy.

la montagne de Langsberg, au Mont-Tonnerre, semblent offrir la réunion du groupe pénéen et du groupe rudimentaire des terrains abyssiques. Le premier est représenté par les schistes bitumineux ichthyophores, renfermant les mêmes poissons que ceux de la Hesse, et le mercure remplaçant le cuivre. Le second, par les arkoses miliaires, les psammites communs, les conglomérats hydrargyrifères, qui rappellent, par leur texture, leur couleur, etc., les pséphites.

Je ne connois pas d'exemple authentique de ce groupe parmi les terrains abyssiques inférieurs de l'Angleterre. La quatrième série, qui est prise principalement des îles Britanniques, n'indique en effet aucune roche rudimentaire évidente ou dominante.

De nouveaux exemples de la constance dans les circonstances de position et dans celles de structure et de nature des élémens de la roche que j'ai nommée *arkose* et qui fait partie du groupe rudimentaire, se sont présentés depuis la rédaction de mon Mémoire sur cette roche, confondue avec le grès. Je viens de citer celui que nous fournit l'observation de M. de Bonnard sur le gîte de manganèse de Romanèche, près de Mâcon. M. de la Noue signale dans les environs de Périgueux une arkose commune placée immédiatement sur le terrain de gneiss, et paroissant renfermer, comme celle de Hör en Scanie, des débris de végétaux et même de mollusques.

L'arkose est donc une association minéralogique constante qui demande une définition et une dénomination particulières, et qui offre un gisement et des particularités géologiques aussi tranchées, aussi étendues, aussi fréquentes, aussi, et peut-être plus importantes que celles que présentent les réunions de roches dont on a formé les terrains ou groupes désignés dans tant de géologies sous les noms d'*argile plastique*, de *green-sand*, d'*iron-sand*, de *coral-rag*, de *kimmeridge-clay*, de *cornbrash*, de *Muschelkalk*, groupes ou sous-formations adoptés sans contradiction par les géologues de tous les pays.

L'arkose ne forme pas plus que ces groupes de roches, un terrain à marquer sur les cartes générales; mais elle n'est pas plus un grès que ne le sont le *green-sand*, l'*iron-sand* et le psammite.

## 7.e *Gr.* TERRAINS ABYSSIQUES ENTRITIQUES.

Ce groupe est composé d'une classe de roches qui se présente pour la première fois depuis que nous nous approfondissons dans les couches du globe. Ces roches sont presque toutes le résultat, non pas d'un sédiment ou dépôt, mais d'une cristallisation confuse. Quoique placées au milieu des terrains dont les diverses couches sont disposées par série, elles ne peuvent entrer dans cette série; elles semblent s'être introduites au milieu d'elles, et ne diffèrent des autres exemples de ces mêmes roches, évidemment hors de série, que parce que la place de celles-ci est, dans beaucoup de cas, clairement déterminée. Nous ne ferons donc que noter la place de ces terrains, sans entrer dans aucun détail sur ses diverses particularités.

Le terrain ainsi composé de roches à pâte, dans laquelle sont comme enveloppés des cristaux de felspath et d'autres espèces, est ordinairement situé entre les pséphites ou les arkoses miliaires qui le recouvrent, et le terrain anthracique ou les psammites rougeâtres qu'il recouvre.

Il faut que ce groupe de roches présente cette position pour constituer le terrain entritique abyssique. Je n'y connois pas de débris organiques évidens.[1]

Le tableau des roches qui composent ce terrain et les exemples que j'ai donnés suffisent pour compléter ce que j'ai a en dire actuellement. On fera seulement remarquer que, dans

1 Les spilites zootiques du Harz paroissent appartenir à un terrain plus ancien.

ce groupe, le mimophyre est au porphyre ce que l'arkose granitoïde est au granite ou au gneiss dans le groupe rudimentaire, et qu'en général les pséphites accompagnent plus souvent ce groupe, en le recouvrant, que les arkoses.

### *Exemples du groupe* ENTRITIQUE *des terrains* ABYSSIQUES.

Les exemples de ce groupe sont beaucoup plus rares que ceux des deux autres.

FRANCE. Montagne de Montjeu, au sud d'Autun : mimophyre pétrosiliceux, grisâtre, rougeâtre, avec silex corné, barytine, etc.; il passe à l'arkose et est placé sur le granite.

Le col du Chardonnet dans les Alpes de Briançon. Un eurite? amphibolique verdâtre est interposé dans un terrain de quarzite et d'argile schisteuse noire, renfermant de l'anthracite et du graphite, et qui, par ses fossiles animaux et végétaux, paroîtroit appartenir au lias. (ÉLIE DE BEAUMONT.)

Il est probable qu'une partie des roches rudimentaires de la montagne de l'Esterel, qui surmontent les porphyres, appartient aux terrains abyssiques.

C'est principalement en ALLEMAGNE que se présentent le plus d'exemples de ce groupe.

Dans la partie orientale du Wurtemberg, à Feldsberg : le pséphite, traversé des filons qui se continuent dans le gneiss et le granite, recouvre le porphyre placé lui-même dans plusieurs lieux sur le terrain houiller. (A. BOUÉ.)

Dans le cercle de la Saale, près de Morl (DE BUCH); à Giebichenstein, près de Halle, etc. : le pséphite rougeâtre, rempli de débris de porphyre, recouvre cette roche, sous laquelle on va exploiter des couches de houille; c'est une des positions les plus claires de ce terrain.

Dans le Harz, le pséphite rougeâtre, recouvrant ou accompagnant des spilites, des trappites et du porphyre rougeâtre, forme, à Netzberge près d'Ilefeld, et près de Neustadt dans les environs de Hohenstein, le groupe entritique qui recouvre le groupe anthracique du même lieu.

## 8.e Gr. TERRAIN ABYSSIQUE HOUILLER.

Ce groupe, par son importance, ses caractères si nombreux et cependant si constans, et toutes ses particularités, mériteroit peut-être d'être placé dans un rang plus élevé et plus isolé, si son association si fréquente avec les arkoses et les psammites des groupes précédens, et ses passages si insensibles à ces groupes, ne l'y lioient d'une manière pour ainsi dire inséparable.

Sa position, et par conséquent ses limites, paroissent être variables, mais néanmoins elles ne le sont que dans des termes assignables; le tableau des cinq séries indique ces limites : on voit que supérieurement il ne s'élève jamais au-dessus des pséphites, et qu'inférieurement il termine les terrains abyssiques, en se plaçant immédiatement sur les terrains agalysiens ou sur les terrains hémilysiens. L'oscillation de ses limites paroît consister en ce que tantôt il est séparé du pséphite et du terrain pénéen par des roches entritiques, et tantôt en ce qu'il alterne avec les calcaires compactes, sur lesquels, en d'autres lieux, il est situé.

Les roches qui composent le groupe des terrains houillers indiquent la plupart un mode de formation presque entièrement mécanique. La houille seule, par sa nature, son homogénéité, son clivage presque rhomboïdal, et par la présence de quelques minéraux et de quelques métaux cristallisés, indique l'influence de l'action chimique.

Les terrains houillers sont essentiellement et nettement stratifiés; les couches, bancs et lits qui les composent, sont multipliés, étendus, parallèles, quoique souvent ondulés, sinueux, courbes, pliés, brisés, présentant des renflemens, des étranglemens. Il paroît que dans quelques contrées la houille est disposée en véritables amas couchés. Telles sont les houilles du Creusot en Bourgogne, d'Aubin dans l'Aveyron, etc. La stratification de ce terrain est presque toujours contrastante avec celle des terrains inférieurs au groupe, et avec des terrains rudimentaires et pénéens qui lui sont supérieurs. Elle est souvent coupée et dérangée par des fissures fortement inclinées sur le plan moyen des couches ou par des fentes remplies, ou de roches clastiques, ou de roches cristallisées probablement par fusion.

Le groupe houiller est presque toujours enfoncé même assez profondément dans les couches de l'écorce du globe; il n'imprime donc aucune forme particulière aux inégalités de la surface du sol qui le surmonte. On remarque seulement qu'il a une forme générale assez constante, qui est celle d'un berceau dont la concavité est supérieure, et dont la partie convexe semble se mouler sur le fond des vallées anciennes et comme intérieures, que ce terrain a remplies.

En général, il est plutôt inférieur que supérieur au niveau de la mer, quoiqu'il y ait en Amérique des exemples de ce groupe situés à une grande élévation.

Le terrain anthracique se présente sur tout le globe, mais avec de grandes différences sous le rapport de la fréquence, de l'étendue et de la puissance des couches, suivant les latitudes. Ainsi on en connoît beaucoup plus d'exemples dans les régions tempérées et froides que sous les tropiques. C'est un terrain morcelé par bassins.

Les roches de la formation houillère de l'époque abyssique ont entre elles sur toute la terre une ressemblance remarquable par sa constance : il n'y a peut-être pas d'exemple plus frappant de la généralité des phénomènes géologiques, que la ressemblance complète qu'on trouve entre les roches du terrain houiller de toute l'Europe, de la mer du Sud et de l'Amérique.

Ces roches sont, comme on le voit dans le tableau:

1. Des ARKOSES MILIAIRES ordinairement supérieures, tantôt grisâtres, tantôt rougeâtres;

2. Du GRÈS PUR dans la vraie acception de ce mot;

3. Des PSAMMITES COMMUNS ordinairement brunâtres et presque noirs, quelquefois bitumineux;

4. Un POUDINGUE PSAMMITIQUE, composé souvent de gros galets de quarz et se trouvant en bancs quelquefois très-puissans depuis les parties les plus supérieures jusqu'aux parties les plus inférieures du terrain houiller. Ce poudingue est quelquefois à base d'arkose, c'est-à-dire qu'il renferme des parties de felspath, et celui-ci est alors altéré en kaolin (mine de houille de Saint-Lazare, près de Terrasson, Dordogne, BRARD);

5. Des PHYLLADES PAILLETÉES, qui ne diffèrent des roches précédentes que par plus d'argile et moins de sable: elles sont brunâtres, rougeâtres, verdâtres ou bigarrées;

6. Des ARGILES SCHISTEUSES, qui ne diffèrent des phyllades que par l'absence presque complète du sable visible et du mica, et qui diffèrent du schiste, parce qu'elles sont délayables dans l'eau: elles sont généralement grises ou noirâtres;

Enfin, 7. La HOUILLE FILICIFÈRE.

Un vrai schiste argileux, sans apparence de mica (Litry, dans le Calvados), est quelquefois placé immédiatement sous la houille et appartient probablement au groupe suivant.

Telles sont les roches qui recouvrent la houille ou qui alternent avec ses lits.

Le nombre des lits de houille dans un même lieu est quelquefois considérable et va au-delà de quarante.

A l'exception du calcaire compacte carbonifère, toutes ces roches offrent une texture grossière, qui indique une formation par voie mécanique évidente; cependant ces roches et la houille elle-même renferment, en petits amas, en veines ou disséminés, des minéraux et des minérais métalliques qui indiquent aussi une intervention puissante de l'action chimique à l'époque de leur formation.

Les minéraux sont:

Le Calcaire spathique en veines, en enduit et même en cristaux implantés dans les fissures.

La Dolomie spathique en cristaux rhomboïdaux, implantés dans les cavités ou sur les surfaces des fissures (le Lardin, Dordogne; Montrelais, près Nantes).

La Barytine en nids disséminés dans le schiste argileux des mines d'Anzin (P. de Saint-Brice), circonstance très-rare, et en nodules laminaires dans les filons ou failles de la mine de Newcastle sur Tyne en Northumberland.[1]

Le Quarz hyalin en veines et même en cristaux assez volumineux, mais seulement dans les filons (ou failles) à Plumbterie près Liége. Je ne connois point d'exemple authentique de silex, ni d'agate, dans les terrains de houille proprement dits. On cite à Montrelais un pétrosilex jaspoïde et céroïde très-siliceux, en lits ou nodules lenticulaires.

Je n'ai pas non plus d'exemple de la présence dans les terrains houillers de ces minéraux si abondans dans les terrains supérieurs ou inférieurs, tels que le fluorite, le phosphorite, le gypse, la célestine, etc. On dit qu'il sort des mines de Northumberland des sources d'eau salée?

Les minérais métalliques sont des Pyrites disséminées en amas dans presque tout le groupe, mais plutôt dans les roches

---

1 MM. Phillips et Conybeare n'ayant pas noté ce minéral parmi ceux qu'on trouve dans le terrain houiller d'Angleterre, je ne juge sa présence que d'après un échantillon que j'ai sous les yeux et qui fait partie d'une suite que je dois à M. Losh, des terrains houillers de cette localité. On remarquera qu'il n'est pas précisément dans le terrain de houille.

charbonneuses et bitumineuses et dans la houille elle-même, que dans les roches sableuses, et, ce qui est assez remarquable, presque jamais *sur* les tiges, ni sur les feuilles des végétaux qui l'accompagnent, mais assez souvent *dans* ces tiges, qui sont comme fistulaires et dont tout l'intérieur est pyriteux.

Des Sels résultant de la décomposition de ces pyrites. C'est tantôt du sulfate d'alumine et du sulfate de fer, et tantôt du sulfate de magnésie.

Du Fer carbonaté lithoïde en très-grande abondance, disposé en petits lits interrompus ou plutôt en nodules ellipsoïdes, aplatis, de préférence dans les phyllades et les argiles schisteuses : ces nodules sont souvent accompagnés de débris abondans de végétaux; ils sont quelquefois sphéroïdaux, cloisonnés, accompagnés de coquilles bivalves et renfermant dans leur centre des petits amas cristallins de blende (dans la houille de Dudley en Angleterre). Ils sont de formation contemporaine et plus abondans dans la partie supérieure du terrain houiller que dans ses parties inférieures.

La Galène et quelquefois un peu de Blende en petits amas ou petites veines, engagée dans la houille même, mais plutôt dans les parties inférieures que dans les supérieures (à Décise, dans le département de la Nièvre). Il y en a des exemples remarquables dans la partie occidentale du terrain houiller du Northumberland et de Durham, où la galène est la continuation des filons du calcaire inférieur; elle s'exploite aussi jusque dans l'arkose miliaire (*millstone grit*).

Le Bitume, presque pur, découle quelquefois de la houille ou du fer carbonaté, qui lui est associé, et pénètre le psammite de la formation (Madeley en Shropshire), dans le phyllade (*shale*) en Derbyshire. On croit avoir remarqué qu'il imprègne principalement la roche supérieure à la houille, et rarement celles qui lui sont inférieures.

Il se dégage beaucoup de *gaz hydrogène* carboné des couches de houille : ce gaz paroît être comme engagé dans les fissures de la houille et être mis en liberté par l'exploitation.

8. L'ANTHRACITE l'accompagne aussi quelquefois et même la remplace entièrement. On a observé que ce charbon presque pur est toujours situé dans le voisinage de ces filons de basalte qui traversent les terrains houillers dans plusieurs lieux de l'Europe. On trouve aussi, plus abondamment dans certaines mines que dans d'autres (Geislautern, près Saarbruck; Bruchen, entre Hombourg et Coussel, près Mayence), une anthracite que les minéralogistes allemands ont nommée *mineralische Holzkohle,* et que je désigne par le nom d'*anthracite pulvérin.*

Outre ces roches, ces minéraux et ces minérais de la formation, on y rencontre encore des roches d'une tout autre nature et d'une tout autre origine, qui traversent ou pénètrent le terrain houiller; ce sont des porphyres, des mélaphyres, des eurites, des basanites et des trappites; ils dérangent les couches et altèrent souvent la houille.

Enfin, des fentes ou de simples fissures coupent les couches de roches du terrain houiller, interrompent et dérangent ces couches, et y produisent ce qu'on appelle assez généralement des *failles.*

Les corps organisés fossiles du groupe houiller sont nombreux et caractéristiques : ce sont en grande partie des débris de végétaux ou même des végétaux entiers des familles des prêles, des fougères, des lycopodiacées.

Nous en donnons l'énumération au tableau n.° 17.

On remarque que ces végétaux y sont le plus ordinairement couchés, qu'ils n'y sont ni très-brisés, puisqu'on cite dans la mine de Borchum des tiges entières de plus de vingt mètres de longueur, ni très-froissés, puisqu'on voit souvent des feuilles de fougère, de plus de trente-six décimètres carrés, bien expalmées et presque sans plis. On remarque que les folioles de fougère sont presque toujours adhérentes à la roche par leur face inférieure. Enfin, quelquefois le végétal y a conservé son intégrité, sa flexibilité, et semble n'avoir été que fortement desséché : telles sont les feuilles de fougère et de plantes monocotylédones que M. Brard a reconnues dans les houillères de la Vézère, département de la Dordogne.

On sait qu'il y a de nombreux exemples de ces tiges qui traversent, dans une position verticale, plusieurs couches de roches du terrain.[1]

Les débris fossiles d'animaux y sont au contraire très-rares, et on a même douté pendant long-temps de leur présence dans les couches propres du terrain houiller; ce n'est que de ceux-ci cependant qu'il doit être uniquement question: on remarquera néanmoins que, quoiqu'on ait trouvé des coquilles fossiles dans les argiles schisteuses et les phyllades pailletés qui alternent avec la houille, je ne sache pas qu'on en ait jamais trouvé dans la houille elle-même.

On cite dans l'argile schisteuse et dans le psammite de Coalbrook-Dale, des ammonites, des orthocères, des térébratules et des *unio*. Avant d'admettre que les premières coquilles soient bien certainement dans la formation, il faut de nouvelles et scrupuleuses recherches. Quant aux coquilles bivalves, qu'on peut rapporter aux *unio* et aux anodontes, coquilles lacustres, et même aux modioles, je ne puis en douter: j'ai vu ces premières dans des lits d'argile schisteuse et bitumineuse et de phyllade pailleté, qui *alternoient* avec la houille de la mine dite *Percy-main-colliery* des environs de Newcastle en Northumberland. Elles s'y présentent à trois re-

---

1 Voyez Annales des mines, 1821, t. 6, p. 359, pl. 3, la description et la figure que j'ai données d'un exemple frappant de cette position, observée à Saint-Étienne, et la citation de plusieurs exemples semblables, qui peuvent faire hésiter d'adopter sur simple assertion, *qu'elles ne doivent cette position qu'au hasard.*

prises dans les couches n.$^{os}$ 20, 26 et 40 de cette mine. Je les ai également reçues du terrain houiller près Liége ; ces dernières sont associées dans le même morceau avec les filicites propres à ce terrain. La ressemblance que montrent ces coquilles et le schiste qui les renferme avec les mêmes objets en Angleterre, est frappante. Quant aux modioles, je ne puis non plus douter de leur position dans le terrain houiller. M. Thomson, qui me les a envoyées, dit qu'elles se trouvent entre les lits de fer carbonaté lithoïde qui gisent au-dessous du cinquième lit de houille près de Glasgow ; mais, outre qu'on connoît des coquilles de la famille des moules qui sont fluviatiles, rien n'assure que celles-ci, malgré leur forme extérieure si nette, appartiennent aux modioles. On doit se défier de ces formes depuis qu'on a vu les *unio* du Wabach, dans l'Amérique septentrionale, revêtir les formes des trigonies, des avicules, des arches, etc.

Enfin, on connoît encore des coquilles semblables à des *unio* dans le fer carbonaté lithoïde du terrain houiller de Falkirk en Écosse.

### *Exemples du groupe* HOUILLER *du terrain* ABYSSIQUE.

Le nombre des terrains houillers est trop considérable, les exemples en sont trop généralement connus pour qu'il soit nécessaire d'en citer ; je ne ferai donc mention à ce paragraphe que de ceux qui offrent quelque particularité, et ce seront même des exemples pris plutôt dans les différens modes de gisement que dans divers pays.

#### 1.° *Groupe houiller recouvert par des terrains pélagiques et placé sur des terrains hémilysiens.*

En France, dans le département du Nord, depuis Condé jusqu'au-delà de Valenciennes, et en Belgique, près Mons, Charleroi, Battice, etc., le terrain houiller est recouvert par la glauconie crayeuse et se trouve presque immédiatement au-dessous d'elle : il est placé très-distinctement sur le calcaire du terrain hémilysien et enfoncé à près de 2500 mètres au-dessous du niveau de la mer (Œyenhausen). Cette circonstance et le passage presque insensible de ce terrain au calcaire ont porté quelques géologues (M. Stinkel) à rapporter ces terrains houillers aux terrains hémilysiens.

La mine de houille de Litry offre des circonstances géologiques assez remarquables : elle est évidemment recouverte par un psammite rougeâtre qui, par sa nature ferrugineuse et argileuse, par les galets quarzeux qui l'accompagnent, et par sa position au-dessous du calcaire magnésien, paroît pouvoir être rapporté au pséphite [1]. La roche qu'on voit au Plessis et près de Coutance, et surtout cette dernière qui renferme des fragmens de schiste, paroît confirmer cette analogie. Le terrain houiller proprement dit n'offre rien de particulier, si ce n'est, vers sa partie inférieure, des masses noires considérables, d'une dureté et d'une ténacité remarquables, qui semblent résulter de bois pénétrés de bitume et cependant pétrifiés en silex. Au-dessous se présentent des roches dont les unes sont des mimophyres brecciolaires, traversées de veines de calcédoine ; les autres des argilophyres, renfermant des nodules avellanaires de barytine, roches qui pourroient se rapporter à la formation des arkoses ; et enfin, mais dans un seul point, et comme une masse faisant saillie dans le terrain houiller sans cependant le traverser, un mélaphyre bien caractérisé. Ce terrain repose en gisement transgressif, suivant M. Hérault, sur le quarzite hémilysien à trilobites.

---

1 Ce rapprochement ne paroît pas différer de celui que M. Hérault établit entre cette roche et le grès rouge ancien. Il paroît que c'est aussi l'opinion de M. Boué, qui cite Cartigny, et à la dolomie et au *Rothe Todtliegende*.

Dans les contrées de Durham et de Northumberland, la formation de houille, placée sur le calcaire compacte métallifère, reçoit des filons de galène dans sa partie inférieure, est traversée de filons de trappite et de basanite, et est recouverte, près de Sunderland, par la dolomie grenue jaunâtre.

Dans le Glamorgan, partie méridionale du pays de Galles, la houille, en couches concaves, est sur le calcaire compacte métallifère.

La mine de houille de Vedrin, près de Namur, est placée sur le calcaire métallifère ; mais les filons de plomb que renferme ce calcaire s'arrêtent au terrain houiller et n'y pénètrent pas, comme dans les exemples pris en Angleterre (Bouesnel).

Dans le comté de la Mark, au Harz, en Saxe à Zwickau, Planitz et Braunsdorf, le terrain houiller est sur le groupe traumatique qui fait partie des terrains hémilysiens.

2.° *Groupe houiller, placé dans les terrains de porphyre, et notamment au-dessous.*

J'en ai déjà cité quelques exemples (au Feldsberg, dans le cercle de la Saale ; au Harz, etc.) à l'occasion du groupe entritique ; on doit y ajouter les mines du Thuringerwald, celles de Schweidnitz en Silésie, celles de Tharand, de Zwickau, de Schönfeld, de Post-Chappel en Saxe, où le terrain houiller semble encaissé dans le porphyre ; celles de Flöhe, entre Freiberg et Schemnitz, également en Saxe, où le terrain houiller est recouvert et accompagné d'un argilophyre et d'un mimophyre entièrement semblables à ceux de Litry. Ce qu'on a dit de cette mine et ce qu'on va dire des basanites, argilophyres et mélaphyres qui accompagnent le gîte de houille à Noyant, à Figeac, dans le nord de l'Angleterre, etc., doivent faire ajouter ces exemples à ceux des mines dans lesquelles le terrain houiller et le terrain entritique sont associés.

3.° *Groupe houiller, placé sous le terrain de basanite et de trappite, ou traversé par des filons de ces roches.*

A Noyant, département de l'Allier, et à Figeac, département du Lot; la roche est un mélaphyre. Le terrain houiller de Noyant est placé immédiatement sur le granite.

Dans les comtés de Northumberland et de Durham, des filons de basanite traversent le terrain houiller et, vers les monts Chéviot, semblent s'étendre au-dessus de lui. Le trappite felspathique qui forme filon (ou dyke) dans la mine de Bolam, près Newcastle, ne diffère du mélaphyre de Figeac et de Litry que par sa pâte, qui est un peu moins compacte, mais plus grenue ou lamellaire. La même disposition s'observe dans le sud de l'Écosse, aux environs d'Édimbourg, contrée riche en faits relatifs aux rapports des terrains de porphyre, de basanite, de spilite, etc., avec le terrain houiller, et où l'influence du terrain pyrogène est si bien prouvée par le changement de la houille en anthracite dans les parties inférieures, par celui des schistes en porcélanites (Attair en Ayrshire, Burnlesland en Fifshire), et enfin par l'empâtement de grains de houille dans le spilite bufonite (côte de Fifshire, près d'Édimbourg).

4.° *Groupe houiller, placé immédiatement sur les terrains agalysiens de gneiss, de granite, etc.*

A Saint-George Chatelaison, département de Maine-et-Loire, la houille repose immédiatement sur du gneiss et du micaschiste. Ce n'est que depuis peu qu'on y a trouvé, comme dans les autres terrains houillers, de nombreuses empreintes de filicites.

A Saint-Pardoux, département du Lot, la couche la plus inférieure du groupe, qui est sur le terrain primitif, est composée de poudingue anagénite.

La plupart des mines de houille du département de la Loire, à Rive de Gier, Saint-Étienne, etc., reposent sur le granite et sur le gneiss, le micaschiste, le stéaschiste et même, dit-on, sur l'ophiolite. Celle de Fins, dans l'Allier, est précisément dans un bassin ou vallon de granite. Elle est recouverte, dans quelques points, par le terrain thalassique de Moulins, qui est composé en grande partie de calcaire lacustre et d'argile plastique (JULES GUILLEMIN).

5.° *Lieux et circonstances divers.*

Dans la Ruhr, à Dortmund, Essen, Borchum, on remarque des tiges couchées de plus de 15 à 20 mètres, et qu'on peut suivre dans certaines galeries sans y apercevoir, pendant 13 à 14 mètres, la moindre solution de continuité, et sans cependant atteindre leur extrémité naturelle.

On sait qu'on a reconnu à la Nouvelle-Hollande et à la terre de Diémen des terrains houillers semblables à ceux des continens de l'Europe. L'analogie a frappé les colons qui les ont découverts, et ils ont donné le nom de Newcastle à la mine qui est sur la rivière Hunter, entre le cap Hove et le port Stephens. On a rencontré à environ 30 mètres de profondeur un lit de houille d'un mètre, traversé par des filons de trappite accompagné de grès, qui alterne avec du calcaire renfermant du minérai de fer et présentant des débris de végétaux appartenant aux filicites.

Dans l'Amérique septentrionale, dans la contrée de Chesterfield, à 14 milles à l'O. S. O. de Richmond, en Virginie, on a reconnu un terrain houiller placé sur le granite : ce terrain est, comme en Europe, composé de psammite, de phyllades, et accompagné de filicites couchées et verticales, de minérai de fer, etc. : une roche de basanite ou de dolérite semble avoir eu une action assez puissante sur un schiste bitumineux, auquel elle paroît avoir donné une structure bacillaire.

A Zanesville, sur la rivière de Mushingurn, affluent de l'Ohio, et à Pittsburg.

En Pensylvanie, à Wilkesbarre et sur la Schuyskill, près de Philadelphie, et à Rhode-Island, le groupe houiller ne contient que de l'anthracite compacte; mais toutes les circonstances géologiques de ce groupe, relatives aux psammites, grès, filicites, etc., sont les mêmes qu'en Europe.

## *Théorie des terrains houillers.*

La théorie des terrains houillers qui me paroît la plus vraisemblable, quoique proposée bien avant que la géologie ait acquis tous les faits qu'elle possède et tous les beaux et curieux résultats qu'ils ont amenés, est celle de Deluc. Il est très-présumable que les terrains de houille filicifère ont eu leur première origine sur les terres foiblement élevées au-dessus de la mer; que ces espèces de tourbières de l'ancien monde ont été placées sous les eaux marines, soit en y coulant à la manière des tourbes actuelles, soit parce que les eaux de la mer sont venues les submerger. Dans l'une ou l'autre de ces submersions on conçoit que ces amas de végétaux ont dû être recouverts par les sables ou terrains meubles que les cours d'eaux, soit descendans, soit ascendans, y ont amenés, et que si ces masses d'eau étoient chargées de matières minérales terreuses, acides ou métalliques, ou que si elles étoient élevées à une haute température, comme semblent l'indiquer l'état des houilles et les minéraux qui les accompagnent, elles ne pouvoient permettre le développement d'aucun corps vivant, et ne doivent par conséquent avoir laissé dans ces sables aucun indice organique de leur nature.

La première formation de la houille et de ses lits hors des eaux marines paroît être mise hors de doute par l'observation des débris organiques qui la composent : on n'y connoît que des végétaux terrestres ou lacustres; on ne cite dans la houille ou dans les roches houillères proprement dites aucune coquille, aucun poisson d'origine évidemment marine : presque tous les naturalistes observateurs s'accordent sur ce point important.[1]

Si, comme tout porte à le croire, il sortoit de l'intérieur de la terre des masses fondues ou dissoutes, soit de roches porphyritiques, soit de carbonate de chaux, ces matières ont pu se placer sur le sol recouvert par les premiers lits de houille, ou entre ces lits, ou sur ces lits. De là l'alternance du calcaire, qui, étant dissous, n'a pu sortir en masse pâteuse et former au milieu des bancs de houille de larges et longs filons (dykes), comme l'ont fait les porphyres, les spilites, les trappites, les basanites.

Cette théorie paroît s'accorder assez bien avec les faits et en être, comme toute bonne théorie, le résultat ou la liaison. Ainsi les seules coquilles qu'on ait encore observées dans les couches de houille, paroissent être des *unio* ou coquilles lacustres, parce que, appartenant au sol tourbeux et marécageux où croissoient les végétaux des houilles, elles ont pu y vivre, n'étant pas exposées à l'action chimique des eaux qui ont amené les psammites et les calcaires, et dans lesquelles se sont épanchés les porphyres, les spilites et tous les minéraux qu'elles renferment.

Si ces roches sont moins étendues, et par conséquent moins ordinairement et moins clairement interposées entre les couches de houille, c'est qu'en raison de leur nature pâteuse elles n'ont pu être suspendues dans l'eau et être transportées

---

1 Je n'ignore pas les faits apportés comme établissant le contraire de cette assertion (Boué, *Zeitschrift* de Leonhard, 1827, p. 49, etc.); mais outre qu'ils sont loin d'être authentiques sous le rapport de la véritable habitation des coquilles citées et de leur réelle position dans la houille dont il est ici question, il ne faut pas confondre avec les lits de houille formés sur terre ou dans les marécages, les couches de calcaire marin qui pouvoient être déposées entre ces lits à mesure qu'ils entroient dans les eaux marines.

au loin par le liquide marin. Si, au contraire, le calcaire compacte sublamelleux se montre en couches alternatives avec la houille et les psammites, c'est qu'à raison de sa suspension facile dans l'eau il a pu se répandre au loin et former, en se précipitant, des bancs de calcaire alternant avec les houilles, qui continuoient d'être amenées de la terre ferme sur le sol de la mer.

L'expalmation des feuilles de végétaux, et notamment des fougères, ordinairement adhérentes à leurs tiges, fortement implantées dans le sol, s'accorde fort bien avec l'immersion du sol tourbeux sous les eaux marines ou l'invasion de celles-ci sur ce sol. Cette immersion, qui a dû être lente et presque tranquille, comme l'établissent la conservation et l'expalmation de ces végétaux, soit qu'elle ait eu lieu par glissement du sol dans la mer, ou par affaissement du sol sous la mer, ou par invasion de la mer sur le sol, s'accorde également bien avec l'observation que j'ai faite à Saint-Étienne[1] et avec celles qui ont été faites ailleurs, de la position verticale d'un grand nombre de tiges au-dessus des lits de houille et traversant les couches de psammites qui les recouvrent. On ne peut refuser d'admettre que l'eau de la mer, agitée par les phénomènes qui se passoient sur son fond ou dans son sein, n'ait tenu en suspension les débris des roches composées de quarz, de felspath et de mica, et n'ait amené sur ce sol tourbeux les élémens qui composent ce sable. Celui-ci, en se déposant entre les tiges encore debout, les a dans quelques lieux garantis de l'effet du mouvement latéral des eaux qui tendoit à les coucher.

Aussi cette théorie qui, ainsi que je viens de le dire, n'est que le développement de celle du célèbre Deluc, lie assez bien les principales circonstances et dispositions des terrains anthraciques de l'époque abyssique.

---

1 Annal. des mines, 1821, *loc. cit.*

L'action et l'influence d'une grande chaleur émanant du sein de la terre avec les roches fondues ou pâteuses qui sortoient par ses fissures, est indiquée par l'état de la houille dans le voisinage de ces masses de roches. On sait que la houille qui est en contact avec les filons ou murs (dykes) de basanites ou de trappites qui la traversent, que celle qui s'approche des masses porphyriques est moins bitumineuse que les autres, que même elle ne l'est plus du tout, et qu'en perdant son bitume et en passant à l'état d'anthracite, elle a pris une texture comme vitreuse (les anthracites de Wilkesbarre en Amérique) ou une structure bacillaire (les anthracites du voisinage des dykes en Écosse).

Cette chaleur du sol, agissant sur les parties inférieures du lit de houille, explique pourquoi on ne trouve pas ordinairement de bitume dans les couches calcaires inférieures à la houille, tandis que les couches supérieures en sont souvent fortement imprégnées.

Les émanations minérales sont indiquées par la galène ou la blende qui pénètre la houille, et aussi, selon moi, par la silice, qui en lie et durcit quelquefois tellement certaines masses qu'elles acquièrent la dureté du quarz (à Litry).

La nature du liquide qui recouvroit la houille est également indiquée par les lits ou nodules ellipsoïdes de fer carbonaté compacte, remplis quelquefois de cristaux, et qui se trouvent presque constamment au milieu même du dépôt houiller. La présence constante de ce minéral, dont la quantité est très-variable, doit faire présumer que le liquide sous lequel la houille se déposoit étoit d'une nature propre à tenir en dissolution cette grande quantité de fer carbonaté; car la position de ce minérai de fer en couche horizontale ne peut pas être attribuée, comme celle de la galène, qui est en petits filons ou veines, à une sublimation ignée : il faut qu'il y ait eu ici dissolution liquide préalable et précipitation chimique.

D'autres considérations générales peuvent être déduites de la nature des végétaux qui composent les terrains houillers, et de la position géographique propre à ces espèces; mais ces considérations sont plus intimement liées avec la botanique qu'avec la géologie, et ont été présentées avec les développemens nécessaires par M. Adolphe Brongniart, à l'article des VÉGÉTAUX FOSSILES du Dictionnaire des sciences naturelles.[1]

### 9.e *Gr.* TERRAINS ABYSSIQUES CARBONIFÈRES[2] *et* GRÈS ROUGE ANCIEN.[3]

C'est uniquement d'après l'opinion, qui est d'un grand poids pour moi, des géologues anglois et de M. d'Omalius d'Halloy, que je place les roches de ce petit sous-groupe dans les terrains abyssiques, et que je les sépare des terrains hémilysiens, avec lesquels elles ont tant de rapports.

J'avoue que je ne vois rien de décisif ni dans leur position géognostique ni dans leurs caractères géologiques, pour les en distinguer. Je ne puis donc que copier ce qu'en disent les géologues d'Angleterre et ce qui paroît être admis par plusieurs des géologues du continent qui ont visité les îles Britanniques. Je n'assure pas qu'il n'y ait pas ici double emploi entre le calcaire, qui, suivant les géologues anglois, alterne quelquefois avec la houille, mais qui lui est plus souvent inférieur, et le groupe calcareux des terrains hémilysiens, qui se trouve aussi immédiatement au-dessous de la houille.

---

1 Et d'une manière plus générale et plus théorique dans le mémoire intitulé : *Considérations générales sur la végétation qui couvroit la terre*, etc. (Ann. des sc. nat., 1828, tom. 15, p. 225.)

2 *Carboniferous on mountain limestone*, PHILL. et CONYBEARE, et Terrain de transition supérieur. — Terrains anthraxifères de M. D'OMALIUS D'HALLOY. La ressemblance trop complète de ce nom avec celui d'*anthracite* en a rendu la véritable acception si difficile à saisir par plusieurs personnes, que j'ai été engagé à le remplacer par l'expression équivalente de *carbonifères*.

3 *Old red sandstone*, CONYB.

La présence du charbon, des bitumes, des substances métalliques, ne peut être un caractère suffisant pour les distinguer, car tous ces corps se trouvent dans le groupe calcareux du terrain suivant. Il n'y aura donc que l'observation sûre et plusieurs fois répétée d'une stratification contrastante et une association différente et constante de corps organisés différens dans chacun de ces groupes, qui pourroit établir entre eux une différence réelle. Or, en examinant la liste des débris organiques que MM. Phillips et Conybeare attribuent à ce calcaire, on voit, comme ils l'observent très-bien eux-mêmes, les mêmes genres et à peu près les mêmes espèces, sauf quelques ammonites qu'on ne connoît pas encore avec certitude, dans le vrai calcaire hémilysien : d'ailleurs ce sont, comme dans ce calcaire, des orthocères, des conulaires, des évomphales, des spirifères, des productus, des encrinites, des caryophillites, etc., et jusqu'à des trilobites, mais d'espèces incertaines et indéterminées.

Les exemples que je vais citer, d'après les géologues anglois et d'après les échantillons que j'ai sous les yeux et que je tiens d'eux et de MM. de Beaumont et Dufresnoy, feront ressortir les différences qui peuvent être indiquées par ces moyens.

Le tableau fait connoître la série la plus ordinaire des roches qui composent ce groupe incertain. Ce sont, comme on voit :

1. L'Ampélite alumineux, et le Schiste argileux, qui n'en est probablement qu'une modification ;

2. Le Calcaire carbonifère, avec ses couches ou amas de *minérais de fer* et d'*anthracite*. On assure qu'il est réellement interposé entre les lits de houille, à la Rochette, prés Liége, où il renferme une coquille discoïde, semblable au *nautilus centralis*, Sow., coquille bien différente de celles que renferme le calcaire sublamellaire du terrain hémilysien.

3. Le PSAMMITE ROUGEATRE. C'est le terrain que les géologues anglois nomment *old red sandstone*, et que nous ne pouvons désigner que par les noms ou de *grès rouge ancien* ou de *psammite rougeâtre*, suivant qu'il est composé de l'une ou de l'autre de ces roches. Il vient, suivant eux, immédiatement au-dessous du calcaire précédent, dans les comtés d'Héreford, de Brecon, dans les collines de Mendip et de Sommerset.

## *Exemples du groupe* CARBONIFÈRE *des terrains* ABYSSIQUES.

ISLES BRITANNIQUES. Isle d'Arran : calcaire compacte, gris de fumée, avec entroques ; psammites schistoïdes pourprés, avec *productus scoticus* et poudingue psammitique. — Clifton, près Bristol : calcaire compacte, fétide et sublamellaire, avec *spirifer pinguis* et entroque ; calcaire compacte marbré, avec caryophillie, *dans le terrain de grès rouge*, *sur le terrain de transition*, dit M. Bakewell. — D'Allenhead, dans le Northumberland : calcaire sublamellaire, avec caryophyllie, térébratule? *productus;* calcaire sublamellaire, taché de rouge, avec entroques ; calcaire compacte, terne, fétide, etc. — De Foolowe, au nord d'Ashford en Derbyshire : calcaires compactes divers, avec phtanite en lits, renfermant des entroques et filons de galène, à Bakewell, etc.

De Kilpatrick, etc., près Glasgow. Si ce calcaire et les précédens appartiennent aux terrains abyssiques, il n'est pas possible d'en séparer celui de Saint-Doolas, près Dublin, qui renferme les mêmes *productus*, les mêmes *spirifer*, les mêmes évomphales, les mêmes entroques, et celui de Clontarf, que Kirwan a nommé *calp*, et qui est traversé par des filons de calcaire spathique, remplis de galène et de blende. Alors où sera la distinction entre ce groupe et le premier de la classe suivante? L'absence des trilobites et des orthocératites est le seul caractère négatif qui établisse quelque différence entre les calcaires précédens et ceux des terrains hémilysiens.

Nous présenterons, comme exemple plus particulier de *grès rouge ancien*, qui est au-dessous : le psammite rougeâtre schistoïde d'Héreford, de Lugge Bridge, dans le Glamorgan, au sud du pays de Galles. — L'arkose commune grisâtre et rougeâtre, avec nodules de psammite schistoïde, de la carrière de Tree-Elms, près Héreford. — Le pséphite rougeâtre, le psammite schistoïde également rougeâtre, le poudingue psammitique rougeâtre de Brecon, dans la même contrée.

Je ne puis m'empêcher de répéter que je ne vois aucune différence entre ces roches, en général rougeâtres par l'état particulier de l'oxide de fer qu'elles renferment, et les roches clastique, quarzeuse et schisteuse du terrain de transition du Harz et des pays où il est le mieux caractérisé.

Belgique. Dans les provinces du Hainaut et de Namur, et dans plusieurs autres parties des Ardennes, le terrain carbonifère est composé de calcaire sublamellaire noirâtre (les marbres de Namur, celui des carrières près Mons, qu'on appelle si improprement *petit granite*), de schiste argileux, d'ampélite alumineux, de psammite et de poudingue.

Le calcaire est coloré en noir, non par du bitume, mais par du charbon, comme l'a fait remarquer M. Bouesnel, et c'est d'après cette particularité que M. d'Omalius le nommoit *anthraxifère*. Il renferme du phtanite, du fluorite violet; des *productus*, spirifères, évomphales; des lits, amas et veines de fer oxidé et de fer hydraté, etc.[1]

---

1 Les géologues anglois distinguent des terrains de transition leur terrain de calcaire carbonifère, ou par ce nom, ou par celui de *transition supérieure*. Ils admettent au-dessous un autre terrain calcaire, considéré comme de transition, nommé *de transition moyen*, et qui renferme des trilobites; mais il ne paroît pas que M. d'Omalius établisse de différence réelle entre son terrain anthraxifère et les terrains calcaires dits

La roche schisteuse est tantôt du schiste argileux bien caractérisé, tantôt de l'ampélite alumineux, pétri de coquilles discoïdes qui m'ont paru voisines des nautiles et d'autres débris organiques indéterminables (mines d'alun de Flöne, etc., près Liége). Ces schistes sont inférieurs à la houille; ils recouvrent le calcaire ou alternent avec lui (OYENHAUSEN).

---

de transition, car il place immédiatement au-dessous d'eux le terrain qu'il nomme *ardoisier*, et qui fait partie des terrains de transition de tous les géologues. Cette manière de voir me confirme encore dans l'opinion qu'on ne peut distinguer ni séparer des terrains hémilysiens, les terrains qui viennent au-dessous de la houille, quelle que soit leur nature, et que le groupe carbonifère sera à supprimer, comme un double emploi du groupe calcaréeux des terrains hémilysiens.

## VI.[e] CLASSE. TERRAINS HÉMILYSIENS[1] ou TERRAINS DE TRANSITION SEMI-COMPACTE.[2]

A mesure qu'on s'enfonce dans l'écorce du globe, les *strates* qui la composent se montrent et plus variées et sur une plus grande étendue ; mais leur position relative est plus difficile à reconnoître et même plus incertaine. Les terrains dont nous allons parler se mêlent avec les suivans d'une manière encore plus constante et plus complète que ceux dont on vient de présenter les caractères. Cette considération m'a engagé à caractériser les terrains hémilysiens par le mode général de leur structure. Leur nom ne doit pas être pris, plus qu'aucun nom, dans un sens absolu, précis, exclusif; il n'indique, non pas leur manière d'être constante, mais leur manière d'être la plus ordinaire, leur caractère dominant. On verra le développement et la preuve de cette influence des deux voies de formation, la mécanique et la chimique, dans l'énumération des roches qui composent ces terrains et des nombreux minéraux qu'ils renferment.

Si on admet que ces terrains ne sont point distinctement séparés de ceux qui les précèdent et qui les recouvrent, on sera obligé de convenir également qu'on ne peut leur assigner des limites naturelles et précises ; et si on reconnoît qu'il n'y a point d'ordre constant dans la succession de leurs roches, on pourra admettre que l'ordre le plus clair dans lequel on puisse présenter l'histoire de ces roches ou en généraliser les caractères par le classement, est celui de leur groupement par nature de l'espèce minérale dominante. On verra

---

1 Formés en partie par voie de sédiment, en partie par voie de dissolution chimique.

2 Terrains de transition; terrains intermédiaires; terrains primordiaux; *Uebergangs - Gebirge.*

que ce groupement, artificiel seulement parce qu'il n'est pas pris dans les rapports essentiels de la géognosie, qui sont les circonstances et l'ordre de formation; on verra, dis-je, que ce mode de groupement n'intervertit ces rapports qu'assez rarement: or, quel que fût l'ordre qu'on eût choisi, il me semble qu'on n'eût pu aller par une série continue et constante des terrains yzémiens aux terrains agalysiens; limites entre lesquelles je place, avec presque tous les géologues, les terrains hémilysiens.

Les roches qui composent ces terrains ont donc une texture tantôt presque entièrement compacte, tantôt presque entièrement lamelleuse, mais plus souvent intermédiaire entre ces deux textures.

Elles sont encore clairement stratifiées; mais leur stratification est souvent très-inclinée, très-dérangée; tantôt à couches fort épaisses, et c'est alors qu'elle est claire; tantôt à parties minces, presque feuilletées, ondulées, contournées, et c'est alors aussi qu'elle devient obscure, et que ces terrains se rapprochent des agalysiens et même se confondent avec eux.

La limite inférieure de ces terrains est aussi la plus difficile à assigner. La limite supérieure ne le seroit pas moins, si on n'avoit un caractère assez tranché, et dont la netteté ne dérive pas d'une définition artificielle et arbitraire, mais au contraire d'un des moyens les plus naturels d'établir les époques géognostiques; c'est celui qui est fourni par les générations d'êtres organisés, qui ont vécu pendant certaines périodes et qui ont disparu à l'époque où un grand phénomène géologique est venu apporter dans le climat ou la nature des fluides où ils vivoient, des changemens tels que les milieux n'étoient plus appropriés à leur organisation.

Je donnerai dans le tableau la liste des corps organisés qui paroissent propres à cette sous-période géognostique, et par conséquent aux terrains qui s'y sont formés; mais je dois en extraire ceux qui me semblent pouvoir à eux seuls, par leur présence dans ces terrains et par leur absence dans les autres, caractériser les terrains hémilysiens.

Parmi les caractères négatifs, c'est l'absence des animaux vertébrés[1]. Les caractères positifs sont tirés de la présence de certains animaux des classes des crustacés, des mollusques et des zoophytes.

Ces êtres sont, en première ligne, les *trilobites*, et peut-être sans exception toute cette grande famille : c'est la seule famille que nous puissions encore présenter comme appartenant exclusivement aux terrains hémilysiens.

Viennent ensuite les orthocératites, au moins un grand nombre d'espèces de ce genre, les bellerophes, les évomphales, les spirifères, des *productus*, etc., des espèces particulières d'encrines ou crinoïdes, en si grand nombre qu'on a donné le nom de calcaire à encrines à la roche calcaire qui fait partie de ce terrain. Il n'en est pas de même des végétaux : d'abord ils sont rares dans les terrains hémilysiens; ensuite ceux qu'on y trouve n'indiquent aucune espèce qui, étant particulière à ce terrain, soit essentiellement différente de celles qui se trouvent dans les terrains postérieurs : ce n'est guère que le groupe schisteux qui en présente, et ce sont en général des fucoïdes et des fougères, semblables à celles du terrain houiller; cependant on en a reconnu dernièrement dans un pétrosilex qui est la base d'un porphyre.

Les espèces minérales qui se trouvent dominantes dans un groupe, ne sont pas cependant particulières à ce groupe ; elles se retrouvent souvent dans la plupart des autres, mais souvent aussi en moindre quantité. Ainsi, l'anthracite et le graphite, qui appartiennent plus particulièrement au groupe

1 Les ardoises de Glaris paroissent être une exception par les poissons qu'elles renferment ; mais les dernières observations portent à croire que ces roches appartiennent à un terrain beaucoup plus nouveau que les terrains dits de transition.

schisteux, se retrouvent, mais en plus petite quantité, dans le groupe calcareux. La galène appartient à presque tous les groupes, quoique plus fréquente et plus abondante dans les groupes calcareux et schisteux que dans les autres.

## 1.er *Gr.* TERRAINS HÉMILYSIENS CALCAREUX[1] ou CALCAIRE DE TRANSITION.

La plupart des roches qui composent ce groupe, ont de si grands rapports de toutes les sortes avec celles qui terminent les terrains abyssiques, elles s'y lient si intimement, qu'il ne m'est pas possible, tant d'après ce que j'ai vu, que d'après ce qu'en disent les géognostes, de distinguer clairement le calcaire carbonifère et le grès rouge ancien des terrains abyssiques, du calcaire compacte métallifère et du pséphite accompagnant les porphyres, qui forment les parties les plus supérieures du terrain hémilysien.

La liste des roches fait voir clairement que le calcaire est dominant. Les géognostes ne placent au milieu d'elles que quelques anagénites, psammites, quarzites et phyllades des autres groupes; mais alors elles y sont subordonnées. Néanmoins cette introduction des roches des autres groupes suffit pour rendre les limites de celui-ci tout-à-fait incertaines.

Comme ce groupe renferme plus de roches homogènes que d'hétérogènes, il présente d'une manière très-sensible, dans la texture de ses calcaires, l'empreinte du double mode de formation, par voie chimique et par voie de sédiment.

Sa stratification est nette et puissante, quelquefois peu dérangée, et par conséquent presque horizontale. Il forme des montagnes à lui seul; mais elles sont en général peu élevées,

---

1 C'est-à-dire, abondant en roches calcaires. *Bergkalk-Formation*, KEFERST.; *Mountain limestone*, Géol. angl.

au plus huit cents mètres [1], et ce sont aussi plutôt des plateaux élevés que de véritables montagnes.

Ce groupe renferme des métaux et quelques minéraux saliformes, qui y sont plutôt disposés en amas, en druses ou en veines, qu'en véritables filons : c'est le gîte le plus ordinaire du fluorite, de la galène, de la blende : c'est ce qui lui a fait donner par les géologues anglois le nom de *calcaire métallifère.*

Il renferme aussi beaucoup de matière charbonneuse et bitumineuse, et ses roches calcaires répandent souvent, par le choc ou par le frottement, une odeur désagréable, soit de gaz hydrogène sulfuré, soit de bitume : toutes circonstances qui concourent à le confondre avec le calcaire carbonifére de la classe précédente.

Mais c'est par ses débris organiques qu'il se distingue de tous les autres terrains et même des autres groupes des terrains hémilysiens. C'est celui qui renferme le plus de pétrifications et qui renferme même presque toutes les pétrifications de cette classe. Nous en donnons l'énumération au tableau n.° 18, en indiquant les roches où quelques espèces se trouvent plus particulièrement.

1. Le CALCAIRE COMPACTE SUBLAMELLAIRE ET MÉTALLIFÈRE est généralement gris foncé, quelquefois presque noir; les facettes lamellaires dont il se montre rempli, indiquent presque toujours la place des tiges ou articulations de crinoïdes, dont ce calcaire semble être pétri (les Écaussines, près Mons).

Il contient souvent aussi du bitume ou même du charbon disséminé et comme fondu dans sa masse; alors il est noir et presque toujours fétide.

---

1 Il n'est nullement prouvé que les montagnes calcaires des Pyrénées, de deux mille mètres d'élévation, et qu'on regarde comme de transition, appartiennent à cette classe de terrain.

2. La DOLOMIE, qui l'accompagne ou même le remplace, participe presque toujours de ses qualités (Matlock en Derbyshire). Elle offre toutes les circonstances qui semblent propres à cette roche, des cavités tapissées de cristaux de dolomie rhomboïdale, une stratification à peine discernable, remplacée par une division presque verticale, assez irrégulière.

3. Des SPILITES et PORPHYRES, roches cristallisées, massives, d'origine plutonique, et dont nous parlerons à leur lieu, accompagnent ce groupe, s'introduisent dans ses masses en amas droits ou couchés, ou en recouvremens, et semblent s'identifier complétement avec lui, en enveloppant les débris d'encrines caractéristiques de ce groupe (telle est la spilite zootique du Harz).

Le JASPE et le SILEX CORNÉ, noirâtre, passant au PHTANITE, sont les variétés de quarz subordonnées à ce calcaire. Ces silex renferment aussi les encrines (environs de Liége, de Hamm) et les trilobites (Amérique septentrionale), qui appartiennent à cette période géognostique.

On indique, comme appartenant à ce groupe des terrains hémilysiens, la roche calcaréo-quarzeuse et micacée de l'axe de la chaîne des Apennins, que j'ai désignée sous le nom de MACIGNO SOLIDE et de MACIGNO COMPACTE. L'absence de toute pétrification dans la partie de ces roches qu'on rapporte aux terrains hémilysiens, m'empêche d'émettre aucune opinion sur ce rapprochement qui néanmoins me paroît douteux.

## *Exemples du groupe* CALCAREUX.

FRANCE. On peut citer, comme exemples authentiques de ce groupe, aux environs de Chalonne et d'Angers (Maine-et-Loire), le lieu dit *les Fourneaux*, où se trouvent un calcaire compacte, fin, blanc, schistoïde, et un calcaire sublamellaire, noirâtre, avec les caryophyllies, et les cristaux de calcaire spathique et de fluorite bleu, qu'il renferme presque toujours. — Dans le Cotentin, Montchatou, près Coutances, remarquable par ses évomphales et ses caryophyllies; Néhou, près de Valogne, connu par ses trilobites, ses spirifères et ses caryophyllies. — Juigné et Sablé, dans le département de la Sarthe: les caryophyllies, les *productus striatus* et les orthocératites semblables à celles de Westrogothie, se trouvent réunis dans un calcaire saccaroïde, quelquefois rougeâtre.[1] — Dans le Bas-Boulonnois, un calcaire tantôt blanc, tantôt noirâtre, avec des *productus* et des caryophyllies. (Rozet.)

Isles Britanniques. En Westmoreland il y a un macigno compacte qui a beaucoup de ressemblance avec celui des environs de Florence; il est accompagné de *calp* et d'un calcaire sublamellaire rempli de caryophyllies. (Bakewell.)

Dudley, dans le Worcestershire. C'est le type du calcaire des terrains hémilysiens, celui auquel les trilobites donnent le caractère zoologique que nous regardons jusqu'à présent comme un caractère presque absolu de ces terrains. L'association de certaines térébratules, de turbinolies et de caryophyllies, de *retepora* semblables à ceux de Suède et à ceux des terrains précédens, établit entre ces terrains la plus grande analogie. On sait que le Shropshire, le Devonshire et plusieurs parties du pays de Galles, présentent le même terrain, avec des roches et des espèces de trilobites plus ou moins différentes.

Belgique et Pays-Bas. Le groupe calcareux est ici prédominant. Les marbres noirs et noirâtres sublamellaires des Écaussines près Mons, des environs de Namur, de Gemmapes; les calcaires grisâtres sublamellaires d'Argenteau, de Chokier et de Viset, près de Liége et de Huy, sont riches en *productus*, *spirifer*, évomphales, caryophyllies, etc.

Allemagne. Le Harz présente tous les groupes des terrains

---

1 C'est à M. Allou, ingénieur des mines, que je dois la connoissance de cet exemple.

hémilysiens. La marche que j'ai adoptée me forcera donc de citer cette terre classique à chacun de ces groupes ; mais en même temps elle confirmera la généralité de leur ordre de superposition. Ainsi les calcaires compactes fins d'Altenau, schistoïdes et carbonifères de Schulenberg, ferrugineux et passant au spilite zootique du Polsterberg, sublamellaires et à encrinites de Schulenberg, sublamellaires gris, remplis de caryophyllies, d'astrées, etc., des environs de Grund ; les calcaires marbres et lamellaires, grisâtres, rougeâtres, renfermant des lits de minérai de fer accompagné de jaspe ferrugineux (*Eisenkiesel*), de Lerbach, Kamschlacken, Rubeland, près de Blankenburg, Polsterberg, etc., sont des exemples[1] frappans du groupe calcareux supérieur aux autres groupes.

ITALIE. Calcaire compacte fin, schiste marneux et macigno solide et compacte, dans diverses parties des Apennins, notamment aux environs de Florence, de Fiumalbo dans le Modénois, à Pietra-Mala, à la Rochetta dans le golfe de la Spezzia, où il est accompagné de jaspe et recouvert par des ophiolites. Il n'a pas montré assez de pétrification caractéristique pour que l'époque de ce terrain puisse être regardée comme parfaitement déterminée.[2]

---

1 Ces exemples sont pris des faits que j'ai vus et des échantillons que j'ai rassemblés moi-même sur les lieux, mais surtout d'une collection très-complète, étiquetée de la manière la plus instructive, et que je dois à la bienveillance de M. Hausmann. J'ai donc lieu d'espérer qu'appuyé d'une telle autorité, j'aurai commis peu d'erreurs.

2 M. BOUÉ, en admettant cette position (*dichter Kalk ohne Petrefakten, mit mergeligen Grauwacken. Ligurien, Toscana.* — *Syn. Darst.*, 1827, page 150), contribuoit à diminuer beaucoup mon incertitude ; mais il l'augmente ensuite, et fait voir qu'elle n'est pas sans fondement, lorsqu'il rapporte les mêmes roches et les mêmes lieux à l'époque du grès bigarré, en les citant comme il suit (page 162 : *Pietra serena et forte Toscana ; macigno* des Italiens, et la Toscane, p. 163 et 165). Or ces roches, que j'ai vues en place, dont je possède de nombreux

On peut présumer que le calcaire marbre de Porto-Venere, sur le cap occidental du golfe de la Spezzia, appartient aussi aux terrains hémilysiens.

Scandinavie. Les exemples de ce groupe y sont aussi nombreux que remarquables par leur caractère et leur position. Il faut néanmoins les distinguer en deux sortes.

1.° Les calcaires blanchâtres, sublamellaires ou compactes fins, et les calcaires compactes noirs qui renferment des lits ou des nodules de silex corné, et très-rarement des pétrifications, qui sont ordinairement des entroques; quelques-uns ont une structure à peine stratifiée, et présentent, comme les terrains agalysiens, auxquels ils passent, de l'épidote, des grenats, etc.—A Swangstrand, entre Drammen et Christiania. — A Rotangen, dans le golfe de Drammen. — A Vettakullen, près Christiania. Celui-ci est sublamellaire; il renferme des nodules épidotiques, et est cependant clairement et même horizontalement stratifié. —Dans le même lieu, à Tyfholms-Udden, et dans tous les environs de Christiania, le calcaire est noir, compacte, schistoïde, composé d'assises innombrables, alternant avec des phtanites, et enveloppant une multitude de nodules ovoïdes d'un autre calcaire, qui y sont disposées en lits interrompus, mais parallèles à la stratification.

2.° Les calcaires compactes communs, tantôt noirs, même charbonneux, tantôt grisâtres ou rougeâtres, clairement stratifiés, alternant avec des schistes marneux et des silex cornés, et renfermant les corps organisés fossiles des terrains hémilysiens, formant, en Norwége, le sol de Malmoën, de Malmoë-Kalven et de plusieurs autres îles et plages du golfe

---

échantillons, recueillis avec MM. Targionni, Nesti et le comte Bardi, sont bien celles que j'ai décrites minéralogiquement et désignées sous les noms de *macigno solide* et *compacte*, alternant avec le calcaire compacte fin, *pietra colombina*, *dichter grauer Kalk* de M. Boué.

de Christiania, de Porsgrund en Tellemark, de Stor-oën dans le Türifiord.

En Suède, dans l'île de Gothland, dans la Westrogothie près de Motala, de Linköping, à Leaby près de Falköping, au Möseberg, et à Vesterplana au pied du Kinnekulle, en Westrogothie, etc.[1]

Russie. A Koschelewa, prés Tzarskoë-Ssélo, non loin de Saint-Pétersbourg. C'est une glauconie sublamellaire, qui renferme, outre l'*asaphus cornigerus*, d'autres trilobites très-savamment décrits par M. de Rasoumowski et par M. Stchegloff, et les terébratules, spiriféres, échinosphérites qui caractérisent partout les terrains hémilysiens.

Amérique septentrionale. États-Unis. On retrouve sur les bords du lac Champlain le calcaire carbonifère, avec une coquille turbinée, discoïde, que M. Lesueur a nommée maclurite, et que je regarde comme voisine des évomphales de Sowerby; au sud du lac Ontario un calcaire sublamellaire grisâtre avec entroques, spirifères et orthocératites; dans les collines près d'Hudson, un semblable calcaire, quelquefois noir, carbonifère et renfermant des trilobites; et dans les monts Catskill, état de New-York, ce même calcaire, accompagné d'un grès ferrugineux comme au Harz, pétri de spirifères, de *productus*, d'entroques, et renfermant, comme en Norwége, des ampullaires, des favosites, des calymènes.

---

1 On pense bien qu'il y a bien d'autres lieux que ceux que je viens de citer comme exemple des groupes calcareux des terrains hémilysiens; mais j'ai choisi particulièrement ceux que j'ai eu occasion de visiter. Je compte en donner une description plus détaillée, accompagnée de coupes propres à faire connoître des terrains si remarquables, mais déjà si bien connus par les travaux de M. de Buch, et surtout par les travaux beaucoup plus récens d'un naturaliste du pays, M. Keilau.

## 2.e Gr. TERR. HÉMIL. FRAGMENTEUX.[1]

Ainsi que je l'ai dit au commencement de l'histoire de cette classe de terrains, les roches qui les composent ne paroissent avoir suivi aucun ordre chronologique dans leur formation et leur dépôt; il faut donc les réunir par groupes, considérés plutôt sous le rapport de leur structure et nature minéralogique que de leur position. Je place dans ce groupe toutes les roches des terrains hémilysiens qui présentent une structure résultant de l'agrégation de débris plus ou moins volumineux.

Ces roches forment des terrains souvent et très-étendus et très-puissans, placés plus ordinairement sous le groupe calcaréeux que sur lui ou dans lui, mais accompagnant les trois autres groupes, et cependant plus ordinairement le troisième et le quatrième que le cinquième, ce qui motive la place que je lui ai donnée dans le tableau.

Malgré la structure évidemment d'agrégation des parties souvent très-volumineuses qui constituent ce groupe, ses roches montrent encore avec la même évidence le signe de l'action chimique ou de la dissolution qui m'a fait établir la classe des terrains hémilysiens. Cette influence se manifeste dans les roches conglomérées par la nature du ciment qui en réunit les parties et qui est très-dur, rempli de lamelles cristallines, ordinairement calcaire, ou entièrement siliceux. Un autre signe encore plus sensible de cette action chimique, ce sont les filons et les veines qui traversent ou coupent sous toutes les directions ces roches, qui traversent même les débris, soit anguleux, soit roulés, qui les composent, et qui sont remplies de minéraux cristallisés, ordinairement de calcaire spathique, quelquefois de quarz hyalin, et quelquefois

---

1 C'est-à-dire abondant en débris ou en roches composées de débris.

aussi de galène, de blende, de fer carbonaté spathique et d'autres minérais métalliques.

Les roches homogènes ou hétérogènes qui ont fourni les élémens des roches fragmenteuses de ce groupe appartiennent ou aux autres groupes du terrain hémilysien, ou aux roches des terraius agalysiens, dont la formation est antérieure à celle des terrains hémilysiens. Ce sont donc en général des quarz, des phtanites, des phyllades, des calcaires saccaroïdes ou des calcaires marbres, des fragmens d'ophiolites et de stéaschistes, des parties de schistes luisans ou de schistes argileux, dont la masse se montre quelquefois en lits ou couches subordonnées, au milieu même des anagénites, des psammites rougeâtres et schistoïdes qui composent ce groupe.

Quoique le groupe fragmenteux se présente sous une étendue et sous une puissance assez considérables, il ne compose pas néanmoins à lui seul des montagnes qui aient un caractère particulier, et par conséquent il n'imprime que très-rarement au sol une forme distinctive. Dans ce dernier cas, les collines ou plateaux qui appartiennent à ce groupe offrent une stratification très-peu nette, mais plutôt des masses étendues, arrondies, avec des escarpemens comme arrondis sur leur arête. Cette disposition est très-sensible dans plusieurs parties des Vosges et du Harz.

La manière d'être la plus ordinaire de ce groupe, surtout lorsqu'il est plus spécialement composé d'anagénites, c'est de se montrer en couches subordonnées dans le groupe schisteux.

### *Exemples du groupe* FRAGMENTEUX.

Les exemples de ce groupe isolé sont rares, et nous ne pouvous en citer aucun qui ne puisse être regardé comme roche subordonnée des autres groupes.

En France, à Cusset, sur les bords du Sichon, près de

Vichy; ce sont des poudingues jaspiques ou des anagénites calcaires liés avec le groupe schisteux. Au lieu dit la Haye-longue, près d'Angers : c'est une anagénite jaspique et pétro-siliceuse. — Dans la chaîne des Alpes : l'anagénite de Valorsine[1] ?

Allemagne. Dans le Harz, principalement toutes ces anagénites que les géologues allemands nomment *grobkörnige Grauwacke*, et qui sont placées à Zellerfeld, à Clausthal, etc., entre les grès et les psammites.

En Scandinavie. A Sundewold, au nord de Christiania, on voit un poudingue quarzeux lié avec le groupe éminemment quarzeux de grès pourpré du même lieu.

### 3.e *Gr.* TERR. HÉMIL. QUARZEUX.[2]

Il en est de ce groupe des terrains hémilysiens comme des précédens : sans avoir de position bien déterminée, il se trouve cependant plus ordinairement dans la place que nous lui donnons que dans toute autre.

C'est un terrain peu varié, qui semble, au premier aspect, résulter entièrement d'une formation par voie mécanique ; mais quand on examine les grès et les quarzites qui en sont une des parties principales, on y reconnoît, surtout dans ces derniers, une densité et une texture subcristalline qui n'appartiennent pas en général aux roches de même nature, formées par voie d'agrégation ; enfin, on remarque que ces grès, souvent homogènes, sont tapissés, tant sur leurs fissures que sur les parois de leurs cavités drusiques, de cristaux de quarz hyalin.

---

1 J'avois déjà émis ce doute avant de connoître les observations et l'opinion de M. Élie de Beaumont (Ann. des sc. nat., tom. 15, p. 354), qui reportent à une époque beaucoup plus récente ces célèbres poudingues, et probablement à celle des poudingues du terrain pœcilien, 4.e groupe des terrains abyssiques.

2 C'est-à-dire abondant en roches siliceuses.

*Jüngere Grauwacke* ou *rother Uebergangs-Sandstein*. (A. Boué.)

Ces roches quarzeuses ne sont pas toujours homogènes; c'est cependant leur manière d'être la plus habituelle, et c'est une des premières différences qu'on remarque entre ce terrain et le groupe des arkoses du terrain précédent. Lorsqu'elles renferment des minéraux étrangers, ce sont ordinairement des marnes et argiles rougeâtres, quelques hyalomictes, qui y sont ou en nids ou en lits subordonnés; du mica, du felspath, qui s'y montrent disséminés en petites parties et comme composant la roche elle-même.

C'est aussi et surtout par les débris organiques qu'elles enveloppent quelquefois, que ces roches quarzeuses se distinguent encore de celles des terrains supérieurs; car ce sont toujours des espèces des genres qui appartiennent aux terrains hémilysiens: tels que trilobites, *productus*, etc. (dans les grès et quarzites de May, près Caen; de Cayuga, dans l'Amérique septentrionale, etc.).

Quoique les roches de ce groupe soient souvent en couches subordonnées dans les terrains hémilysiens, néanmoins elles se montrent aussi quelquefois d'une manière presque indépendante; elles forment alors des collines peu élevées, quelquefois même de simples plateaux à structure nettement stratifiée, dont les couches droites, mais plus ou moins inclinées, produisent par leur relèvement des montagnes à pentes roides d'un côté, et à escarpemens abruptes ou en forme d'escalier de l'autre côté (la montagne du Roure, près Cherbourg, etc.).

Ce groupe ne renferme presque point d'autres minéraux étrangers que ceux que je viens de nommer. Je n'y connois ni filons, ni amas de minérais métalliques, ni même aucun minérai en druses ou en grains disséminés[1]; mais il

1 Je ne sais si on ne trouvera pas dans la suite de nombreuses exceptions à cette généralité, qui n'est bonne que pour le moment actuel et pour l'Europe; car, si le grès flexible du Brésil appartient à ce groupe, il apportera une première exception à cette règle.

est fréquemment accompagné de porphyres et d'autres roches entritiques, qui tantôt le recouvrent de la manière la plus distincte (Sundewold, au nord de Christiania), et tantôt le traversent en amas droits ou même en filons.

M. Boué fait remarquer qu'il est d'autant plus étendu et puissant, que ces roches sont plus abondantes (l'Écosse, la Norwége, etc.), et qu'il est au contraire très-restreint dans les contrées où les roches entritiques ne se montrent, pour ainsi dire, qu'en petites masses, comme dans les Pyrénées.

Cette règle paroît s'appliquer plus constamment et plus exactement au grès pourpré qu'au quarzite. Les exemples qu'on va donner semblent du moins l'indiquer.

## *Exemples du groupe* QUARZEUX.

FRANCE. A May, près Caen : quarzite rougeâtre et rosâtre; poudingue, avec trilobites, térébratules, *pecten*, *conularia* et fer sablonneux, et dans un calcaire charbonneux qui l'accompagne, à Feugueroles, corps articulé, que Linné et Wahlenberg ont nommé *graptolithe* [1]. — Aux pieds de la montagne du Roure, près Cherbourg : quarzite assez pur. — Près Falaise. — Dans un grand nombre d'autres lieux de la Normandie, des départemens de Maine-et-Loire, d'Ille-et-Vilaine, etc. Je crois pouvoir rapporter à ce groupe le poudingue jaspique, nommé *caillou de Rennes*.

Cierp et pente sud des Pyrénées. (BOUÉ, d'après CHARPENTIER.)

PAYS-BAS et BELGIQUE. Ciney, près Namur; Abentheuer, Asbach, dans le Hundsruck, etc. Grès à entroques et à strophomènes, comme ceux du Harz, etc. Charnoy, près Givet: des quarzites rougeâtres.

---

1 C'est à M. Deslongchamp, de Caen, que je dois la connoissance de ce fait.

Isles Britanniques. Grès pourpré, poudingues psammitiques, avec nids d'argile ocreuse rouge, fine.

En Écosse, île d'Arran.

Allemagne. Bingen, etc., près Mayence. C'est bien un quarzite de ce groupe et non un grès rouge du terrain abyssique. Ses fissures sont souvent tapissées de quarz hyalin. — Dans les environs d'Aschaffenbourg. — Partie moyenne de la Bohème. — Dans le Harz, entre le Brocken et Ilsenburg, pour le quarzite sans coquilles, et au Ramelsberg, à Schalk, à Elbingerode, etc., pour le grès à encrines, spirifères, nautiles? etc.

Scandinavie. En Suède, près de l'église d'Andrarum en Scanie : grès blanc et quarzite inférieurs aux ampélites. — Au pied du Kinnekulle en Westrogothie : c'est un grès dans la stricte acception de ce nom.

Sundewold, au nord de Christiania. Terrain de grès pourpré, composé de macigno brun et rouge, de brèche à base de macigno solide et à fragmens de schiste, de psammite pourpré, de poudingue psammitique, de poudingue siliceux, alternant avec des lits de marne argileuse rougeâtre, inférieurs au trappite et au porphyre brun-rouge. — Holmstrand, vers sa base. — Les environs de Swangstrand, dans le golfe de Christiania, présentent à peu près la même association de roches quarzeuse et psammitique dans la même disposition.

Amérique septentrionale. États-Unis. On peut rapporter à ce groupe le grès ferrugineux des environs d'Utica, vallée de la Mohawk, et celui de la partie occidentale des Alléghanis et des monts Catskill; le quarzite brunâtre de Belfast, dans le district du Maine; le grès blanc du pays de Cayuga, dans l'État de New-York, tous pétris d'encrines, de spirifères, de productus, de trilobites, et tellement semblables aux roches européennes des mêmes terrains, qu'il faut souvent le secours de l'étiquette de localité pour les distinguer.

## 4.e Gr. TERRAINS HÉMILYSIENS SCHISTEUX[1] ou TRAUMATEUX.

C'est le groupe fondamental du terrain hémilysien, celui qui distingue le plus clairement ce terrain des terrains supérieurs ou de sédiment; mais qui ne le distingue pas aussi bien des terrains de cristallisation qu'on nomme vulgairement *primitifs*.

Il renferme plusieurs des roches des autres groupes, notamment des anagénites, des grès, des quarzites et des phyllades, mais peu de calcaire et peu de stéaschiste.

Le mode de formation par dissolution et cristallisation commence à dominer dans ce groupe, tant dans les roches qui le composent, lors même qu'elles sont formées de parties fragmentaires agrégées, que dans les minéraux et métaux qui y sont disséminés en parties cristallines, qui le traversent en veines, qui tapissent les parois des fissures ou qui y sont réunis en amas.

Néanmoins il est constamment et souvent très-nettement stratifié; mais sa stratification est presque toujours fortement inclinée ou même ondulée et contournée. Il constitue à lui seul des terrains très-étendus, des collines et des montagnes très-élevées. On porte à plus de 2000 mètres son maximum d'élévation.

C'est un des terrains les plus riches en minéraux, et surtout en gites métallifères. Ils y sont tantôt en veines, tantôt en filons, quelquefois en amas couchés et même en lits, pres-

---

1 Où les roches schisteuses et argileuses sont dominantes. On pourroit aussi le nommer *groupe traumateux*, parce qu'il renferme le terrain de traumate, dénomination scientifique et très-convenable, par laquelle M. d'Aubuisson remplace le nom de *Grauwacke* des ouvriers mineurs allemands.

*Æltere Grauwacken-Formation* (A. Boué).

que jamais disséminés dans l'intérieur même de la roche. Cependant ces minéraux ne se présentent pas indistinctement dans toutes les roches de ce groupe; c'est principalement dans les phyllades, les psammites schistoides, les calcaires et les dolomies compactes, qu'ils sont le plus abondans. Parmi les minéraux pierreux, ce sont en général des calcaires spathiques et de l'arragonite, des fluorites plus rares que dans le calcaire, de la barytine; et parmi les minérais, du fer carbonaté spathique, du fer oligiste très-abondamment, de la blende, de la galène argentifère. C'est un des principaux gîtes de cette dernière substance, qui y est souvent accompagnée de quelques minérais d'argent proprement dits, de pyrites de fer et de cuivre, de cuivre carbonaté, etc.

Les corps organisés fossiles y sont beaucoup moins nombreux que dans le groupe calcaire, mais ils appartiennent tous aux genres qui caractérisent les terrains hémilysiens. Ce sont, parmi les trilobites, des ogygies, des calymènes de Tristan, des paradoxites et des agnostes; parmi les mollusques, quelques orthocératites fort rares et d'une détermination très-incertaine, des graptolithes, quelques térébratules, des pleurobranches ou *posidonia* (Bronn), etc.

Enfin, parmi les végétaux on ne trouve pas de genre qui n'appartienne également au terrain houiller et peu d'espèces qui ne s'y rencontrent. Cette circonstance établit d'une manière assez remarquable la liaison de ces terrains entre eux.

Le tableau fait connoître les nombreuses roches qui entrent dans la composition de ce groupe, soit comme roches principales, soit comme couches subordonnées. Les exemples que je vais prendre dans quelques contrées feront connoître ce qu'il y a de plus particulier à savoir sur chacune de ces roches.

On n'y verra pas cité le phyllade pailleté de Glaris, parce qu'il est maintenant très-incertain que ce terrain appartienne à la classe des hémilysiens. C'est M. Keferstein qui a avancé cette opinion, et je suis d'autant plus disposé à l'admettre, que si j'eusse été plus hardi, plus conséquent aux règles des caractères zoologiques en géologie, j'aurois eu plus d'égard à la présence des poissons et des tortues dans ce phyllade, et à l'absence de tout trilobite, orthocératite, etc., qu'à sa nature d'ardoise et à sa stratification inclinée, qui me paroissoit concordante avec celles des stéaschistes et du calschiste de la vallée de Sernft.

## *Exemples du groupe* TRAUMATEUX.

France. Ils sont bien plus nombreux que les autres, parce qu'ils constituent en général la masse des terrains hémilysiens. Les schistes ardoises des environs d'Angers sont à ce terrain, par leurs trilobites (*ogygia Guettardi*), ce que les environs de Dudley sont aux calcaires. A ce caractère si tranché se joignent toutes les autres particularités des terrains hémilysiens schisteux, le quarzite brun verdâtre, à Beaucouzé, les phyllades divers, traversés de filons de phtanite rougeâtre, de quarz rempli de fer oligiste, etc., recouverts ou accompagnés de quarzite grenu, etc. — Dans les environs de Rennes, à Bain et à la Hunaudière; c'est un phyllade micacé, passant au stéaschiste, renfermant le calymène de Tristan et une coquille discoïde qui a beaucoup de ressemblance avec les nautiles et avec celle qui accompagne, en Irlande, près de Saint-Doolas, les spirifères et les évomphales, en Norwége, les trilobites, etc. Un terrain schisteux à peu près semblable, renfermant presque les mêmes débris organiques, se présente dans d'autres parties de la Bretagne, tels qu'à l'île Ronde et au Faon, près Brest, à Poulaouen et dans les mines de plomb de Huelgoët, département du Finistère, etc. — Le sol de Poligné, qui, à peu de distance de Rennes, fournit différentes variétés de tripoli, paroît appartenir à un terrain phlogosique, formé dans le groupe schisteux hémilysien. — A Vatteville, près Cherbourg : ampélite graphique, avec empreintes de pleurobranche? (*Posidonia Becheri*, Bronn). — A Houville-les-Mines, dans le Cotentin, où les calymènes de Tristan se trouvent avec des coquilles bivalves indéterminées. Au pied du château de Falaise, etc. — Plusieurs parties des Pyrénées françoises appartiennent à ce groupe; mais il faut avoir un grand soin de ne pas les confondre avec les terrains plutoniques, qui peuvent les accompagner souvent et presque s'y mêler, et avec les terrains izémiens pélagiques, qui paroissent les recouvrir immédiatement dans quelques points.

Je crois qu'il existe de puissantes masses de montagnes, appartenant au terrain hémilysien schisteux, dans les lieux suivans: Vers le col du Tourmalet et les bases du Pic-du-Midi: calcaire compacte noir, carbonifère, avec grenats-mélanites, alternant avec des lits de quarzite; calcaire saccaroïde grisâtre; point de débris organiques. — Barèges: schiste carburé, schiste argileux, avec lits de phtanite. — Montperdu, Gavarnie, Marboré. Ces montagnes et ces lieux n'appartiennent pas entièrement au groupe schisteux, ni même au terrain hémilysien. La considération combinée des roches et des débris organiques qu'elles renferment, indique des terrains différens, dans lesquels celles dont il est ici question ne jouent qu'un rôle très-secondaire. Je trouve dans ces montagnes (et je me borne ici aux tours de Marboré), depuis leur sommet jusqu'à leur base, les plus grandes ressemblances avec la montagne des Fis en Savoie. Ainsi des schistes carburés, avec des lits de phtanite et du phyllade pailleté très-fissile (au port de Gavarnie) formeroient la base de ces montagnes et seroient peut-être les seules roches qui, dans ce groupe, appartinssent aux terrains hémilysiens; ensuite, et dans les mêmes lieux, sont du phyllade pailleté, du psammite schistoïde très-micacé, renfermant des empreintes de feuilles et même des tiges, qui, malgré leur état d'altération, offrent aux yeux des naturalistes qui ont eu souvent occasion d'étudier ces empreintes en meilleur état, tous les caractères du terrain houiller filicifère.[1]

Au Montperdu et aux tours de Marboré, qui en sont une dépendance, se présentent un calcaire noir, carburé-sableux, micacé, une sorte de macigno solide, dans lequel on a reconnu des débris de mollusques et de zoophytes, des caryophyllies, des ananchites? des nummulites, des fragmens de cardium? qui me semblent devoir le faire rapporter aux terrains crétacés.

Les vallées de Louron, de Larbouste, de Peyresourde, qui renferment des calschistes veinés, des schistes carburés, des calcaires compactes, avec lits de phtanite, qui les font paroître comme rubanés de noir et de verdâtre, et des calcaires presque compactes, avec des lits de grenats brun-rougeâtres, offrent un autre exemple bien caractérisé des groupes schisteux des terrains hémilysiens, puisqu'on y trouve réunies d'une manière si frappante des roches compactes et des roches de cristallisation.

Les Pays-Bas et la Belgique, où domine souvent le groupe calcareux, renferment aussi des terrains schisteux hémily-

---

1 M. Boué rapporte cette partie du terrain de Gavarnie à la formation de transition calcaire à encrinites, et c'est bien la même roche que celle que je viens d'indiquer, qu'il a en vue. Sa désignation (*Mergeliger Glimmer-Sandstein mit Pflanzen-Abdrücken*, Gavarnie) ne peut me laisser craindre que nous ayons parlé de deux roches différentes. Ce que j'ai vu et ramassé sur les lieux, ce que j'ai sous les yeux, m'engagent à soumettre mes doutes à M. Boué et aux géologues sur le rapprochement que je propose au lieu du sien. Il paroît que M. de Charpentier a soupçonné également ici la présence du terrain houiller (ce qui ne veut pas dire celle de la houille; car on trouve dans la table, à l'article Marboré, *Houille du Marboré*, voyez *Houille de Gavarnie*; mais à l'article Gavarnie, p. 373, où il est question d'empreintes végétales, M. de Charpentier ne fait plus aucune mention de la houille, et rapporte à la formation de transition, le psammite (*Grauwacke*) qui la renferme.

siens. On y rapporte l'ampélite alumineux à strophomène de Huy, le phyllade feuilleté rougeâtre, renfermant des *productus* et des encrines de Charnoy près Givet; le psammite schistoïde alternant, près Nivelle, avec le calcaire noirâtre sublamellaire.

Allemagne. Les environs de Ratingen, au nord-est et non loin de Dusseldorf, sont fort remarquables par la réunion de toutes les circonstances caractéristiques du terrain hémilysien. Un schiste ou phyllade argilo-ferrugineux rempli de *spirifer* et de ces caryophyllies, que M. Sowerby a décrits sous le nom d'*amplexus coralloides*, et renfermant des calymènes, un calcaire blanc, friable, et un calcaire sublamellaire grisâtre, pétri de *productus scabriusculus*, *scoticus*, etc., et d'évomphales. Les couches sont presque verticales, mais les caryophyllies qui les traversent perpendiculairement à leur stratification, prouvent qu'elles ont été déposées horizontalement et ensuite renversées. Ce calcaire est accompagné et peut-être recouvert par une dolomie cellulaire et même caverneuse, dont les cavités sont tapissées de dolomie rhomboïdale, d'arragonite aciculaire.[1]

Le Harz nous offre des exemples encore plus élémentaires de la position de ce groupe et des roches qui le composent; tels sont les schistes argileux et ardoises, les phyllades divers et les alternances de psammite et de phyllade de Goslar, de Clausthal et de ses environs; les psammites schistoïdes rougeâtres et grisâtres du Galgenberg près Clausthal; les schistes argilo-ferrugineux, renfermant des *productus*, de Wissembach près Dillenbourg; les phyllades pailletés avec calymène de Tristan, de Riesenbecke; ceux qui contiennent des pleurobranches (*posidonia Becheri*, H. Bronn), des environs de

1 On connoît à peu de distance de ce lieu (à Werden, sur la Ruhr) un ampélite alumineux qui appartient peut-être à la formation immédiatement supérieure à ce terrain.

Clausthal et de Dillenbourg; le calschiste alternant avec les phyllades et renfermant des lits de jaspe gris verdâtre et rougeâtre et de phtanite (*Kieselschiefer*); l'ampélite alumineux en lits dans ce même phyllade et le psammite des environs de Zellerfeld, de Laubenthal, de Lehrbach, des environs d'Andreasberg, etc.

Ces psammites schistoïdes enveloppent quelquefois des débris de tiges végétales qui ont la plus grande ressemblance avec celles du terrain houiller. On sait qu'ils sont traversés par des filons de calcaire spathique métallifère, renfermant principalement des sulfures de plomb argentifère, de fer, de cuivre, etc.

SCANDINAVIE. Le terrain traumateux est généralement composé d'ampélite alumineux, avec des lits ou des nodules de calcaire charbonneux, et renferme plusieurs trilobites des genres Agnoste et Paradoxite, cités dans cette contrée.

A Andrarum en Scanie; à Honsaker, au pied du Kinnekulle; dans les environs de Falköping; au Hunneberg, près Vénersborg; dans l'île de Bornholm.

En Norwége, ce groupe est plus rare, et je ne puis citer, avec M. de Buch, que la base de l'Ekeberg, à l'est de Christiania.

## 5.e *Gr.* TERR. HÉMIL. TALQUEUX.[1]

Ce groupe est aussi difficile à limiter, surtout dans ses rapports avec les terrains agalysiens, que le groupe calcareux, qui est au commencement des terrains hémilysiens, a été difficile à distinguer du calcaire carbonifère du terrain abyssique.

Il se lie même avec les formations massives ou plutoniques, car sa stratification est souvent obscure et par conséquent incertaine, et sa nature talqueuse rapproche plusieurs de ses

---

1 C'est-à-dire abondant en roches talqueuses et magnésiennes.

*Talk-, Quarz- und Thonschiefer-Formation* (A. BOUÉ). — *Talkige Formation* (KEFERST).

roches des ophiolites, qui appartiennent sans aucun doute aux formations hors de série.

On juge d'après ceci que le mode de formation de ce groupe est beaucoup plus chimique que mécanique, et qu'il ne présente plus d'indice de ce dernier mode que dans sa texture quelquefois compacte et dans quelques parties fragmentaires que ses roches enveloppent.

D'ailleurs il possède en général cette sorte de stratification à feuillets minces, onduleux, contournés même, qui indique une action simultanée de la cristallisation confuse et de la stratification sédimenteuse. Ce n'est donc pas, comme dans le groupe précédent, par des veines et lamelles cristallines, dues à une sorte d'infiltration d'une matière dissoute, qu'il rappelle l'action chimique, mais bien par l'ensemble de sa texture, qui montre une dissolution presque complète de toutes les parties.

Ce groupe constitue rarement le sol des plaines ou des plateaux; il s'élève presque toujours en collines ou montagnes tantôt à sommets pointus et arêtes aiguës, tantôt à croupes assez arrondies, mais dont les flancs sont presque toujours déchirés par de profonds sillons, qu'on ne peut appeler des ravins, car ils ne doivent ni leur existence ni leur forme aux cours d'eau. Ces montagnes atteignent une hauteur dont on évalue le maximum à plus de 3000 mètres.

C'est un terrain des plus répandus à la surface du globe, un de ceux qui couvrent les plus grandes étendues de cette surface.

Il ne renferme, tel que je le suppose composé, aucune pétrification, et il n'y auroit par conséquent aucun motif pour le placer parmi les terrains hémilysiens au-dessus des agalysiens hypozoïques, s'il n'alternoit quelquefois avec des roches schisteuses du groupe précédent, qui en contiennent, ou s'il ne montroit par l'inclinaison de sa stratification qu'il est supérieur à plusieurs des roches de ce groupe; ce qui sera prouvé par les exemples qu'on donnera, et qui rappelleront des lieux et des roches déjà nommés au groupe précédent.

Les minéraux pierreux et métalliques sont encore plus abondans dans ce groupe que dans le schisteux. Mais les minérais y sont très-rarement en veines ou en filons ; ils y ont une tout autre disposition et se présentent ordinairement ou en veines comme anastomosées, en plexus, ou en masses droites et comme traversantes, sorte de gîte que les mineurs allemands désignent par l'expression de *Stockwerk* ou de *stehende Stock*. Enfin, ils sont aussi, et même assez souvent, en amas couchés entre les feuillets de la stratification, et ils y forment comme de grandes masses lenticulaires alongées. C'est ce que les mineurs allemands nomment *liegende Stock*, expression que nous rendons par celle d'*amas couchés*.

Les principaux minéraux et minérais qui se présentent ainsi dans ce groupe, sont :

Le quarz grenu et la chlorite schistoïde, dans le stéaschiste noduleux. — Le calcaire spathique et la dolomie spathique et grenue, avec idocrase, etc. — La karsténite ? — Le graphite. — L'anthracite, dans le calschiste veiné. — Le fer oligiste, le fer oxidulé magnétique, tantôt en lits ou en amas, et tantôt en cristaux disséminés. — La galène argentifère et les minérais d'argent qui l'accompagnent, et quelquefois avec de l'or natif. (Zillerthal en Tyrol.) — La blende. — Le cuivre pyriteux. — Le fer pyriteux aurifère.

## *Exemples du groupe* TALQUEUX.

FRANCE. Cherbourg. Stéachiste noduleux et schiste luisant pétris ensemble.

Je crois pouvoir rapporter à ce groupe, comme exemple des phyllade et schiste satinés maclifères qui en font partie, les roches de cette espèce qu'on trouve si abondamment dans les Hautes-Pyrénées, aux environs du Pic-du-Midi, et notamment au col du Tourmalet, vers Gripp; au Comelie; dans la vallée de l'Arboust, près de Bagnères-de-Luchon, etc.; celles qu'on trouve à Saint-Michel en Grève, dans les Côtes-du Nord, et près de Fougère, dans le département d'Ille-et-Vilaine. Les premières ont une position déterminée qui les place évidemment dans le terrain hémilysien: je n'y rapporte les autres que par analogie.

Isles Britanniques. Les collines de Malven, dans le Glocestershire, offrent le stéaschiste associé à des roches granitoïdes. Les environs de Keswig en Cumberland font voir des schistes et des phyllades maclifères, comme à Baireuth et aux Pyrénées. Ce sont ces roches qui renferment le graphite, et ce minéral semble même quelquefois en faire partie. On y reconnoît en outre de nombreuses variétés de stéaschiste.

Italie. La côte de Gênes, dans les environs d'Oneille, d'Albenga, de Finale et de Noli, tous lieux où le terrain, évidemment stratifié et appartenant encore à la division des terrains en série, offre la réunion presque complète de tous les groupes des terrains hémilysiens. On y voit, à Oneille, etc., des calcaires compactes, fins et sublamellaires, accompagnés et peut-être alternans avec des schistes marneux à empreintes de fucoïdes; à Albenga, des roches clastiques appartenant aux anagénites à petites parties, des quarzites, des macigno, des schistes marneux et satinés, à stratification ondulée et comme plissée, etc.

Allemagne. Il y a dans cette partie de l'Europe, comme dans celle que je viens de citer, de nombreux terrains ophiolithiques et talqueux. La difficulté n'est donc pas de trouver des exemples de ces terrains, mais de distinguer ceux qui appartiennent aux terrains hémilysiens de ceux qui ont été formés tout autrement ou à une autre époque.

Or, je ne vois d'exemple authentique du groupe talqueux au milieu des terrains hémilysiens que la roche que j'ai nommée *pséphite? verdâtre*, et que les géologues allemands appellent

*Blätterstein* (le *Koriem* des ouvriers); elle alterne avec les spilites entre le groupe schisteux et le groupe calcareux, près d'Elbingerode au Harz, et, comme passage de ce groupe au calcaire, le calschiste amygdalin verdâtre, rougeâtre et mêlé de ces deux couleurs, de Festenburg au Harz, de Wildenfels en Saxe, etc.

Les phyllades satinés maclifères, semblables à ceux des Pyrénées et appartenant probablement, comme eux, aux terrains hémilysiens les plus anciens, se rencontrent aussi en Saxe, près de Schnéeberg.

ALPES. Un des exemples les plus caractérisés de ce groupe, un des mieux connus par les travaux de M. Brochant de Villiers, est celui que présentent les Alpes de Savoie, et surtout de Tarentaise. On y rencontre toutes les roches talqueuses et stéaschisteuses, évidemment stratifiées, appartenant par conséquent à cette série, et ayant, par cela et par leur texture cristalline, tout-à-fait l'apparence de ce qu'on regarde comme roches primitives; mais elles alternent avec des calcaires marbres qui renferment des débris organiques, et cette circonstance seule les distingue des terrains agalysiens proprement dits.[1]

---

1 L'étude suivie que M. Élie de Beaumont vient de faire de plusieurs parties des Alpes du Dauphiné et de la Provence, les faits curieux qu'elle lui a fait connoître, et les résultats singuliers auxquels ces recherches l'ont mené, conduiroient à faire regarder les terrains de la Tarentaise et une grande partie des Alpes comme formés à une période géognostique beaucoup plus récente que celle dans laquelle on place les terrains vulgairement nommés de transition, et à les faire remonter jusqu'à l'époque du lias. Nous avons exposé plus haut quelques-unes des observations sur lesquelles cette opinion est fondée; mais son admission ne change rien à notre manière de dénommer les terrains, et c'est là l'avantage de nos principes de nomenclature. Ce seront toujours des terrains, formés en grande partie par voie de dissolution, *hémilysiens*, et composés principalement de roches à base de talc, constituant par

On ne mentionne pas les autres terrains talqueux des Alpes, des Pyrénées, ni même les ophiolites de Rochetta, au nord de la Spezzia et de différentes parties des Apennins, qui par leur position appartiennent non-seulement à l'époque du terrain hémilysien, mais qui lui sont probablement postérieurs; parce que, par leur manière d'être, ces roches doivent être rangées ou parmi les terrains agalysiens, ou parmi les terrains massifs.

Le groupe talqueux paroît être ou plus rare ou moins connu en Amérique, où il est probablement confondu avec les terrains plutoniques et avec les terrains agalysiens. C'est pour éviter les doubles emplois et les erreurs qui peuvent résulter de cette incertitude de détermination, que je n'ai pas voulu multiplier les exemples, en donnant ceux dont la position ne pouvoit être établie que par un développement de preuves trop étendu pour trouver place ici.

---

conséquent le *groupe talqueux*. Il faudra seulement placer ce groupe beaucoup plus haut dans la série des terrains et roches rangés par ordre de chronologie géologique.

## VII.e CLASSE. TERRAINS AGALYSIENS ou TERRAINS PRIMORD. DE CRISTALLISATION.[1]

L'incertitude de la position des terrains qu'on a appelés si long-temps *terrains primitifs*, parce qu'on croyoit être sûr que les roches qui les composent étoient inférieures et par conséquent antérieures à toutes les autres, m'a engagé à les désigner par une expression moins positive, mais qui indique cependant une de leurs propriétés les plus frappantes, celle de n'offrir que des roches évidemment formées par voie de cristallisation confuse, sauf ensuite à examiner dans quelle position ces roches sont par rapport aux autres.

Tel est donc le premier caractère des terrains agalysiens; mais comme ce caractère ne leur est pas uniquement propre, qu'il se présente dans des roches qui paroissent avoir une tout autre origine, il a fallu en joindre un autre, qui, fondé sur leur structure, fît présumer cette différence d'origine; c'est la stratification évidente de ces terrains, caractère en général très-distinct et qui les place dans la première division, dans celle des terrains en série.

Or, pour être conséquent à ce principe, il a fallu ne placer dans cette classe que les roches évidemment et constamment stratifiées, ce qui a considérablement réduit le nombre de celles qu'on attribuoit aux terrains primitifs.

Il a été reconnu que plusieurs des roches et même des groupes de roches qui avoient ce caractère de structure, étoient situés sur d'autres roches, d'une texture beaucoup moins cristalline, quelquefois même compacte, mais qui

1 Terrains primitifs proprement dits, en partie. — Terrains primordiaux en partie, D'OMAL. D'HALL. — *Krystallische Schiefer- oder geschichtete, oder neptunische Gebilde*, A. BOUÉ. — *Ganggebirge* en partie, KEFERST.

offroient, dans la présence des débris organiques qu'elles renfermoient, une différence bien plus importante. Il a été nécessaire de distinguer les groupes de roches qui se sont montrés dans cette position, de ceux au-dessous desquels on n'a jamais découvert aucun débris organique; de là la distinction en deux ordres des terrains agalysiens : les *épizoïques*, au-dessous desquels on connoît des roches à débris organiques, et les *hypozoïques*, au-dessous desquels on n'a jamais pénétré, et qui sont jusqu'à présent inférieurs non-seulement à tous les débris organiques, mais même à toutes les roches connues.

La distinction entre ces deux ordres est souvent impossible. On ne doit placer dans le premier que les cantons dont les roches cristallisées recouvrent évidemment d'autres roches qui renferment des débris organiques; on doit placer dans le second, toutes celles dont on ne connoît pas la position. Il n'y a d'ailleurs aucun caractère minéralogique dont on puisse s'aider pour distinguer les roches de ces deux époques, certainement très-différentes.

Il me paroît donc très-difficile d'établir un ordre complétement satisfaisant dans la distribution de ces roches.

La classification géologique la plus naturelle, celle qui est le but de la science, doit avoir pour résultat de faire connoître deux choses: premièrement l'ordre chronologique dans lequel les différentes parties de ces terrains ont paru à la surface du globe, ou, ce qui revient à peu près au même, celui dans lequel ils se sont recouverts; car, quoi qu'on en dise, les monumens de la nature ne sont pas comme ceux des hommes; et il est quelques cas où l'étage supérieur pourroit bien avoir été fait avant l'inférieur : on en verra quelques preuves. Cette vue conduit à la seconde considération, qui est relative au procédé suivi par la nature dans la formation de ces roches et des terrains qu'elles composent. On juge par ce simple aperçu de quelle importance est cette seconde considération dans la question des terrains agalysiens.

Or, les roches cristallisées qui entrent dans la composition de l'écorce du globe, considérées uniquement sous le rapport de leur texture et par conséquent de leur mode de formation, ont certainement été formées par des voies et dans des circonstances très-différentes.

Les unes, évidemment dissoutes dans un liquide probablement aqueux, se présentent dans toutes les contrées de l'écorce du globe plutôt comme couches subordonnées que comme terrains : ce sont quelques calcaires, des gypses, le selmarin, etc. Il en a déjà été question, et ce ne sont pas ces roches toujours accompagnées de roches compactes qui doivent entrer dans la classe des terrains agalysiens ou terrains cristallisés par excellence, dont nous traitons ici.

Mais parmi ceux-ci on peut reconnoître trois modes de formation. Dans le premier, les roches offrent, avec une texture cristalline évidente, une structure stratifiée en grand, qui ne peut guère laisser douter qu'après avoir été dissoutes dans un liquide, elles n'en aient été séparées par voie de précipitation et de cristallisation confuse, ou, comme on le dit maintenant, par voie neptunienne : ce sont les *terrains agalysiens stratifiés ;* dans le second, les roches présentent une texture cristalline non moins évidente, mais on n'y découvre aucun indice de stratification ni en petit, ni en grand. Il est difficile de croire qu'elles aient été dissoutes et formées dans un liquide à la manière des premières; on peut présumer qu'elles ont été dans un état pâteux qui a dû donner par sa consolidation des masses cristallines, sans aucune trace de stratification : ce sont les *terrains agalysiens massifs.*

Enfin, dans le troisième mode de formation, le terrain cristallisé présente, avec les caractères de formation du second, des indices plus ou moins développés de l'action ignée, et par conséquent d'une formation par voie de fusion et de cristallisation par refroidissement : ce sont les *terrains agalysiens pyrogènes.*

Si dans la nature ces distinctions étoient aussi faciles à saisir que les définitions que nous en donnons paroissent précises, la division d'après les origines seroit simple et claire; les trois sortes de roches agalysiennes, que nous venons de distinguer d'après leur mode de formation, constitueroient autant de terrains, et il ne resteroit plus qu'une question à résoudre, solution non moins difficile à obtenir, celle de savoir sur quel autre terrain ils sont placés; par conséquent quelle est leur époque de formation relative et quelles sont celles de leurs diverses parties.

Mais il s'en faut beaucoup qu'on puisse amener ces questions à des solutions aussi simples et aussi précises.

Les terrains agalysiens stratifiés, les massifs et les pyrogènes, passent des uns aux autres par des nuances insensibles. Chacun d'eux passe même aux terrains de sédiment, et leur position est souvent encore plus obscure, encore plus incertaine que leur mode de formation.

Pour quelques roches que l'on distingue clairement, quelques cantons que l'on connoît bien, il est une multitude de cas dans lesquels on ne sait quel parti prendre; par conséquent, vouloir suivre dans ces terrains l'ordre des époques de formation comme le plus géologique, c'est placer deux ou trois points connus au milieu de vingt inconnus, et se perdre dans des suppositions perpétuelles.

L'ordre minéralogique, quoique plus artificiel, quoique rompant souvent de véritables rapports naturels, quoique présentant lui-même bien des points d'hésitation, m'a paru le plus simple, par conséquent le plus clair.

Tel est le principe que j'ai cru devoir adopter et qui m'a dirigé dans la disposition du tableau des roches qui composent les terrains agalysiens et les terrains massifs.

Quant à la subdivision des terrains agalysiens en épizoïques et hypozoïques, elle ne peut être établie que pour les lieux où cette position des terrains est connue avec certitude; elle ne peut s'appliquer aux roches qui composent ces terrains; car ces roches, prises isolément, n'offrent point, comme celles qui renferment des débris organiques, d'indice de leur position dans l'écorce du globe. Les tableaux ne présentent donc que l'énumération des roches qu'on a vues, ne fût-ce qu'une fois, superposées à des terrains renfermant des débris organiques. Ils montrent des parties communes aux deux divisions, parce qu'on a dû rappeler dans le tableau de la seconde division toutes les roches de même sorte au-dessous desquelles on n'a encore vu aucun débris organique.

Ces roches sont énumérées dans l'ordre qu'on présume être le plus général, en allant des superficielles aux plus profondes.

Entre ces masses minérales cristallisées et stratifiées sont interposées des roches de sédiment et de demi-cristallisation, renfermant des débris organiques. On y voit aussi des portions de roches massives qui les ont soulevées, brisées, et qui ont quelquefois même pénétré entre elles, soit en masse droite (*stehende Stöcke*), soit en amas couchés (*liegende Stöcke*).

La division que j'ai établie entre les groupes épizoïques et les groupes hypozoïques, est, comme je l'ai dit, très-incertaine: elle signifie seulement que les roches de la première division ont été vues au-dessus de roches renfermant des débris organiques, tandis qu'on n'a pas reconnu de tels débris d'une manière évidente au-dessous de celles de la seconde série. Il ne faut donc pas attacher à ces divisions plus de précision que je leur en donne et qu'elles ne peuvent en comporter.

Cette circonstance m'engage à réunir sous un même titre toutes les considérations relatives aux terrains agalysiens, et à ne les diviser que dans les exemples.

Les terrains agalysiens stratifiés s'étendent depuis les groupes quarzeux, schisteux et talqueux des terrains hémilysiens, dans lesquels ils entrent quelquefois par leurs roches de quarzite, de phyllade et de stéaschiste, jusqu'aux parties les plus inférieures de l'écorce du globe qui soient connues.

Comme leur nom l'indique, leur mode de formation est entièrement de dissolution; à peine renferment-ils quelques débris de leurs propres roches, quelques lits ou amas compactes.

Ils sont essentiellement stratifiés; leur stratification est en général peu puissante, et leur structure en grand passe à la fissile et à la feuilletée. Elle est généralement inclinée, quelquefois presque verticale.

Les bancs, lits et feuillets sont rarement plans : ils sont au contraire souvent ondulés, quelquefois même comme plissés et tordus. Les lames cristallines de mica et les petits lits de quarz hyalin, qui se trouvent dans les plis les plus aigus, sont pliés, contournés, mais point brisés (Simplon, vers le sommet; montagne de Mindi, au Finistère, etc.).

Ils ne renferment aucun débris organique, mais ils sont riches en minéraux pierreux et métalliques. Une multitude d'espèces de ces deux grandes classes ne se présentent que dans ces terrains; les minéraux combustibles charbonneux y sont au contraire très-rares.

Ces terrains constituent des pays immenses, des chaînes de montagnes entières, ou au moins des parties très-étendues de ces chaînes. Ils forment après les terrains massifs les montagnes les plus élevées du globe. Ces montagnes et les collines qui appartiennent à cette même classe, présentent ordinairement des crêtes élevées, aiguës, dentelées, et sur leurs flancs des sillons nombreux, étroits, déchirés et profonds.

Leurs masses ne renferment ordinairement ni cavernes, ni canaux, mais elles sont assez souvent divisées par des fissures rarement entièrement vides, et beaucoup plus souvent tapissées et remplies des minéraux et métaux qu'on mentionne dans le tableau de ces terrains. Les fissures, qu'elles soient pleines ou vides, sont tantôt simples et assez régulièrement prolongées dans une même direction, qui n'est presque jamais celle de la stratification, tantôt multiples et se croisant dans diverses directions. On les appelle filons et veines : le nom de veines s'applique plus ordinairement aux petites fissures. Lorsqu'elles se ramifient et se croisent sous toutes sortes de directions, on leur donne le nom de *plexus* et réseaux de filons (quelquefois *Stockwerke*); enfin, plusieurs de ces minéraux pierreux et métalliques forment, au milieu des roches qui composent ces terrains, des espèces d'amas lenticulaires parallèles à la stratification, qu'on nomme aussi amas couchés (*liegende Stöcke*), mais qui ont certainement une forme générale et une origine différente des gîtes que j'ai déjà indiqués sous ce nom.

Le tableau fait voir que les roches qui composent ces terrains sont presque toutes hétérogènes, et c'est aussi parmi les minéraux adventices ou accessoires à leur composition principale que se trouvent un grand nombre des espèces que nous avons nommées, et dont on désigne alors la manière d'être, en disant qu'elles s'y trouvent disséminées.

## I.er ORDRE. TERR. AGALYSIENS ÉPIZOÏQUES.

Les groupes de roches que je vais présenter sont plutôt fondés sur les rapports minéralogiques que sur la position géologique ; mais, je le répète encore, il n'y a pas de série géologique réelle dans les terrains agalysiens, et toutes les roches s'y présentent sans aucun ordre reconnu. Il ne s'agit que de faire l'histoire spéciale de chacune d'elles, de son association et de sa position relative la plus fréquente.

### 1.er *Gr.* TERRAINS AGALYSIENS CALCIQUES.[1]

Ce groupe présente le Calcaire comme terrain indépendant dans les terrains agalysiens; nous reverrons plus bas le Cal-

1 Comme plusieurs groupes des deux classes de terrains hémilysiens et agalysiens sont composés des mêmes roches, j'ai été obligé de leur

caire comme couche subordonnée dans la division hypozoïque de ces terrains.

1. Le CALCAIRE SACCAROÏDE lui appartient, et comme ce calcaire s'est présenté, ainsi qu'on l'a vu à l'article des terrains hémilysiens, accompagné en même temps de minéraux des terrains primordiaux (l'épidote) et de débris organiques (des encrines), il est possible que la masse principale de ce groupe soit plus souvent supérieure qu'inférieure aux débris organiques.

Ainsi, le calcaire saccaroïde des Pyrénées (à Cambo, pays basque), celui de Carrare, etc., qui se présentent d'une manière indépendante et dans une position indéterminée, appartiennent aux terrains agalysiens, sans qu'il soit possible de dire avec sûreté à laquelle des deux divisions de ce terrain on peut les rapporter.

Le CIPOLIN, qui n'est qu'une modification du calcaire saccaroïde, l'accompagne très-souvent.

2. L'OPHICALCE GRENUE. La stratification incertaine de cette roche fait présumer qu'elle appartient plutôt aux terrains massifs de dolomie qu'aux terrains stratifiés.

Ces terrains de calcaire indépendant constituent des montagnes entières et même des groupes de montagnes, dont les formes sont parfaitement celles que nous avons reconnues aux terrains agalysiens; mais cette circonstance est rare, et Carrare en est l'exemple le plus frappant.

3. Le CALCIPHYRE FELSPATHIQUE du col du Bonhomme dans le Mont-Blanc, seul exemple que l'on ait encore d'un calcaire

---

donner le même nom; mais j'ai cherché à indiquer leur différence de position par la différence des désinences : les groupes des terrains hémilysiens prennent la terminaison en *eux*, et ceux des terrains agalysiens la terminaison en *iques*.

presque compacte qui renferme des petits cristaux de felspath.

Le GYPSE SACCAROÏDE, comme roche subordonnée dans les terrains épizoïques des Alpes, du Valais (val Canaria), de Savoie et d'Isoverde, près Gênes, et dans les terrains hypozoïques du Mont-Cenis, etc. (d'après le *Synopsis* de M. Boué).

4. Le CALSCHISTE GRANITELLIN, mélange de schiste et de calcaire d'aspect cristallin, avec un enduit talqueux verdâtre, que relève la couleur rougeâtre qui est souvent propre à cette roche.

Elle appartient tout aussi bien à un groupe du terrain agalysien qu'au dernier des terrains hémilysiens, et paroît évidemment superposée à des terrains à débris organiques.

## 2.e *Gr.* TERR. AGAL. MAGNÉSIQUES.

Celui-ci, qui appartient aux terrains stratifiés et qui se distingue quelquefois très-difficilement du groupe ophiolitique des terrains massifs, ne renferme que les roches indiquées au tableau.

Presque tous les STÉASCHISTES composent ce groupe: dans les uns les minéraux qui lui sont attribués y sont disposés en petits amas ou couches; tels sont, dans le stéachiste rude (Pesey en Savoie), la galène, le cuivre gris; dans le stéaschise chloriteux du Var, le fer chromé, etc. Dans d'autres ils se présentent disséminés; tels sont, dans les stéaschistes stéatiteux et chloritiques, dans le talc laminaire, etc., les grenats (Trasquerra et Gondo sur le versant oriental du Simplon), les pyrites, le fer oxidulé, la triclasite, la phosphorite, la dolomie spathique, le disthène, la tourmaline.

Le CIPOLIN est également engagé dans ce groupe comme roche subordonnée. (Barège, dans les Pyrénées.)

L'OPHICALCE GRENUE paroît aussi lui appartenir. (Newbury en Massachussets, Newhaven en Connecticut.)

### 3.e Gr. TERR. AGAL. AMPHIBOLIQUES.

On ne peut y placer que les roches à base d'amphibole qui sont stratifiées; c'est un des premiers groupes des roches cristallisées qui ait été retiré des terrains primitifs pour être placé dans les terrains de transition, sous le nom de *Uebergangsgrünstein*. Il n'y a donc pas à hésiter sur la place à donner à ce groupe de roches, dont on retrouvera des variétés dans les terrains massifs.

On n'y connoît que les roches suivantes :

1. L'Amphibolite ;

2. La Diorite schistoïde, la Diorite sélagite, et les minéraux qui sont désignés au tableau.

### 4.e Gr. TERR. AGAL. PHYLLADIQUES.

Je ne vois rien qui puisse le distinguer efficacement du groupe schisteux des terrains hémilysiens, si ce n'est qu'il appartient peut-être aux terrains hypozoïques, et qu'il a une texture plus fine, plus éloignée de la sédimenteuse, et un éclat plus soyeux.

Phyllade satiné (rougeâtre très-brillant sur le granite de Maréjol près Mende).

Il renferme de l'anthracite, des macles (Burkhartswalde, en Saxe; Gefrees près Bayreuth, où il se rapproche du schiste argileux), du dipyre, des staurotides (à Coray, dans le Finistère; en Pensylvanie); enfin, c'est la roche qui se rapproche le plus des micaschistes par sa texture cristalline et par l'abondance du mica.

Ces phyllades sont souvent traversés par des veines ou des filons très-réguliers de quarz, de cuivre sulfuré, d'étain oxidé, etc. Le killas des mineurs de Cornouailles appartient à ce groupe et probablement à sa position hypozoïque.

## II.e ORDRE. TERR. AGAL. HYPOZOÏQUES.

Les groupes suivans et les roches qui les composent comme essentielles ou comme subordonnées, sont regardés comme s'étant montrés jusqu'à présent inférieurs, ou plusieurs fois, ou même toujours, à toutes les roches qui renferment des débris organiques.

On remarquera que ce caractère n'a rien de positif. Non-seulement il résulte d'une observation négative, c'est-à-dire de ce que dans tous les lieux où l'on a observé ces roches on n'a vu ni pu présumer au-dessous d'elles aucune roche à débris organiques ; mais encore on peut ajouter que c'est un caractère *par défaut;* car, comme on n'a jamais pénétré au-dessous de ces roches, on n'a aucune donnée pour affirmer qu'elles ne recouvrent pas une écorce de l'ancienne terre, renfermant, comme l'écorce actuelle, les débris des corps organiques qui l'avoient habitée.

Si ces roches étoient toujours situées à une grande profondeur au-dessous de l'écorce actuelle du globe, on pourroit présumer que la chaleur qui règne encore à cette profondeur, et qui, d'aprés la théorie actuellement admise, ne peut aller qu'en augmentant à mesure qu'on s'approfondiroit, devoit s'opposer à tout développement de la vie sur les terres inférieures à ces roches ; mais il n'en est pas ainsi : ces roches sont souvent situées moins profondément que les calcaires et les schistes qui renferment des débris organisés, et lors même qu'elles s'enfonceroient quelquefois au-dessous de ces derniers dans une grande profondeur, on ne pourroit encore rien conclure de cette position ; car on sait qu'il n'y a peut-être pas un myriamètre carré de la partie connue de l'écorce du globe qui soit dans la place où elle a été formée ou déposée primitivement ; d'ailleurs, il est présumable que les parties de cette écorce qui, en raison de leur profondeur actuelle, possèdent une haute température, n'avoient pas cette haute température, lorsqu'elles formoient la surface de la terre, ou qu'elles la perdroient, si elles n'étoient plus recouvertes.

Ainsi rien ne peut nous conduire à admettre qu'il n'y a aucune roche à débris organiques au-dessous des groupes de roches que nous nommons hypozoïques, et nous devons rappeler que cette expression n'est vraie que par rapport aux fossiles organiques que nous connoissons actuellement dans l'écorce du globe.

### 5.ᵉ *Gr.* TERR. AGAL. MICACIQUES.

En général le mica est beaucoup plus abondant dans les roches du second ordre que dans celles du premier. Il est ici dominant.

1. Le MICASCHISTE a jusqu'à présent été considéré comme s'étant toujours présenté au-dessous des terrains à débris organiques, et comme ayant toujours offert une texture complétement cristalline.

Il renferme en couches subordonnées le quarz hyalin, le schiste luisant, etc.

Parmi les minéraux indiqués au tableau comme se trouvant plus particulièrement dans le micaschiste, on doit remarquer le fer oligiste et le fer hydroxidé compacte, qui s'y présentent en amas couchés ( la Vergue des Loges près Bourbon-Vendée ); le titane ruthile, la tourmaline, le disthène, les grenats, le béryl aigue-marine, et notamment l'émeraude de l'ancien continent, en prismes disséminés (à Cosseir, en Arabie; au pied de l'Alpe de Sattel, vallée de Haubach, dans le Pinzgau, en Salzbourg); les pyrites, qui, par leur décomposition, s'altèrent d'une manière très-particulière (dans le micaschiste brun et quelquefois blanc, à mica verdâtre de Brunswick, district du Maine, États-Unis d'Amérique).

2. L'HYALOMICTE, qui n'est pour ainsi dire qu'un micaschiste plus quarzeux (hyalomicte schistoïde. Florac, dans la Lozère).

L'hyalomicte granitoïde est la gangue assez ordinaire de l'étain ; presque toutes les mines de ce métal sont accompagnées de cette roche.

## 6.e Gr. TERR. AGAL. QUARZIQUES.

Il se présente rarement en Europe d'une manière indépendante; mais il paroît qu'il forme dans l'Amérique méridionale, et notamment dans le centre de ce continent, des montagnes ou chaînes de montagnes entières très-remarquables par le grand nombre de minéraux et de métaux précieux qui s'y présentent disséminés ou qui sont implantés dans des cavités ou druses plus nombreuses en général dans ce groupe que dans les précédens.

1. Le QUARZITE HYALIN, qui est pour moi la désignation abrégée du quarz en roche, peut être regardé comme une modification de l'hyalomicte ou comme une roche subordonnée dans le terrain de micaschiste. Cependant cette roche prend au Brésil un accroissement considérable, forme des terrains presque indépendans, dont quelques parties donnent ce quarzite grenu qu'on a nommé grès flexible, et que M. Eschwege a décrit sous le nom local de *itacolumite.* Il paroît que c'est dans ses cavités que se trouvent les druses d'améthystes et celles qui sont tapissées de topaze.

2. Le SIDÉROCRISTE (*Eisenglimmerschiefer*). C'est une roche fort remarquable, parce que le fer oligiste et même le fer oxidulé en font partie constituante essentielle. Elle est au Brésil essentiellement stratifiée, et c'est au milieu de ses lits que se présente l'or natif en parties aplaties et disséminées, et que M. Eschwege soupçonne le gîte primitif des diamans.

Cette supposition s'accorde assez bien avec la nature ferrugineuse et la qualité quarzeuse du terrain plusiaque gemmifère.

## 7.e Gr. TERR. AGAL. GNEISSIQUES.[1]

Voici un des terrains le plus abondamment répandus à la surface du globe. Des contrées entières en sont presque entièrement formées. Il est composé, comme le granite, de felspath, de mica et souvent de quarz: il n'en diffère donc que par la structure stratifiée; mais cette structure, lorsqu'elle est claire, dominante sur un grand espace, ne permet pas de confondre cette roche avec le granite; car elle indique un mode de formation tout-à-fait différent, et qui ne peut s'accorder avec celui qu'on est dans beaucoup de cas forcé d'admettre pour le granite. Celui-ci peut avoir été formé par fusion pâteuse et consolidation cristalline; tandis que cette dernière voie paroît incompatible avec la structure du gneiss.

Cette considération tend à faire disparoître une partie de l'embarras qu'on éprouve pour placer dans deux ordres si différens que ceux où nous les mettons, le gneiss et le granite, composés des mêmes élémens; car il ne faut qu'un changement partiel dans le mode de précipitation et de cristallisation de ces élémens pour produire des granites neptuniens au milieu des gneiss (Laufenbourg sur le Rhin près Schaffhouse), tandis qu'on ne peut guère concevoir comment il se formeroit des gneiss typhoniens au milieu du granite. Probablement cela explique également comment on trouve de réels fragmens de gneiss et de micaschiste au milieu du granite (Greifenstein en Saxe); comment ces fragmens sont comme fondus dans la roche; comment ils ont dû l'être au moyen de la même action qui tenoit celle-ci à l'état pâteux, tandis qu'il est rare, si même on en a vu jamais, de trouver de véritables *fragmens* de granite dans le gneiss.

Néanmoins il est toujours assez difficile de concevoir de quelle manière deux modes, qu'on suppose si différens, ont

---

1 C'est-à-dire où le gneiss et les roches qui ont avec lui de l'analogie sont dominantes.

pu former des roches qui ne diffèrent que par la structure, et dans laquelle les élémens sont les mêmes sous tous les rapports.

1. Le GNEISS est la roche stratifiée la plus ancienne; au-dessous d'elle sont des masses inconnues ou des roches non stratifiées. Il atteint une élévation plus considérable qu'aucune autre roche de la même classe. Il est traversé de filons qui tantôt sont nettement séparés de la roche (calcaire spathique dans le gneiss pyriteux de Kongsberg), et tantôt semblent s'unir avec elle et s'y fondre. Sa stratification n'est pas toujours très-nette, parce que ses feuilles sont minces et contournées; mais sa structure, en petit comme en grand, est essentiellement fissile.

Mon objet ne peut pas être de présenter dans ce tableau des terrains l'histoire du gneiss plus en détail que celle des autres roches; je dois donc me contenter de faire ressortir ses principales particularités géologiques.

Les espèces minérales qu'il renferme ou disséminées ou dans les filons qui le traversent, ne diffèrent pas beaucoup de celles que contiennent les micaschistes et leurs roches subordonnées.

On remarque dans le gneiss proprement dit des grenats disséminés, des pyrites en petits lits (Kongsberg).

Les filons sont assez généralement composés de quarz hyalin, de pétrosilex, de calcaire spathique, de fer carbonaté spathique, de barytine. Ces filons renferment de la galène à grains fins, du cuivre sulfuré, du cuivre gris, de l'argent natif, etc.; de la blende plus rarement.

Les roches subordonnées au gneiss sont:

Le MICASCHISTE lui-même.

L'EURITE SCHISTOÏDE, qui paroît avoir quelques minéraux particuliers, tels que le disthène, les grenats (Langenberg, Hartmannsdorf en Saxe; vers Algaby au Simplon).

Le Granite peut s'y trouver et s'y montre en effet; mais on remarquera qu'en attribuant au granite un mode de formation tout-à-fait différent de celui du gneiss, cela ne permet plus de le comparer avec cette roche sous le rapport de l'ancienneté, établi par l'ordre de superposition. Il est alors comme roche subordonnée dans le groupe gneissique, et y prend quelquefois un développement tel qu'on ne sait plus si on doit regarder les terrains que composent ces deux roches comme appartenant au gneiss ou au granite.

L'Amphibolite schistoïde, d'une structure cristalline très-nette, très-brillante, ce qui la fait un peu différer de celle qui appartient aux terrains hémilysiens et aux terrains typhoniens (Kongsberg; Malsjö en Vermeland; vers le sommet du Simplon).

Le Stéaschiste.

Le Calcaire saccaroïde, ou plutôt le cipolin en lit ou couche, alternant avec le gneiss et étant par conséquent et évidemment de la même époque que lui. C'est la manière d'être la plus ordinaire du calcaire hypozoïque des terrains agalysiens. En outre, le calcaire lamellaire ou saccaroïde en bancs subordonnés est rarement pur: il est au contraire mêlé d'un grand nombre de minéraux, dont j'ai indiqué les principaux au tableau de ce groupe. Ils y sont disséminés en grains ou réunis en paquets. Cette disposition nous explique pourquoi les carrières de beaux marbres statuaires offrant cette roche sans altération, en grande masse et d'une manière continue, sont si rares. En parlant du calcaire saccaroïde en terrains indépendans, nous n'avons pu citer que Carrare, quelques parties des Pyrénées, etc., tandis qu'ici les exemples sont si abondans qu'on pourroit en remplir plusieurs pages.

### *Exemples du groupe gneissique.*

Le sommet du Simplon: toutes les roches subordonnées au gneiss s'y présentent réunies d'une manière très-remarquable.

La plupart des gîtes de minérais de Suède, tels que le cobalt en cristaux disséminés dans le calcaire à Tunaberg, la galène argentifère de Sahla en veines dans un calcaire saccaroïde et dans un ophicalce, les carrières de pierres à chaux de Malsjö et Gullsjö dans le Vermeland, qui renferment de la sahlite, de la grammatite, de la parantine, etc., appartiennent à cette disposition des calcaires en couches subordonnées dans les groupes micacique et gneissique des terrains agalysiens.

Il y a à Sainte-Marie-aux-mines, dans les Vosges, au milieu du terrain de gneiss, une couche de calcaire lamellaire mêlée de sahlite, etc., qui a la plus complète analogie avec celle de Vermeland que je viens de citer. J'ai vu l'une et l'autre. — Le gîte si remarquable de Glentilt, en Écosse, décrit par M. Macculloch, paroît être absolument dans la même position. — Le fameux minérai de fer de Dannemora, en Uplande, avec tous les minéraux si variés qui l'accompagnent, est engagé dans un calcaire saccaroïde, tantôt blanc, ce qui est rare, tantôt brun et manganésifère, qui peut être rapporté à cette époque, à moins qu'on ne le considère comme un amas droit dans un terrain de granite.

La Saxe présente encore de nombreux exemples de cette disposition.

## 2.e Considération.

## *TERRAINS HORS DE SÉRIE* ou *MASSIFS*, ou **TERRAINS TYPHONIENS.**[1]

Nous venons de quitter les roches ou terrains stratifiés les plus profonds qu'on connoisse, et de terminer l'examen de toutes les zones qui composent cette mince enveloppe du globe. Nous avons déjà dit que cette enveloppe n'étoit pas uniquement composée de ces zones parallèles, et nous avons même été obligé d'indiquer quelquefois des roches qui semblent n'en point faire partie et en interrompre la continuité même assez fréquemment.

Ce sont ces roches que nous devons maintenant examiner.

Nous ne pouvons encore, et beaucoup moins ici qu'ailleurs, suivre dans leur histoire l'ordre de leur superposition, puisqu'elles ne sont pas superposées. Nous ne pouvons pas non plus suivre l'ordre chronologique de leur apparition à la surface du globe; car il n'est pas sûr que les différentes espèces de roches qui composent ces terrains se soient constamment suivies dans le même ordre, ni que la même roche ait paru à la même époque géognostique sur toute la terre. Plusieurs observations semblent indiquer des irrégularités dans leur apparition, et si ces observations étoient erronées, que ces terrains eussent été poussés hors du sein de la terre

---

1 Typhon est un des principaux géans qui ont voulu escalader le ciel en entassant les montagnes les unes au-dessus des autres, et qui, enseveli dans les entrailles de la terre, tend encore à en soulever l'écorce. Je me rencontre dans cette dénomination d'une manière aussi flatteuse que complète avec ce que M. Daubeny pense de l'analogie du typhon des Égyptiens et des Grecs avec l'action volcanique, les soulèvemens de terre, etc. *A description of volcanos*, etc., 1826, p. 440, note: *On the typhon*, etc.

*Massive oder vulkanische Formationen.* KEFERSTEIN.

toujours et partout dans le même ordre, la géognosie est encore trop peu riche en observations précises pour nous avoir fait connoître cet ordre.

Ces considérations me décident à classer ces terrains dans l'ordre minéralogique, à grouper ensemble ceux qui se trouvent le plus souvent associés, et à placer ces groupes dans l'ordre d'apparition qu'on est le plus disposé à admettre.

Je suivrai une marche inverse de celle que j'ai adoptée pour présenter la série des terrains neptuniens. Je chercherai à remonter des profondeurs où nous sommes arrivés à la fin du précédent article, vers la surface du globe. Une circonstance m'y décide : elle est presque seule, mais elle est importante; c'est la liaison intime du gneiss et du granite, c'est la ressemblance de nature, de forme, de position du groupe granitoïde des terrains typhoniens avec les derniers groupes des terrains agalysiens.

On a donné au §. 2 de l'article 2 de l'introduction les caractères des terrains massifs ou *hors de série*; nous ne devons donc pas revenir sur les caractères généraux de ces terrains, mais seulement sur ceux qui sont propres à chaque ordre et à chaque groupe.

## VIII.e CLASSE. TERRAINS PLUTONIQUES ou D'ÉPANCHEMENT. [1]

Cette classe de terrains est en grande partie composée de roches à structure cristalline, qui ne diffèrent de celles des terrains agalysiens que parce qu'elles ne sont pas stratifiées.

Leur mode de formation est donc entièrement chimique.

Leur texture cristalline est généralement compacte, et il

---

1 Ces terrains, sortis des entrailles de la terre, semblent, dans beaucoup de circonstances, s'être épanchés à sa surface.

*Massive oder plutonische Gebilde*. Boué.

n'y a parmi elles que quelques roches qui présentent ces cavités ou boursouflures qui indiquent un état de fusion. C'est donc principalement leur position, leur influence sur les roches avec lesquelles ils sont en contact et leur passage insensible à des roches qui ont évidemment éprouvé l'action du feu, qui font présumer que ces terrains ont éprouvé une sorte de liquidité pâteuse.

Ils s'étendent, en allant de bas en haut, depuis les terrains agalysiens les plus profonds, ou le dessous du gneiss, jusqu'au-dessus de la craie, ou aux parties inférieures des terrains thalassiques.

Les roches qui les composent n'atteignent pas toutes ces deux limites.

Le groupe granitoïde est celui qui part de plus bas et qui monte le moins haut; le groupe trachytique paroît s'étendre jusqu'aux limites que nous venons de désigner comme étant les plus élevées, et même les dépasser.

Les terrains plutoniques montrent dans leur structure en grand, tantôt des parties tout-à-fait irrégulières, tantôt des parties prismatoïdes.

Ils forment de grandes masses sans stratification, à surfaces quelquefois comme arrondies, mamelonnées même; mais ils ne présentent jamais de réelles coulées.

Ce terrain couvre des étendues considérables de pays, forme des montagnes et chaînes de montagnes d'aspect différent, et quelquefois d'une très-grande élévation, suivant les groupes de roches qui les composent.

C'est un des terrains qui présentent la plus grande uniformité, tant dans leur ensemble que dans leurs parties, sur toute la surface du globe.

C'est aussi celui qui renferme le plus d'espèces minérales et le plus de métaux; mais ses groupes diffèrent beaucoup les uns des autres par cette circonstance et par la manière dont ces corps s'y présentent.

On n'y rencontre ni grandes fissures étendues et vides, ni cavernes.

Il ne contient aucun débris organique.

Toutes ces circonstances s'accordent très-bien avec l'idée qu'on peut se faire de masses cristallisées confusément.

### 1.er *Gr.* TERR. PLUT. GRANITOÏDES.

Ce groupe est très-naturel, car les roches qui le composent se ressemblent tant par leur structure et la nature de leurs parties qu'on les a pendant long-temps confondues ensemble, et que c'est encore avec quelques difficultés qu'on parvient à les distinguer.

Le felspath en est le principe dominant; la structure cristalline y est parfaitement développée. Ce groupe se présente en masses d'une étendue et d'un volume considérables, formant des montagnes entières, des plateaux, des chaînes même, dont les contours sont plus arrondis, plus mamelonnés que ceux des terrains qui appartiennent aux autres groupes. Il n'offre aucun indice de stratification réelle, mais des fissures souvent nombreuses et presque toujours très-irrégulièrement disposées. Ces fissures ressemblent aux félures qui traversent certaines grandes masses vitreuses de composition plus terreuse qu'alcaline, et qui, adhérant aux parois des vases où elles ont été fondues, ne peuvent obéir à la retraite de refroidissement qu'en se divisant en parties fragmentaires.

Le Granite étoit regardé autrefois comme la roche la plus ancienne; mais on remarqua bientôt qu'elle n'étoit pas cependant toujours la plus inférieure et qu'elle recouvroit des gneiss, des micaschistes, même des schistes dits primitifs. Alors on distingua deux âges de granite, et on s'efforça de trouver des caractères dans la grosseur du grain, l'abondance du quarz, l'absence de certains métaux, la couleur même, pour distinguer le granite primitif de celui qui étoit postérieur au schiste. Notre manière de considérer cette roche, d'après les observations récentes et les vues des géognostes modernes, semble éclaircir un peu cette question, en distinguant deux origines de granites : l'une, roche subordonnée au terrain neptunien et faisant partie du gneiss, et l'autre d'origine typhonienne, toujours massive, s'élevant de dessous le gneiss et peut-être encore d'une bien plus grande profondeur, pour s'épancher sur les différentes surfaces du globe, et même pour pénétrer, en les soulevant, jusque dans l'intervalle des roches stratifiées, déposées avant sa sortie.

Le premier granite ne peut se trouver que dans le gneiss et tout au plus dans le micaschiste, puisqu'il ne semble en différer que par son mode de structure cristalline. Le second, au contraire, celui dont on va donner l'histoire abrégée, peut se présenter sur plusieurs groupes des terrains neptuniens.

1. Le Granite, roche principale du groupe auquel il donne son nom, se présente aussi, comme on l'a dit plus haut, dans les terrains stratifiés, où il fait partie des roches de gneiss; mais il paroit avoir une tout autre origine que celui dont il est question ici. Cependant on ne peut trouver encore de caractères propres à faire distinguer le granite commun neptunien du granite commun plutonien, lorsque ces roches se présentent hors de leur position; néanmoins la variété de Granite nommée porphyroïde paroit appartenir exclusivement à la division des terrains massifs.

Le Granite plutonien se montre depuis les plus grandes profondeurs connues jusqu'à une élévation de plus de douze cents mètres au-dessus du niveau de la mer, depuis le dessous du gneiss jusque dans le grès bigarré; non pas qu'on l'ait toujours et clairement vu en recouvrement sur les roches inférieures à celle-ci; mais parce qu'une roche d'agrégation qui paroit être une suite et une dépendance du granite (l'arkose granitoïde), et qui se lie intimement avec lui, se lie également avec le lias et le calcaire à gryphites supérieur à ce grès.[1]

Outre les montagnes, plateaux et autres masses immenses qu'il présente à la surface de la terre, sur une étendue et avec une indépendance qui ne permettent point de déterminer ses rapports avec les autres roches, on le cite encore en amas droits, en espèces d'énormes filons traversant des terrains stratifiés de schistes et de traumate (en Bavière : en Saxe, la roche de topaze; à Rozena en Moravie, avec lépidolithe; en Écosse, Bohême, Finlande, dans les Pyrénées, etc., Boué), et en amas couchés sur des terrains hémilysiens, schisteux et calcaire enzoïque (Erzgebirge en Saxe, De Bonnard. Écosse; Norwége). — M. Boué place dans cette position le granite stannifère de Zinnwald en Bohême, celui de Baveno, qu'il attribue même à l'époque de la formation des terrains houillers. Enfin, on rapporte à la formation du lias, comme je l'ai fait présumer plus haut, mais par une autre considération, le granite porphyroïde, qui, dans les environs de Predazzo, s'élève en pilier ou masse droite (*Kegel oder stehender Stock*) au-dessus du lias.

Ces résultats d'observations si différentes et si difficiles à faire, que l'on a eu tant de peine à admettre séparément, acquièrent par leur réunion une grande force et conduisent à faire reconnoître que le granite plutonien, et notamment le porphyroïde, a paru à plusieurs époques à la surface de la terre, en recouvrant à chaque époque une partie des terrains qui formoient alors la surface extérieure de la croûte du globe.

Il paroît donc s'être épanché sur la terre, d'abord :

---

1 De Bonnard, Mémoire sur les terrains de Bourgogne (Annales des mines, 1825, t. 10, p. 193 et 427), et mon Mémoire sur les arkoses (Ann. des sc. nat., 1826, t. 8, p. 157).

Après les terrains hémilysiens schisteux (Erzgebirge, près Dresde) et calcareux (Norwége);

Ensuite, après les terrains abyssiques houillers;

Enfin, après le grès bigarré, jusque dans l'époque du lias (Predazzo; Bourgogne), et même de l'oolithe inférieur (Ord de Laithness, N. de l'Écosse, Murchison).

Le Pegmatite et le Kaolin ne doivent être considérés que comme des roches subordonnées au granite. L'un et l'autre paroissent appartenir aux plus anciennes époques ou formations de granite. La structure très-laminaire du felspath dans le pegmatite et le voisinage des roches granitoïdes-ferrugineuses, paroissent avoir eu quelque influence sur la décomposition du felspath en kaolin. Les principaux gîtes de kaolin connus présentent cette double circonstance. (Saint-Yrieix, près Limoges; Cambo, près Bayonne; les Pieux, près Cherbourg; Aue, près Schnéeberg, etc.)

Le granite, tant le commun que le porphyroïde, renferme peu de métaux : ils y sont en veines ou petits filons souvent intimement liés avec les roches. Ils sont quelquefois très-bien réglés, mais assez ordinairement peu puissans.

Nous avons donné au tableau l'énumération des principaux minéraux et métaux qui se trouvent dans le granite. Presque tous ces minéraux sont ou disséminés, ou en veines, ou en cristaux implantés dans quelques cavités : c'est ainsi que se présentent les beaux cristaux de quarz hyalin de Savoie, du Vallais, de Madagascar, etc.

L'absence de quelques minéraux ou au moins leur rareté n'est pas moins remarquable que la présence constante de quelques autres : ainsi l'or natif, l'argent natif, le cuivre pyriteux, les pyrites ordinaires, le calcaire spathique, si même il s'y trouve jamais, les grenats, etc., sont fort rares dans le granite, tandis que le titane ruthile, l'étain, l'urane, le fer arsenical, le molybdène, le wolfram, la tourmaline, le béryl, etc., s'y présentent assez communément.

2. La Protogyne, qui ne diffère du granite que par la présence du talc, appartient peut-être tout autant aux terrains stratifiés qu'aux terrains massifs; cependant sa stratification, quoique plus sensible que dans les granites, est encore très-imparfaite, et sa position la rapproche tellement des granites épizoïques, qu'on croit devoir la placer plutôt parmi les terrains typhoniens que dans les terrains neptuniens.

Ses circonstances de texture, de structure, même de forme extérieure, sont à peu près les mêmes que dans le granite; seulement elle paroît former des montagnes plus hautes et plus aiguës (le Montblanc et la plupart des aiguilles qui l'accompagnent).

3. La Syénite, encore plus semblable au granite par sa texture, est de toutes les roches du groupe granitoïde celle qui a la structure la plus cristalline et la plus massive, et dont la position au-dessus des terrains hémilysiens schisteux et calcareux enzoïques soit la moins contestée.

Elle passe au Diorite et celui-ci à la Sélagite par des nuances si insensibles, que nous ne pourrions faire distinguer ces roches que par des détails d'exemples locaux et des circonstances légères qui ne peuvent trouver place ici. Mais la syénite présente très-rarement des traces de stratification (Flamanville, près Cherbourg), et on n'y connoît pas de variétés schistoïdes, tandis que le diorite en offre qui ne peuvent être douteuses.

L'embarras de distinguer ces roches est, comme on l'a dit, une preuve des rapports naturels qui lient entre elles celles qui composent ce groupe.

Les circonstances tirées de la présence des métaux en filons et de celle des minéraux, sont aussi à peu près les mêmes dans ces trois roches. Elles en renferment en général encore moins que le granite, et ce sont plus particulièrement ceux qui sont énumérés au tableau. On doit faire remarquer que le titane sphène est tellement constant dans ce groupe, qu'on le donne comme un caractère empirique propre à le faire reconnoître. Le zircon est encore un minéral assez remarquable dans quelques syénites, qui en ont pris leur nom (syénite zirconienne de Norwége); on le trouve également dans cette même roche en Groënland et dans les environs de Miask en Sibérie.

Les mêmes époques de formation et les mêmes lieux que nous avons cités comme exemples de la superposition du granite sur les roches hémilysiennes enzoïques, et même sur des terrains yzémiens, offrent d'une manière encore plus évidente la syénite dans cette position. On la voit même sortir, sous forme de gros filons ou de puissantes masses droites, du milieu des couches de ces terrains. Les îles et rives du golfe de Christiania, tout près de cette ville, en montrent des exemples nombreux et frappans.

### *Exemples du groupe* GRANITOÏDE.

Toute la terre en est couverte. Le choix et la description des exemples choisis feroient seuls un ouvrage. Je me contenterai de prendre pour exemples quelques-uns de ceux que j'ai vus ou que j'ai sous les yeux.

La Corse, avec ses protogynes, ses diorites orbiculaires, ses pyromérides globaires, ses euphotides, etc., offre la réunion de tous les groupes des terrains plutoniques; les granitoïdes néanmoins paroissent dominer.

Les montagnes des environs de Limoges et de Saint-Yrieix, malgré la réalité de la stratification du gneiss et de la diorite schistoïde qui s'y présentent, montrent, dans les carrières de kaolin même, un exemple de la manière dont toutes les parties des roches granitoïdes ont été comme pétries et mêlées.

On voit sur la côte du Cotentin, de Cherbourg aux Pieux, une syénite granitoïde dont la composition, la couleur, la texture et la disposition ont la plus grande ressemblance avec celles de Drammen en Norwége. Il y a dans ce même lieu, et surtout un peu plus loin, à l'ouest, près de Chatelaudrun, des masses puissantes de trappite dans ce granite syénitique, comme dans les parties de la Scandinavie que j'ai citées. La ressemblance des roches, tant principales qu'accessoires, est à s'y méprendre.

Dans les Vosges, dont la structure générale a été si bien exposée par M. Voltz[1], le groupe granitoïde est dominant, mais il l'emporte de peu sur l'entritique. Il renferme les plus belles syénites qu'on puisse citer avec celles de Norwége, d'Égypte et de Syrie.

Les syénites du Harz, leur mélange (au Rehberggraben, etc.) avec des trappites ou des eurites (*Hornfels*), rappellent toujours la même disposition de ces roches entre elles dans toutes les parties de la terre, et on doute si le granite du Brocken et de ses annexes n'appartient pas au groupe que nous décrivons, et s'il n'est pas épizoïque.[2]

Les pegmatites du *Stockwerk* de Geyer, les syénites des bords de l'Elbe, entre Zehren et Meissen[3], et celles de la vallée de la Müglitz, au sud-est de Dresde, diffèrent un peu des précédentes en se rapprochant de celles de Scandinavie de la manière la plus frappante. Nous n'avons pas besoin de rappeler que MM. de Raumer et de Bonnard ont prouvé qu'elles recouvrent aussi des terrains analogues.

La Bohême, à Carlsbad; la Hongrie, dans divers lieux (Hodritz, etc.), offrent des exemples de ces terrains massifs de syénite, de protogyne, de diorite.

---

1 Aperçu de la topographie minéralogique de l'Alsace, un cahier de 66 pages; Strasbourg, 1828.

2 M. Hausmann n'admet pas ce doute, et regarde le granite du Brocken comme étant inférieur à toutes les roches du Harz.

3 Suivant M. Weiss, la syénite de Veinbola près Meissen, seroit postérieure à la glauconie crayeuse. On la voit dans ce lieu et près de Hohenstein, placée sur ce terrain crétacé, caractérisé par ses ammonites, térébratules, etc.

La Norwége présente des exemples célèbres de ces roches granitoïdes typhoniennes. — A Brambokamp en Hadeland : diorite granitoïde, avec pyrite ; disposition fort remarquable, décrite par M. Keilau. A Rotangen, près d'Holmstrand, et à Drammen, vers Solberg : syénite rougeâtre très-caractérisée ; quelques cavités drusiques présentent des cristaux de felspath et de quarz, comme à Baveno. A Laurwig, Friederichswarn : syénite zirconienne, si célèbre par les beaux zircons qu'elle renferme, avec éléolithe. — Il n'y a dans ces roches aucune trace de stratification ; les collines ressemblent à de gros tubercules de la surface du globe ; un grand nombre d'entre elles est traversé par des filons de trappite (Vasbotten).

## 2.e *Gr.* TERR. PLUT. ENTRITIQUE.[1]

Pendant long-temps on a regardé les roches qui composent ce groupe comme primitives. Mais ce sont cependant les premières, parmi les roches dures cristallisées, que l'on ait sorties de cette classe.

Ce groupe est aussi naturel que le précédent. Ses roches se mêlent, se pénètrent, passent des unes aux autres par des nuances nombreuses. Les variolites elles-mêmes, qui semblent s'éloigner le plus des autres, passent en Corse et ailleurs au porphyre rouge, lorsqu'elles sont rouges, et à l'ophyte, lorsqu'elles sont verdâtres.

Le mode de formation est moins nettement cristallin dans ces roches que dans celles du groupe précédent. Il faut plus d'attention, surtout quand elles ont pris par un commencement d'altération une texture terreuse, pour s'assurer qu'il n'y a rien de sédimenteux.

L'histoire générale de ce groupe convient donc à peu près complétement à presque toutes les roches qui le composent.

---

1 Composé de roches dont la pâte est comme lardée de cristaux ou pétrie de nodules et de parties cristallisées confusément.

Le groupe entritique, dont il a été déjà fait mention, comme 7.$^{e}$ groupe, à l'article des *terrains abyssiques* et tout près du groupe houiller, s'étend sur un bien plus grand espace dans la série des terrains qui composent l'écorce du globe.

Il tire son origine sans aucun doute des couches de la terre inférieure au gneiss et au micaschiste, puisqu'il traverse ces roches anciennes en grands et puissans filons; le gneiss (à Schwartzenteich, Rothfurth, près Freyberg), et le micaschiste (à Marienberg). Mais le terrain entritique semble néanmoins postérieur au gneiss, tandis que le granite, même le granite massif, est antérieur à cette roche, qui peut, par sa nature bien déterminée et par sa position simple, servir comme de terme de départ à toutes les formations.

On peut donc concevoir à peu près comme il suit cette différence entre la position des roches à leur source ou point de départ, et leur position de formation ou d'épanchement à la surface du globe; nous aurons plus bas de nombreuses occasions de faire l'application de cette règle.

Ainsi, en admettant, avec presque tous les géologues modernes, que la plupart des filons, et surtout les filons de roches, viennent d'en bas, il faut aussi admettre que la source des matières qui composent ces filons, est inférieure à la roche qu'ils traversent. Or, comme des filons de porphyre traversent le gneiss, il faut reconnoître que la masse, ou au moins les matériaux des porphyres, sont au-dessous du gneiss.

Mais il ne paroit pas que cette roche se soit étendue à la surface de la terre, qu'elle y ait formé terrain avant le dépôt du gneiss, car je ne connois pas d'exemple d'un terrain de gneiss bien caractérisé, placé évidemment sur un terrain de vrai porphyre.

Il n'en est pas ainsi du granite. Quoique cette roche soit souvent intimement mêlée avec le gneiss, qu'elle le traverse même en filons, on admet que le gneiss est, dans plusieurs cas, évidemment superposé au granite.

Ainsi le groupe entritique paroît ne s'être étendu à la surface de la terre que lorsque le gneiss et probablement le micaschiste, peut-être encore d'autres roches, avoient déjà formé la partie inférieure de l'écorce du globe.

Telles sont les limites inférieures du groupe entritique, suivant l'acception qu'on doit donner, dans le cas actuel, au mot de *limite*, et en ne plaçant dans le groupe entritique plutonique que les roches auxquelles on a donné le plus généralement les noms de *porphyres*, de *mélaphyres*, d'*eurites porphyroïdes*, etc., roches qui ne renferment que des cristaux ou nodules de felspath sans augite.

Les limites supérieures du groupe entritique, ainsi caractérisé, ne sont peut-être pas plus élevées que celles du granite et de la syénite ; mais, si on y comprend les roches trappéennes, alors ce groupe monte jusqu'au-dessus de la craie, et il se confond, dans cette partie, avec quelques roches trachytiques ou trappéennes des terrains pyroïdes. J'ai cherché à éviter cette confusion, et je crois que les limites que j'assigne à ce groupe sont plus naturelles, ainsi que les développemens suivans vont le prouver.

En cherchant les différentes époques géognostiques auxquelles le véritable groupe entritique a paru, et pendant lesquelles il s'est épanché à la surface du globe, on croit pouvoir établir les époques d'apparition suivantes.

La première, qui, comme on vient de le dire, forme la limite inférieure, paroît avoir eu lieu immédiatement après le dépôt des micaschistes et des schistes satinés et même argileux (Erzgebirge, Bohême, Écosse).

La seconde époque seroit celle des terrains hémilysiens enzoïques, calcaire, schisteux, phylladien et psammitique (en Angleterre, au Harz ? en Transylvanie).

La troisième apparition du groupe entritique, si toutefois elle diffère réellement de la seconde, auroit eu lieu à l'époque des terrains carbonifères, et se confondroit, selon moi, avec celle des terrains houillers; elle présenteroit, avec de véritables porphyres, des mélaphyres, des eurites porphyroïdes, des argilophyres, quelquefois disposés en couches, d'autres fois en masses droites, remplies de fragmens : circonstances qui indiquent assez clairement une sorte d'exubération du bas en haut. J'ai déjà parlé de ces roches et de leur position dans le terrain abyssique houiller. Ce sont les mêmes que je rappelle ici, et je n'ai aucun exemple remarquable à ajouter à ceux qui ont été cités à cet article.

Mais on peut porter encore plus haut quelques roches de ce groupe. M. Élie de Beaumont a observé au col du Chardonnet, dans les Alpes de Briançon, lieu que j'ai déjà cité, une roche qu'il regarde avec raison comme pétrosiliceuse, et qui est une véritable eurite felspathique un peu amphiboleuse. Cette roche du groupe entritique paroît s'être placée en couches assez étendues et assez puissantes entre les fissures de stratificatiou du terrain que ce même géologue rapporte au lias. Elle auroit donc paru à la surface du globe après l'époque du dépôt ou de formation du terrain de lias, et sa *formation de position* seroit postérieure à celle du lias.

Les spilites agatifères et quelques trappites ont accompagné avec une grande abondance ces dernières époques du groupe entritique, et lient le terrain plutonique avec le terrain pyroïde à un tel point, qu'on ne sait où en placer les limites.

C'est aussi, suivant moi, la dernière émission des véritables porphyres, c'est-à-dire de roches à ciment coloré renfermant abondamment du felspath et point ou très-peu d'augite, minéral des terrains pyroïdes. J'ai pareillement posé ce principe à l'article déjà cité du terrain abyssique, mais je ne pouvois pas alors le développer. C'est maintenant le cas de faire remarquer que toutes les roches qui accompagnent ce groupe ou qui lui sont inférieures sont essentiellement felspathiques, et que les pyroxènes qu'elles contiennent, quand elles en renferment, appartiennent plutôt à l'espèce du sahlite qu'à celle de l'augite, tandis que toutes les roches entritiques supérieures, qu'on désigne aussi sous le nom de porphyres, en n'ayant égard qu'à leur structure, sont plutôt des basanites pyroxéneux ou augitiques (*Augit-Porphyr*) que de véritables porphyres. Ainsi les roches porphyritiques qu'on indique sous le nom d'*augitporphyr* du calcaire conchylien dans le Vicentin, à Predazzo, etc.; celles qu'on indique encore comme telles au-dessus du lias et même de l'oolithe, également dans le Tyrol et le Vicentin; celles qu'on cite au-dessus de la craie, à Schio dans le Vicentin, à Belfast en Irlande, sont des basanites pyroxéneux d'une nature très-différente des porphyres brun-rouges (*Nadel-Porphyr*) et des mélaphyres si riches en felspath; elles indiquent ou une composition différente, ou une combinaison différente des mêmes principes; elles font donc présumer que ces roches peuvent avoir pris leur source dans une couche de l'intérieur du globe, qui étoit d'une nature différente de celle qui a produit les porphyres véritables, ceux dont il est ici question, ou qu'elles ont été formées à une autre époque et dans d'autres circonstances, ce qui établit des différences essentielles en géognosie.

Les Ophites, Variolites, et autres roches de ce groupe, sont sans importance et peuvent être considérés comme de simples modifications de structure des roches fondamentales; elles n'impriment aucun caractère particulier aux terrains entritiques.

Les pays et montagnes qui appartiennent au groupe entritique ont un tout autre aspect que ceux qui ne renferment que des granites. D'abord ces pays sont toujours beaucoup moins étendus; ce sont même assez souvent des terrains ou formations morcelés. Les montagnes moins hautes ne sont ni arrondies, ni déchirées, mais plutôt coniques, avec de singulières dépressions sur leur flanc (dans les environs de Saulieu). Ils forment aussi des plateaux convexes avec des bords escarpés et étagés.

La structure en grand est massive, c'est le caractère de ces terrains; mais ces masses se divisent en prismes, en plaques ou en sphéroïdes, à la manière des basaltes (Fierfeld, près Creutznach, dans le Mont-Tonnerre).

Le groupe entritique présente peu de minéraux disséminés. On n'y cite guère que des grenats? de l'amphibole qu'on prend quelquefois pour du pyroxène, de l'épidote, du calcaire spathique en petites lames, des pyrites rares et en nodules, de l'agate, du jaspe, de la chlorite. Il paroît cependant renfermer quelques filons ou plutôt des veines qui contiennent des minéraux et des minérais peu nombreux et peu abondans. Tels sont le quarz, la barytine, le fer hydroxidé compacte et le fer oligiste, des manganèses ternes et même du mercure.

On a appliqué le nom de porphyre à tant de roches de nature différente, qui n'ont de commun entre elles que la structure, qu'il est probable qu'on doit rapporter aux trachytes beaucoup de mines qu'on disoit autrefois être exploitées dans le porphyre.

### *Exemples du groupe* ENTRITIQUE.

Ils sont trop nombreux et trop évidens pour en multiplier les exemples; je me contenterai de citer ceux que j'ai vus ou sur lesquels j'ai quelques notions particulières.

Montagnes de Lesterel, près Fréjus : amas remarquable de monticules, qui rappelle plusieurs parties de la Norwége. Les porphyres et presque toutes les roches du groupe entritique, sauf l'ophite, s'y présentent.

Entre Rouane et Saint-Symphorien : porphyre quarzeux, rougeâtre. La montagne de Tarare offre des eurites verdâtres, associées avec des trappites, etc.

Entre Saulieu et Lucenay, près Chisey : buttes de porphyres quarzeux brun-rouges et d'eurite porphyroïde verdâtre, présentant les formes extérieures que j'ai indiquées dans les caractères généraux de ce groupe.

Le Mont-Tonnerre, dans une grande partie de son étendue, mais principalement du côté de Creutznach, présente un exemple frappant de la disposition du groupe entritique dans ses porphyres, ses mélaphyres, etc.

Recoaro en Vicentin : porphyre? rougeâtre, traversé de filons de trappite et de spilite, comme à Bærum en Norwége.

Schio, val d'Orco : porphyre brun et amygdaloïde gris-vert pâle.

Les porphyres brun-rouges et quarzeux de Morl, près de Halle en Saxe, ne diffèrent de ceux de Lyon, de Saulieu, que parce qu'ils renferment du kaolin; ceux de Chemnitz s'en éloignent un peu en passant aux eurites et aux argilophyres.

En Scandinavie, aux environs de Christiania, Tifholms-udden, Sundewold, Wettakullen, Bærum : porphyre brun-rouge, avec épidote, traversé de filons de trappite.

### 3.e *Gr.* TERR. PLUT. OPHIOLITHIQUE.

Ce groupe est un des mieux caractérisés par sa nature, sa structure, ses formes, sa position, ses roches et toutes ses circonstances géologiques, de tous ceux qui entrent dans la composition de l'écorce du globe.

Cependant, comme toutes les roches, il passe par des nuances insensibles aux groupes talqueux et magnésique du terrain stratifié, mais c'est plutôt par sa nature que par sa structure; car ce dernier caractère est des plus tranchés dans le groupe ophiolithique.

Toutes les roches qui le composent ont une structure massive, en petit comme en grand; aucune n'indique même de tendance à la stratification. Ce sont des terrains qui ne sont pas tout-à-fait sans fissures ou divisions; mais ces fissures sont ou droites et presque verticales (dans la dolomie), ou croisées et anastomosées dans toutes les directions (l'ophiolite, la magnésite), ou bien, enfin, elles sont rares, et la roche a une compacité et une solidité assez remarquables (l'euphotide).

La texture est souvent aussi compacte que cristalline, ce qui jetteroit quelque incertitude sur le mode de formation de ces roches, si la structure que nous venons de décrire n'éloignoit toute idée de sédiment.

Les limites de ce groupe sont à peu près les mêmes que celles du groupe entritique. Cependant je doute qu'il descende aussi bas et qu'il se présente intercalé dans les terrains agalysiens stratifiés. C'est principalement aux terrains hémilysiens calcareux et schisteux qu'est sa limite inférieure ; sa limite supérieure m'est inconnue, car il est fort rare de voir aucune des roches de ce terrain distinctement recouverte par une autre roche.

Il se présente une autre difficulté pour assigner ses limites avec précision : elle vient de la confusion qui règne dans les livres, les observations et peut-être dans la nature même, entre les roches talqueuses stratifiées, visiblement interposées entre d'autres roches et les roches ophiolithiques, comme épanchées sur les autres roches.

Les roches de ce groupe paroissent en masses droites dans les terrains agalysiens micaciques de la Moravie, de la Toscane, etc., ce qui n'apprend rien sur ses limites.

Elles sont placées en amas couchés sur les calcaires sableux micacés, que j'ai décrits ailleurs sous le nom de macigno. Elles forment sur ces couches bien distinctement stratifiées, et qu'on ne peut rapporter qu'aux terrains abyssiques calcareux, des collines ou plutôt des séries de monticules et même de montagnes assez élevées. Les Apennins de la Ligurie et de la Toscane, les Pyrénées, etc., offrent des exemples nombreux de la disposition des ophiolites dans leur limite de position supérieure. Comme elles ne sont recouvertes par aucun terrain, on ne peut arriver par ce moyen à savoir si cet épanchement a eu lieu à l'époque des terrains houillers, comme le présume M. Boué, ou beaucoup plus tardivement. Les corps organisés fossiles ne peuvent pas non plus être appelés pour aider la solution de cette question ; car je ne sache pas qu'on en ait jamais vu aucun dans les ophiolites, et on sait combien ils sont rares dans la dolomie. Il faut donc avoir recours aux espèces minérales engagées dans ces roches; or, en examinant la liste des minéraux qu'on y cite et qui sont en général peu nombreux, on en voit plusieurs qui ne peuvent guère être attribués aux temps modernes, mais qui vont cependant se présenter dans des roches que l'on regarde comme beaucoup plus récentes que les ophiolites massives; car il ne faut pas oublier que nous ne parlons que de celles-ci.

Le groupe ophiolitique ne renferme pas de filons : les minéraux qu'on y observe y sont ou disséminés ou en veines nombreuses, anastomosées. Les roches qui composent ce groupe se rencontrent tantôt isolément et tantôt réunies, mais ordinairement elles forment les sous-groupes suivans :

1.° Les Ophiolites diverses et 2.° l'Euphotide, qui se présentent sous les plus grandes étendues, formant des montagnes et des cantons entiers et ordinairement assez nettement séparés (les Apennins de la Ligurie), et quelquefois de simples monticules (la roche l'Abeille près Limoges).

3.° L'Ophicalce. Les ophiolites et les euphotides passent à cette roche par des nuances insensibles; j'en ai donné des preuves ailleurs, et aucun fait n'est venu infirmer le rapprochement que j'ai établi entre le marbre vert de mer ou *polzevera* de Gênes, et les ophiolites souvent calcaires de la Toscane.

4.° La Magnésite et la Giobertite qui l'accompagnent souvent et qui n'en diffèrent pas géologiquement, sont moins répandues et forment des monticules moins étendus (Castellamonte, aux environs de Turin).

5.° La Dolomie, que nous associons à ce groupe, paroît avoir en effet une même origine et être de la même époque. Elle forme aussi des monticules isolés, mais il est assez difficile de distinguer ces dolomies non stratifiées des dolomies à peine stratifiées, dont on a déjà parlé dans deux occasions, et on remarquera que nous n'avons presque aucun exemple authentique à en citer. Il est néanmoins présumable pour nous que toutes les dolomies dites primitives, celle du Saint-Gothard, etc., pourroient être rapportées à ce groupe.

Ce groupe renferme peu de minéraux; les plus remarquables, ceux qui paroissent lui appartenir plus spécialement, sont : la *diallage*, l'*idocrase*, la *sahlite*, l'*asbeste*, le *chróme*.

### *Exemples du groupe* OPHIOLITHIQUE.

FRANCE. La roche l'Abeille, près Limoges : petit monticule arrondi d'ophiolite, avec veines d'asbeste et grains de fer oxidulé. — Lourdes, Hautes-Pyrénées : disposition semblable.

ITALIE. Golfe de la Spezzia; Cravignola, près Rochetta, environs de Florence; Prato, Monte-Ferrato, Imprunetta, etc., et au Nord près Pietra mala : collines d'ophiolite, sur l'euphotide et le jaspe, le tout superposé au macigno compacte; elles renferment du calcaire spathique, de la diallage, du felspath compacte, du manganèse terne, jaspoïde, et quelquefois de l'ophicalce veiné (montagne Santa Maria).

Environs de Gênes, Monte Ramazzo : montagnes d'ophiolite pétrie dans quelques parties de pyrites, qui forment un enduit bronzé sur toutes les sortes d'amandes dont cette roche est formée; elle renferme en outre de vraies amygdaloïdes, du silex résinite, etc.

A Lavazera, au nord de Gênes : ophicalce veiné (marbre dit vert de mer), que je rapporte à ce groupe; ce rapprochement est confirmé par l'ophicalce de Santa Maria, près Florence, qui est entre l'ophiolite et le jaspe.

Castellamonte et Baldissero, près Turin : collines d'ophiolite, de magnésite et de giobertite, avec veines de calcédoine et de résinite, et nodules de sahlite compacte[1]?

---

1 Ann. des mines, 1821, t. VI, p. 177, pl. 2, fig. 4.

On a en ANGLETERRE les belles ophiolites du cap Lizard en Cornouailles; celles de Portsoy en Écosse.

En ALLEMAGNE, celle de Zöblitz.

ESPAGNE. Vallecas, près Madrid : magnésite plastique, avec cristaux de calcaire, veines et nodules de calcédoine, comme à Castellamonte ?

AMÉRIQUE SEPTENTRIONALE. Les environs de New-Haven, dans le Connecticut, qui montrent un ophicalce semblable à celui des environs de Gênes.

## 4.e Gr. TERR. PLUT. TRACHYTIQUES.

Il y a presque autant de motifs pour placer ce groupe dans les terrains vulcaniques que dans les plutoniques. Il présente, comme les premiers, des indices de l'action du feu et même de l'action liquéfiante de cet agent : il la présente au moins aussi bien que plusieurs roches que tout le monde place maintenant sans hésiter parmi les produits vulcaniques (les basanite, dolérite, leucostine, stigmite); mais il montre aussi, dans quelques cas, la texture ou compacte ou cristalline (les argilophyre, eurite, résinite) des autres roches plutoniques, et passe tellement au groupe entritique, par les mélaphyres, les eurites porphyroïdes, etc., et au groupe granitoïde, par le diorite, qu'on ne sait à quelle classe le réunir. Ce groupe montre de la manière la plus évidente comment il est quelquefois impossible de tirer une ligne de démarcation précise entre les corps qui paroissent, au premier aspect, les plus dissemblables; car il est certain que le groupe trachytique ne permet pas de séparer nettement et clairement celui qui renferme les granites et les pegmatites de celui qui renferme les basanites, les stigmites, les pumites.

Cette difficulté, qui n'est relative qu'à la distinction minéralogique des groupes, c'est-à-dire aux circonstances de nature et structure qui constituent leurs caractères minéralogiques, n'est ni la seule ni la plus importante. Les rapports géologiques sont encore plus difficiles à établir.

Il y a dans la division des roches massives trois questions à résoudre : dans quelles couches de la terre ont-elles pris leur source ou origine? à quelle époque géognostique se sont-elles épanchées à la surface du globe? quels sont les terrains qui se sont déposés ou épanchés après eux?

La première recherche, toute théorique, ne peut être traitée ici; les deux dernières constituent ce que nous avons nommé les limites inférieures et supérieures des terrains ou formations.

Or les limites inférieures des terrains de trachytes, après avoir été pendant long-temps presque inconnues et beaucoup discutées, sont maintenant assez bien déterminées.

Ces roches paroissent s'être épanchées à la surface du globe après la formation de la craie, en même temps que les terrains thalassiques et peut-être même après l'époque tritonienne de ces terrains.

Ce qui paroît établir ces faits, c'est la superposition évidente des trachytes des monts euganéens, sur un calcaire schistoïde rougeâtre, qui, malgré sa différence extérieure d'avec la craie blanche, m'a paru, par ses autres caractères minéralogiques et par ses caractères zoologiques, appartenir à cette époque. Ce rapprochement est maintenant assez généralement admis. Le trachyte d'Arqua, dans ce groupe de montagnes et dans plusieurs autres points, est évidemment superposé au calcaire.

On a vu le trachyte superposé à des roches plus anciennes (aux syénites, en Hongrie, au Mexique; aux traumates, dans le Siebengebirge, sur les bords du Rhin). Si cette superposition eût été observée avant celle de la craie, elle auroit pu faire attribuer au trachyte une formation ou limite inférieure beaucoup plus ancienne; mais depuis qu'on a vu cette roche au-dessus des terrains pélagiques, on ne peut tirer de sa position sur ces terrains inférieurs que deux conséquences : ou bien le trachyte s'est épanché à la surface du globe à plusieurs reprises ; ou bien à l'époque de son épanchement général les terrains anciens cités plus haut n'étoient recouverts d'aucune autre roche.

La présence des roches du groupe trachytique, soit étendu sur des terrains agalysiens ou hémilysiens, soit en masse droite dans ces terrains, force d'admettre que leur source ou origine est au moins inférieure à ces terrains.

La limite supérieure de ce groupe seroit pour moi beaucoup plus incertaine, si M. Beudant, qui, après M. de Buch, a si bien développé et approfondi l'histoire de ce terrain, ne reconnoissoit qu'il est recouvert quelquefois (en Hongrie) du macigno molasse, avec ses lignites, et n'admettoit sur lui du calcaire lacustre, en Auvergne et dans d'autres lieux (au Mexique, aux Canaries).

Parmi les terrains typhoniens, le groupe trachytique est considéré comme postérieur au groupe entritique et comme étant antérieur au groupe trappéen ou tout au plus son contemporain.[1]

Ce groupe de roches, dans lequel le trachyte est presque toujours dominant, forme des montagnes assez régulièrement coniques et en forme de dôme, tantôt isolées, tantôt réunies en groupe. Dans ce dernier cas elles présentent quelquefois des sommets aplatis, et, soit sur leur flanc, soit dans les vallons qui les traversent, des escarpemens presque verticaux.

On n'y voit que très-rarement des indices d'une stratification imparfaite. Ils sont cependant très-régulièrement strati-

---

1 L'alternance du trachyte et du basalte, au Montdor, semble établir cette contemporanéité; mais la plupart de ces roches sont nommées si vaguement, si arbitrairement, qu'on ne peut pas souvent être sûr que celles que plusieurs géologues nomment *porphyre*, *trachyte*, *basalte*, soient bien ces roches dans l'acception que nous leur donnons.

fiés dans les Cordillères des Andes (DE HUMBOLDT); mais c'est surtout dans les argilophyres (Pas-de-Compain au Cantal), et dans les eurites schistoïdes (la Tuillère, la Sanadoire, en Auvergne), roches qui dépendent de ce groupe, que cette disposition se présente. Les terrains trachytiques, au contraire, sont divisés en parties prismatoïdes très-irrégulières par des fissures à peu près verticales; quelquefois cependant ces fissures ont une sorte de régularité qui produit dans les masses des parties prismatiques ou des parties cylindroïques droites, composées de zones parallèles à l'axe, etc.

Cette structure et la texture désignent un mode de formation plutôt par voie de ramollissement et de refroidissement que par voie de fusion; et lorsque la texture vitreuse semble indiquer cette voie (dans les rétinites), la présence de l'eau force à la rejeter.

Ces roches poreuses ou très-fissurées sont généralement sèches. On n'y voit aucune source.

Il paroît que ce groupe forme, au moins en partie, la masse des plus hautes montagnes du globe (les Cordillères des Andes).

Les minéraux qu'il renferme y sont ou disséminés ou en veinules anastomosées (les résinites opales, les minérais métallifères); quelquefois en petits lits ou en petits amas (les silex résinites et les rétinites); quelquefois en enduits (l'hyalite); quelquefois, enfin, en véritables filons multipliés et parallèles (l'alunite, à la Tolfa, etc.).

M. Boué regarde le groupe trachytique comme formant la limite supérieure des minérais en amas, d'argent, de plomb, de zinc, de l'arragonite, et comme la limite inférieure des néphéline, amphigène, etc.

Les roches qui entrent dans la composition de ce groupe, sont, comme on le voit au tableau :

1. Le TRACHYTE proprement dit, qui renferme presque tous les minéraux nommés.

La Domite, qui en diffère à peine.

2. L'Argilophyre, qui n'est souvent qu'un porphyre ou qu'un eurite porphyroïde altéré et passant même au kaolin et à la cimolite.

3. L'Eurite compacte, granitoïde et schistoïde, qui présente souvent une division tabulaire très-remarquable, et qui, par sa compacité, sa texture, sa grande fusibilité, se rapproche autant du groupe entritique que du groupe trachytique.

4. Les Perlites porphyriques et globulaires sont caractérisés, les premiers par les cristaux de felspath vitreux qui y sont disséminés, les seconds par des sphéroïdes à structure fibreuse et radiée.

Cette roche renferme aussi des obsidiennes châtoyantes et argentées (*platiadas*), et des stigmites. Les exemples les plus nombreux et les plus variés de cette position se présentent en Amérique, au Mexique et dans les Andes de Quito. (De Humboldt, Gisem. des roches, p. 340.)

5. Les Breccioles trachytique et pumique forment ordinairement des amas puissans, couvrant les plateaux ou les pentes des montagnes de trachyte. Malgré leur structure qui indique une formation par voie presque entièrement mécanique, on y voit des veines et nodules de résinite opale.

Ces breccioles sont souvent accompagnées d'une argile ? blanchâtre qui semble être le ciment de liaison des différentes pièces qui les composent.

Les trachytes sont le gîte principal et le plus ordinaire des opales et des alunites. Les silex résinites orangés, les belles opales de Hongrie, les opales de feu de Zimapan au Mexique, en sont des exemples célèbres. Ces roches renferment sans aucun doute des minérais aurifères ; mais comme le fait observer M. Beudant, ces minérais tirent leur origine du terrain inférieur au trachyte ; ils semblent avoir été entraînés par cette roche lors de son élévation, et sont plutôt engagés dans ses fissures que disposés en amas ou en filons.

Les exemples répartis dans ce paragraphe et les minéraux cités au tableau suffisent à notre objet.

---

## IX.ᵉ CLASSE. TERRAINS VULCANIQUES ou DE FUSION.

On est conduit par des nuances insensibles à ces derniers terrains, dont certaines roches sont cependant si bien connues, si clairement caractérisées comme produites par l'action du feu, que personne ne révoque en doute leur origine ignée. Mais il y a dans les terrains précédens des roches qui ressemblent tant à certains basanites et stigmites des terrains vulcaniques, qu'on ne sait où tirer la limite entre les groupes de cette classe et ceux de la précédente. Nous avons éprouvé cette hésitation dès le commencement de ces tableaux, et elle se présente avec plus de force encore dans cette dernière classe.

Les terrains pyrogènes volcaniques ont pour caractère précis et tranché d'être encore en formation. Les vulcaniques n'en diffèrent, dans bien des cas, que parce qu'ils ont cessé d'être en action depuis le commencement de la période jovienne. C'est, comme dans presque toutes les limites géologiques, un caractère chronologique qui les sépare.

Ainsi les terrains vulcaniques ont pour premier caractère de partager le repos actuel de tous les produits de la période saturnienne. Ils ne sont recouverts par aucune roche solide; tout au plus le sont-ils par quelques parties de terrains clysmiens. Dans un assez grand nombre de positions, leur forme, leur surface, semblent aussi intactes, aussi fraîches, que s'ils venoient de sortir du sein de la terre.

Leur séparation des terrains volcaniques, et par conséquent la place de deux terrains si semblables en tout dans deux périodes différentes, n'est fondée que sur la présomption de leur extinction ou de la fin de leur action au commencement de la période jovienne.

Mais on conviendra que ce caractère est non-seulement peu

tranché, mais encore très-incertain. L'extinction antéhistorique des volcans de l'Auvergne, de la Bohême, etc., ne paroît pas douteuse; mais n'y a-t-il pas aussi des volcans actuels qui ont été long-temps dans un état complet de repos (le Vésuve avant l'an 79)? d'autres terrains, qui ont montré pendant quelque temps des phénomènes volcaniques les plus prononcés, et qui n'ont plus donné depuis long-temps aucun signe d'activité (Monte-Nuovo, Santorin, etc.)

Il faut donc d'autres caractères pour distinguer les terrains vulcaniques des terrains pyrogènes volcaniques. Il n'y en a pas de précis, mais la réunion de beaucoup de probabilités équivaut presque à une certitude.

Ainsi les terrains pyrogènes sans activité, connus depuis les temps historiques et qui sont placés au milieu des terres, appartiennent en général aux terrains vulcaniques. Ceux-ci ne recouvrent jamais aucun des terrains alluviens.

Enfin, et c'est ici que sont les plus notables caractères différentiels, caractères qui suffiroient seuls pour les distinguer, s'ils se présentoient toujours, on trouve dans les terrains vulcaniques un certain nombre de roches qu'on n'a pas encore vues dans les terrains volcaniques actuels.

Ainsi tout le groupe trappéen est dans ce cas; et dans le groupe lavique il est encore quelques roches qui caractérisent ces anciens terrains pyrogènes.

Le tableau détaillé des terrains pyrogènes vulcaniques et volcaniques, c'est-à-dire tant anciens qu'actuels, seroit tellement étendu qu'il ne peut pas faire partie de ce tableau sommaire des terrains. Je dois donc me contenter, pour compléter celui-ci, de donner les caractères des deux groupes qui composent les terrains vulcaniques, sans entrer dans aucun détail sur chacun d'eux. On trouvera plusieurs de ces détails à l'article VOLCANS du Dictionnaire des sciences naturelles.

La position des terrains vulcaniques est assez remarquable.

Malgré leur ancienneté, malgré leurs caractères minéralogiques d'origine si complétement chimique en comparaison de la texture grossière, et même d'agrégation si généralement dominante dans les terrains thalassiques, il paroît que l'épanchement des terrains vulcaniques a été postérieur à la formation de tous les groupes de ce terrain. Le dernier de ces groupes, l'épilymnique, est encore inférieur, non-seulement au groupe lavique des terrains vulcaniques, mais même aux dernières productions du groupe trappéen.

Les trappites, dolérites, les spilites même, qu'on trouve interposées au milieu des roches de terrains beaucoup plus anciens, n'infirment pas cette règle; car n'oublions pas que les terrains massifs ou typhoniens ne sont pas le produit d'un précipité chimique ou d'un dépôt mécanique qui a eu lieu dans une masse de fluide: ils viennent du bas en haut; ils ont dû ouvrir toutes les couches de la terre qui recouvrent leur source ou leur foyer, pour gagner la surface du globe, et, dans ce passage, ils ont pu ou demeurer sous des couches qu'ils n'ont pas eu la puissance d'ouvrir et de traverser, ou s'infiltrer entre des assises de ces couches. Quand on a pu voir les coupes des terrains où se sont passés ces singuliers phénomènes[1], on a reconnu les preuves matérielles de ces intercalations, qu'une théorie sage pouvoit porter à admettre, mais qui sont établies maintenant d'une manière bien plus solide, puisque la nature même nous les a montrées avec tant d'évidence dans des circonstances qui ne paroissent plus aussi rares depuis qu'on a su les observer et les évaluer.

---

1 MM. Naumann et Keilau en ont présenté un grand nombre pour la Norwége, et M. Macculloch pour diverses parties de l'Écosse. Il en est un surtout à Stirlingcastle, dont cet illustre géologue a donné la figure (Transact. géol., tom. 2, pl. 12 et 13), qui offre, de la manière la plus évidente, un exemple du soulèvement et de l'intromission dont je parle.

Malgré la présence des trappites, des basanites, des spilites, au milieu des terrains hémilysiens calcareux ou schisteux, au milieu même des terrains agalysiens (en Écosse, au Harz, en Norwége, au Puy-en-Vélay, etc.), je place, d'après les principes de géologie que j'ai admis sur la détermination des limites de chaque terrain; je place, dis-je, la limite inférieure des terrains vulcaniques au-dessus des terrains thalassiques, sans exception, c'est-à-dire que ces derniers terrains étoient déposés ou se déposoient à l'époque où les terrains vulcaniques s'épanchoient.

Leur limite supérieure, c'est-à-dire l'époque géognostique où l'épanchement de ces terrains a cessé, ou bien celle à laquelle il a été interrompu par des phénomènes géologiques assez importans pour apporter de grands changemens à la surface du globe, me paroît être celle des terrains clysmiens. Ces deux événemens semblent en effet avoir pu être en corrélation. Il est présumable, comme je l'ai dit à l'article de ces terrains, que les débris de toutes espèces, roches, limons, ossemens, cailloux, qui les composent, ont été formés et entraînés par une grande éruption liquide, due, soit au soulèvement, soit à l'affaissement des couches de l'écorce du globe: or il est assez naturel de penser qu'un phénomène aussi puissant, aussi général, a dû éteindre ou au moins changer la plupart des foyers volcaniques qui étoient alors en activité. La catastrophe des terrains clysmiens a brisé et transporté ce qui étoit à la surface des terrains qu'elle balayoit, des granites dans les pays granitiques, des calcaires et des ossemens dans les cantons calcaires et habités par de grands quadrupèdes; des débris de laves, de basaltes, et de toutes les roches tant vulcaniques que neptuniennes dans les pays pyrogènes: elle a dû recouvrir de ces débris les pays vulcanigues eux-mêmes ou leurs environs, souvent à une grande distance, ensevelir sous ces débris, les ossemens des animaux qui vivoient à la surface de la terre à cette époque, les dépouilles organiques, qui ont été découvertes depuis peu par MM. Lecocq et Bouillet à la montagne de Boulade, près d'Issoire, et par MM. Joubert et l'abbé Croizet à la montagne de Perrier, dont la côte de Boulade n'est qu'une partie, offrent un exemple remarquable de ce phénomène; mais, à juger par les coupes publiées par ces observateurs, il ne me paroît pas encore évident qu'aucune roche volcanique *en place* ait recouvert les ossemens fossiles. On peut remarquer dans ces coupes que ce sont des terrains meubles non pas alluviens, comme l'ont très-bien prouvé ces naturalistes, mais clysmiens (ou diluviens), qui recouvrent ces ossemens, et que cette position n'établit pas que l'extinction des volcans d'Auvergne soit postérieure à l'époque de la destruction des animaux antédiluviens. Il paroît que ces deux événemens remarquables dans l'histoire de la terre ont été *géognostiquement* contemporains, et qu'après l'enfouissement opéré par la catastrophe clysmienne de ces débris d'animaux sous des débris de roches, les volcans d'Auvergne ont cessé de vomir des basanites, des laves et autres roches de fusion. C'est au reste une présomption négative qui sera détruite par l'observation d'un courant continu de basalte ou de lave placé évidemment sur ces débris organiques.

L'époque des terrains vulcaniques, objet principal de ce tableau, étant déterminée par la position de ses limites inférieures et supérieures, je n'en pousserai pas plus loin l'examen, ces terrains formant à eux seuls une partie des plus étendues et des plus importantes de la géognosie.

Je me bornerai à présenter quelques observations sur les deux groupes qui les composent, et sur quelques unes des roches qui leur sont propres.

### 1.er *Gr.* TERRAINS VULCANIQUES TRAPPÉENS.

Il est généralement placé au-dessous du suivant, et composé de roches formées par voie de fusion; il présente cependant des roches d'agrégation en masses et accumulations puissantes dans les pépérines et les breccioles, et quelques roches de sédiment dans les dépôts de marnes argileuses qui leur sont interposés.

Il montre quelques-unes des roches qui appartiennent au groupe trachytique des terrains plutoniques; mais elles y sont en couches ou amas subordonnés, et présentent dans leur aspect des caractères qui les font distinguer facilement à un œil exercé de celles qui forment les terrains trachitiques.

Les BASANITES, roches fondamentales de ce groupe, se présentent en général sous forme de plateaux obliques, souvent déprimés vers leur milieu, bordés d'escarpement verticaux, et divisés en parties prismatoïdes.

Le tableau fait connoître les roches principales et subordonnées qui entrent dans la composition de ce groupe, et les minéraux qui s'y trouvent disséminés ou implantés.

Les premiers appartiennent à la roche même et peuvent servir à la caractériser. On remarquera donc avec tous les géognostes qui ont étudié spécialement ce terrain, que les minéraux caractéristiques du groupe trappéen sont le pyroxène augite, l'amphigène et le péridot olivine. Ces deux derniers ne se sont pas encore montrés dans le groupe trachytique.

Le felspath se trouve quelquefois dans le groupe trappéen, mais il y est aussi rare qu'il est au contraire abondant dans le groupe précédent.

Parmi les minéraux implantés dans les cavités des roches de ce groupe, on doit regarder les zéolithes comme lui appartenant plus particulièrement.

## 2.e *Gr.* TERRAINS VULCANIQUES LAVIQUES.

C'est ici qu'il y a passage insensible, et par conséquent impossibilité d'établir des limites précises entre les terrains vulcaniques et les terrains volcaniques; car si, dans ces derniers, on ne trouve ni basanite, ni spilite, on y trouve les mêmes laves que dans les vulcaniques. Les deux terrains ne diffèrent que par l'abondance d'une sorte de lave dans l'un et sa rareté dans l'autre, et par la présence d'un assez grand nombre d'espèces minérales qui se trouvent dans le premier, et qu'on ne connoît pas dans le second.

Le tableau fait connoître ces détails, mais il ne peut pas faire ressortir suffisamment les différences de ceux d'entre ces terrains qui sont de même origine, de même nature, et qui ne diffèrent entre eux que par l'époque de leur épanchement à la surface du globe. Les observations suivantes, en contribuant à les faire ressortir, suffiront à notre objet.

Je ferai d'abord remarquer que la forme extérieure des terrains vulcaniques est souvent très-différente de celle des volcans actuels; pour quelques-uns, comme ceux de l'Auvergne, des bords du Rhin, de la Bohème, etc., qui montrent encore les cônes et même les dépressions cratériformes, formes ordinaires des terrains volcaniques, un bien plus grand nombre présentent des formes différentes, telles que celles de longues collines et de grands plateaux. Ces formes indiquent des épanchemens plus considérables, ayant eu lieu plutôt sur des lignes que par des ouvertures cylindroïdes, comme celles des volcans actuels.

Je ferai remarquer ensuite que dans les terrains vulcaniques le groupe trappéen est bien plus commun que le groupe lavique, et que dans celui-ci les leucostines, les stigmites, les pépérines, sont plus fréquentes que les téphrines et les pumites, tandis que ces dernières roches forment, avec les basanites scoriacées, les téphrines pyroxéniques, amphigéniques et scoriacées, et quelques pépérines grisâtres, la masse principale des terrains volcaniques actuels.

On voit aussi par la comparaison des minéraux renfermés dans les roches des deux groupes vulcaniques, avec ceux que présentent les terrains pyrogènes de l'époque actuelle, combien les premières sont riches en espèces minérales qui ne se trouvent plus ou ne se trouvent qu'en très-petite quantité dans les roches volcaniques actuelles ; or je ne comprends pas dans cette énumération tous ces minéraux qu'on trouve dans les roches agalysiennes rejetées autrefois par les volcans (telles que celles de la Somma au Vésuve), parce que je ne les considère pas comme appartenant en propre aux terrains volcaniques.

Enfin, il est une autre considération très-importante à faire, et dont la première vue est due à Dolomieu. Quoique la plupart des terrains vulcaniques aient été éteints par la catastrophe clysmienne, il paroît cependant que quelques-uns ont repris de l'activité après cette catastrophe, ou que d'autres volcans se sont établis dans le même lieu; de là le soin qu'il faut mettre pour distinguer dans un volcan actuel ce qui appartient au terrain vulcanique de ce qui est dû aux éruptions joviennes. C'est ainsi que la base de l'Etna, que celle des volcans des Cordillères, sont probablement d'une époque géologique bien différente de leur sommet, ou au moins des parties qui recouvrent cette base, et qui se font reconnoître par leur position et par la nature de leurs roches et de leurs minéraux comme appartenant à la période jovienne.

Nous sommes partis de la surface de la terre, des terrains les plus superficiels et les plus nouveaux, pour nous enfoncer le plus profondément possible dans l'écorce du globe. Si on compare la profondeur à laquelle nous sommes parvenus avec la longueur du rayon de la terre, on remarquera que nous en avons à peine effleuré la surface, et qu'une rayure d'épingle sur le vernis qui enduit les globes terrestres de dimension ordinaire, est bien plus profonde que les cavités les plus basses dans lesquelles on soit arrivé. Nous avons vu cependant combien cette mince pellicule de la terre nous avoit fourni de faits variés et intéressans, susceptibles de donner lieu aux plus hautes conceptions, comme de fournir les matériaux les plus nombreux et les plus importans aux arts utiles, aux sciences et aux arts d'agrément.

Nous avons suivi, pour ainsi dire, de couches en couches les roches singulières qui ont été poussées et élancées de dessous cette écorce de la terre, que nous sommes loin d'avoir percée, jusqu'à la surface du globe.

La tâche que nous nous sommes donnée de rassembler ces faits, de les rapprocher, pour essayer de les comparer plus facilement et de les lier entre eux par quelques déductions théoriques, est remplie. On pourroit vouloir remonter plus haut et demander une théorie commune pour tous ces faits, mais ils ne nous paroissent ni assez nombreux, ni assez bien connus, ni avoir encore été rapprochés sous un assez grand nombre de points de vue, pour qu'une telle théorie ne devint pas une hypothèse ou un système général de géologie. Si quelques personnes se croient assez avancées dans la connoissance des phénomènes géologiques de la nature, ou douées d'un génie assez pénétrant et assez audacieux pour créer la terre avec le petit nombre de matériaux que nous possédons, je leur abandonne cette brillante entreprise : je ne me sens ni les moyens ni la force de construire un édifice aussi hardi et peut-être aussi peu durable.

---

# TABLEAUX

## DES CORPS ORGANISÉS FOSSILES,

RAPPORTÉS AUX CLASSES, ORDRES ET GROUPES DE TERRAINS AUXQUELS ILS SONT PROPRES.

### *Avertissement sur ces tableaux.*

Nous ne possédons pas encore les moyens de dresser des tableaux des seuls corps organisés fossiles qui peuvent servir à caractériser les divers groupes de terrains; il faut donc donner des listes beaucoup plus nombreuses que celles qu'on pourra faire dans la suite; j'aurois dû même n'omettre aucune espèce : car, quelque voisine qu'une espèce paroisse d'une autre, nous ne savons pas encore si les légères différences spécifiques qu'elles présentent, ne suffisent pas dans beaucoup de cas pour caractériser certains terrains. C'est probablement ainsi qu'on parviendra à distinguer partout les terrains protéiques des terrains tritoniens : c'est au moyen de listes aussi complètes qu'il sera possible de les faire, qu'on pourra arriver à obtenir des caractères tirés de rapports numériques au défaut de caractères absolus; mais si j'avois voulu rendre ces listes complètes, il en seroit résulté un volume uniquement composé de noms et un dédale à ne pas s'y reconnoître : c'eût été un travail immense et hors de proportion avec l'étendue de celui auquel il doit être annexé.

Il reste d'ailleurs encore un grand nombre de notions à acquérir sur les causes qui ont pu faire varier les corps organisés et sur la valeur de ces variations. Si la température et le climat, l'abondance ou la disette des alimens et leur nature ont eu une grande influence sur les genres et les espèces d'animaux et de végétaux qui ont pu habiter et peupler une contrée, on sent que ces différences peuvent s'être présentées sous la même latitude et dans la même contrée, suivant l'élévation, la position et même la nature du sol de cette contrée. Alors les différences des débris organiques fossiles ne résulteront pas des périodes géologiques pendant lesquelles ont vécu les êtres organisés dont ils proviennent, mais seulement de leur position géographique et physique.

Cependant, au défaut de ces moyens efficaces, il faut essayer d'obtenir quelques résultats utiles de la connoissance et de la comparaison des êtres organisés dont les restes sont enfouis dans les différentes couches de l'écorce du globe.

Or, pour fixer les idées sur ce que ces listes peuvent présenter de comparable et de caractéristique, j'ai marqué de différens signes les débris organiques compris dans ces tableaux, suivant qu'ils *m'ont paru* caractériser avec plus ou moins de sûreté les terrains auxquels on les rapporte. Ainsi :

Le point d'exclamation (!) indique que je regarde le genre ou l'espèce du corps fossile dont il précède le nom comme caractérisant assez bien, et d'une manière presque absolue, le terrain dans lequel on l'indique.

L'astérisque simple (*) ou double (**) indique que le genre ou l'espèce de ce corps fossile pourroit entrer dans la liste à dresser de l'ensemble des corps organisés fossiles caractéristiques.

Le point d'interrogation (?) fait connoître qu'il y a du doute que le corps appartienne réellement au terrain auquel on le rapporte, ou qu'il soit exactement de la même espèce que celui qu'on indique sous le même nom dans un autre terrain.

Les espèces qui ne sont précédées d'aucun de ces signes, sont celles sur lesquelles il n'y a encore aucune considération à faire.

Les signes particuliers à certaines listes seront expliqués en tête de ces listes.

Les noms des corps organisés fossiles sans citation des auteurs qui les ont décrits ou nommés n'ayant ni authenticité ni autorité, nous citerons toujours les naturalistes dont les ouvrages nous ont fourni ces exemples par les abrévations suivantes :

BAST. = de Basterot.
BL. = de Blainville.
BLUM. = Blumenbach.
BOJAN. = Bojanus.
BORS. = Borson.
BRD. = Brard.
BROCC. = Brocchi.
AL.BR. = Alexandre Brongniart.
AD.BR. = Adolphe Brongniart.
BRONN. = H. Bronn.
BUCK. = Buckland.
CLIFT. = W. Clift.
CUV. = Cuvier.
DALM. = Dalman.
DELAB. = De la Bèche.
FAUJ. = Faujas.
FÉR. = de Férusac.
DEFR. = Defrance.
DESH. = Deshayes.
GOLD. = Goldfuss.
HAAN. = De Haan.
JÆG. = Jæger.
LAM. = de Lamarck.
LAMX. = Lamouroux.
G. MANT. = Gidéon Mantell.
M. DE S. = Marcel de Serres.
MÉN. = Ménard de la Groye.
MILL. = Miller.
MONTF. = Denys de Montfort.
MUNST. = C.[te] Munster.
NILS. = Nilson.
PARK. = Parkinson.
PRÉV. = Constant Prévost.
RAF. = Rafinesque-Schmaltz.
REIN. = Reinecke.
SŒM. = Sœmmering.
SOW. = Sowerby.
SCHL. = de Schlotheim.
WAHL. = Wahlenberg.

## *Corps organisés enfouis dans les groupes* **PHYTOGÈNES** *et* **LIMONEUX** *des terrains* **ALLUVIENS.**

EXPLICATION DES ABRÉVIATIONS.

| | |
|---|---|
| Lim. = Limoneux. | Tourb. = Phytogène tourbeux. |
| Sabl. = Sable ou sableux. | |

| NOMS DES CORPS ORGANISÉS. | Specific. de quelq. terr. | EXEMPLES DE LIEUX ET OBSERVATIONS. |
|---|---|---|
| ANTHROPOÏDES. | | |
| Ossemens humains | lim. | Guadeloupe. Caverne des morts, près Durfort, Gard. Köstritz. |
| Instrumens en silex, jaspes, quarz, jade, trappite | lim. sabl. | Sur tout le globe. Les plus anciens vestiges de l'espèce humaine. |
| Casse-tête. | | |
| Haches. | | |
| Armures de flèche, etc. | ......... | Côteau d'Écorne-Bœuf, près Périgueux. Géorgie. |
| Poteries grossières | lim. | Caverne de Miremont. |
| MAMMIFÈRES. | | |
| Cheval | tourb. | |
| Porc (*sus scrofa*) | tourb. | Scanie. |
| Renne de Scanie | tourb. | Scanie. |
| Élan | tourb. | Scanie. |
| Cerf commun | lim. tourb. | Scanie et partout. |
| Chevreuil | tourb. | Département de la Somme. |
| Aurochs | tourb. | Scanie. |
| Bœufs | tourb. lim. | Vallée du Rhin, etc. |
| Castor | tourb. | Département de la Somme, etc. |
| ICHTHYOLITE. | | |
| *Clupea spratus*, Bc. | lim. | Rivages d'Islande. |
| MOLLUSQUES. | | |
| Hélix divers | lim. | Atterrissement du Rhône à 60 mètres au-dessus de son niveau actuel. |
| *Cyclostoma* | lim. | |
| *Cardium edule* | lim. | Abbeville. |

## *Corps organisés fossiles des groupes* **LIMONEUX** *et* **DÉTRITIQUES** *des terrains* **CLYSMIENS.**

EXPL. DES ABRÉVIATIONS.

| | |
|---|---|
| Lim. = Limoneux. | Détr. volc. = Détritiques volcaniques. |
| Détr. = Détritiques. | Gr. coq. = Gravier coquillier. |

| NOMS DES CORPS ORGANISÉS. | Spécific. de quelq. terr. | EXEMPLES DE LIEUX ET OBSERVATIONS. |
|---|---|---|
| MAMMIFÈRES. | | |
| ! **Elephas primigenius*, BLUM., Cuv. | lim. détr.. | Par tout l'ancien continent. |
| | détr. volc. | Auvergne, Périers. |
| ! **Mastodon maximus*, Cuv....... | détr. lim.. | Amér. septentr. Auvergne. |
| — *angustidens*, Cuv. .... | lim...... | Amérique septentrionale, principalement. Amérique mérid.: Pérou. Europe : Simorre ; Dax ; val d'Arno ; Asti. |
| — *Andium*, Cuv. ...... | ......... | Amér. mérid. : Cordillères ; Santa-Fé-de-Bogota. |
| — *Humboldtii*, Cuv..... | ......... | Amér. mérid. |
| — *minutus*, Cuv........ | ......... | Europe. |
| — *tapiroides*, Cuv....... | ......... | Europe. |
| ! **Hippopotamus major*, Cuv...... | lim...... | Val d'Arno supér. Walton en Essex. |
| — *minutus*, Cuv.... | ......... | Landes de Bordeaux. |
| ! **Rhinoceros tichorhinus*, Cuv. ... | lim...... | Europe, partout, principalem. en Sibérie. Oxford. Canstadt, etc. |
| — *leptorhinus*, Cuv.... | ......... | *Ibid.* |
| — *incisivus*, Cuv....... | ......... | Allemagne : Appelsheim. |
| — *minutus*, Cuv....... | détr...... | Moissac. |
| Cheval foss., *Eq. adamiticus*, SCHL. | détr. lim.. | Partout. Auvergne. |
| *Tapir ........................ | détr. volc.. | Auvergne. |
| Tapir gigantesque............... | ......... | Allan en Comminges. Vienne en Dauphiné. Chevilly. Avaray. Arbichaud, près d'Auch, etc. |
| *Aper arvenensis*, CROIZET...... | détr. volc.. | Auvergne. |
| Daim gigantesque, Cuv. ........ | ......... | Abbeville. |
| Renne d'Étampes, Cuv. ........ | lim...... | Breugne, département du Lot. |
| *Cerfs ....................... | détr. volc.. | Auvergne. |
| Cerf à bois gigantesques, Cuv.; *Cervus megaceros*, HART. .... | lim. argil.. | Principalement à l'occident de l'Europe. Irlande. Essex. Silésie. Bords du Rhin. Sevran, près Paris, etc. |
| Bœufs....................... | détr. volc.. | Auvergne. |
| Aurochs fossile, Cuv.; *Bos urus priscus*, SCHL............... | lim....... | Sibérie occident. et orient. Allem. Prusse, Italie. Scanie. Amér. |
| *Mericotherium sibiricum*, BOJAN.. | lim. ..... | Sibérie? |

| NOMS DES CORPS ORGANISÉS. | Spécific. de quelq. terr. | EXEMPLES DE LIEUX ET OBSERVATIONS. |
|---|---|---|
| *Felis* divers.................. | détr. volc.. | Auvergne. |
| *Hyène fossile, Cuv............ | lim....... | Canstadt. Fouvent, près Gray. Auvergne. |
| *Canis*...................... | détr. volc.. | Auvergne. |
| Chien gigantesque fossile, Cuv... | lim........ | Avaray, près Beaugency. |
| Renard des cavernes.......... | lim........ | Val d'Arno. |
| *Ursus* (en général)............ | détr. volc.. | Auvergne. |
| *Ursus cultridens*, Cuv.......... | lim........ | Auvergne. |
| *Trogontherium Cuvieri*, Fischer. | lim........ | Bord de la mer d'Azof près Taganrock. |
| Porc-épic fossile, Cuv......... | lim........ | Val d'Arno. |
| Castor...................... | détr. volc.. | Auvergne. |
| ! *Megalonix*.................. | lim........ | Green-Briar, ouest de Virginie. |
| ! *Megatherium*, Cuv............ | lim........ | Luxan, env. de Buénos-Ayres, Brésil. |
| Pangolin gigantesque, Cuv...... | lim........ | Envir. d'Alzey, Hesse rhénane. |
| REPTILES. | | |
| Crocodile de Castelnaudary, Cuv. | lim. sabl. | |
| — de Brentfort, Cuv.... | lim. | |
| Trionyx d'Avaray, Cuv........ | sabl....... | Avaray. |
| MOLLUSQUES et ZOOPHYTES. | | |
| *Natica? littoralis*........... | gr. coq... | Saint-Michel en l'Herm. |
| *Turbo rugosus*, Linn......... | gr. coq... | Nice. (Quoique altéré, il ne diffère pas de l'espèce vivante.) |
| — *littoreus*, Linn.......... | gr. coq... | Saint-Michel. |
| *Murex*...................... | gr. coq... | Saint-Michel. |
| — *corneus*, Linn.......... | gr. coq... | Uddevalla en Suède. |
| *Buccinum undatum*, Linn...... | gr. coq... | Uddevalla. |
| *Strombus pespelecani*, Linn..... | gr. coq.... | Nice. |
| *Nassa reticulata*, Lam......... | gr. coq... | Saint-Michel. |
| *Fusus*....................... | gr. coq... | Stromstadt en Norwége. |
| *Patella*..................... | gr. coq... | Nice. |
| *Tellina triangularis*, Linn...... | gr. coq... | Uddevalla. |
| *Venus exoleta*, Linn.......... | gr. coq... | Stromstadt. Uddevalla. |
| *Ostrea edulis*, Linn.......... | gr. coq... | Saint-Michel. Stromstadt. |
| *Pectunculus pulvinatus*, Linn.... | gr. coq... | Nice. |
| *Pecten islandicus*, Linn........ | gr. coq.... | Uddevalla. |
| —...................... | gr. coq... | Stromstadt. |
| *Mytilus edulis*, Linn., var..... | gr. coq... | Uddevalla. (Variété ou espèce non décrite, mais parfaitement semblable à celle qui vit dans le golfe de Christiania.) |
| *Cardium edule*, Linn.......... | gr. coq... | Nice. |
| — *rusticum*, Linn....... | gr. coq... | Nice. |
| *Mya arenaria*, Linn........... | gr. coq... | Uddevalla. |
| — *truncata*, Linn........... | gr. coq... | Uddevalla. |
| *Pholas crispata*, Linn......... | gr. coq... | Uddevalla. |
| *Balanus miser?* Lam........... | gr. coq... | Uddevalla. |
| — *tintinnabulum?* Lam... | gr. coq... | Uddevalla. |
| — *sulcatus*, Lam........ | gr. coq.... | Uddevalla. |

## *Corps organisés fossiles du groupe* CLASTIQUE *des terrains* CLYSMIENS.

Expl. des abréviations.

Cav. = Cavernes à ossemens. | Br. ferr. = Brèches ferrugineuses.
Br. o. = Brèches osseuses.

| NOMS DES CORPS ORGANISÉS. | Spécific. de quelq. terr. | EXEMPLES DE LIEUX ET OBSERVATIONS. |
|---|---|---|
| Mammifères. | | |
| *Elephas primigenius*, Blum. | cav. | Kirkdale. Hutton, Collines de Mendip. Muggendorf. Fouvent près Gray. |
| *Hippopotamus*. | cav. | Kirkdale. |
| *Rhinoceros tichorinus*, Cuv. | cav. et br. f. | Dream, près Callow, en Derbysh. Oreston, près Plymouth. Kirkdale. Le Harz. |
| *Palæotherium* | br. o. | Villefranche-Lauraguais. (M. de S.) |
| *Chæropotamus* | br. o. | Villefranche-Lauraguais. (M. de S.) |
| Cheval fossile | cav. | Kirkdale. Fouvent, près Gray. Gibraltar. |
| Porc fossile | cav. | Mendip. |
| *Cerf de Gibraltar, Cuv. | br. o. | Gibraltar. Cette. Antibes. |
| — de Nice | br. o. | Nice. |
| — de Pise. | br. o. | Pise. |
| **Antilope de Nice. | br. o. | Nice. |
| Bœuf fossile, Buckl. | cav. | Kirkdale, etc. Köstritz. Gibraltar. (Buckl.) |
| Chameau foss.? M. de S. | cav. | Montpellier. Villefranche-Lauraguais. |
| Mouton fossile, M. de S. | cav. | Villefranche-Lauraguais. |
| **Felis spelæa*, Cuv., Goldf. | cav. | Schwartzfels. Muggendorf. |
| — *antiqua*, Cuv., Goldf. | cav. | Schwartzfels. Muggendorf. |
| Grand felis des brèches, Cuv. | br. o. | Nice. |
| Petit felis des brèches, Cuv. | br. o. | Nice. |
| ! * Hyène fossile | cav. | Kirkdale. Muggendorf. Harz. Fouvent, près Gray. Sundwich. Westphalie. Köstritz, près Leipzic, etc. |
| Putois fossile | cav. | Gaylenreuth. |
| Belette fossile | cav. | Kirkdale. |
| Glouton | cav. | Gaylenreuth. |
| Loup fossile | cav. | Kirkdale. Gaylenreuth. |
| Renard fossile | br. o. | Sardaigne. |
| ! * *Ursus spelæus*, ou à front bombé, Cuv. | cav. et br. f. | Dans presque toutes les cavernes à ossemens et dans les brèches ferrugineuses. Carniole. Alb de Wurt., etc. |
| *Ursus arctoideus* | cav. | Dans presque toutes les cavernes à ossemens et dans les brèches ferrugineuses. Carniole. Alb de Wurt., etc. |
| — *priscus* | cav. | Dans presque toutes les cavernes à ossemens et dans les brèches ferrugineuses. Carniole. Alb de Wurt., etc. |
| Campagnol fossile moyen | br. o. | Corse. Sardaigne., et *cav.* Kirkdale. |

| NOMS DES CORPS ORGANISÉS. | Spécific de quelq. terr. | EXEMPLES DE LIEUX ET OBSERVATIONS. |
|---|---|---|
| Campagnol fossile petit, Cuv. . . | cav. . . . . | Kirkdale. |
| Rat fossile. Cuv. . . . . . . . . . | cav. . . . . | Kirkdale. Gibraltar. |
| **Lagomys* (deux espèces), Cuv. . | br. o. . . . | Corse. Sardaigne. |
| Lievre fossile, Cuv. . . . . . . . . | cav. . . . . | Kirkdale. |
| Lapin fossile, Cuv. . . . . . . . . | br. o. . . . | Gibraltar. Cette. Pise. |
| OISEAUX. | | |
| Ornitholithes . . . . . . . . . . . | cav. . . . . | Kirkdale, *br. o.* Gibraltar. (BUCKL.) |
| REPTILES. | | |
| Lézard . . . . . . . . . . . . . . . | br. o. . . . | Sardaigne. |
| MOLLUSQUES. | | |
| **Helix* en général . . . . . . . . . | br. o., cav. | Gibraltar, Corse. Cette. Villefranche-Lauraguais. |
| — *algira* . . . . . . . . . . . . | br. o. . . . | Nice. |
| — *lapicida* . . . . . . . . . . . | br. o. . . . | Nice. |
| — *vermiculata* . . . . . . . . | br. o. . . . | Nice. |
| — *neritoidea* . . . . . . . . . | br. o. . . . | Pise. |
| *Cyclostoma elegans*, LAM. . . . . | br. o. . . . | Nice. Pise. |
| *Pupa* . . . . . . . . . . . . . . . . | br. o. . . . | Cette. Nice. Villefranche-Lauraguais. |
| *Bulimus* . . . . . . . . . . . . . . | br. o. . . . | Villefranche-Lauraguais. |
| *Neritina* . . . . . . . . . . . . . . | br. o. . . . | Villefranche-Lauraguais. |

## *Observations sur les corps organisés fossiles des* **TERRAINS LACUSTRES**, *compris dans les tableaux* N.^os IV *et* VI.

Il est très-présumable qu'il y a eu, dans les terrains thalassiques au moins, deux formations lacustres distinctes, c'est-à-dire que les eaux douces qui couvroient plusieurs parties de la terre à l'époque de la formation du silex meulière des plateaux supérieurs du bassin de Paris, nourrissoient dans leur sein et sur leurs bords des végétaux et des animaux différens de ceux que nourrissoient les eaux douces qui couvroient plusieurs parties de la terre à l'époque de la formation des terrains lacustres et du gypse palæothériens. Il est probable que ces deux périodes ont été séparées par des temps assez longs et par des phénomènes géologiques assez remarquables pour que plusieurs des espèces organiques des terrains lacustres palæothériens aient été détruites, et, ce qui est plus singulier, pour que plusieurs espèces des terrains épilymniques aient paru. Cette différence est difficile à saisir dans les cantons assez nombreux où les deux terrains se touchent, et dans ceux non moins nombreux où l'un des deux n'existe pas : premièrement, parce qu'il peut y avoir beaucoup d'espèces communes aux deux terrains, ou du moins qui ne présentent dans leurs parties solides aucune différence appréciable, car on sait combien il est difficile de distinguer les espèces dans les coquilles lacustres et fluviatiles qui offrent si peu de caractères tranchés ; secondement, parce que le nombre des espèces caractéristiques de chaque terrain est peu considérable ; troisièmement enfin, parce que le nombre et les espèces ne sont pas encore parfaitement déterminés.

Cependant, comme je viens de l'énoncer, il est très-présumable qu'il y a des différences et qu'elles sont même assez nombreuses pour qu'on puisse un jour distinguer partout dans chaque canton les terrains épilymniques des palæothériens. Ce qui me fait soutenir cette opinion, c'est que dans un canton où, à l'aide d'un terrain marin intermédiaire, on peut, sinon facilement au moins sûrement, distinguer ces deux terrains, on peut aussi trouver des différences zoologiques, et par conséquent les employer avec sûreté pour reconnoître chaque terrain, lorsqu'il se présente isolé. Ainsi, en se bornant aux coquilles, on trouve dans le terrain palæothérien le *cyclostoma mumia*, le *lymneus longiscatus*, le *planorbis lens*, etc., qu'on ne retrouve plus dans le terrain épilymnique, tandis qu'on rencontre dans celui-ci des potamides, le *planorbis cornu*, le *lymneus ventricosus*, des *pupa*, qu'on n'a pas encore cités dans le terrain palæothérien. Mais c'est au bassin de Paris, dont les espèces ont été étudiées, décrites et figurées avec soin, c'est à celui de l'île de Wight et à quelques autres cantons très-peu nombreux que se bornent ces moyens de reconnoissance. C'est donc pour ces bassins qu'on doit établir avec soin l'énumération des espèces propres à chaque formation lacustre. Pour cela il faut réduire considérablement le nombre des espèces à citer; car à quoi serviroit une longue énumération des noms donnés par les géologues qui ont décrit des terrains d'eau douce, quand ces noms ne sont point l'expression d'espèces rigoureusement déterminées et comparées avec celles qui l'ont déjà été, lorsque leur description insaisissable, quelque longue qu'elle soit, n'est accompagnée d'aucune figure faite avec la pureté et la précision de contours qu'exigent des êtres dont les différences si légères ne dépendent souvent que de ces contours ou de quelques proportions dans les parties.

Tels sont les obstacles qui s'opposent à la distinction facile et sûre des deux formations des terrains d'eau douce dans le plus grand nombre des lieux où l'on a reconnu de ces terrains; aussi règne-t-il la plus grande incertitude dans le choix de ces lieux, quand on veut les appliquer comme exemple à l'une ou à l'autre des formations lacustres: tels sont les motifs pour lesquels les listes que je vais donner, paroîtront si courtes et si incomplètes. Je ne placerai dans le tableau N.° 4 que les corps organisés qui me paroissent appartenir évidemment au terrain lacustre épilymnique; je réunirai dans le tableau N.° 6, avec les corps organisés du terrain palæothéri n, tous ceux dont la position géognostique est incertaine, ayant soin de les distinguer par différens signes.

---

## *Corps organisés fossiles du groupe* ÉPILYMNIQUE *des terrains* THALASSIQUES.

EXPL. DES ABRÉVIATIONS.

Calc. = Calcaire. | Marn. = Marne.
Sil. = Silex. | Pépér. = Pépérine.

| NOMS DES CORPS ORGANISÉS. | Spécific. de quelq. terr. | EXEMPLES DE LIEUX ET OBSERVATIONS. |
|---|---|---|
| MOLLUSQUES. | | |
| *Cyclostoma truncatum*, BRD.... | sil. ...... | Paris. Carnetin. |
| ** — *elegans antiquum*, AL.BR. | calc. ..... | Paris. |
| **Potamides Lamarckii*, AL.BR.... | sil. calc... | Paris. Aurillac. Nonette, près d'Issoire. |
| *Planorbis rotundatus*, BRD. .... | sil. calc... | Paris. Salinelle, dép. du Gard. Quercy. |
| ** — *cornu*, AL.BR. ....... | sil. calc... | Paris. Isle de Wight. |
| — *evomphalus*, SOW. ... | calc. ..... | Isle de Wight. |
| — *prevostinus*, AL.BR.... | sil. ...... | Paris. Isle de Wight. |
| — *prominens*, M. DE S... | calc. ..... | Salinelle, dép. du Gard. |
| — *compressus*, M. DE S.. | calc. ..... | Salinelle. |
| ***Lymneus corneus*, AL.BR. ...... | sil. calc... | Paris. Colle en Siennois. |

| NOMS DES CORPS ORGANISÉS. | Spécific. de quelq. terr. | EXEMPLES DE LIEUX ET OBSERVATIONS. |
|---|---|---|
| *Lymneus fabulum*, AL.BR....... | sil....... | Paris. |
| — *fusiformis*, SOW....... | calc...... | Isle de Wight. |
| ** — *ventricosus*, AL.BR..... | sil....... | Paris. |
| — *inflatus*, AL.BR....... | sil....... | Paris. |
| — *cylindrus*, BRD........ | sil....... | Paris. |
| *Bulimus pygmæus*, BRD........ | sil.-calc... | Paris. |
| — *terebra*, AL.BR....... | calc...... | Paris. |
| *Paludina Hammeri*?.......... | calc...... | Isle de Wight. |
| — *carinata*, BRD........ | calc...... | Paris. |
| **Pupa Defrancii*, AL.BR......... | sil.-pépér.. | Paris. Auvergne, dans une pépérino. |
| — *muscorum*, FÉR......... | | |
| *Helix Lemani*, AL.BR.......... | sil....... | Paris. |
| — *Desmarestina*, AL.BR..... | sil....... | Paris. |
| *Ancylus deperditus*, M. DE S...... | calc...... | Salinelle, dép. du Gard. |
| **Indusia tubulata*, BOSC......... | calc...... | Moulins. Auvergne. Colle en Siennois. |
| **VÉGÉTAUX.** | | |
| Mousses. | | |
| *Muscites squammatus*, AD.BR... | sil....... | Longjumeau, près Paris. |
| ***Lycopodites squamm.*, AD.BR.... | sil....... | Paris. |
| Characées. | | |
| ***Chara medicaginula*, AD.BR..... | sil....... | Montmorency, Sanois, etc. |
| — *helicteres*, AD.BR........ | marne.... | Pleurs, dép. de l'Aisne. |
| Nymphéacées. | | |
| **Nymphæa arethusæ*, AD.BR..... | sil....... | Longjumeau. |
| ?*Carpolithes ovulum*, AD.BR...... | sil....... | Longj. |
| Familles douteuses. | | |
| ***Carpolithes thalictroides*, var. *parisiensis*.................. | sil. marn.. | Longjumeau. Isle de Wight. |
| *Culmites anomalus*, AD.BR....... | sil....... | Longjumeau. |
| *Exogenites*.................. | sil....... | Palaiseau. |

## *Corps organisés fossiles des groupes* **PROTÉIQUE** *et* **TRITONIEN** *des terrains* **THALASSIQUES.**

---

### *Observations préliminaires.*

La répétition fréquente des mêmes genres et des mêmes espèces, l'importance de l'indication des groupes, des terrains et des lieux où se trouvent ces genres et ces espèces pour qu'on puisse comparer ces lieux sous le rapport de la ressemblance et de la différence des débris organiques qu'ils renferment, sont des considérations qui m'ont engagé à réunir dans un même tableau le plus grand nombre de débris organiques *marins* des terrains thalassiques (tertiaires). Les indications qu'on va donner permettront d'appliquer à ces débris la position géologique qu'on croira qui leur est propre. J'ai dû omettre un grand nombre d'espèces; car leur énumération complète eût élevé cette liste à plus de quinze cents. Mes omissions ont porté sur les espèces sans caractères ou incertaines quant à leur détermination spécifique et à leur position géognostique ou géographique.

## *Explication des désignations géologiques et géographiques.*

### Désignations géologiques.

*T. thal.* = Terrain thalassique en général sans indication de position spéciale.

*Prot. gr.* = Terrain thal. protéique; Grès.

*Prot. mar.* = Terrain thal. protéique; Marne.

*Prot. calc.* = Terrain thal. protéique; Calcaire.

*Prot. mol.* = Terrain thal. protéique; Molasse, ou collines subalpines. STUD.

*Tr. gr.* = Terrain thal. tritonien; Grès.

*Tr. calc.* = Terrain thal. tritonien; Calcaire.

*Tr. gl.* = Terrain thal. tritonien; Glauconie grossière

*Tr. mar.* = Terrain thal. tritonien; Marne.

*Anal. viv.* = Analogue à l'espèce vivante.

## Divisions et désignations géographiques.

| DIVISIONS ET DÉSIGNATIONS GÉOGRAPHIQUES. | ABRÉVIATIONS. | Divisions géologiques auxquelles peuvent se rapporter ces bassins. |
|---|---|---|
| Bassin central de la France, comprenant : Angers, l'Anjou, l'Orne, etc. | *Par.* = Paris | Tritonien et protéique. |
| Bassin de Londres | *Lond.* = Londres | Tritonien. |
| Bassin méridional de la France, ou versant septentrional des Pyrénées. | *Bord.* = Bordeaux | Tritonien. |
| | *Dax.* = Dax | Tritonien. |
| | *Gar.* = Garonne | Tritonien. |
| Versant septentrional des Alpes | *Bern.* = Berne | Protéique. |
| | *H-Alp.* = Hautes-Alpes, de Bex. | Tritonien. |
| | *Suis.* = Suisse | Protéique. |
| | *Bav.* = Bavière | Tritonien. |
| Versant méridional des Alpes | *Tur.* = Turin | Protéique. |
| | *Vic.* = Vicentin | Tritonien. |
| | *Bass.* = Bassano | Tritonien. |
| Versant septentrional des Apennins. | *Plais.* = Plaisantin | Protéique. |
| | *Bolog.* = Bologne | |
| Versant méridional des Apennins. | *Côt. de Gên.* = Côte de Gênes | Protéique. |
| | *Sienn.* = Siennois | |
| | *Rom.* = États romains | |

| NOMS DES CORPS ORGANISÉS. | Spécific. de quelq. terr. | EXEMPLES DE LIEUX ET OBSERVATIONS. |
|---|---|---|
| MAMMIFÈRES. | | |
| *Phoca fossilis*, Cuv. | t. thal. | Angers. Holisch. Comté de Neutra en Hong. |
| Morse fossile, Cuv. | t. thal. | Angers. |
| CÉTACÉS. | | |
| Lamantin fossile, Cuv. | prot. calc. | Angers. Bordeaux. Paris. |
| Épaulart fossile, Cuv. | prot. calc. | Plaisantin. |
| Dauphin à longue symphise, Cuv. | prot. calc. | Sort, près Dax. |
| — commun, Cuv. | prot. calc. | *Ibid.* |
| — à long museau, Cuv. | prot. calc. | Département de l'Orne. |
| *Zyphius planirostris*, Cuv. | tr. calc. | Anvers. |
| Rorqual fossile, Cuv. | prot. calc. | Plaisantin. Monte-Pulgnasco. |
| Baleine fossile, Cuv. | t. thal. | Paris. |
| REPTILES. | | |
| Émyde de Suisse, Cuv. | prot. mol. | Suisse. Dordogne. |
| — de Bruxelles | t. thal. | Melsbroeck, près Bruxelles. |
| — de Deluc | prot. calc. | Plaisantin. |
| *Testudo punctata*, Bourd. | prot. mol. | Suisse. |
| ICHTHYOLITHES. | | |
| *Labrus Julis ??*, Bl. | triton. calc. | Paris. |

| NOMS DES CORPS ORGANISÉS. | Spécific de quelq. terr. | EXEMPLES DE LIEUX. | OBSERVATIONS. |
|---|---|---|---|
| *Squalus* (3 espèces)........... | | | |
| *Trygonobatus crassicaudatus*, Bl. | | | |
| *Narkobatus giganteus*, Bl. ..... | | | |
| *Balistes dubius*, Bl. ........... | | | |
| *Tetraodon Honckenii*, Volta.... | | | |
| — *hispidus*, Volta..... | | | |
| *Diodon*..................... | | | |
| *Paleobalistum orbiculatum*, Bl.. | | | |
| *Centriscus longirostris*, Bl...... | | | |
| — *aculeatus*, Bl........ | | | |
| *Syngnatus typhle*, Volta....... | | | |
| — *breviculus*, Bl....... | | | |
| *Lophius piscatorius*, Bl........ | ........ | ................ | Analogue à la variété Gonelli de Risso, espèce vivante. |
| *Fistularia bolcensis*, Bl........ | | | |
| *Esox longirostris*, Bl. ........ | | | |
| — *sphyræna*, Bl. ......... | ......... | ................ | Analogue à l'espèce vivante. Bl. |
| — *macropterus*, Bl. ....... | | | |
| *Clupea murenoides*, Bl........ | | | |
| — *cyprinoides*, Bl......... | | | |
| — *evolans*, Bl........... | | | |
| *Mugil brevis*, Bl............. | | | |
| *Trigla lyra?* Volta.......... | | | |
| *Scomber altalunga*, Volta..... | | | |
| — *thynnus*, Volta....... | | | |
| — *Kleinii*, Volta........ | | | |
| — *speciosus*, Volta...... | | | |
| (Et plus de 6 autres espèces.) | | | |
| *Perca? formosa?*, Linn., Volta.. | | | |
| (Et 3 autres encore incertaines.) | | | |
| *Amia indica*, Volta........... | prot. calc.. | Bolca. M de Blainville n'y admet ni silure ni aucun autre poisson d'eau douce. | |
| *Sciæna Plumieri*, Volta....... | | | |
| *Lutjanus lutjan?*, Volta....... | | | |
| — *ephippium*, Volta..... | | | |
| *Holocentrus calcarifer?*, Volta.. | | | |
| — *macrocephalus*, Bl.... | | | |
| *Sparus vulgaris*, Bl. .......... | | | |
| (Et plusieurs autres espèces mal rapportées à ce genre et aux espèces vivantes. Bl.) | | | |
| *Labrus turdus*, Volta......... | ......... | ................ | Analogue à l'espèce vivante. Bl. |
| — *punctatus*, Volta....... | | | |
| — *rectifrons*, Bl. ........ | | | |
| *Chætodon pinnatiformis*, Bl.... | | | |
| — *vespertilio*, Bl....... | | | |
| — *substriatus*, Bl. ..... | | | |
| — *subarcuatus*, Bl..... | | | |
| — *saxatilis*, Volta..... | ......... | ................ | Peut-être analogue à l'esp. viv. Bl. |
| — *chirurgus*, Volta .... | | | |
| — *subaureus*, Bl. ...... | ......... | ................ | Très-différent du *Ch. aureus*. Bl. |
| — *papilio*, Volta....... | | | |
| — *velifer*, Bl. ......... | | | |
| (Et plus de 18 espèces toutes différentes des espèces vivantes.) | | | |
| *Zeus platessus*, Bl. ........... | | | |
| — *rhombeus*, Bl........... | | | |
| *Pleuronectes quadratulus?* Belon. | | | |
| *Gobius barbatus*, Volta....... | | | |
| *Blochius longirostris*, Volta.... | | | |
| *Callionymus vestenæ*, Volta.... | | | |
| *Ophidium barbatum*, Volta.... | | | |

| NOMS DES CORPS ORGANISÉS. | Spécific. de quelq. terr. | EXEMPLES DE LIEUX ET OBSERVATIONS. |
|---|---|---|
| MOLLUSQUES. | | |
| *Belopteris*, DESH. | tr. calc. | Paris. |
| ***Nautilus imperialis*, SOW. | tr. calc. | Par. |
| — *aturi*, BAST. | tr. calc. | Bord. Paris. |
| *Nodosaria*, LAM. | t. thal. | Plais. |
| *Miliolites ringens*, LAM. | tr. calc. | Paris. |
| — *saxorum*, LAM. | tr. calc. | Par. |
| — *trigonula*, LAM. | tr. calc. | Par. |
| **Nummulites lævigata*, LAM. | tr. gl. | Paris. Bord. Traunstein. (1) |
| — *globularia*, LAM. | tr. gl. | Paris. |
| — *scabra*, LAM. | tr. gl. | Par. Traunstein. |
| — *complanata*, LAM. | tr. calc. | Vicent. ? Bav. Bord. Petite-Oasis de Lybie. |
| — *nummiformis*, DEF. | t. thal. | Vicent. |
| *Lycophris lenticularis*, MONTF. | tr. calc. | Bord. |
| *Vaginella depressa*, BAST. | tr. calc. | Par. |
| **Bulla lignaria*, LINN. BROCC. | tr. calc. | Plais. Lond. Bord. (Anal. viv. dans l'Adriat.) |
| — *ovulata*, LAM. BROCC. | tr. et pr. c. | Par. Plais. |
| — *clathrata*, DESH. | tr. calc. | Dax. |
| — *cylindrica*, LAM. | tr. calc. | Par. Bord. Turin. |
| — *convoluta*, BROCC. | tr. calc. | Plais. |
| — *striatella*, LAM. | tr. calc. | Par. |
| *Auricula ringens*, LAM. | tr. et pr. c. | Par. Bord. |
| *Tornatella sulcata*, BAST. | tr. calc. | Par. Bord. |
| *Pyramidella mitrula*, FÉR. | tr. calc. | Bord. |
| — *terebellata*, LAM. | tr. calc. | Par. Bord. |
| *Turbo squammulosus*, LAM. | tr. calc. | Par. |
| — *radiosus*, LAM. | tr. calc. | Par. |
| — *denticulatus*, LAM. | tr. calc. | Par. |
| — *Parkinsonii*, BAST. | tr. calc. | Bord. |
| — *rugosus*, BROCC. | t. thal. | Plais. ( Analog. viv. ) [père.) |
| *Delphinula Calcar et Lima*, LAM. | tr. calc. | Paris. Valogn. (Age différent de la même es- |
| — *scobina*, AL. BR. | tr. calc. | Vicent. Bord. |
| — *conica*, LAM. | tr. calc. | Par. Valogn. |
| — *striata*, LAM. | tr. calc. | Par. |
| — *sulcata*, LAM. | tr. calc. | Par. |
| — *solaris*, BROCC. | t. thal. | Plais. |
| — *Gervillii*, DEFR. | tr. calc. | Par. Valogn. |
| — *Warnii*, DEFR. | tr. calc. | Par. Valogn. |
| *Rissoa cimex*, BAST. | tr. calc. | Bord. |
| — *cochlearella* (*melania*), BAST. | tr. calc. | Bord. |
| *Turritella imbricataria*, LAM. | tr. calc.<br>prot. mol. | Par.<br>Suisse. |
| — *terebellata*, LAM. | tr. calc. | Par. |
| — *Terebra*, BROCC. | prot. mol. | Suisse. |
| — *sulcata*, LAM. | tr. calc. | Par. |
| — *triplicata*, BROCC. | prot. mol. | Suisse. |
| — *vermicularis*, BROCC. | t. thal. | Plais. |
| — *multisulcata*, LAM. | tr. calc. | Par. |
| — *cathedralis*, AL. BR. | tr. calc. | Bord. Turin. |
| — *terebralis*, BAST. | tr. calc. | Bord. Par. Traunstein. |
| — *subangulata*, BROCC. | prot. mol.<br>t. thal. | Plais.<br>Suisse. |

(1) M. le comte Munster a établi de la manière la plus convaincante, d'après les caractères zoologiques, que la glauconie grossière de Kressenberg près Traunstein, en Bavière, appartenoit non pas au groupe crétacé, mais au groupe tritonien du terrain thalassique. Nous désignons cette localité par la citation *Traunstein*.

| NOMS DES CORPS ORGANISÉS. | Spécific. de quelq. terr. | EXEMPLES DE LIEUX ET OBSERVATIONS. |
|---|---|---|
| *Turitella elongata*, Sow. | tr. calc. | Lond. |
| — *Archimedis*, Al. Br. | t. thal. | Bass. Bord. |
| — *Turris*, Bast. | tr. calc. | Bord. (Anal. viv. dans le golfe de Gascogne.) |
| **Scalaria crispa*, Lam. | tr. calc. | Par. |
| — *pseudoscalaris*, Brocc. | t. thal. | Plais. |
| — *decussata*, Lam. | tr. calc. | Par. |
| — *cancellata*, Brocc. | t. thal. | Plais. |
| *Monodonta Araonis*, Bast. | tr. calc. | Paris. Anjou. Bord. |
| — *bidentata*, Defr. | tr calc. | Par. Valogn. |
| *Trochus crenularis*, Lam. | tr. calc. | Paris. |
| — *Boscianus*, Al. Br. | tr. calc. | Vicent. Bord. |
| — *magus*, Brocc. | tr. calc. | Plais. (Differ. des vivans.) |
| — *patulus*, Brocc. | prot. calc. | Plais. |
| — *sulcatus*, Lam. | tr. et pr. c. | Par. Bord. Plais. Vienne. |
| — *carinatus*, Bors. | prot calc. | Turin. |
| — *Amedei*, Al. Br. | tr. calc. | Vicent. Bord. |
| — *ornatus*, Lam. | tr. calc. | Par. |
| — *striatus*, Defr. | tr. calc. | Bord. |
| — *monilifer*, Lam. | tr. calc. | Par. |
| — *altavillensis*, Def. | tr. calc. | Par. Valogn. |
| ** — *conchyliophorus*, Linn. | tr. calc. | Plais. (Ne diffère pas du vivant.) |
| ** — *agglutinans*, Lam. | tr. calc. | Par. Traunst. |
| — *benettiæ*, Sow. | tr. et pr. c. | Plais. Turin. Bord. |
| ** — *cumulans*, Al. Br. | prot. calc. | Turin. |
| **Solarium plicatum*, Lam. | tr. calc. | Paris. |
| — *pseudoperspectivus*, Brocc. | t. thal. | Par. |
| — *patulum*, Lam. | tr. calc. | Par. Bord. |
| — *elegans*, Defr. | tr. calc. | Par. Valogn. |
| — *sulcatum*, Lam. | tr. calc. | Par. |
| — *bifrons*, Lam. | tr. calc. | Par. |
| *Ampullaria acuta*, Lam. | tr. calc. | Par. |
| — *depressa*, Lam. | tr. calc. | Par. Valogn. Vicent. |
| — *spirata*, Lam. | tr. calc. | Par. |
| — *hybrida*, Lam. | tr. calc. | Valog. |
| — *canaliculata*, Lam. | tr. calc. | Par. |
| | tr. marn. | Par. |
| — *compressa*, Bast. | tr. calc. | Bord. |
| — *patula*, Lam. | tr. calc. | Par. |
| | tr marn. | Par. |
| — *sigaretinus*, Lam. | tr. calc. | Par. |
| — *crassatina*, Lam. | tr. calc. | Par. Mayence. Bord. |
| — *Vulcani*, Al. Br. | tr. calc. | Vicent. |
| — *perusta*, Defr. | tr. calc. | Vicent. |
| — *pygmea*, Lam. | prot. marn. | Par. |
| *Melania costellata*, Lam. | prot. gr. | Par. |
| | tr. calc. | Par. H-Alp. Bord. Vicent. |
| — *elongata*, Al. Br. | tr. calc. | Vicent. |
| — ? *marginata*, Lam. | tr. calc. | Par. |
| — *lactea*, Lam. | tr. calc. | Par. |
| — *stygii*, Al. Br. | tr. calc | Vicent. |
| *Phasianella turbinoidea*, Lam. | tr. calc. | Par. Bord. |
| — ? *Prevostina*, Bast. | tr calc. | Bord. |
| **Nerita conoidea*, Lam. | tr. gl. | Par. Vicent. |
| — *tricarinata*, Lam. | tr. calc. | Par. Anj. |
| — *mammaria*, Lam. | tr. calc. | Par. |
| *Natica cepacea*, Lam. | tr. calc. | Par. |
| — *glaucina*, Lam. | tr. calc. | Bord. Plais. |
| | prot. mol. | Suisse. |

| NOMS DES CORPS ORGANISÉS. | Spécific. de quelq. terr. | EXEMPLES DE LIEUX ET OBSERVATIONS. |
|---|---|---|
| *Natica epiglotina*, LAM. ....... | tr. et pr. c. | Par. Vicent. Tur. |
| — *canrena*, BROCC. ....... | t. thal. ... | Plais. Bord. (Analog. viv.) Traunst. |
| — *labellata*, LAM. ........ | tr. calc. .. | Par. |
| — *spirata*, DESH. ........ | tr. gl. .... | Traunst. |
| — *hybrida*, DESH. ........ | tr. gl. .... | Traunst. |
| **Conus pelagicus*, BROCC. ....... | t. thal. ... | Plais. |
| — *deperditus*, BROCC. ...... | tr. calc. pr. | Par. Plais. Vicent. Tur. Bord. |
| — *ponderosus*, BROCC. ..... | t. thal. ... | Plais. |
| — *antediluvianus*, BROCC. ... | tr. calc. ... | Plais. |
| — *olivarius*, AL.BR. ....... | t. thal. ... | Tur. |
| — *alsiosus*, AL.BR. ........ | tr. calc. ... | Vicent. |
| — *stromboides*, LAM. ....... | tr. calc. ... | Par. |
| **Cyprea inflata* ............... | tr. calc. .. | Par. Valog. |
| — *lyncoides*, AL.BR. ...... | t. thal. ... | Tur. Bord. |
| — *sulcosa*, LAM. ........ | tr. calc. ... | Paris. |
| — *Physis*, BROCC. ........ | prot. calc. . | Plais. |
| — *annulus*, BROCC. ...... | tr. calc. ... | Dax. |
| | prot. calc. . | Plais. |
| — *Pediculus*, LAM. ........ | tr. calc. ... | Par. |
| — *annularia*, AL.BR. ...... | t. thal. ... | Tur. Bord. |
| *Ovula passerinalis*, LAM. ...... | prot. calc. . | Plais. |
| *Terebellum convolutum*, LAM. .. | tr. calc. ... | Par. Lond. |
| — *obvolutum*, AL.BR. .. | tr. calc ... | Vicent. |
| *Anolax inflata*, BORS. ........ | t. thal. ... | Tur. Bord. |
| — *glandiformis*, DEFR. ... | tr. calc. .. | Bord. |
| **Oliva mitreola*, LAM. .......... | tr. grès. .. | Par. |
| | tr. calc. ... | Par. |
| — *basterostina*, DEFR. ...... | tr. calc. ... | Bord. |
| — *laumontiana*, LAM. ...... | tr. calc. ... | Par. |
| | prot. gr. .. | Par. |
| — *pisholina*, AL.BR. ........ | t. thal. ... | Anj. Tur. |
| *Ancillaria buccinoides*, LAM. ... | tr. calc. ... | Par. |
| — *canalifera*, LAM. ... | tr. calc. ... | Par. Bord. Lond. |
| **Voluta cithara*, LAM. ......... | tr. calc. ... | Par. |
| — *rarispina*, LAM. ........ | tr. calc. ... | Dax. |
| — *spinosa*, LAM. ........ | tr. calc. ... | Par. |
| — *affinis*, BROCC. ......... | t. thal. ... | Plais. Lond. |
| — *crenulata*, LAM. ....... | tr. calc. ... | Par. Vicent. |
| — *musicalis*, LAM. ........ | tr. calc. ... | Par. |
| — *Lamberti*, SOW. ........ | t. thal. ... | Anj. Bord. Lond. |
| — *muricina*, LAM. ........ | tr. calc. ... | Par. |
| — *labrella*, LAM. ......... | tr. calc. ... | Par. |
| — *bicorona*, LAM. ........ | tr. calc. ... | Par. |
| — *Harpula*, LAM. ......... | tr. calc. ... | Par. ? Traunst. |
| — *Citharella*, AL.BR. ...... | tr. calc. ... | Par. |
| | prot. calc. . | Tur. |
| — *Bulbula*, LAM. ......... | tr. calc. ... | Par. |
| — *ficulnea*, LAM. ......... | tr. calc. .. | Par. Traunst. |
| *Marginella eburnea*, LAM. ...... | tr. calc. ... | Par. Valog. |
| — *ovulata*, LAM. ...... | tr. calc. ... | Par. Traunst. |
| — *Phaseolus*, AL.BR. ... | prot. calc. . | Tur. |
| *Volvaria acutiuscula*, SOW. ..... | t. thal. ... | Lond. |
| *Mitra crebricosta*, LAM. ....... | tr. calc. ... | Par. |
| — *scrobiculata*, BROCC. ..... | prot. calc. . | Plais. |
| — *monodonta*, LAM. ....... | tr. calc. ... | Par. |
| — *plicatella*, LAM. ......... | tr. calc. ... | Par. |
| | prot. calc. . | Plais. |
| — *Terebellum*, LAM. ....... | tr. calc. ... | Par. |

| NOMS DES CORPS ORGANISÉS. | Spécific. de quelq. terr. | EXEMPLES DE LIEUX ET OBSERVATIONS. |
|---|---|---|
| *Mitra mutica*, LAM. | tr. calc. | Par. |
| — *mitræformis*, BROCC. | pr. c. et m. | Plais. Suisse. |
| *Cancellaria costulata*, LAM. | tr. calc. | Par. |
| — *trochlearis*, FAUJ. | tr. calc. | Bord. Dax. |
| — *varicosa*, BROCC. | prot. calc. | Plais. |
| — *piscatoria*, BROCC. | prot. calc. | Plais. |
| — *buccinula*, BAST. | t. thal. | Bord. Vienne. |
| — *cassidea*, BROCC. | pr. c. et m. | Plais. Suisse. |
| *Buccinum stromboides*, LAM. | tr. calc. | Par. |
| — *decussatum*, LAM. | tr. calc. | Par. |
| — *baccatum*, DEFR. | tr. calc. | Bord. [et Sow.) |
| — *contrarium*, Sow. | tr. calc. | Londr. (C'est le *murex contrarius*, GMEL. |
| — *Veneris*, FAUJ. | tr. calc. | Bord. |
| — *corrugatum*, BROCC. | pr. c. et m. | Plais. Suisse. |
| *Eburna spirata*, LAM. | tr. calc. | Dax. |
| *Dolium* (*bucc. dolium*), BROCC. | prot. calc. | Plais. |
| *Harpa mutica*, LAM. | t. thal. | Par. |
| **Nassa reticulata*, BAST. | tr. calc. | Bord. |
| — *costulata*, BROCC. | tr. calc. | Londr. |
| — *columbelloides*, BAST. | t. thal. | Bord. |
| — *serrata*, BROCC. | prot. calc. | Plais. |
| — *puppa*, BROCC. | prot. calc. | Plais. |
| — *conglobata*, BROCC. | prot. calc. | Plais. |
| — *prismatica*, BROCC. | prot. calc. | Plais. |
| — *Caronis*, AL. BR. | prot. calc. | Tur. |
| — *angulata*, BROCC. | tr. et pr. c. | Plais. Bord. |
| **Cassis harpæformis*, LAM. | tr. calc. | Par |
| — *Saburon*, BRUG. | tr. calc.<br>prot. calc. | Bord. (Anal. viv., BAST.)<br>Plais. Vienne. |
| — *carinata*, LAM. | tr. calc. | Par. |
| — *cancellata*, LAM. | tr. calc. | Par. |
| — *obliquata*, BROCC. | prot. calc. | Plais. |
| — *intermedia*, BROCC. | prot. calc. | Plais. |
| *Cassidaria echinophora*, BROCC. | prot. calc. | Plais. Nice. (Anal. viv., BROCC.) |
| — *carinata*, LAM. | tr. calc. | Par. Traunst. |
| *Terebra plicatula*, LAM. | tr. calc. | Par. Bord. |
| — *subulata*, LAM., BAST. | tr. calc. | Bord. |
| — *duplicata*, BROCC. | tr. calc. pr. | Plais. Bord. |
| — *Vulcani*, AL. BR. | tr. calc. | Vicent. [leur quantité.) |
| **Cerithium giganteum*, LAM. | tr. calc. | Par. (Les cérithes sont caractéristiques par |
| — *hexagonum*, LAM. | tr. calc. | Par. |
| — *Castellini*, AL. BR. | tr. calc. | Vicent. |
| — *serratum*, LAM. | tr. calc.<br>prot. gr. | Par.<br>Par. |
| — *lima*, BRUG., BROCC. | prot. mol. | Suisse. |
| — *Muraschini*, AL. BR. | tr. calc. | Par. Vicent. |
| — *interruptum*, LAM. | tr. calc. | Par. |
| — *margaritaceum*, BROC. | tr. calc. pr. | Plais. Mayence. Bord. |
| — *clavatulum*, LAM. | tr. calc. | Par. |
| — *ampullosum*, AL. BR. | tr. calc. pr. | Bord. Vienne. Plais. |
| — *angulosum*, LAM. | tr. calc. | Par. Bord. |
| — *lacrimabundum*, DEF. | tr. calc. | Par. |
| — *lamellosum*, LAM. | tr. calc. | Par. Bord. |
| — *echinoides*, LAM. | tr. calc. | Par. |
| — *thiara*, LAM. | tr. calc. | Par. |
| — *Diaboli*, AL. BR. | tr. calc. | H.-Alpes. Dax. |
| — *mutabile*, LAM. | prot. gr.<br>tr. calc. | Par.<br>Par. |

| NOMS DES CORPS ORGANISÉS. | Spécific. de quelq. terr. | EXEMPLES DE LIEUX ET OBSERVATIONS. |
|---|---|---|
| *Cerithium bicalcaratum*, AL. BR. . | tr. calc. . . . | Vicent. |
| — *funatum*. SOW. . . . . . | tr. calc. . . . | Lond. |
| — *cinctum*, LAM. . . . . . . | prot. mar. . <br> prot. gr. . . | Par. Anj. Mayence. Bord. <br> Par. |
| — *varicosum*, BROCC. . . . | prot. calc. . | Plais. |
| — *tuberculosum*, LAM. . | tr. calc. . . . | Par. |
| — *lemniscatum*, AL. BR. . | tr. calc. . . . | Vicent. Bord. |
| — *combustum*, DEFR. . . | trit. calc. . | Vicent. |
| — *lapidosum*, LAM. . . . . | tr. calc. . . . | Par. (N'est-ce pas une potamide?). |
| — *baccatum*, DEFR. . . . | trit. calc. . | Vicent. |
| — *papaveraceum*, BAST. . | tr. calc. . . . | Bord. |
| — *quadrisulcatum*, LAM. | tr. calc. . . . | Par. |
| — *plicatum*, LAM. . . . . . | prot. mar. . <br> tr. calc. . . . | Par. Suisse. <br> Mayence. Dax. Vicent. |
| — *conoidale*, LAM. . . . . . | prot. marn. | Par. |
| — *rugosum*, LAM. . . . . . | tr. calc. . . . | Par. |
| — *spiratum*, LAM. . . . . . | tr. calc. . . . | Par. |
| — *striatum*, BRUG. . . . . | tr. calc. . . . | Par. |
| **Murex tripteris*, LAM. . . . . . . . . . | tr. calc. . . . | Pâr. |
| — *decussatus*, LINN., BROCC. | prot. calc. . | Plais. (Il y a quelque différence entre l'espèce fossile et la vivante.) |
| — *rugosus*, PARK., SOW. . . . | prot. mol. . | Suisse. |
| — *minax*, SOW. . . . . . . . . . . | prot. mol. . | Suisse. |
| — *tricarinatus*, LAM. . . . . . . | tr. calc. . . . | Par. Vicent. |
| — *bracteatus*, BROCC. . . . . . | prot. calc. . | Plais. |
| — *crispus*, LAM. . . . . . . . . . | tr. calc. . . . | Par. |
| — *pomum*, LINN., BROCC. . . | prot. calc. . <br> tr. calc. . . . | Plais. Anj. (Anal. viv. dans la Méditerr.) <br> Bord. |
| — *frondosus*, LAM. . . . . . . . | tr. calc. . . . | Par. |
| — *linguabovis*, BAST. . . . . . . | tr. calc. . . . | Bord. |
| *Typhis tubifer*, LAM. . . . . . . . . . . . | tr. c. et pr. | Par. Plais. Bord. |
| *Ranella marginata*, BROCC. . . . . . | tr. c. et pr. | Plais. Pyr.-sept. Turin. Bord. |
| — *leucostoma*, BAST. . . . . . . | tr. c. et pr. | Bord. Plais. (Anal. vivans.) |
| *Tritonium pileare*, LINN., BROCC. | t. thal. . . . | Plais. |
| — *doliare*, BROCC. . . . . . . . | tr. c. et pr. | Plais. Sienne. Pyr.-sept. Bord. |
| — *Rana*, BROCC. . . . . . . . . | prot. calc. . | Plais. |
| — *clathratum*, LAM. . . . . | tr. calc. . . . | Par. |
| — *colubrinum*, LAM. . . . . | tr. calc. . . . | Par. |
| **Fusus rugosus*, LAM. . . . . . . . . . | tr. calc. . . . | Par. Bord. |
| — *lavatus*, BRARD . . . . . . . . | tr. calc. . . . | Bord. Par. Lond. |
| — *Noe*, LAM. . . . . . . . . . . . . . | tr. calc. . . . | Par. |
| — *longævus*, LAM. . . . . . . . . . . | tr. calc. . . . | Par. |
| — *subulatus*, LAM. . . . . . . . . . | tr. calc. . . . | Par. |
| — *clavellatus*, LAM. . . . . . . . . | tr. calc. . . . | Par. |
| — *clavatus*, BROCC. . . . . . . . | tr. et pr. c. | Plais. Bord. |
| — *reticulatus* (*pyrula*, BAST.). | tr. calc. . . . | Bord. |
| — *implicatus*, LAM. . . . . . . . . | tr. calc. . . . | Par. |
| — *subcarinatus*, LAM. . . . . . . | tr. calc. . . . | Par. Vicent. (Mais beaucoup plus grand.) |
| — *polygonus*, LAM. . . . . . . . . | tr. calc. . . . | Par. Vicent. |
| — *bulbiformis*, LAM. . . . . . . . | tr. calc. . . . | Par. |
| **Pleurotoma filosa*, LAM. . . . . . . . | tr. calc. . . . | Par. |
| — *tuberculosa*, BAST. . . | tr. calc. . . . | Bord. Vienne. |
| — *lineolata*, LAM. . . . . | tr. calc. . . . | Par. |
| — *turrella*, LAM. . . . . . | tr. calc. . . . | Par. Bord. |
| — *clavicularis*, LAM. . . | tr. calc. . . . | Par. Vicent. |
| — *Borsoni*, BAST. . . . . . | tr. calc. . . . | Bord. |
| — *dentata*, LAM. . . . . . . | tr. calc. . . . | Par. |
| — *undata*, LAM. . . . . . . | tr. calc. . . . | Par. |

| NOMS DES CORPS ORGANISÉS. | Spécific. de quelq. terr. | EXEMPLES DE LIEUX ET OBSERVATIONS. |
|---|---|---|
| *Pleurotoma cataphracta*, BROCC.. | tr. et pr. c. | Plais. Bord. |
| — *dimidiata*, BROCC... | prot. calc.. | Plais. |
| — *glabrata*, LAM...... | tr. c. et gl. | Par. Traunst. |
| *Fasciolaria burdigalensis*, DEFR. | tr. calc.... | Bord. |
| — *uniplicata*, LAM..... | tr. calc.... | Par. Bord. |
| **Pyrula ficus*, LINN., BROCC..... | prot. calc.. | Plais. (Parfaitem. semblable à l'esp. viv.) |
| — *ficoides* (*buila*, BROCC.).. | prot. mol.. | Suisse. |
| — *lævigata*, LAM.......... | tr. calc.... | Par. Traunst. |
| — *clathrata*.............. | tr. calc.... | Par. Bord. Traunst. |
| — *condita*, AL.BR......... | tr. calc.... | Anj. Tur. Bord. |
| — *clava*, BAST........... | tr. calc.... | Bord. |
| — *rusticula*, BAST......... | tr. calc.... | Bord. |
| — *Lainei*, BAST.......... | tr. calc. .. | Bord. |
| **Strombus Knorri*, AL.BR........ | prot. calc.. | Sienne. |
| — *Bonelli*, AL.BR........ | t. thal.... | Tur. Bord. |
| — *fortis*, AL.BR......... | tr. calc.... | Vicent. |
| — *decussatus*, DEFR...... | tr. calc.... | Par. |
| — *canalis*, AL.BR........ | tr. calc.... | Par. |
| — *bartoniensis*, SOW..... | tr. calc.... | Par. Lond. |
| *Pterocera radix*, AL.BR........ | prot. calc.. | Tur. |
| *Hippocrenes macroptera*, LAM... | tr. calc.... | Par. |
| — *corvina* (*rostellaria*, AL.BR.) | tr. calc. .. | Vicent. |
| **Rostell. pespelecani*, LINN., BROCC. | tr. calc. pr. | Plais. (Exactement semblable à l'espèce (vivante). Bord. |
| — *pescarboni*, AL.BR....... | t. thal.... | Vicent. |
| — *fissurella*, LAM......... | tr. calc.... | Par. |
| *Sigaretus canaliculatus*, SOW... | tr. calc.... | Lond. Bord. Par. |
| *Haliotis*, M. DE S.............. | prot. calc.. | Montp. |
| *Crepidula* (*patella*, BROCC.).... | prot. calc.. | Plais. |
| — *unguiformis*, BAST..... | tr. calc. pr. | Bord. Plais. (Analog. vivans.) |
| *Fissurella labiata*, LAM........ | tr. calc.... | Par. |
| — *squamosa*, DESH..... | tr. calc.... | Par. |
| — *costaria*, DESH..... | tr. calc.... | Par. |
| *Emarginula costata*, LAM....... | tr. calc.... | Par. |
| — *clathrata*, DESH.... | tr. calc.... | Par. |
| **Calyptrea trochiformis*, LAM.... | prot. gr....<br>tr. calc.... | Par. Lond. |
| — *crepitudaris*, LAM... | tr. calc.... | Par. |
| — *muricata*, BROCC.... | tr. calc. pr. | Par. Plais. Bord. |
| — *deformis*, LAM...... | tr. calc.... | Bord. |
| *Patella elongata*, LAM......... | tr. calc.... | Par. |
| — *sulcata*, BORN......... | prot. calc.. | Tur. |
| *Capulus hungaricus*, LINN., BROCC. | prot. calc.. | Plais. (Semblable à l'espèce vivante.) |
| — *spirirostris*, LAM...... | tr. calc.... | Par. |
| *Hipponix cornucopiæ*, DEFR..... | tr. calc.... | Par. Valogn. |
| *Chiton grignonensis*........... | tr. calc.... | Par. |
| *Ostrea bellovacina*, LAM........ | tr. calc.... | Par. |
| ** — *virginica*, LAM.......... | p.mar.mol. | Pyr.-sept. Suisse. |
| — *edulina*, SOW........... | prot. mol.. | Suisse. |
| — *spatulata*, LAM.......... | prot. marn. | Par. |
| — *pseudochama*, LAM....... | prot. marn. | Par. |
| — *undata*, LAM........... | t. thal.... | Montp. Bord. |
| — *lingulata*, LAM.......... | prot. marn. | Par. |
| — *canalis*, LAM............ | prot. marn. | Par. |
| — *callifera*, LAM.......... | prot. marn. | Par. |
| — *ponderosa*, SCHL........ | prot. ? calc. | Mayence. |
| — *deformis*, LAM.......... | tr. calc.... | Par. |
| — *flabellula*, LAM......... | tr. calc....<br>prot. grès.. | Par. Bord.<br>Par. |

| NOMS DES CORPS ORGANISÉS. | Spécific. de quelq. terr. | EXEMPLES DE LIEUX ET OBSERVATIONS. |
|---|---|---|
| *Ostrea cymbula*, LAM. | tr. calc. | Par. Bord. |
| — *foliosa*, BROCC. | t. thal. | Bologn. |
| — *cyatula*, LAM. | prot. marn. | Par. |
| — *longirostris*, LAM. | prot. marn. | Par. |
| — *gigantea*, SOW. | t. thal. | Angl. Italie sept. Traunst. |
| *Pecten pleuronectes*, LINN., BROCC. | t. thal. | Plais. (Réellement sembl. au vivant.) |
| — *orbicularis*, SOW. | t. thal. | Gand. |
| — *plebeius*, LAM. | tr. calc. | Par. Traunst. |
| — *latissimus*, BROCC. | prot. mol. | Suisse. |
| — *medius*, STUDER | prot. mol. | Suisse. |
| — *infumatus*, LAM. | tr. calc. | Par. |
| — *squamula*, LAM. | tr. calc. | Par. |
| — *Bertrandi*, BAST. | tr. calc. | Bord. |
| — *gigas*, SCHL. (*solarium*, LAM.) | tr. calc. | Bord. |
| — *burdigalensis*, BAST. | tr. calc. | Bord. |
| *Lima spatulata*, LAM. | tr. calc. | Par. |
| *Anomia plicata*, BROCC. | prot. calc. | Plais. |
| *Spondylus radula*, LAM. | tr. calc. | Par. |
| *Vulsella deperdita*, LAM. | tr. calc. | Par. |
| *Perna maxillata*, LAM. | t. thal. | Plaisance et Virginie en Amérique sept. |
| *Avicula phalœnacea*, LAM. | tr. calc. | Par. Bord. |
| *Meleagrina margaritacea*, STUD. | prot. mol. | Suisse. |
| *Pinna margaritacea*, LAM. | tr. calc. | Par. |
| — *tetragona*, BROCC. | prot. calc. | Plais. |
| — *nobilis*, BROCC. | prot. calc. | Plais. |
| **Arca diluvii*, LAM. | tr. calc. | Par. |
| — *biangula*, LAM. | tr. calc. | Par. Bord. |
| — *Noe*, LAM., BROCC. | prot. calc. | Plais. |
| — *antiquata*, LAM. | prot. mol. | Suisse. |
| — *scapulina*, LAM. | tr. calc. | Par. Bord. |
| — *mytiloides*, BROCC. | prot. calc. | Plais. |
| — *clathrata*, DEFR. | tr. calc. | Bord. Anj. (Anal. vivant.) |
| *Cucullea crassatina*, LAM. | tr. c. et gl. | Par. |
| **Pectunculus pulvinatus*, LAM. | tr. calc.<br>prot. grès. | Par. Bord. Pyrén.-septentr. Turin. Traunst.<br>(Différant entre eux par la taille.) |
| — *Cor*, LAM. | t. thal. | Traunst. Bord. (Cte. MUNSTER.) |
| — *angusticostatus*, LAM. | tr. calc.<br>prot. marn. | Par.<br>Par. |
| — *granulatus*, LAM. | tr. calc. | Par. |
| — *romuleus*, BROCC. | tr. thal. | États romains. |
| *Nucula margaritacea*, LAM. | tr. calc.<br>prot. marn. | Par. Bord.<br>Par. Plais. |
| — *deltoidea*, LAM. | tr. calc. | Par. |
| *Mytilus rimosus*, LAM. | tr. calc. | Par. |
| — *edulis* ? BROCC. | tr. pr. calc. | Vicent. Plais. Bord. |
| — *Brardii*, AL. BR. | prot. calc. | Mayence. |
| — ? *corrugatus*, AL. BR. | tr. calc. | Vicent. |
| — ? *Faujasii*, AL. BR. | prot. ? calc. | Mayence. |
| *Modiola cordata*, LAM. | tr. calc. | Par. Bord. |
| — *subcarinata*, LAM. | tr. calc. | Valogn. |
| — *elegans*, SOW. | pr. c. mol. ? | Londr. Suisse. (STUD.) |
| *Cardita* ? *avicularia*, LAM. | tr. calc. | Par. |
| **Venericardia planicosta*, LAM. | tr. calc.<br>tr. gl. | Par. Gand. |
| — *intermedia*, BROCC. | tr. pr. calc. | Plais. États romains. Bord. |
| — *imbricata*, LAM. | tr. calc. | Par. |
| — *multicostata*, LAM. | tr. glauc. | Par. |
| — *acuticostata*, LAM. | tr. calc. | Par. |

| NOMS DES CORPS ORGANISÉS. | Spécific. de quelq. terr. | EXEMPLES DE LIEUX ET OBSERVATIONS. |
|---|---|---|
| *Venericardia senilis*, Sow. | tr. calc. | Par. Lond. |
| — *Jouanetti*, Bast. | tr. calc. | Bord. |
| — *cornarium*. Lam. | tr. calc. | Par. Lond. |
| — *Lauræ*, Al. B. | tr. calc. | Vicent. |
| *Cypricardia corallіophaga* Brocc. | prot. calc. | Plais. |
| — ? *cyclopea*, Al. Br. | tr. calc. | Vicent. |
| *Crassatella tumida*, Lam. | tr. calc. | Par. |
| — *sulcata*, Lam. | tr. calc. | Par. |
| — *lamellosa*, Lam. | tr. calc. | Par. |
| — *proteus*, Dep. | tr. calc. | Par. |
| *Chama lamellosa*, Lam. | tr. calc. | Par. |
| — *calcarata*, Lam. | tr. calc. | Par. Traunst. |
| — *gryphoides*, Bast. | tr. pr. et c. | Bord. Plais. (Anal. viv.) |
| *Donax retusa*, Lam. | tr. calc. | Par. |
| — *anatinus*, Lam. | tr. calc. | Bord. (Anal. viv.) |
| *Cardium edule*, Lam. | tr. pr. et c. | Plais. Lond. Bord. (Anal. viv.) |
| — *edulinum*, Sow. | prot. mol. | Suisse. |
| — *oblongum*. Brocc. | prot. mol. | Suisse. Plais. |
| — *semigranulatum*, Sow. | prot. mol. | Suisse. |
| — *hians*, Brocc. | prot. mol. | Suisse. Plais. |
| — *clodiense*, Ren., Brocc. | prot. mol. | Suisse. Plais. |
| — *multicostatum*, Brocc. | prot. mol. | Suisse. Plais. |
| — *porulosum*, Lam. | tr. calc. | Par. |
| — *asperulum*, Lam. | tr. calc. | Par. |
| — *calcitrapoides*, Lam. | tr. calc. | Par. |
| — *obliquum*, Lam. | tr. calc. | Par. |
| — *serrigerum*, Lam. | tr. calc. | Par. Bord. |
| *Tellina patellaris*, Lam. | tr. calc. | Par. |
| — *rostralis*, Lam. | tr. calc. | Par. |
| — *elegans*, Desh. | tr. calc. | Par. Valogn. Bord. |
| — *tumida*, Brocc. | pr. c. et m. | Plais. Suisse. |
| *Lucina lamellosa*, Lam. | tr. calc. | Par. |
| — *concentrica*, Lam. | tr. calc. | Par. |
| — *divaricata*, Lam. | tr. calc. | Par. Bord. Lond. (Anal. viv.) |
| — *saxorum*, Lam. | tr. calc. | Par. |
| — *scopulorum*, Al. Br. | tr. calc. | Vicent. Bord. |
| — *sulcata*, Sow. | tr. calc. | Par. |
| *Corbis lamellosa*, Lam. | tr. calc. | Par. |
| *Venus mutabilis*? Lam. | tr. calc. | Par. |
| — *obliqua*, Lam. | tr. calc. | Par. |
| — *callosa*. Lam. | tr. calc. | Par. |
| — *scobinellata*, Lam. | tr. calc. | Par. |
| — *casinoides*, Lam. | tr. calc. | Bord. Vicent. |
| — *islandica*. Lam. | prot. mol. | Suisse. |
| — *rustica*, Sow. | prot. mol. | Suisse. |
| *Astarte obliquata*, Sow. | tr. calc. | Lond. |
| — *excavata*, Sow. | prot. mol. | Suisse. |
| *Cytherea scutellaria (cyprina)*, Lam. | tr. calc. | Par. |
| — *semisulcata*, Lam. | tr. calc. / prot. mar. ? | Par. |
| — *nitidula*, Lam. | tr. calc. / prot. mar. | Par. Bord. Lond. |
| — *lævigata*, Lam. | tr. calc. / prot. gr. | Par. |
| — *convexa*, Al. Br. | prot. mol. | Suisse. |
| — *tellinaria*, Lam. | tr. calc. / pr. m. et gr. | Par. |
| — *erycinoides*, Lam. | tr. calc. | Par. Bord. Vicent. |

| NOMS DES CORPS ORGANISÉS. | Spécific. de quelq. terr. | EXEMPLES DE LIEUX ET OBSERVATIONS. |
|---|---|---|
| **Corbula gallica*, LAM. | t. c. et pr. m. | Par. Suisse. |
| — *rugosa*, LAM. | prot. gr.... tr. calc.... | Par. |
| — *striata*, LAM. | tr. calc.... | Par. Bord. |
| — *anatina*, LAM. | tr. calc.... | Par. |
| *Mactra semisulcata*, LAM. | tr. calc.... | Par. |
| — *deltoides*, LAM. | tr. calc.... | Par. Bord. |
| — *triangula*, BROCC. | tr. calc.... | Bord. Plais. |
| — *solida*, LINN. | prot. mol.. | Suisse. (Anal. viv. ?) |
| *Erycina lœvis*, LAM. | tr. calc.... | Par. |
| — *elliptica*, LAM. | tr. calc.... | Par. Bord. |
| **Panopea Faujasii*, MEN. | pr. c. et mol. | Plais. Bord. Suisse. |
| *Mya mandibula* ? SOW. | prot. mol.. | Suisse. |
| **Solen vagina*, LAM. | tr. c. et p. m. | Par. Bord. Suisse. (Anal. viv. ?) |
| — *fragilis*, LAM. | tr. calc.... | Par. |
| — *strigilatus*, LAM. | tr. pr. et c. | Par. Bord. Suisse. (Anal. viv.) |
| — *legumen*, LINN. | prot. mol.. | Suisse. |
| *Psammobia? Labordei*, BAST. | tr. calc.... | Bord. |
| *Teredo* | tr. calc.... | Par. |
| *Fistulana personata*, LAM. | tr. calc.... | Par. |
| — *elongata*, DESH. | tr. calc.... | Par. |
| *Clavagella coronata*, DESH. | tr. calc.... | Par. Bord. |
| *Aspergillum leoganum* | tr. calc.... | Bord. |
| *Terebratula bissinuata*, LAM. | tr. calc.... | Par. |
| — *ampulla*, LAM. | prot. calc.. | Plais. |
| — *vitrea*?, LINN., BROCC. | tr. calc.... | Plais. (Anal. viv.?) |
| — *inconstans*, SOW. | prot. calc.. | Anglet. |
| CYRRHOPODES. | | |
| **Balanus tintinnabulum*?, LINN. | prot. calc.. | Plais. |
| — *miser*, LAM. | prot. calc.. | Par. Plais. (Analog. viv.) |
| — *sulcatus* ? LAM. | tr. et pr. c. | Le Loroux, près Nantes. Plais. (Anal. viv.?) |
| — *tesselatus*, SOW. | prot. calc.. | Plais. |
| — *perforatus*, STUD. (1) | prot. mol.. | Suisse. |
| *Pyrgoma*, LEACH. | tr. calc.... | Dax. |
| ANNÉLIDES. | | |
| *Serpula cristata*, LAM. | tr. calc.... | Par. On a pris quelquefois ces petits corps |
| *Spirorbis conoidea*, LAM. | prot. marn. | Par. pour des planorbes. |
| *Dentalium radicula*, LAM. | tr. calc.... | Par. |
| — *aprinum*, LAM. | prot. calc.. | Plais. |
| — *striatum*, LAM. | tr. pr. et c. | Paris. Nice. Italie. |
| — *entalis*, LAM. | tr. calc.... | Paris. |
| *Siliquaria spinosa*, LAM. | tr. calc.... | Par. |
| — *lima*, LAM. | tr. calc.... | Par. Anjou. |
| — *anguina*, LINN., BROCC. | prot. calc.. | Plais. |
| RAYONNÉS. | | |
| *Echinus monilis*, DESM. | t. thal. ... | Anjou. |
| *Scutella bifora*, DESM. | tr. calc. .. | Bord. |
| — *subrotunda*, LAM. | t. thal. ... | Bord. Anj. |
| — *lenticularis*, LAM. | tr. calc.... | Par. |
| **Clypeaster Gaymardi*, AL. BR. | t. thal. ... | Corse. Plais. |
| — *marginatus*, LAM. | tr. calc.... | Dax. Corse. |

(1) Tous les balanes que j'ai sous les yeux appartiennent aux terrains thalassiques, et l'on voit que c'est toujours aux protéiques : je n'en connois encore aucun des terrains inférieurs. Néanmoins, M. Defrance en cite une espèce.

| NOMS DES CORPS ORGANISÉS. | Spécific. de quelq. terr. | EXEMPLES DE LIEUX ET OBSERVATIONS. |
| --- | --- | --- |
| *Clypeaster altus*, LAM. | t. thal. | Corse ? |
| — *Richardi*, DESM. | tr. calc. | Dax. Vicent. Par. ? |
| — *stelliferus*, LAM. | tr. calc. | Bord. |
| — *trilobus*, DEFR. | t. thal. | ? Un très-semblable de la montagne des Diablerets, dans les Alpes du Valais, près Bex, etc. |
| — *oviformis*, LAM. | tr. gl. | Traunstein. |
| — *Brongniarti*, MUNST. | tr. gl. | Traunstein. |
| — *Cuvieri*, MUNST. | tr. gl. | Traunstein. |
| *Cassidulus complanatus*, LAM. | tr. calc. | Par. Noirmoutier. Traunst. |
| — *testudinarius*, AL. BR. | tr. calc. | Vicent. Traunst. |
| *Nucleolites grignonensis*, DEFR. | tr. calc. | Par. Corse. |
| *Galerites conoideus*, LAM. | t. thal. | Vérone. Traunst. (Cte. MUNSTER.) |
| — *bouei*, MUNST. | t. thal. | Traunst. |
| *Spatangus* | t. thal. | Près Palerme et exactement semblable à celui qui vit dans la mer de Sicile. |
| — ? | t. thal. | Sardaigne. Corse. (Espèce indéterminée.) |
| — *Parkinsonii* | tr. calc. | Par. et dans les couches inférieures, renfermant du gypse, à Montmartre. |
| — *ornatus*, DEFR. | t. thal. ? | Bassin de Saint-Juvat, Côtes du Nord. Bord. (Entièrement sembl. à celui de la craie.) |
| *Asterias auranciaca* ?, STUD. | prot. mol. | Suisse. |
| CRUSTACÉS. | | |
| *Atelecyclus rugosus*, DESM. | thal. calc. | Montpell. |
| *Leucosia Prevostiana*, DESM. | tr. calc. | Par. Montm. |
| *Inachus* | tr. calc. | Par. Montm. |
| *Palinurus* | tr. calc. | Bolca. |
| *Spheroma margorum*, DESM. | prot. mar. | Montm. |
| ZOOPHYTES. (1) | | |
| *Flustra bifurcata*, DESM. | tr. calc. | Par. |
| *Orbulites complanata*, LAM. | tr. calc. | Par. Bord. |
| *Dactylopora cylindracea*, LAM. | tr. calc. | Par. |
| *Polytripes elongata*, DEFR. | tr. calc. | Par. |
| *Eschara grignonensis*, DEFR. | tr. calc. | Par. |
| *Ovulites margaritula*, LAM. | tr. calc. | Par. |
| *Lunulites urceolata*, LAM. | tr. calc. | Par. |
| *Alveolites madreporacea*, LAM. | tr. calc. | Dax. |
| *Favosites* | tr. calc. | Anjou. Les Gléons. (Ils sont sphéroïdaux, mais aucun n'est déterminé.) |
| *Caryophillia altavillensis*, DEFR. | t. thal. | Hauteville. Anjou. Dans les Apennins, etc. |
| *Turbinolia elliptica*, AL. BR. | tr. calc. | Par. Montm. |
| — *crispa*, LAM. | tr. calc. | Par. |
| — *sulcata*, LAM. | tr. calc. | Par. |
| — *appendiculata*, AL. BR. | prot. calc. | Plais. Vicent. H.-Alpes. |
| *Astrea emarciata* ?, LAM. | tr. calc. | Par. |
| — *funesta*, AL. BR. | tr. calc. | Vicent. |
| *Irea (alcyon) parasitica*, LAMX. | prot. calc. | Plais. |
| VÉGÉTAUX. | | |
| Conifères. | | |
| *Pinus Cortesii*, AD. BR. | prot. calc. | Plais. |
| — *Defrancii*, AD. BR. | tr. calc. | Par. |

(1) Il y a certainement un bien plus grand nombre de zoophytes dans les terrains thalassiques; mais l'inutilité de ne donner que des noms de genre, et l'imperfection de la détermination des espèces, s'opposent à ce qu'on puisse étendre davantage cette liste.

| NOMS DES CORPS ORGANISÉS. | Spécific. de quelq. terr. | EXEMPLES DE LIEUX ET OBSERVATIONS. |
|---|---|---|
| Juglandées. | | |
| *Juglans nuxtaurinensis*, AD.BR... | t. thal.... | Env. de Turin. |
| Conferves. | | |
| *Confervites thoreæformis*, AD.BR. (Et autres espèces analogues à des *ceramium*.) | tr. calc.... | Bolca. |
| ALGUES. | | |
| *Fucoides obtusus*, AD.BR. ..... | tr. calc. .. | Bolca, etc. |
| — *Lamourouxii*....... | | |
| — *spathulatus*........ | | |
| — *Bertrandi*.......... | | |
| — *gazolanus*.......... | | |
| — *flabellaris*.......... | | |
| — *Agardhianus*........ | | |
| — *discophorus*......... | | |
| — *turbinatus*.......... | | |
| — *Sternbergii*......... | | |
| — *multifidus*.......... | tr. calc.... | Salcedo. Vicentin. |
| ÉQUISÉTACÉES. | | |
| *Equisetum brachyodon*, AD.BR. . | tr. calc.... | Par. |
| FOUGÈRES. | | |
| *Tæniopteris Bertrandi*, AD.BR... | prot. ? calc. | Puguelle, près Chiampe. |
| NAYADES. | | |
| *Caulinites parisiensis*, AD.BR. ... | tr. calc. .. | Par. |
| — *amphytoites*, DESM. .. | tr. calc.... | Par. |
| *Zosterites teniæformis*, AD.BR. .. | tr. calc.... | Salcedo. |
| — *enervis*. | | |
| *Potamophyll. multinervis*, AD.BR. | tr. calc.... | Par. |
| PALMIERS. | | |
| **Endogenites echinatus*, AD.BR... | tr. gl..... | Vailly, près Soissons. |
| **Flabellaria parisiensis*, AD.BR... | tr. cal. ... | Par. |
| *Familles douteuses.* | | |
| **Phyllites linearis*, AD.BR....... | tr. calc. .. | Par. |
| — *nerioides*........... | | |
| — *mucronata*.......... | | |
| — *remiformis*.......... | | |
| — *retusa*.............. | | |
| — *spathulata*........... | | |
| — *lancea*.............. | | |

*TABLEAU DE COMPARAISON des rapports numériques entre les genres et les espèces de corps organisés fossiles des terrains* **THALASSIQUES** *et ceux des terrains qui leur sont inférieurs.*

| OBSERVATIONS. | Nombre approximatif des espèces propres aux terrains thalassiques. | PRINCIPAUX GENRES CARACTÉRISTIQUES. | Nombre approximatif des espèces propres aux terrains infra-thalassiq. | OBSERVATIONS. |
|---|---|---|---|---|
| Peut-être quelques débris dans les assises supérieures et clastiques des terrains protéiques. Il n'est pas question ici des animaux fossiles des terr. clysmiens. | | MAMMIFÈRES. | | |
| | ? | Éléphant ................ | o | |
| | 50 | Autres mammifères terrestres | o | |
| | 2 | Mammifères marins....... | o | |
| | 8 | Cétacés ................ | o | |
| | | REPTILES. | | |
| | 6 | Crocodiles.............. | 3 | |
| | o | Gavial.................. | 4 | |
| | 5 | Trionix ................ | o | |
| | 4 | Émyde.................. | 2 | |
| | o | Chélonée ............... | 3 | |
| | 1 | Tortue ................. | o | |
| | o | *Mesosaurus*, *ichthyosaurus* et autres sauriens....... | 20 | au moins. |
| | 2 | Batraciens .............. | o | |
| | | ICHTHYOLITES. | | |
| Au moins...... | ...100.. | Divers genres et espèces... | 25 | au plus. Ces résultats sont très-incertains. |
| | | MOLLUSQUES. | | |
| | o | *Ammonites*............. | 120 | et bien plus. |
| | o | *Hamites*................ | 15 | |
| | 2 | *Nautilus* ............... | 12 | |
| | 10 | *Nummulites* ............ | 2 ou plus | maintenant on en connoît dans les terrains crétacés. |
| | o | *Orthocera* .............. | 11 | |
| | o | *Belemnites*.............. | 24 | nombre incertain. |
| | 30 | *Conus*.................. | o | |
| | 7 | *Oliva* .................. | o | |
| | 19 | *Cypræa* ................ | o | |
| | 8 | *Marginella*............. | o | |
| | 40 | *Voluta*................. | o | |
| | 30 | *Mitra* ................. | 1 ? | |
| | 17 | *Terebra*................ | ? | |
| | 36 | *Buccinum* .............. | o | |
| | 7 | *Cassis*................. | 1 | |

| OBSERVATIONS. | Nombre approximatif des espèces propres aux terrains thalassiques. | PRINCIPAUX GENRES CARACTÉRISTIQUES. | Nombre approximatif des espèces propres aux terrains infrathalassiq. | OBSERVATIONS. |
|---|---|---|---|---|
| | 5 | *Strombus* | 0 ? | |
| | 10 | *Rostellaria* | 0 | |
| | 1 | *Pterocerus* | 3 | |
| | 50 | *Murex* | 0 | |
| | 12 | *Pyrula* | 0 | |
| | 70 | *Fusus* | 0 | |
| | 21 | *Nassa* | 1 ? | |
| | 20 | *Cancellaria* | 0 | |
| | 185 | *Cerithium* | 4 ou 5 | de genres très-incertains. |
| | 95 | *Pleurotoma* | 0 | |
| | 36 | *Turritella* | 1 ? | |
| | 40 | *Trochus* | 12 | au plus. |
| | 0 | *Cirrhus* | 5 | |
| | 12 | *Solarium* | 5 | au plus. |
| | 25 | *Turbo* | 3 ? | |
| | 0 | *Evomphalus* | 6 | |
| | 27 | *Delphinula* | 2 ? | |
| | 0 | *Nerinea* | 5 | |
| | 6 | *Natica* | ? | |
| | 15 | *Ampullaria* | ? | |
| | 40 | *Melanopsis* et *Melania* | 3 | on doit remarquer, qu'à l'exception de l'argile veldienne, on ne cite aucune coq. d'eau douce dans le terr. infrathal. |
| | 6 | *Paludina* | 4 | |
| | 10 | *Lymneus* | 0 | |
| | 18 | *Planorbis* | 0 | |
| | 8 | *Helix* | 0 | |
| | 12 | *Bulla* | 0 | |
| | 54 | Calyptracées | 0 | |
| | 3 | *Patella* | 1 ? | |
| | 4 | *Terebratula* | 170 | et probablement beaucoup plus. |
| | 0 | *Spirifer* | 10 | |
| | 0 | *Productus* | 14 | |
| | 90 | *Ostrea* | 25 | environ. |
| Et cependant on en connoît à l'état vivant! | 0 | *Gryphæa* | 20 | |
| | 80 | *Pecten* | 12 | environ. |
| | 0 | *Plagiostoma* | 15 | |
| | 6 | *Lima* | 4 | |
| | 0 | *Inoceramus* | 3 | |
| | 0 | *Catillus* | 3 | |
| | 3 | *Pinna* | 3 | |

| OBSERVATIONS. | Nombre approximatif des espèces propres aux terrains thalassiques. | PRINCIPAUX GENRES CARACTÉRISTIQUES. | Nombre approximatif des espèces propres aux terrains infra-thalassiq. | OBSERVATIONS. |
|---|---|---|---|---|
| | 0 | *Trichites* | 1 | |
| | 15 | *Mytilus* et *Modiola* | 15 | |
| On en connoît aussi à l'état vivant! | 0 | *Pholadomia* | 5 | au moins. |
| | 10 | *Chama* | 0 | |
| | 0 | *Trigonia* | 21 | |
| | 32 | *Pectunculus* | 2 ? | |
| | 20 | *Arca* | 3 | |
| | 2 | *Cucullea* | 2 | |
| | 10 | *Cardita* | 0 | |
| | 40 | *Cardium* | ? | |
| | 25 | *Venericardia* | 0 | |
| | 40 | *Venus* | 0 | |
| | 35 | *Cythera* | 0 | |
| | 4 | *Cyrena* | 1 | dans l'argile vold., et peut-être pas dans d'autres roches des terr. infrathalassiques. |
| | 1 | *Cyclas* | 0 | |
| | 1 | *Unio* | 0 | |
| | 35 | *Lucina* | 0 | |
| | 23 | *Tellina* | 0 | |
| | 30 | *Corbula* | 0 | |
| | 20 | *Crassatella* | ? | |
| | 6 | *Mactra* | 0 | |
| | 9 | *Solen* | 0 | |
| | 3 | *Pholadis* | 0 | |
| | 15 | *Balanus* | 1 | suivant M. Defr. |
| | | CRUSTACÉES. | | |
| | 0 | *Trilobites* | 15 | au moins. |
| | | ÉCHINIDES. | | |
| | 0 | *Ananchytes* | 12 | |
| | 6 | *Clypeaster* | 0 | |
| | ? | *Spatangus* | 21 | |
| C'est très-incertain. | 1 | *Encrinites* | 25 | au moins. |
| | 0 | *Alcyon* | 12 | |

# Tableau N.° VI.

## *Corps organisés fossiles du groupe* PALÆOTHÉRIEN *des terrains* THALASSIQUES.

Expl. des abréviations.

M. l. = Marnes lymniques. | C. s. = Calcaire siliceux.
Gyps. = Gypse.

*Nota.* On a placé dans ce tableau tous les corps fossiles des terrains lacustres qui n'appartiennent pas évidemment au groupe *épilymnique*.

| NOMS DES CORPS ORGANISÉS. | Spécific. de quelq. terr. | EXEMPLES DE LIEUX ET OBSERVATIONS. |
|---|---|---|
| Mammifères. | | |
| **Palæotherium magnum*, Cuv. . . | gyps., C. s. | Par. La Grave, Dordogne. |
| — *medium*, Cuv. . . . | gyps. . . . . | Par. |
| — *crassum*, Cuv. . . | gyps. . . . . | Par. |
| — *latum*, Cuv. . . . . | gyps. . . . . | Par. |
| — *minus*, Cuv. . . . . | gyps. . . . . | Par. La Grave. |
| — *minimum*, Cuv. . | gyps. . . . . | Par. |
| — *aurelianense*, Cuv. | M. l. . . . . | Orléans. |
| — *isselanum*, Cuv. . | M. l. . . . . | Issel, près Saint-Papoul. |
| **Anoplotherium commune*, Cuv. . . | gyps. . . . . | Par. |
| — *secundarium*, Cuv. | gyps. . . . . | Par. |
| *Xyphodon gracile*, Cuv. . . . . . . | gyps. . . . . | Par. |
| **Dichobunes leporinus*, Cuv. . . . . | gyps. . . . . | Par. |
| — *murinus*, Cuv. . . . . | gyps. . . . . | Par. |
| — *obliquus*, Cuv. . . . . | gyps. . . . . | Par. |
| **Chœropotamus parisiensis*, Cuv. . | gyps. . . . . | Par. |
| *Anthracotherium velaunum*, Cuv. | M. l. . . . . | Le Puy-en-Vélay. |
| *Lophiodon major*, Cuv. . . . . . . . | M. l. . . . . | Argent. Issel. Soiss. Gannat. Montabuzar. |
| — *secundarius*, Cuv. . . . | M. l. . . . . | Argenton. |
| — *minor*, Cuv. . . . . . . . | M. l. . . . . | Par. |
| — *pygmeus*, Cuv. . . . . . | M. l. . . . . | Par. |
| — *maximus*, Cuv. . . . . . | M. l. . . . . | Bastberg, près Bouxwiller. |
| — *secundus*, Cuv. . . . . . | M. l. . . . . | Bastberg. |
| — *monspeliensis*, Cuv. . . | M. l. . . . . | Boutonnet, près Montpellier. |
| — *quintus*, Cuv. . . . . . . . | M. l. . . . . | Argenton. |
| *Canis parisiensis*, Cuv. . . . . . . . | gyps. . . . . | Par. |
| Genette des plâtrières, Cuv. . . . . | gyps. . . . . | Par. |
| Coati des plâtrières, Cuv. . . . . . . | gyps. . . . . | Par. |
| *Didelphis parisiensis*, Cuv., Schl. | gyps. . . . . | Par. |
| Écureuil des plâtrières, Cuv. . . . . | gyps. . . . . | Par. |
| Loir des plâtrières, Cuv. . . . . . . | gyps. . . . . | Par. |
| — second, Cuv. . . . . . . . . . . . . . | gyps. . . . . | Par. |
| Ornitholithes diverses . . . . . . . . . | gyps., M. l. | Par. Auvergne. OEningen. |
| Reptiles. | | |
| Crocodile des plâtrières, Cuv. . . . | gyps. . . . . | Par. (Voisin des Caïmans.) |
| — d'Argenton, Cuv. . . . | M. l. . . . . | Argenton. (Voisin des Caïmans.) |
| *Trionyx des plâtrières, Cuv. . . . . | gyps. . . . . | Par. |
| — maunoir, Bourd. . . . . . | gyps. . . . . | Aix et Par. |
| — des molasses, Cuv. . . . | M. l. . . . . | La Grave. L'Agénois. Le Quercy. Haute-Vigne, Lot-et-Garonne. Castelnaudary. |
| *Émydes des plâtrières, Cuv. . . . . | gyps. . . . . | Par. |
| Tortue d'Aix, Cuv. . . . . . . . . . . . . | gyps. . . . . | Aix en Provence. |
| ?Salamandre gigantesque, Cuv. . . | M. l. . . . . | OEningen. |

| NOMS DES CORPS ORGANISÉS. | Spécific. de quelq. terr. | EXEMPLES DE LIEUX ET OBSERVATIONS. |
|---|---|---|
| POISSONS. | | |
| *Mugil cephalus*, BL., CUV. ..... | gyps. .... | Aix en Provence (analogue à l'espèce vivante ? BL.). M. de Blainville n'a reconnu à Aix aucune espèce marine. |
| *Perca minuta*, BL. ............ | gyps. .... | Aix et Paris. |
| *Cyprinus squammosus*, BL. ..... | gyps. .... | *Ibid.* |
| *Cyprinus bipunctatus*, BL. ...... | M. l. .... | Œningen. |
| — *jeses*, BL. ............ | M. l. .... | Œningen. |
| — *capito*, SCHUM. ........ | M. l. .... | Œningen. |
| — *minutus*, BL. .......... | gyps ..... | Par. |
| — *idus* ? FAUJAS. ......... | M. l. .... | Rochesauve (Ardèche). |
| ? — *tinca* ?? BL. .......... | M. l. ? .... | Cadix. |
| *Pœcilia Lametherii*, BL. ....... | gyps ..... | Par. |
| *Anormurus macrolepidotus*, BL. .. | gyps ..... | Par. |
| *Esox*, BL. .................. | M. l. .... | Œningen. |
| *Amia ignota*, BL. ............. | gyps. .... | Par. |
| MOLLUSQUES. | | |
| **Cyclostoma mumia*, LAM. ...... | M. l. .... | Par. |
| ***Lymneus strigosus*, AL.BR. ..... | M. l. .... | Le Locle, près Neufchâtel. |
| — *fusiformis*, SOW. .... | M. l. .... | Isle de Wight. |
| ** — *longiscatus*, AL.BR. ... | M. l. .... | Par. |
| — *elongatus*, AL.BR. .... | M. l. .... | Par. |
| ** — *acuminatus*, AL.BR. ... | M. l. .... | Par. |
| — *æqualis*, M. DE S. .... | M. l. .... | Salinelle (Gard). |
| — *pygmæus*, M. DE S. .... | M. l. .... | Salinelle. |
| ? — *ventricosus*, BRD. .... | M. l. .... | Bruère (Cher). |
| — *ovum*, AL.BR. ....... | M. l. .... | Par. |
| ***Planorbis lens*, AL.BR. ........ | M. l. .... | Par. |
| — *evomphalus*, SOW. ... | M. l. .... | Isle de Wight. |
| *Bulimus atomus*, BRD. ......... | M. l. .... | Par. le Puy. |
| — *pusillus*, BRD. ........ | M. l. .... | Par. |
| *Paludina affinis*, M. DE S. ...... | M. l. .... | Salinelle (Gard). |
| — *impura*, DRAP. ....... | M. l. .... | Quercy. |
| ? — *Hammeri* ........... | M. l. .... | Bouxwiller. Isle de Wight. |
| *Helix Ramondii*, AL.BR. ....... | M. l. .... | Orléans. Auvergne. |
| — *Cocqui*, AL.BR. ........ | M. l. .... | Orléans. Auvergne. |
| *Cypris faba*, DESM. ........... | M. l. .... | Le Puy. Gergovie. Le Locle. |
| *Unio* ...................... | ........ | Isle de Wight. |
| *Cyclas* .................... | ........ | Aix en Provence. Le Locle. |
| ? *Anodonta Lavateri*, AL.BR. ..... | ........ | Œningen. |
| INSECTES. | | |
| Aptères : *Aranea* ............ | Marnes du gypse. | Aix en Provence, par M. Marcel de Serres, qui fait remarquer que ces insectes ont la plus grande ressemblance avec ceux de l'Europe méridionale. |
| *Phrynus* ............ | | |
| Coléoptères : *Dytiscus* ......... | | |
| *Staphylinus* ....... | | |
| *Buprestis* ......... | | |
| *Melolontha* ....... | | |
| *Curculionides* (plus de 10 espèces) .... | | |
| *Trogossita* (et 5 espèces de Xylophages). | | |
| Orthoptères (environ 8 espèces) ... | | |
| Hémiptères (environ 20 espèces) ... | | |
| Névropt. (des libellules et leurs larv.) | | |
| Hyménoptères (environ 8 espèces). | | |
| Lépidoptères (à peine 2 espèces). | | |
| Diptères (environ 15 espèces) .... | | |

| NOMS DES CORPS ORGANISÉS. | Spécific. de quelq. terr. | EXEMPLES DE LIEUX ET OBSERVATIONS. |
|---|---|---|
| VÉGÉTAUX. | | |
| Mousses. | | |
| *Muscites Tournalii*, Ad. Br........ | ......... | Armissan, près Narbonne. |
| Équisétacées. | | |
| *Equisetum brachyodon* ........ | ......... | Armissan. |
| Fougères. | | |
| *Filicites polybotria*............ | ......... | Armissan. |
| Characées. | | |
| *Chara Lemani*, Desc............ | M. l...... | Saint-Ouen, près Paris. |
| — *tuberculosa*, Lyell....... | M. l...... | White clift, dans l'île de Wight. |
| Conifères. | | |
| *Pinus pseudostrobus* (*folia*).... | ......... | Armissan. |
| *Taxites Tournalii*............. | ......... | Armissan. |
| Liliacées. | | |
| *Smilacites hastata*............. | ......... | Armissan. |
| Palmiers. | | |
| ** *Flabellaria Lamanonis* ........ | M. l...... | Aix en Provence. |
| *Comptonia? dryandræfolia* ..... | ......... | Armissan. |
| *Betula dryadum*............. | ......... | Armissan. |
| *Carpinus macroptera*.......... | ......... | Armissan. |
| Plantes de familles douteuses. | | |
| ** *Endogenites* .................. | M. l...... | Moutm. |
| *Poacites*..................... | ......... | Aix en Provence. |
| *Phyllites lævigata*............. | ......... | Aix. |
| — *Gustini*............. | ......... | Aix. |

## *Corps organisés fossiles des* LIGNITES *des groupes* **MARNO-CHARBONNEUX, PALÆOTHÉRIEN** *et* **TRITONIEN.**

### *Observations.*

La position des différens dépôts de lignite et de la marne argileuse qui les accompagne ou les remplace dans les terrains thalassiques, devient plus incertaine que jamais. On peut rarement rapporter avec certitude à des positions géologiques déterminées les lignites dans lesquels on a reconnu des débris organiques. Ces motifs m'ont engagé à réunir dans un seul tableau tous les corps organisés des lignites du terrain thalassique; mais j'ai cherché à indiquer, au moyen des signes convenus et expliqués à la tête de ces tableaux, la position certaine ou présumée de chacun de ces gîtes.

EXPL. DES ABRÉVIATIONS.

Lign. mol. = Lignite suisse ou de la molasse, ou palæothérien.
Lign. soiss. = Lignite soissonnois ou tritonien.
M. arg. = Marne argileuse sans lignite ni désignation de formation.
M arg. P. = Marne argileuse palæothérienne.
M. arg. T. = Marne argileuse tritonienne.

| NOMS DES CORPS ORGANISÉS. | Spécific. de quelq. terr. | EXEMPLES DE LIEUX ET OBSERVATIONS. |
|---|---|---|
| *Corps organisés non marins.* | | |
| MAMMIFÈRES. | | |
| *Mastodon angustidens*, CUV. | lign. mol. | Kœpfnach, près Horgen (Zurich). |
| — *elephantoides*, CLIFT. | lign. mol. | Irawadi (Indes). |
| — *latidens*, CLIFT. | lign. mol. | Irawadi. |
| *Hippopotamus*, CLIFT. | lign. mol. | Irawadi. |
| Rhinoceros | lign. mol. | Kœpfnach. Irawadi. |
| Tapir, CLIFT. | lign. mol. | Irawadi. |
| **Anthracotherium magnum*, CUV. | lign. mol. | Cadibona en Toscane. |
| — *minus*, CUV. | lign. mol. | Cadibona. |
| — *minimum*, CUV. | lign. mol. | Cadibona. |
| — *alsaticum*, CUV. | ? lign. ? | Lobsan. |
| — *silistrense*, PENTL. | lign. mol. ? | Caribari au Bengale. |
| *Lophiodon du Laonnais, CUV. | ligo. soiss. | Départ. de l'Aisne. |
| *Bos*, CLIFT. | lign. mol. | Irawadi. |
| Castor des lignites, CUV. | lign. mol. | Kœpfnach, près Horgen. |
| REPTILES. | | |
| **Crocodile d'Auteuil, CUV. | lign. soiss. | Auteuil, près Paris. |
| — vulgaire, CLIFT. | lign. mol. | Irawadi. |
| — de Provence, CUV. | lign. soiss. | Mine de Mimet, envir. d'Aix (Provence). |
| — de Sheppey, CUV. | M. arg. T. | Sheppey, embouchure de la Tamise. |
| ***Leptorhyncus*, CLIFT. | lign. mol. | Irawadi. |
| **Emyde de Sheppey | M. arg. T. | Sheppey. |
| — de l'Inde, CLIFT. | lign. mol. | Irawadi. |
| **Tryonyx de l'Inde, CLIFT. | lign. mol. | Irawadi. |

| NOMS DES CORPS ORGANISÉS. | Spécific. de quelq. terr. | EXEMPLES DE LIEUX ET OBSERVATIONS. |
|---|---|---|
| MOLLUSQUES. | | |
| *Planorbis rotundatus*, AL.BR. . . . | M. arg. . . . | Soissonnois ; Bagneux, etc., près Paris. Bassin d'Épernay, etc. |
| — *regularis*, M. DE S. . . . | lign. mol. ? | Cérenon (Hérault). |
| — *incertus*, FÉR. . . . . . . . | M. arg. T. . | Bagneux. Épern. |
| — *punctatus*, FÉR. . . . . . | M. arg. T. . | Bagneux. Épern. |
| — *Prevostinus*, AL.BR. . . | lign. mol. . | Par. |
| *Physa antiqua*, FÉR. . . . . . . . . . . | lign. mol. . | Épern. |
| *Lymneus longiscatus*, AL.BR. . . . . | lign. mol. . | Par. |
| — de Sheppey, BRO. . . . . | M. arg. T. . | Isle de Sheppey. |
| *Paludina virgula*, FÉR. . . . . . . . . | M. arg. . . . | Épern. |
| — *unicolor*, OLIV., FÉR. . . | M. arg. . . . | Soissonn. |
| — *Desmarestii*, PRÉV. . . . | M. arg. T. . | Par. |
| *Melania triticea*, FÉR. . . . . . . . . . | M. arg. T. . | Épern. |
| — *Escheri*, AL.BR. . . . . . . | lign. mol. . | Kœpfnach. |
| *Melanopsis buccinoides*, FÉR. . . . . | M. arg. . . . | Épernay. Soissonn. Cuiseau (Jura). Headenhill. Isle de Wight. Italie. Sestos, etc. |
| — *costata*, OLIV., FÉR. . | M. arg. . . . | Soissonn. |
| *Ampullaria Faujasii*, AL.BR. . . . | lign. soiss. . | S. Paulet (Gard). |
| *Nerita globulus*, FÉR. . . . . . . . . . | M. arg. . . . | Épern. |
| — *pisiformis*, FÉR. . . . . . . . . | M. arg. . . . | Épern. |
| — *sobrina*, FÉR. . . . . . . . . . | M. arg. . . . | Bassin d'Épernay ; Soissonnois, etc. |
| *Cyrena antiqua*, FÉR. . . . . . . . . . . | M. arg. . . . | Bassin de Sainte-Marguerite, près Dieppe. |
| — *tellinoides*, FÉR. . . . . . . . | lign. soiss. . | Soissonn. |
| — *cuneiformis* . . . . . . . . . . . . | lign. soiss. . | Soissonn. |
| — *Crawfordi* . . . . . . . . . . . . . | lign. mol. . | Irawadi. (1) |
| *Cyclas palustris*, STUD. . . . . . . . | lign. mol. . | Suisse. |
| *Unio ovatus?* STUD. . . . . . . . . . . | lign. mol. . | Suisse. |
| VÉGÉTAUX. | | |
| Fougères. | | |
| *Pecopteris* . . . . . . . . . . . . . . . . . . . . | lign. mol. ? | Menat, en Auvergne. |

(1) Il est difficile, et peut-être même prématuré, dans l'état actuel de la géologie extra-européenne, de vouloir rapporter aux terrains européens le dépôt de débris organiques fossiles, découvert si nouvellement dans l'Inde, sur les rives de l'Irawadi. Ce rapprochement est d'autant plus difficile que ce dépôt paroît appartenir à l'un des moins anciens de la période saturnienne, par conséquent aux terrains dont les différences *organiques* croissent avec les distances. Néanmoins, enhardi par les remarques de M. Buckland, j'ai risqué d'indiquer celui des terrains européens avec lequel il me semble avoir le plus d'analogie par les genres et les espèces d'animaux qu'il renferme, surtout par l'état de pétrification, c'est-à-dire de changement complet de nature que ces débris présentent, et par les circonstances minéralogiques et géologiques qu'on y observe. Or, on remarquera que les ossemens de l'Irawadi sont pétrifiés en carbonate de fer, qu'ils sont accompagnés de bois fossiles, de coquilles d'eau douce (*cyrena*), de source de pétrole, et que toutes ces circonstances zoologiques et géologiques donnent au terrain qui renferme ces ossemens la plus grande ressemblance avec les gîtes de lignite suisse, ou de la molasse de Kœpfnach de Cadibona, etc., et les font différer notablement des terrains clysmiens, dans lesquels les ossemens et autres débris organiques sont à peine altérés dans leur nature ; car la position, encore plus superficielle, encore plus moderne, des roches de ce groupe, quoique appartenant à l'époque saturnienne, ne paroît pas propre à faire éprouver aux débris organiques qui y ont été ensevelis, le genre d'altération chimique que présentent les débris organiques animaux et végétaux des terrains de l'Irawadi, altération tout-à-fait semblable au contraire, par sa nature ferrugineuse et bitumineuse, à celle qu'ont éprouvée les débris organiques du groupe des lignites suisses ou de la molasse. (Voyez page 157 et surtout page 162.)

| NOMS DES CORPS ORGANISÉS. | Spécific. de quelq. terr. | EXEMPLES DE LIEUX ET OBSERVATIONS. |
|---|---|---|
| **Conifères.** | | |
| *Pinus sphærocarpa*, AD.BR. | lign. | Erxleben, près Helmstædt. |
| — *ornata*, STERNB. | lign. | Wallsch en Bohème. |
| — *familiaris*, STERNB. | lign. | Triblitz en Bohème. |
| *Taxites acicularis*, AD.BR. | lign. soiss. | Meisner, près Cassel. |
| — *tenuifolia*, AD.BR. | lign. | Comothau en Bohème. |
| — *diversifolia*, AD.BR. | lign. soiss. | Envir. de Cassel. |
| — *Langsdorfii*, AD.BR. | lign. soiss. | Nidda, près Francfort. |
| *Juniperites brevifolia*, AD.BR. | lign. | Comothau. |
| — *acutifolia*, AD.BR. | lign. | Comothau. |
| — *aliena*, AD.BR. | lign. | Smetschna en Bohème. |
| *Thuya gracilis*, AD.BR. | lign. | Comothau. |
| — *Langsdorfii*, AD.BR. | lign. | Nidda. |
| — *graminea*, AD.BR. | lign. | Perutz en Bohème. |
| **Nayades.** | | |
| *Potamophyll. multinervis*, AD.BR. | lign. soiss. | Mont-Rouge, près Paris. |
| **Palmiers.** | | |
| *Phœnicites pumila* | lign. | La Chartreuse, près le Puy. |
| *Flabellaria raphifolia*, STERNB. | lign. | Hœring, en Tyrol. |
| *Cocos Parkinsonis* | M. arg. | Sheppey. |
| — *Faujasii* | lign. | Liblar, près Cologne. |
| — *Burtini* | ? | Woluve, près Bruxelles. |
| **Monocotylédones douteuses.** | | |
| *Endogenites bacillaris* | lign. mol. | Kœpfnach. Liblar. |
| **Amentacées.** | | |
| *Comptonia acutiloba* | lign. | Comothau. |
| *Salix* ? | lign. | Nidda. |
| *Populus* ? | lign. | Nidda. |
| *Castanea* ? | lign. mol. ? | Menat. |
| *Ulmus* ? | lign. | Comothau. |
| **Juglandées.** | | |
| *Juglans ventricosa* | lign. | Nidda. |
| — *lævigata* | lign. | Nidda. |
| **Acérinées.** | | |
| *Acer Langsdorfii* | lign. | Nidda. |
| **Dicotyléd. de fam. incertaine.** | | |
| *Phyllites cinnamomeifolia* | lign. | Habichtswald, près Cassel. |
| Autres espèces indéterminées d'amentacées, d'érables, etc. | lign. | Nidda. Menat. |
| Carpolithes de monocotylédone. — de dicotylédone | lign. et M. arg. | Sheppey. Nidda. |
| ***Corps organisés marins.*** | | |
| *Cerithium funatum*, Sow. — *melanoides*, Sow. | mêlé et adhérent au gr. marno-charbonn. | Bassin d'Épernai. Auvert, près Pontoise. Dagneux, près Paris. Sainte-Marguerite, près Dieppe. Soissonnois. Beauvoisis. Headenhill, etc. |
| *Ampullaria depressa*, LAM. | | |
| *Ostrea bellovacea*, LAM. | | |
| — *incerta*. | | |

## *Corps organisés fossiles du groupe* **CRÉTACÉ** *des terrains* **PÉLAGIQUES.**

*Nota.* On réunira les différentes roches de ce groupe, et on les désignera comme il suit :

| | |
|---|---|
| Cr. bl. = Craie blanche. | M. gl. = Marne de la glauconie, |
| Cr. tuf. = Craie tufau. | ou marne bleue (*Gault*). |
| Gl. cr. = Glauconie crayeuse | |

| NOMS DES CORPS ORGANISÉS. | Spécific. de quelq. terr. | EXEMPLES DE LIEUX ET OBSERVATIONS. |
|---|---|---|
| REPTILES. | | |
| **Crocodile de Meudon, CUV. | cr. bl. | Meudon, près Paris. (Très-voisin des crocodiles vivans. CUV.) |
| Chélonée de Maëstricht | cr. tuf. | Maëstricht. |
| *Mesosaurus*, CUV. | cr. tuf. | Maëstricht. Seichem. |
| POISSONS. | | |
| Ichthyolithes (indéterminées) | cr. b. et c. t. | Par. Perpignan, etc. |
| *Murœna? lewesiensis*, G. MANT. | cr. bl. | Sussex. |
| *Zeus lewesiensis*, G. MANT. | cr. bl. | Sussex. |
| *Salmo lewesiensis*, G. MANT. | cr. bl. | Sussex. |
| *Esox lewesiensis*, G. MANT. | cr. bl. | Sussex. |
| MOLLUSQUES. | | |
| ***Belemnites mamillatus*, NILS. | cr. tuf. | Ignaberga en Scanie. |
| — *Scaniæ*, BL. | cr. tuf. | Scanie. |
| — *mucronatus*, SCHL. | cr. bl. | Par. Pologne. Moen. |
| — *Listeri*, G. MANT. | M. gl. | Sussex. |
| *Baculites anceps*, NILS. | cr. tuf. | Balsberg (Suède). |
| *Lituolites nautiloides*, LAM. | cr. bl. | Par. |
| — *difformis*, LAM. | cr. bl. | Par. |
| *Nodosaria sulcata*, NILS. | g. c. et c. b. | Scanie. |
| — *lævigata*, NILS. | cr. tuf. | Scanie. |
| **Turrilites costatus*, SOW. | cr. tuf. | Sussex. |
| — *undulatus*, SOW. | cr. tuf. | Sussex. |
| — *tuberculatus*, SOW. | cr. tuf. | Sussex. |
| *Ammonites Stobœi*, NILS. | cr. tuf. | Scanie. |
| ** — *varians*, SOW. | cr. tuf. | Rouen. Suss. |
| ** — *splendens*, SOW. | M. gl. | Suss. |
| — *Woolgari*, G. MANT. | cr. tuf. | Suss. |
| — *catinus*, G. MANT. | cr. tuf. | Suss. |
| — *rusticus*, SOW. | cr. tuf. | Suss. |
| — *lewesiensis*, G. MANT. | cr. tuf. | Suss. |
| — *Mantelli*, SOW. | cr. tuf. | Suss. |
| — *auritus*, SOW. | M. gl. | Suss. |
| — *lautus*, SOW. | M. gl. | Suss. |
| ** — *rhotomagensis*, AL. BR. | cr. tuf. | Rouen. Suss. (*sussexiensis*, G. MANT.). |
| — *Gentoni*, DEFR. | cr. tuf. | Rouen. Suss. (*biplicatus*, G. MANT.). |
| — *tuberculatus*, SOW. | M. gl. | Suss. |
| — *contortus*, DEFR. | M. gl. | Rouen. Suss. (*falcatus*, G. MANT.). |
| **Hamites alternatus*, G. MANT. | cr. tuf. | Suss. |
| — *maximus*, SOW. | M. gl. | Suss. |
| — *intermedius*, SOW. | M. gl. | Suss. |
| — *armatus*, SOW. | cr. tuf. | Suss. |
| **Scaphites striatus*, PARK. | c. b. et c. t. | Rouen. Suss. |
| — *costatus*, G. MANT. | c. b. et c. t. | Rouen. Suss. |

| NOMS DES CORPS ORGANISÉS. | Spécific. de quelq. terr. | EXEMPLES DE LIEUX ET OBSERVATIONS. |
|---|---|---|
| ***Nautilus pseudopompilius*, SCHL. | c.b. etc. tuf. | Rouen, Périgueux. |
| — *elegans*, SOW. | c.b. etc. tuf. | Rouen. Suss. |
| — *inæqualis*, SOW. | M. gl. | Suss. |
| — *obscurus*, NILS. | cr. tuf. | Koping (Suède). |
| *Lenticulites Comptoni*, NILS. | cr. tuf. | Koping. |
| — *cristella*, NILS. | cr. bl. | Charlothenland (Suède). |
| *Planularia elliptica*, NILS. | cr. bl. | Charlothenl. |
| *Trochus Basteroti*, AL. BR. | c.b. etc. tuf. | Paris et Koping, en Suède. |
| — *inæqualis*, SOW. | M. gl. | Suss. |
| — *onustus*, NILS. | cr. tuf. | Koping. |
| *Turbo sulcatus*, NILS. | cr. tuf. | Koping. |
| *Cirrus plicatus*, SOW. | M. gl. | Suss. |
| *Voluta ambigua*, SOW. | cr. tuf. | Suss. (Semblable à celle du terr. triton.) |
| *Rostellaria anserina*, NILS. | cr. tuf. | Koping. |
| — *Parkinsonii*, G. MANT. | cr. tuf. | Suss. Moen. |
| — *carinata*, G. MANT. | M. gl. | Suss. |
| *Pyrula planula*, NILS. | cr. tuf. | Koping. |
| *Natica? Retzii*, NILS. | cr. tuf. | Balsberg (Suède). |
| *Arca exaltata*, NILS. | cr. | Carlshamm (Suède). |
| — *rhombea*, NILS. | cr. tuf. | Balsberg. |
| *Cucullea decussata*, SOW. | cr. tuf. | Rouen. Suss. |
| *Pectunculus lens*, NILS. | cr. tuf. | Balsberg. |
| *Nucula producta*, NILS. | cr. tuf. | Koping et Kaseberg (Suède). |
| — *pectinata*, SOW. | cr. tuf. | Suss. Boulonois. |
| *Trigonia pumila*, NILS. | cr. tuf. | Koping, Balsberg. |
| — *clavellata*, SOW. | gl. cr. | Suss. Lisieux. |
| — *alæformis*, SOW. | gl. cr. | Suss. |
| *Cardita Esmarkii*, NILS. | cr. tuf. | Kasemark, en Scanie. |
| *Corbula caudata*, NILS. | cr. tuf. | Koping. |
| *Avicula cærulescens*, NILS. | cr. tuf. | Koping. |
| *Ostrea vesicularis*, LAM. | c.b., c.t. et g.c. | Paris. Périg. Anglet. Koping. Moen. |
| — *lateralis*, NILS. | gl. cr. | Koping. Molla. |
| — *serrata*, DEFR. | cr. bl. | Dreux. Norm. Suède. (Probabl. la même que l'*ostr. diluviana*, NILS., pl. 7, fig. 2.) |
| — *clavata*, NILS. | cr. tuf. | Mörby (Suède). |
| — *hippopodium*, NILS. | c. t. et gl. c. | Isle d'Isö. Koping. Molla, etc. |
| — *curvirostris*, NILS. | cr. tuf. | Isle d'Isö. |
| — *acutirostris*, NILS. | cr. tuf. | Isle d'Isö. |
| — *flabelliformis*, NILS. | cr. tuf. | Mörby. Moen. |
| — *lunata*, NILS. | cr. tuf. | Ahus, etc. (Suède). |
| — *diluviana?* LAM. | c. bl. et c. t. | |
| *Plicatula spinosa*, G. MANT. | cr. tuf. | Suss. |
| *Chama? cornuarietis*, NILS. | cr. tuf. | Balsberg. |
| — *laciniata*, NILS. | cr. tuf. | Balsberg. |
| — *haliotidea*, SOW. | cr. tuf. | Balsberg. |
| **Catillus Cuvieri*, AL. BR. | c. b. et c. t. | Paris. Rouen. Tours. Scanie. Moen. |
| — *Lamarkii*, PARK. | cr. tuf. | Suss. |
| — *Brongnarti*, SOW. | cr. tuf. | Suss. |
| **Inoceramus concentricus*, SOW. | M. gl. | Suss. |
| — *sulcatus*, SOW. | M. gl. | Suss. |
| — *undulatus*, G. MANT. | M. gl. | Suss. |
| *Mytiloides labiatus*, SCHL. | cr. bl. | Rouen. Joigny. |
| *Podopsis truncata*, LAM. | cr. tuf. | Balsberg, etc. |
| *Pecten quinquecostatus*, LAM. | cr. tuf. | Paris. Rouen. Scanie. |
| — *septemplicatus*, NILS. | cr. tuf. | Balsberg. |
| — *cretosus*, DEF. | cr. bl. | Par. |
| — *crenatus*, SOW. | cr. tuf. | Koping. |
| — *arachnoides*, DEF. | cr. bl. | Paris. Normandie. |

| NOMS DES CORPS ORGANISÉS. | Spécific. de quelq. terr. | EXEMPLES DE LIEUX ET OBSERVATIONS. |
|---|---|---|
| *Pecten membranaceus*, NILS. | cr. tuf. | Koping. |
| — *dentatus*, NILS. | cr. tuf. | Balsberg. (Très-voisin de l'*asper*.) |
| — *orbicularis*, SOW. | cr. tuf. | Normandie. Anglet. Koping. Moen. |
| — *intextus*, AL.BR. (*nitidus*, SOW.) | cr. tuf. | Suss. |
| — *Beaveri*, SOW. | cr. tuf. | Suss. |
| — *lamellosus*, SOW. | cr. tuf. | Suss. Tisbury (Wiltshire). |
| ***Plagiostoma spinosum*, SOW. | c. bl. et c. t. | Paris. Normandie. Anglet. Polog. Koping. |
| — *semisulcatum*, NILS. | cr. tuf. | Balsberg. |
| — *Mantelli*, AL.BR. | c. bl. et c. t. | Douvres. Moen. |
| — *punctatum*, SOW. | cr. tuf. | Anglet. Balsberg. |
| *Modiola imbricata* | gl. cr. | Suss. |
| *Venus ringmerensis*, G. MANT. | cr. tuf. | Suss. |
| *Mytilus lævis*. DEFR. | cr. bl. | Paris. |
| *Terebratula Defrancii*, AL.BR. | cr. bl. | Paris. Scanie. (*ter. striatula*, G. MANT.) Suss. Moen. |
| — *longirostris*, WAHL., NILS. | cr. tuf. | Balsberg. |
| — *plicatilis*, SOW. | cr. bl. | Paris. Anglet. Suss. Moen. |
| — *ovata* | c. t. et gl. c. | Anglet. Suède. Suss. |
| — *alata*, LAM. | c. bl. et c. t. | Paris. Mörby. |
| — *subrotunda*, SOW. | cr. bl. | Suss. |
| — *carnea*, SOW. | cr. bl. | Paris. Normandie. Anglet. |
| — *octoplicata*, SOW. | c. bl. et c. t. | Paris. Normandie. Suède. Moen. |
| — *undata*, SOW. | cr. bl. | Suss. |
| — *semiglobosa*, SOW. | c. bl. et c. t. | Anglet. Charlotheal. Moen. |
| — *intermedia*, SOW. | cr. bl. | Suss. |
| — *lens*, NILS. | cr. tuf. | Angl. Charlotheal. |
| — *spathula*, WAHL., NILS. | cr. tuf. | Balsberg. Ignaberga. |
| — *pectita*, SOW. | cr. tuf. | Anglet. Ignaberga. |
| — *costata*, WAHL., NILS. | cr. tuf. | Balsberg. |
| *Magas pumilus*, SOW. | cr. bl. | Paris. Anglet. Moen. |
| *Crania parisiensis*, DEFR. | cr. bl. | Paris. |
| — *spinulosa*, NILS. | cr. tuf. | Mörby. |
| — *tuberculata*, NILS. | cr. tuf. | Mörby. |
| — *nummulus*, LAM. | cr. tuf. | Balsberg. |
| — *striata*, LAM. | cr. tuf. | Ignaberga. Moen. |
| CRUSTACÉS. | | |
| *Astachus Leachii*, G. MANT. | cr. bl. | Suss. |
| ZOOPHYTES. | | |
| *Ananchites ovata*, LAM. | cr. bl. | Paris. Normandie. Anglet. Moen. |
| — *pustulosa*, LAM. | cr. bl. | Paris. Rouen. Moen. |
| *Nucleolithes rotula*, AL.BR. | cr. bl. | Rouen. |
| *Galerites albogalerus*, LAM. | cr. bl. | Normandie. |
| — *vulgaris*, LAM. | cr. bl. | Normandie. |
| — *subrotundus*, G. MANT. | cr. bl. | Suss. |
| — *conoideus*, LAM | cr. bl. ? | Périgord. |
| *Spatangus cor-anguinum*, LAM. | c. bl. et gl. c. | Paris. Normandie. Bourgogne, etc. |
| — *bufo*, AL.BR. | c. bl. et c. t. | Paris. Normandie. Maëstricht. |
| — *rostratus*, G. MANT. | cr. bl. | Sussex. Yorkshire. Juigny. |
| *Cidarites vulgaris*, LAM. | cr. bl. | Pologne. |
| — *saxatilis*, PARK. | cr. bl. | Suss. |
| — *Kœnigii*, PARK. | cr. bl. | Suss. Moen. |
| — *corollaris*, PARK. | cr. bl. | Suss. |
| — *papillata*, PARK. | cr. bl. | Suss. Moen. |
| *Asterias* | cr. bl. | Paris. Rouen. |
| *Pentagonaster semilunatus*, LINK. | cr. bl. | Côtes de Douvres. |
| *Pentaceros lentiginosus*, LINK. | cr. bl. | Côtes de Douvres. |

| NOMS DES CORPS ORGANISÉS. | Spécific. de quelq. terr. | EXEMPLES DE LIEUX ET OBSERVATIONS. |
|---|---|---|
| *Apiocrinites ellipticus*, G. MANT.. | cr. bl..... | Suss. Moen. |
| *Pentacrinites*, MILL............ | cr. bl.... | Côtes de Douvres. |
| *Marsupites ornatus*, G. MANT.... | cr. bl..... | Suss. |
| — *Milleri*, G. MANT. ... | cr. bl..... | Suss. |
| **Caryophyllia cyathus*, LAM...... | cr. bl .... | Rouen. Suss. |
| — *costellata*, G. MANT. | cr. bl..... | Suss. |
| *Turbinolia ? Kœnigii*, G. MANT... | M. gl..... | Suss. |
| **Alcyonium pyriformis*, G. MANT. | cr. bl..... | Suss. |
| *Spongia*(*iera?*Lx.)*ramosa*, G. MANT. | cr. tuf. ... | Suss. Warminster. Noirmoutier. Moen. |
| *Choanites subrotundus*, G. MANT. | cr. bl..... | Suss. |
| — *flexuosus*, G. MANT... | cr. bl..... | Suss. |
| — *Kœnigii*, G. MANT..... | cr. bl..... | Suss. |
| *Ventriculites radiatus*, G. MANT. | cr. bl..... | Suss. Moen. |
| — *alcyonoides*, G. MANT. | cr. bl..... | Suss. |
| VÉGÉTAUX. | | |
| Conferves. | | |
| *Confervites fasciculata* ......... | terr. crétacé | Arnager, dans l'île de Bornholm. |
| — *egagropiloides* ....... | sans indication sp. de sous-group. | Arnager. |
| Algues. | | |
| *Fucoides lyngbianus*........... | .......... | Arnager. |

## *Corps organisés fossiles marins du groupe* **ARÉNACÉ** *des terrains* **PÉLAGIQUES.**

EXPL. DES ABRÉVIATIONS.

Cr. tuf. = Craie tufau.
Gl. comp. = Glauconie compacte.
Gl. sab. = Glauconie sableuse.

La difficulté de distinguer nettement ces groupes a engagé à répéter les dernières roches du gr. crétacé.

| NOMS DES CORPS ORGANISÉS. | Spécific. de quelq. terr. | EXEMPLES DE LIEUX ET OBSERVATIONS. |
|---|---|---|
| ICHTHYOLITHES. | | |
| Dents et Os. | | |
| *Squalus cornubicus?* G. MANT.... | gl. sab.... | Suss. |
| — *mustela?* G. MANT...... | gl. sab.... | Suss. |
| — *zygæna?* G. MANT....... | gl. sab.... | Suss. |
| *Balistes*..................... | gl. sab.... | Suss. |
| *Diodon*..................... | gl. sab.... | Suss. |
| MOLLUSQUES et ZOOPHYTES. | | |
| *Nautilus simplex*, Sow......... | cr. tuf. ... | Rouen. Blackdown. |
| — *undulatus*, Sow....... | gl. sab.... | Blackdown. |
| ***Scaphites obliquus*, Sow........ | cr. t. et gl. c. | Rouen. Brighton. Montagne des Fis. |
| ***Ammonites varians*, Sow....... | cr. t. et gl. c. | Rouen. Le Hâvre. Fis. Suss. |
| — *rostratus*, MURCH... | cr. tuf. ... | Anglet. Suss. |
| ** — *canteriatus*, DEFR... | gl. comp. . | Perte du Rhône. Suss. |
| — *inflatus*, Sow...... | cr. t. et gl. c. | Rouen. Hâvre. Perte du Rhône. Fis. |
| — *Deluci*, AL. BR...... | gl. s. et c. . | Perte du Rh. Fis. |
| — *rhotomagensis*, DEFR. | cr. tuf. ... | Rouen. |
| — *cristatus*, DELUC.... | gl. sab.... | Folkstone. |
| — *gentoni*, DEF....... | cr. tuf. ... | Rouen. |
| — *clavatus*, DEL...... | gl. s. et c.. | Fis. |
| — *Beudanti*, AL. BR.... | gl. s. et c.. | Perte du Rh. Fis. |
| ** — *selliguinus*, AL. BR.... | gl. comp.. | Fis. |
| — *Woolgari*, G. MANT. | gl. sab.... | Suss. (On les a déjà vus, ainsi que plusieurs autres des corps organisés de ce tableau, dans la craie tufau du tableau précédent.) |
| — *catinus*, G. MANT... | gl. sab.... | |
| — *rusticus*, G. MANT... | gl. sab.... | |
| — *lewesiensis*, G. MANT. | gl. sab.... | |
| — *monilis*, Sow...... | gl. sab.... | Blackdown. |
| — *nutfieldiensis*, Sow.. | gl. sab.... | |
| *Hamites canteriatus*, AL. BR...... | gl. s. et c.. | Perte du Rh. |
| — *rotundus*, Sow....... | cr. t. et gl. c. | Rouen. Perte du Rh. |
| — *funatus*, AL. BR........ | gl. sab.... | Perte du Rh. Fis. |
| — *virgulatus*, AL. BR....... | gl. sab.... | Fis. |
| — *spinulosus*, Sow....... | gl. sab.... | Blackdown. |
| — *baculoides*, G. MANT.... | gl. sab.... | Suss. |
| ***Turrilites costatus*, MONTF...... | gl. sab.... | Rouen. Le Hâvre. Blackdown. |
| ** — *Bergeri*, AL. BR....... | gl. s. et c.. | Perte du Rh. Fis. |
| ***Trochus gurgitis*, AL. BR........ | gl. s. et c.. | Perte du Rh. Fis. |
| — *rhodani*, AL. BR....... | gl. sab.... | Perte du Rh. Fis. |
| **Cirrus depressus*, Sow....... | gl. sab.... | Suss. (Ils ne diffèrent peut-être pas des *trochus* précédens.) |
| — *perspectivus*, Sow....... | gl. sab.... | |
| ***Cassis avellana*, AL. BR......... | gl. sab.... | Rouen. Perte du Rh. Fis. Suss. (C'est probablement l'*auricula incrassata* de M. Gid. Mantell.) |
| ***Cerithium excavatum*, AL. BR.... | gl. comp.. | Perte du Rh. |
| *Rostellaria Parkinsoni*, G. MANT. | gl. sab.... | Suss. |
| *Podopsis truncata*, LAM........ | gl. s. et c. t. | Le Hâvre. La Touraine. |

| NOMS DES CORPS ORGANISÉS. | Spécific. de quelq. terr. | EXEMPLES DE LIEUX ET OBSERVATIONS. |
|---|---|---|
| *Podopsis striata*, LAM. .......... | cr. tuf. ... | Brighton. |
| *Lutraria gurgitis*, AL.BR. ........ | gl. s. et c. t. | Perte du Rh. Koping en Suède. |
| *Mytilus edentatus*, SOW. ........ | gl. sab. ... | Anglet. |
| * *Inoceramus concentricus*, PARK. | gl. s. et c. . | Perte du Rh. Rouen. Fis. Folkstone. |
| — *sulcatus*, PARK. .... | gl. s. et c. . | Folkstone. Perte du Rh. Fis. |
| — *mytiloides*, SOW. ... | gl. cr. .... | Suss. |
| — *Websteri*, G. MANT. | gl. cr. .... | Suss. |
| *Ostrea carinata*, LAM. .......... | cr. tuf. ... | Le Hâvre. Anglet. |
| — *pectinata*, LAM. .......... | cr. tuf. ... | Le Hâvre. |
| ***Gryphæa columba*, LAM. ........ | gl. sab. ... | Le Hâvre. Le Blanc. Longleat. |
| — *aquila*, AL.BR. ........ | gl. sab. ... | La Rochelle. Perte du Rh. |
| ***Pecten quinquecostatus*, SOW. ... | c. tuf. gl. s. | Perte du Rh. Le Hâvre. Sussex. |
| — *intextus*, AL. BR. ........ | cr. tuf. ... | Le Hâvre. |
| ** — *asper*, LAM. ............ | cr. tuf. ... | Le Hâvre. Suss. |
| — *orbicularis*, MURCH. ..... | cr. tuf. ... | Anglet. |
| *Plagiostoma spinosum*, SOW. ... | cr. tuf. ... | Rouen. Brighton. |
| — *pectinoides*, SOW. .. | gl. sab. ... | Perte du Rh. |
| *Trigonia rugosa*, LAM. ........ | gl. sab. ... | Perte du Rh. |
| — *scabra*, LAM. .......... | gl. sab. ... | Rouen. Perte du Rh. |
| — *clavellata*, SOW. ...... | gl. sab. ... | Suss. |
| — *alæformis*, SOW. ...... | gl. sab. ... | Suss. |
| — *dedalea*, SOW. ........ | gl. sab. ... | Blackdown. |
| ***Mytiloides labiatus*, SCHL. ..... | cr. tuf. ... | Rouen. Le Blanc (Indre). |
| *Cucullea decussata*, SOW. ...... | gl. sab. ... | Suss. |
| *Thecidea radians*, DEFR. ....... | cr. tuf. ... | Maëstricht. |
| — *hieroglyphica*, DEFR. .. | cr. tuf. ... | Maëstricht. |
| *Terebratula semiglobosa*, SOW. . | cr. tuf. ... | Rouen. Le Hâvre. |
| — *gallina*, AL.BR. ..... | gl. sab. ... | Perte du Rh. Le Hâvre. |
| — *ornithocephala*, SOW. | gl. sab. ... | Perte du Rh. Fis. |
| — *alata*, LAM. ....... | cr. tuf. ... | Le Hâvre. |
| — *plicatilis*, SOW. .... | gl. sab. ... | Fis. |
| — *pectita*, SOW. ...... | cr. tuf. ... | Le Hâvre. |
| — *octoplicata*, SOW. .. | cr. tuf. ... | Le Hâvre. |
| — *ovata*, SOW. ....... | gl. sab. ... | Sussex. |
| ***Spatangus bufo*, AL.BR. ....... | cr. tuf. ... | Le Hâvre. |
| — *lævis*, DEFR. ......... | gl. sab. ... | Perte du Rhône. |
| — *suborbicularis*, DEFR. . | gl. sab. ... | Dives. |
| — *coranguinum*, LAM. ... | cr. t. et gl. s. | Fis. |
| — *ornatus*, DEFR. ...... | cr. tuf. ... | Biaritz, près Bayonne. |
| *Echinonaus Lampas*, DELAB. ... | gl. sab. ... | Lyme-Regis (Dorsetsh.). |
| *Galerites depressus*, LAM. ..... | gl. sab. ... | Fis. |
| ***Cidarites variolaris*, AL.BR. ... | cr. tuf. ... | Le Hâvre. |
| *Nucleolites rotula*, AL.BR. ..... | gl. sab. ... | Fis. |
| — *castanea*, AL.BR. ... | gl. sab. ... | Fis. |
| **Orbitolites lenticulata*, LAM. ..... | gl. sab. ... | Perte du Rhône. |
| *Fistulana pyriformis*, G. MANT. . | cr. tuf. ... | Sussex. |
| **Jerea pyriformis*, LAMX. ....... | gl. sab. ... | Bourg Normandie. |
| **Hallirhoa costata*, LAMX. ....... | gl. sab. ... | Normandie. |
| **Ventriculites radiatus*, G. MANT. . | gl. cr. .... | Suss. |
| — *Alcyonides*, G.MANT. | gl. cr. .... | Suss. |
| * *Choanite subrotundus*, G. MANT. | gl. cr. .... | Suss. |
| *Apiocrinites ellipticus*, G. MANT. . | gl. cr. .... | Suss. |
| VÉGÉTAUX. | | |
| Algues. | | |
| *Fucoides Brardii*, AD. BR. ....... | .......... | Pialpinson, département de la Dordogne. |
| — *orbignianus* .......... | .......... | Isle d'Aix, près La Rochelle. |
| — *strictus* ............. | .......... | Isle d'Aix. |

| NOMS DES CORPS ORGANISÉS. | Spécific. de quelq. terr. | EXEMPLES DE LIEUX ET OBSERVATIONS. |
|---|---|---|
| *Fucoides tuberculosus*, AD.BR. .. | ......... | Isle d'Aix. |
| — *Targionii*........... | ......... | Les Voirons, près Genève. Macigno de Florence. Bognor, en Sussex. |
| — *æqualis*............ | ......... | Vernasque, dans le Plaisantin. |
| — *difformis*............ | ......... | Bidache, près Bayonne. |
| — *intricatus*............ | ......... | Côte de Gênes. Bidache. Environs de Florence et de Vienne. |
| — *sulcatus*............. | ......... | Vernasque. Gênes. Florence. |
| — *ramosus*............ | ......... | Vernasque. |
| Cycadées. | | |
| *Cycadites Nilsonii*, AD.BR....... | gl. cr..... | Scanie. |
| Nayades. | | |
| *Osterites caulinæfolia*, AD.BR. ... | gl. sab.... | Isle d'Aix, près Larochelle. |
| — *lineata*............ | gl. sab.... | Isle d'Aix. |
| — *bellovisana*,......... | gl. sab.... | Isle d'Aix. |
| — *elongata*........... | gl. sab.... | Isle d'Aix. |

## TABLEAU N.° IX *B*.

### *Corps organisés fossiles lacustres du sous-groupe* VELDIEN *du groupe* ARÉNACÉ *des terrains* PÉLAGIQUES.

EXPL. DES ABRÉVIATIONS.

| | |
|---|---|
| Arg. v. = Argile veldienne. | Lig = Lignite. |
| Sab. f. = Sable ferrugineux. | Gr. = Grès. |

| | | |
|---|---|---|
| REPTILES et POISSONS. | | |
| Crocodiles de Sussex, CUV...... | sab. f..... | Forêt de Tilgate (Sussex). |
| *Megalosaurus*, CUV........... | sab. f..... | For. de Tilgate. |
| **Iguanodon*, G. MANT.......... | sab. f..... | For. de Tilgate. |
| Émyde de Sussex, CUV......... | sab. f..... | For. de Tilgate. |
| MOLLUSQUES. | | |
| *Potamides*?.................. | arg. v..... | Suss. |
| *Melania attenuata*............ | arg. v..... | Suss. |
| — *tricarinata*.......... | arg. v..... | Suss. |
| ***Paludina fluviorum*........... | arg. v..... | Suss. |
| — *extensa*.............. | arg. v..... | Suss. |
| *elongata*.............. | arg. v..... | Suss. |
| ***Cyrena membranacea*.......... | arg. v..... | Suss. |
| *Cardium? turgidum*........... | arg. v..... | Suss. |
| ***Cypris faba*, DESM............. | arg. v..... | Suss. |
| VÉGÉTAUX. | | |
| **Pecopteris reticulata*, AD.BR..... | arg. v..... | For. de Tilgate. Env. de Beauvais. |
| ***Sphænopteris Mantelli*, AD.BR. .. | gr. ...... | For. de Tilgate. |
| *Clathraria Lyelli*, AD.BR....... | ......... | For. de Tilgate. |
| *Carpolithes Mantelli*, AD.BR..... | ......... | For. de Tilgate. (Ce fruit est probablement celui de la plante précédente, qui se rapproche surtout du *Xanthomea* et du *Dracæna*.) |

## *Corps organisés fossiles du groupe* **ÉPIOLITHIQUE** *des terrains* **PÉLAGIQUES.**

EXPL. DES ABRÉVIATIONS.

| | |
|---|---|
| Calc. P. = Calcaire miliaire portlandien. | Calc. cor. = Calcaire corallique. |
| M. arg. hav. = Marne argileuse havrienne. | M. arg. oxf. = Marne argileuse oxfordienne. |

| NOMS DES CORPS ORGANISÉS. | Spécific. de quelq. terr. | EXEMPLES DE LIEUX ET OBSERVATIONS. |
|---|---|---|
| REPTILES. | | |
| Gavial longirostre, CUV........ | M.arg. hav. | Honfleur. |
| — brévirostre, CUV........ | M.arg. hav. | Honfleur. |
| *Ichthyosaurus* (espèce indéterm.) | M.arg. hav. | Honfleur. Oxford. |
| *Plesiosaurus recentior*, CONYB... | M. arg. oxf. | Kimeridge. Honfleur. |
| MOLLUSQUES et ZOOPHYTES. | | |
| *Belemnites*................... | M.a.h. et C.c. | |
| *Nautilus angulosus*, D'ORB..... | Calc. P. .. | Isle d'Aix. |
| *Ammonites giganteus*, SOW..... | Calc. P... | Isle d'Aix. |
| — *Duncani*, SOW...... | M. arg. oxf. | |
| — *calloviensis*, SOW... | M. arg. oxf. | |
| — *armatus*, SMITH .... | M. arg. oxf. | |
| — *excavatus*, SOW..... | Calc. cor. | |
| ** — *triplicatus*, SOW..... | Calc. P. | |
| — *perarmatus*, SOW... | M.arg. hav. | Rochers de Dives. |
| — *longispinus*, SOW.... | M.arg. hav. | Dives. |
| *Melania headingtonensis*, SOW... | M. arg. oxf. | Kimeridge. Headington. |
| — *striata*, SOW.......... | Calc. cor.. | Weymouth. |
| *Turritella muricata*, SOW...... | Calc. cor.. | Weymouth. |
| *Turbo muricatus*, SOW......... | Calc. cor. . | Weymouth (Yorkshire). |
| *Trochus bicoronatus*, SOW...... | Calc. cor. | |
| — *reticulatus*, SOW...... | Calc. cor. . | Weymouth. |
| *Pterocerus Oceani*, AL.BR.(1).... | M.arg. hav. | Hâvre. Jura. Perte du Rhône. |
| — *ponti*, AL.BR........ | M.arg. hav. | Hâvre. Jura. |
| — *pelagi*, AL.BR. ...... | M.arg. hav. | Hâvre. Jura. |
| *Pecten lamellosus*, SOW........ | Calc. P. | |
| — *fibrosus*, SOW.......... | C.c. et M.oxf. | Oxford. |
| ***Ostræa gregarea*, SOW........ | Calc. cor. | |
| — *cristagalli*, SMITH...... | M. arg. hav. | |
| — *Marshii*, SOW......... | M. arg. oxf. | Weymouth. |
| ** — *deltoidea*, SOW......... | M. arg. oxf. | Oxford. Kimeridge. Le Hâvre. |
| — *palmetta*, SOW. ....... | M. arg. oxf. | Oxford. Le Hâvre. |
| *Lima rudis*, SOW.............. | Calc. cor. | |
| — *proboscidea*, SOW........ | Calc. P. ? . | Loix (île de Rhé). Weymouth. |
| *Pholadomia protei*, AL.BR.(2)... | M.arg. hav. | Hâvre. Jura. |
| *Pinna granulata*, SOW. ........ | M.arg. hav. | Dives. Weymouth. |
| *Avicula inæquivalvis*, SOW....... | M. arg. oxf. | |

(1) Décrits sous le nom de *Strombus* dans mon Mémoire sur les *Caractères zoologiques des formations* (Ann. des mines, 1821, p. 554, pl. 7, fig. 1, 2 et 3). M. d'Orbigny a reconnu depuis que c'étoient des Ptérocères.

(2) Décrit dans le même mémoire sous le nom de *cardium protei* (pl. 7, fig. 7). M. Sowerby a fait de ces coquilles, dont l'ouverture est bâillante, le genre *Pholadomia*.

| NOMS DES CORPS ORGANISÉS. | Spécific. de quelq. terr. | EXEMPLES DE LIEUX ET OBSERVATIONS. |
|---|---|---|
| ***Perna aviculoides*, Sow. | M. arg. oxf. | Weymouth. |
| *Mytilus pectinatus*, Sow. | Calc. cor. | Weymouth. |
| *Donacites Alduini*, AL. BR. (1) | M. arg. hav. | Hâvre. Jura. |
| *Plagiostoma obscurum*, Sow. | M. arg. oxf. | |
| *Lutraria ovalis*, Sow. | Calc. P. | |
| ***Gryphæa dilatata*, Sow. | M. arg. oxf. | Weymouth. |
| — *cymbinus*, LAM. | M. arg. hav. | Mortagne. Kellaway (Wiltshire). |
| — *incurva*, Sow. | M. arg. oxf. | |
| ** — *virgula*, DEFR. | Calc. cor.<br>M. arg. hav. | Hâvre, etc. |
| *Trigonia clavellata*, Sow. | C. P. cor. | Weymouth. |
| — *costata*, Sow. | M. a. h, et C. c. | Weymouth. |
| *Terebratula ornithocephala*, Sow. | M. arg. oxf. | |
| *Clypeus cunicularis*, SEDGW. | Calc. cor. | Weymouth. |
| *Cidaris papillosa*, PARK. | Calc. cor. | Weymouth. |
| — *intermedia*, PARK. | Calc. cor. | |
| — *diadema*, PARK. | Calc. cor. | |
| *Cariophyllia carduus*? PARK. | Calc. cor. | |
| — *cespitosa*? PARK. | Calc. cor. | |
| *Astrea favosa*? SMITH | Calc. cor. | |
| VÉGÉTAUX. | | |
| Cycadées. | | |
| *Bucklandia depressa*, AD. BR. | Calc. P. | Isle de Portland. |

(1) Ouvrage cité, fig. 6.

## *Corps organisés fossiles du sous-groupe* SUPRAJURASSIQUE *des terrains* PÉLAGIQUES JURASSIQUES.

EXPL. DES ABRÉVIATIONS.

Calc. sch. = Calcaire schistoïde. | Marn. arg. = Marne argileuse.
Calc. zoop. = Calcaire zoophytique.

| NOMS DES CORPS ORGANISÉS. | Spécific. de quelq. terr. | EXEMPLES DE LIEUX ET OBSERVATIONS. |
|---|---|---|
| MAMMIFÈRES et OISEAUX. | | |
| *Didelphis* | calc. sch. | Stonesfield. |
| *Ornitholithes?* | calc. sch. | Stonesfield. |
| REPTILES. | | |
| ***Gavialis priscus*, SOEM. | calc. sch. | Monheim, près Boll. Eichstædt. |
| ***Geosaurus giganteus*, SOEM., CUV. | calc. sch. | Monheim. Eichstædt. |
| *Megalosaurus Bucklandi* | calc. sch. | Stonesfield. Eichstædt. |
| **Pterodactylus longirostris*, SOEM. | calc. sch. | Eichstædt. |
| — *brevirostris*, CUV. | calc. sch. | Windischhof, près Eichstædt. |
| — *grandis*, CUV. | calc. sch. | Solenhofen, près Eichstædt. |
| Émyde du Jura, CUV. | calc. sch. | Près Soleure (HUGI). |
| POISSONS. | | |
| *Clupea sprattiformis*, BL. | calc. sch. | Pappenheim, près Eichstædt. |
| — *Knorii*, BL. | calc. sch. | Pappenheim. (Les autres espèces indiquées sont douteuses sous tous les rapports.) |
| — *Davilei*, BL. | calc. sch. | |
| MOLLUSQUES. | | |
| *Ammonites discus?* SOW. | calc. sch. | Stonesfield. |
| — *planulatus*, SCHL. | calc. sch. | Solenhofen. (GERMAR). |
| — *colubrinus*, REIN. | calc. sch. | |
| *Nautilus* | calc. sch. | Stonesfield. |
| *Belemnites* | calc. sch. | Stonesfield. |
| *Turbo* | ......... | Anglet. |
| *Turitella?* | calc. sch. et marn. arg. | Anglet. |
| *Rostellaria* | calc. sch. et marn. arg. | Anglet. |
| *Patella rugosa*, SOW. | calc. sch. | |
| *Modiola imbricata*, SOW. | calc. sch. | Anglet. |
| — *aspera*, SOW. | calc. sch. | Anglet. |
| *Unio? acuta*, SOW. | calc. sch. | Anglet. Caen. |
| ***Trichites*, DEFR. | calc. zoop. | Vermanton. |
| ***Pinna granulata??* SOW. | calc. sch. | La Rochelle, Pointe des Minimes. |
| ***Trigonia clavellata*, SOW. | ......... | Anglet. |
| — *costata*, SOW. | calc. sch. et marn. arg. | Anglet. |
| *Cardita deltoidea*, SOW. | calc. sch. | Anglet. |
| — *lyrata*, SOW. | calc. sch. | Anglet. |
| — *producta*, SOW. | calc. sch. | Anglet. |
| ***Lutraria Jurassi*, AL. BR. | calc. sch. | Ligny (Meuse). Pointe de plomb à La Rochelle. Anglet. |
| *Mya scripta*, SOW. | calc. sch. | Mesnil, près La Rochelle. |
| *Venus?* | ......... | Anglet. |
| *Gryphæa cymbium*, LAM. | calc. zoop. | Environs de Caen. |
| *Ostrea Marshii*, SOW. | ......... | Anglet. (*Ostrea flabelloides*, LAM., vrai *ostr. diluviana*, LINN. Ces noms paroissent appartenir à la même espèce.) |
| ** — *cristagalli*, SCHL. | calc. sch. et marn. arg. | |

| NOMS DES CORPS ORGANISÉS. | Spécific. de quelq. terr. | EXEMPLES DE LIEUX ET OBSERVATIONS. |
|---|---|---|
| *Ostrea acuminata*, Sow. | marn. arg. | Anglet. |
| *Pecten fibrosus*, Sow. | calc. sch. et marn. arg. | Anglet. |
| — *laminatus*, Sow. | calc. sch. | Anglet. |
| *Avicula echinata*, Sow. | ......... | Anglet. |
| — *costata*, Sow. | calc. sch. et marn. arg. | Anglet. |
| *Lima gibbosa*, Sow. | calc. sch. | Anglet. |
| *Terebratula subrotunda*, Sow. | calc. sch. | Anglet. |
| — *intermedia*, Sow. | calc. sch. | Anglet. |
| ** — *digona*, Sow. | calc. sch. et marn. arg. | Anglet. |
| ** — *ornithocephala*, Sow. | calc. sch. | Anglet. |
| — *obovata*, Sow. | calc. sch. | Anglet. |
| — *obsoleta*, Sow. | calc. sch. et marn. arg. | Anglet. |
| *Plagiostoma obscurum*, Sow. | calc. zoop. | Anglet. |
| *Chama* | calc. zoop. | Anglet. |
| CRUSTACÉS, INSECTES, ANNÉLIDES, RADIAIRES et ZOOPHYTES. | | |
| *Libellula* | calc. sch. | Eichstædt. |
| *Eryon Cuvieri*, DESM. | calc. sch. | Solenhofen. (GERMAR). |
| *Astacus leptodactylus*, GERM. (f. 4) | calc. sch. | Solenhofen. (GERMAR). |
| *Mecochyrus locusta*, GERM. (macroure, DESM., pl. 5, fig. 10) | calc. sch. | Solenhofen. (GERMAR). |
| ***Trigonellites latus*, PARK. | calc. sch. | Eichstædt. |
| — *problematicus*, PARK. (*tellinites*, SCHL.) | calc. sch. | Eichstædt et Amberg. |
| ***Euryalis* (*ophyurus octofilatus*) SCHL. | calc. sch. | Eichstædt. |
| VÉGÉTAUX. | | |
| Algues. | | |
| *Fucoides Stockii*, AD.BR. | calc. sch. | Solenhofen. |
| — *encœlioides*, AD.BR. | calc. sch. | Solenhofen. |
| — *furcatus*, AD.BR. | calc. sch. | Stonesfield. |
| Fougères. | | |
| *Pecopteris Reglei*, AD.BR. | calc. sch. | Mamers. |
| — *Desnoyerii*, AD.BR. | calc. sch. | Mamers. |
| *Sphenopteris hymenophylloides* | calc. sch. | Stonesfield. |
| — ? *macrophylla* | calc. sch. | Stonesfield. |
| *Tæniopteris latifolia* | calc. sch. | Stonesfield. |
| Cycadées. | | |
| *Zamia pectinata* | calc. sch. | Stonesfield. |
| — *patens* | calc. sch. | Stonesfield. |
| *Zamites Bechii*. AD.BR. | calc. sch. | Mamers. |
| — *Bucklandii*, AD.BR. | calc. sch. | Mamers. |
| — *lagotis*, AD.BR. | calc. sch. | Mamers. |
| — *hastata*, AD.BR. | calc. sch. | Mamers. |
| Conifères. | | |
| *Thuytes divaricata*, STERNB. | calc. sch. | Stonesfield. Solenhofen. |
| — *expansa* | calc. sch. | Stonesfield. |
| — *acutifolia* | calc. sch. | Stonesfield. |
| — *cupressiformis* | calc. sch. | Stonesfield. |
| *Taxites podocarpoides* (*fucus elegans*) AD.BR. | calc. sch. | Stonesfield. |

## *Corps organisés fossiles des sous-groupes* **MÉDIO- et INFRAJURASSIQUES** *des terrains* **PÉLAGIQUES JURASSIQUES.**

EXPL. DES ABRÉVIATIONS.

Méd. j. = Groupe médiojurassique. | Infr. j. f. = Groupe infrajurassique ferrugineux.
Infr. j. = Groupe infrajurassique.

*Nota.* Ces débris organiques se trouvent à peu près également dans les deux oolithes, et s'ils n'y sont pas cités explicitement, cela résulte de ce qu'on n'a pas toujours distingué clairement ces deux groupes ou que leur différence n'est peut-être ni constante, ni même réelle dans certains cas. On a marqué d'un L les espèces qui se trouvent aussi dans le lias.

| NOMS DES CORPS ORGANISÉS. | Spécific. de quelq. terr. | EXEMPLES DE LIEUX ET OBSERVATIONS. |
|---|---|---|
| REPTILES. | | |
| Gavial de Caen, Cuv. | méd. j. | Caen. Jura de Soleure. |
| Crocodile du Mans, Cuv. | méd. j. | Ballon. Chaufour (Sarthe). |
| *Megalosaurus?* | méd. j. | Caen. |
| *Plesiosaurus carinatus*, Cuv. | méd. j. | Boulogne. |
| — *pentagonus*, Cuv. | méd. j. | Environs d'Auxonne. |
| — ? *trigonus*, Cuv. | méd. j. | Côte du Calvados. |
| *Ichthyosaurus* | méd. j. | Reugny (Nièvre). |
| MOLLUSQUES. | | |
| *Belemnites compressus*, Bl. | infr. j. f. | Amberg. |
| *Belemnites lanceolatus*, Schl. (*hastatus*, Bl.) | infr. j. | Alsace (Voltz). |
| ***Ammonites discus*, Sow. | infr. j. f. | Souvigny, près Caen. Bayeux. Aalen en Wurtemberg. Minérai de fer d'Aisy en Bourgogne. Dundry, près Bristol, etc. |
| — *elegans*, Sow. | infr. j. | Anglet. Dundry. |
| — *Banksii*, Sow. | infr. j. | Anglet. Dundry. |
| — *Blagdeni*, Sow. | infr. j. | Anglet. Dundry. |
| — *Braikenridgii*, Sow. | infr. j. | Anglet. Dundry. |
| — *Brocchii*, Sow. | infr. j. L. | |
| — *Brongniarti*, Sow. | infr. j. | |
| — *Herveyi*, Sow. | infr. j. | Anglet. |
| — *Stockesi*, Sow. | infr. j. | Anglet. |
| — *Walcotii*, Sow. | infr. j. L. | Anglet. |
| — *Sowerbii*, Sow. | infr. j. | Anglet. Dundry. |
| — *dedoratus*, Schl. | infr. j. f. | Amberg. |
| — *annulatus*, Sow. | infr. j. f. L. | Montdor. Lyon. Anglet. |
| — *Strangwaysii*, Sow. | infr. j. f. | Anglet. |
| — *falcatus*, Sow. | infr. j. f. | Anglet. |
| — *falcifer*, Sow. | infr. j. f. | Anglet. |
| — *Browni*, Sow. | infr. j. f. | Anglet. Dundry. |
| — *cordatus*, Sow. | infr. j. f. | Anglet. Dundry. |
| — *Birchii*, Sow. | infr. j. f. L. | Mézières. |
| — *Bechii*, Sow. | infr. j. f. L. | Anglet. |
| — *sublævis*, Sow. | infr. j. f. | Anglet. |
| *Nautilus lineatus*, Sow. | infr. j. L. | Anglet. Dundry. |
| — *obesus*, Sow. | infr. j. f. | Anglet. |
| — *sinuatus*, Sow. | infr. j. f. | Anglet. |
| ***Trochus similis*, Sow. | infr. j. L. | Anglet. Dundry. |
| — *concavus*, Sow. | infr. j. | |
| — *dimidiatus*, Sow. | infr. j. | |

| NOMS DES CORPS ORGANISÉS. | Spécific. de quelq. terr. | EXEMPLES DE LIEUX ET OBSERVATIONS. |
|---|---|---|
| *Trochus duplicatus*, Sow. ...... | infr. j. L. | |
| — *elongatus*, Sow. ....... | infr. j. .. | Anglet. Dundry. |
| — *punctatus*, Sow. ....... | infr. j. .. | Anglet. Dundry. |
| — *abbreviatus*, Sow. ..... | infr. j. .... | Anglet. Dundry. |
| — *fasciatus*, Sow. ....... | infr. j. ... | Anglet. Dundry. |
| — *granulatus*, Sow. ...... | infr. j. ... | Anglet. Dundry. |
| — *sulcatus*, Sow. ........ | infr. j. | |
| — *ornatus*, Sow. ........ | infr. j. | |
| — *bicarinatus*, Sow. ..... | infr. j. | |
| ***Cirrus nodosus*, Sow. ......... | infr. j. | |
| — *Leachi*, Sow. .......... | infr. j. | |
| *Pterocerus Oceani*, AL. B. ....... | méd. j. .. | Alsace (VOLTZ). Jura de Nantua, etc. |
| *Turbo ornatus*, Sow. ......... | méd. j. | |
| *Rostellaria* ................. | infr. j. ... | Anglet. Dundry. |
| *Melania* (très-caractérisée) .... | infr. j. ... | Moulin. Caen. |
| **Nerinea*, DEFR. (*turritella*, Sow.) | méd. j. ... | Jura, Val Delémont, Vallangin. Isle d'Aix. Auxerre. Alsace. |
| *Ampullaria* ................. | M. et inf. j. | Angl. |
| ***Trigonia costata*, Sow. ........ | M. et in. j. L. | Anglet. Alsace. |
| — *clavellata*, Sow. ...... | M. infr. j. . | Anglet. Dundry. |
| — *striata*, Sow. ......... | infr. j. ... | Anglet. Dundry. |
| — *duplicata*, Sow. ....... | infr. j. .... | Anglet. |
| — *elongata*, Sow. ....... | infr. j. ... | Alsace (VOLTZ). |
| *Cucullea oblonga*, Sow. ....... | inf. j. | |
| *Nucula margaritacea*? Sow. .... | infr. j. | |
| *Cardita*? *obtusa*, Sow. ........ | infr. j. | |
| — *lunulata*, Sow. ....... | infr. j. | |
| — *similis*, Sow. ........ | infr. et M. j. | |
| — *producta*, Sow. ...... | M. et infr. j. | Anglet. |
| — *deltoidea*, Sow. ...... | méd. j. | |
| — *lyrata*, Sow. ......... | méd. j. L. . | Anglet. Dundry. |
| *Lutraria gibbosa*, Sow. ........ | infr. j. | |
| — *lirata*, Sow. .......... | infr. j. | |
| — *ambigua*, Sow. ...... | infr. j. L. | |
| *Astarte excavata*, Sow. ....... | infr. j. | |
| — *lurida*? Sow. ......... | infr. j. | |
| — *cuneata*? Sow. ........ | infr. j. | |
| — *ovata*, Sow. .......... | infr. j. | |
| *Unio*? *Listeri* ................ | infr. j. | |
| — *concinna*, Sow. ........ | infr. j. | |
| — *acuta* ................ | méd. j. | |
| *Mya intermedia*, Sow. | | |
| — *V-scripta*, Sow. ........ | méd. j. ... | Alsace. Anglet. Dundry. |
| *Modiola anatina*, SMITH ....... | méd. j. ... | Anglet. Dundry. |
| — *imbricata*, Sow. ....... | méd. j. | |
| — *plicata*, Sow. ......... | infr. j. | |
| — *truncata* ............ | infr. j. | |
| *Pinna lanceolata*, Sow. ........ | infr. j. | |
| ***Trichites*, DEFR. (*Ostrea trichites*, CONYB.) ............... | infr. j. .... | (Pennigène, DE SAUSS.) |
| *Ostrea rugosa*, Sow. .......... | infr. j. | |
| — *acuminata*, Sow. ....... | M. et inf. j. | |
| — *gregarea*, Sow. ........ | infr. j. | |
| — *palmata*, Sow. ........ | infr. j. .... | Anglet. Alsace. |
| — *cristata*, BOUÉ ........ | infr. j. | |
| — *Marshii*, Sow. ......... | M. et inf. j. | Anglet. Alsace. |
| — *cristagalli*, LAM. ...... | M. et inf. j. | Anglet. Alsace. |
| — *carinata* ............. | infr. j. ... | Alsace. |

| NOMS DES CORPS ORGANISÉS. | Spécific. de quelq. terr. | EXEMPLES DE LIEUX ET OBSERVATIONS. |
|---|---|---|
| *Pecten lens*, Sow. | infr. j. f. | Anglet. Alsace. Strauen, près Luxembourg. |
| — *barbatus*, Sow. | infr. j. | |
| — *fibrosus*, Sow. | M. et infr. j. | |
| — *æquivalvis*, Sow. | infr. j. L. | |
| — *laminatus*. | méd. j. | |
| *Gryphæa dilatata*, Sow. | | |
| *Lima proboscidea*, Sow. | infr. j. | Anglet. Bayeux. |
| — *gibbosa*, Sow. | infr. j. | |
| *Avicula costata*, Sow. | M. et infr. j. | |
| — *echinata*, Sow. | méd. j. | |
| *Perna aviculoides*, Sow. | infr. j. | |
| ***Plagiostoma punctata*, Sow. | infr. j. L. | |
| ** — *rigida*, Sow. | infr. j. | |
| — *gigantea*? Sow. | infr. j. L. | Anglet. Dundry. (Cette espèce caractéristique de lias est indiquée ici par M. Conybeare avec doute.) |
| *Terebratula intermedia*, Sow. | M. et infr. j. | Anglet. Alsace. |
| ** — *cornea*, Sow. | infr. j. | |
| — *semigloba*, Sow. | infr. j. | |
| — *digona*, Sow. | M. et infr. j. | Angl. Dundry. Jura. Luc, près Caen, etc. |
| — *ornithocephala* Sow. | M. et in. j. L. | Anglet. Dundry. Jura. Luc. |
| — *acuta*, Sow. | infr. j. L. | |
| — *resupinata*, Sow. | infr. j. | |
| — *media*, Sow. | infr. j. | Anglet. Dundry. Jura. Luc. |
| — *obsoleta*, Sow. | M. et infr. j. | Anglet. Dundry. Jura. Luc. |
| ** — *spinosa*, Sow. | infr. j. | Anglet. Dundry. Luc. |
| — *subrotunda*, Sow. | méd. j. | |
| — *reticulata*, Sow | méd. j. | |
| — *rudis* Sow. ? (*Pect. segulatus*, Scut.) | infr. j. | Amberg. |
| **ZOOPHYTES.** | | |
| *Astrea* | méd. j. | |
| *Caryophyllia* | méd. j. | |
| *Cyclolites* | infr. j. | Alsace. |
| *Apiocrinites rotundus* | méd. j. | Farque. Alsace. |
| *Pentacrinites tuberculatus* | infr. j. | Alsace. |
| *Cidaris* | M. et infr. j. | |
| *Echinus* | M. et infr. j. | |
| *Galerites* | M. et infr. j. | |
| **VÉGÉTAUX.** (1) | | |
| Équisétacées. | | |
| *Equisetum columnare* | infr. j. | Whitby. Brora. |
| Fougères. | | |
| *Pachypteris lanceolata* | infr. j. | Whitby. |
| — *ovata* | infr. j. | Whitby. |
| *Sphenopteris Williamsonis* | infr. j. | Whitby. |
| — *crenulata* | infr. j. | Whitby. |
| — *hymenophylloides* | infr. j. | Whitby. |
| — *denticulata* | infr. j. | Whitby. |
| *Pecopteris polypodioides* | infr. j. | Whitby. |
| — *denticulata* | infr. j. | Whitby. |

(1) Cette liste et la dénomination des espèces sont tirées du Prodrome d'une histoire des végétaux fossiles de M. Adolphe Brongniart.

| NOMS DES CORPS ORGANISÉS. | Spécific. de quelq. terr. | EXEMPLES DE LIEUX ET OBSERVATIONS. |
|---|---|---|
| *Pecopteris Phillippi*............ | infr. j.... | Whitby. |
| — *whitbyensis*......... | infr. j. ... | Whitby. |
| — *nebhensis*........... | ......... | Bornholm. |
| — *tenuis*.............. | ......... | Bornholm. |
| — *Pingelii*............ | ......... | Bornholm. |
| — *Bechii*.............. | ......... | Bornholm. Raus, près Helsingborg. |
| *Tæniopteris vittata*............ | ......... | Whitby. |
| Cycadées. | | |
| *Pterophyllum Williamsonis*.... | infr. j. ... | Whitby. |
| *Zamia longifolia*.............. | infr. j.... | Whitby. |
| — *pennæformis*............ | infr. j. ... | Whitby. |
| — *elegans*................ | infr. j.... | Whitby. |
| — *Goldiœi*................ | infr. j. ... | Whitby. |
| — *acuta*.................. | infr. j.... | Whitby. |
| — *lævis*.................. | infr. j. ... | Whitby. |
| — *Youngii*................ | infr. j.... | Whitby. |
| — *Feneonis*............... | infr. j. ... | Seissel. |

## *Corps organisés fossiles des groupes du* **LIAS** *et du* **KEUPER** *des terrains* **ABYSSIQUES.**

EXPL. DES ABRÉVIATIONS.

| | |
|---|---|
| L. = Lias | K. = Keuper. |
| Gr. l. = Grès du lias. | Gr. k. = Grès du keuper. |
| Amp. l. = Ampélite du lias. | |

| NOMS DES CORPS ORGANISÉS. | Spécifi. de quelq. terr. | EXEMPLES DE LIEUX ET OBSERVATIONS. |
|---|---|---|
| REPTILES. | | |
| *Crocodilus bollensis*, JÆG. | L. | Boll en Wurtemberg. |
| *Geosaurus bollensis*. JÆG. | L. | Boll. |
| *Ichthyosaurus communis*, DELAB. | L. | Boll. Lyme-Regis. (Dorsetsh.). |
| — *platyodon*, DELAB. | L. | Boll. Lime-R. |
| — *tenuirostris*, DELAB. | L. | Boll. Lime R. |
| — *intermedius*, DELAB. | L. | Boll. Lime-R. |
| *Plesiosaur. dolichodeirus*, CONYB. | L. | Lyme-R. Bristol. Newcastle (Northumb.). Honfleur. |
| *Phytosaurus cylindricodon*, JÆG. | gr. k. | Boll. |
| — *cubicodon*, JÆG. | gr. k. | Boll. |
| *Mastodonsaurus*, JÆG. | amp. l. | Gaildorf (Wurtemberg). |
| *Salamandroides giganteus*, JÆG. | amp. l. | Gaildorf. |
| POISSONS. | | |
| *Dapedium politum*, DELABÈCHE | L. | Lyme-R. |
| MOLLUSQUES, etc. | | |
| *Ammonites planorbis*, SOW. | K. | Lyme-R. |
| — *Walcotii*, SOW. | L. | Bath. Figeac. |
| — *annulatus*, SOW. | L. | Figeac. |
| — *communis*, SOW. | L. | |
| — *angulatus*, SOW. | L. | |
| — *giganteus*, SOW. | L. | |
| — *Birchii*, SOW. | L. | Charmouth. |
| — *Bechei*, SOW. | L. | Lyme R. |
| — *armatus*, SOW. | L. | Lyme-R. |
| — *planicosta*, SOW. | L. | Lyme-R. |
| — *stellaris*, SOW. | L. | |
| — *Brookii*, SOW. | L. | Lyme-R. |
| — *Bucklandii*, SOW. | L. | Bath. |
| — *Conybeari*, SOW. | L. | Anglet. : Bath et Lyme-R. Alsace: Gundershofen et Bouxwiller. |
| — *fimbriatus*, SOW. | L. | Lyme-R. |
| — *Grenoughii*, SOW. | L. | Bath. |
| — *Henleyi* SOW. | L. | Lyme-R. |
| — *Loscombi*, SOW. | L. | |
| — *obtusus*, SOW. | L. | Lyme-R. |
| — *heterophyllus*, SOW. | L. | |
| *Belemnites brevis*, BL. | L. | Alais. |
| — *apicicurvatus*, BL. | L. | Alais. |
| — *giganteus*, SCHL. | L. | Amberg. |
| — *penicillatus*, BL. | L. | Salins. Anduze (Gard). |
| — *bisulcatus*, BL. | L. | Caen. |
| — *Aalensis*, VOLTZ | gr. l. | Aalen en Wurtemb. |

| NOMS DES CORPS ORGANISÉS. | Spécific. de quelq. terr. | EXEMPLES DE LIEUX ET OBSERVATIONS. |
|---|---|---|
| *Nautilus intermedius*, Sow. | | |
| — *striatus*, Sow. ........ | L........ | Anglet. Alsace. |
| — *truncatus*, Sow....... | L........ | Bath. |
| *Trochus duplicatus*, Sow....... | ......... | Alsace. |
| — *similis*, Sow. | | |
| — *imbricatus*, Sow. ..... | L........ | Cheltenham. |
| *Trochus anglicus*, Sow......... | L........ | Weston. |
| *Helicina? compressa*, Sow. .... | L........ | Leicestershire. |
| *Helicina? expansa*, Sow........ | L........ | Lyme-R. |
| — *solarioides*, Sow....... | L........ | Lyme-R. |
| *Melania striata*, Sow. ......... | L........ | Lymington. (C'est une phasianelle de l'oolithe.) |
| *Cerithium*.................... | L........ | Alsace (VOLTZ). |
| *Patella discoides*, SCHL......... | L........ | Alsace. |
| *Cucullea lævis*, Sow........... | L. | |
| *Cardita lyrata*, Sow. ......... | L. | |
| *Astarte*..................... | L. | |
| *Lutraria ambigua*, Sow........ | L........ | Alsace (VOLTZ). |
| *Unio? crassissima*, Sow....... | L........ | Bath. |
| *Pinna granulata*, Sow......... | K........ | Sommersetshire. Aromanche. |
| — *quadrivalvis*, Sow....... | L........ | Avalon. |
| *Mya depressa*, Sow............ | L........ | Alsace. |
| — *V-scripta*, Sow. ......... | L........ | Alsace. Scarborough en Angleterre. |
| *Modiola lævis*, Sow........... | L........ | Angl. |
| — *depressa*, Sow. | | |
| — *minima*, Sow......... | L........ | Anglet. |
| — *hillana*, Sow. ........ | L........ | Anglet. |
| *Lucina*?.................... | K........ | Alsace. Wilgotheim. |
| *Avicula inæquivalvis*, Sow...... | L........ | Anglet. Dursley. |
| *Pecten æquivalvis*, Sow. ....... | L........ | Glocestersh. Yeovil. Arbigny. Avalon. Fig. |
| ***Gryphæa incurva*, Sow......... <br> — *arcuata*, LAM. ....... | L........ | (C'est probablement la même espèce.) Bayeux. Valogne. Metz. Salins. Bath. Cheltenham. Amberg, etc. |
| — *obliquata*, Sow....... | L........ | Glamorgan. |
| — *gigantea*, Sow........ | L........ | Figeac. Glocestershire. |
| — *gigas*, SCHL......... | L........ | Mézières. Bréteville. près Caen. |
| — *cymbium*, SCHL. ..... | L........ | (Qui n'est pas celui de Lamarck.) Amberg. Figeac. |
| *Lima antiqua*, Sow............ | L. | |
| *Trigonia navis*, VOLTZ.......... | L........ | Alsace. |
| — *costata*, Sow.......... | L........ | Alsace. |
| — *striata*.............. | L........ | Figeac. |
| *Perna? mytiloides*, Sow....... | L........ | Anglet. Alsace. |
| *Plagiostoma punctatum*, Sow. .. | L........ | Anglet. Figeac. |
| * — *giganteum*, Sow.... | L........ | Anglet.: Bath, etc. Alsace: Gundershofen, Bouxwiller. |
| — *rusticum*.......... | L........ | Millau (Aveyron). |
| — *semilunaris*, Sow... | L........ | Alsace. |
| — *Hermanni*, VOLTZ .. | L........ | Alsace. |
| *Plicatula spinosa*, Sow......... | L........ | Anglet. Alsace. |
| *Hippopodium ponderosum*, Sow. | L........ | Cheltenham. |
| *Terebratula ornithocephala*? Sow. | L........ | Env. de Figeac. |
| — *acuta*, Sow........ | L. | |
| — *crumena*, Sow..... | L. | |
| *Spirifer Walcotii*, Sow........ | L........ | Bath. Alsace. |
| *Pentamerus*. | | |
| *Echinus*. | | |
| *Pentacrinites caput medusæ*, MILL. <br> — *briareus*, MILL. | ......... | Anglet. Alsace. Gundershofen. Figeac. |

| NOMS DES CORPS ORGANISÉS. | Specific. de quelq. terr. | EXEMPLES DE LIEUX ET OBSERVATIONS. |
|---|---|---|
| *Pentacrinites subangularis*, MILL. | | |
| — *basaltiformis*, MILL. | L........ | Anglet. Alsace. |
| — *tuberculatus*, MILL. | L........ | Anglet. Alsace. |
| *Turbinolia*. | | |
| VÉGÉTAUX. | | |
| *Equisetum Meriani*, AD.BR...... | K........ | La Neuewelt, près Bâle. |
| — *columnare* ......... | L........ | Corcelles (Haute-Saône). |
| *Glossopteris nilsoniana*......... | gr. l...... | Hör en Scanie (AD.BR.). |
| *Pecopteris agardhiana*......... | gr. l...... | Hör. |
| — *Meriani*............ | K........ | Neuewelt. |
| **Clathropteris meniscoides* ...... | gr. l...... | Hör. Saint-Étienne (Vosges). |
| *Tæniopteris vittata*............ | gr. l. et K. | Hör. Neuewelt. |
| *Marantoidea arenacea*, JÆGER... | gr. l...... | Envir. de Stuttgart. |
| *Lycopodites patens*............ | gr. l...... | Hör. |
| *Culmites Nilsonii*............. | gr. l...... | Hör. |
| *Mantellia cylindrica*........... | L........ | Lunéville (MOUGEOT). |
| Cycadées. | | |
| **Zamites Bechii*................ | L........ | Lyme-R. |
| — *Bucklandii*............ | L........ | Lyme-R. |
| **Pterophyllum longifolium*...... | K........ | Neuewelt. |
| — *Jægeri*.......... | gr. l...... | Envir. de Stuttgart. |
| — *Meriani*......... | K........ | Neuewelt. |
| — *dubium*......... | gr. l...... | Hör. |
| **Nilsonia brevis*............... | gr. l...... | Hör. |

La famille des Cycadées, qui commence au *Zamites*, y est dominante. On n'y connoît encore aucune plante de la famille des Conifères si nombreuse dans le terrain pœcilien. (AD. BR.)

## *Corps organisés fossiles du groupe* **CONCHYLIEN** *des terrains* **ABYSSIQUES.**

| NOMS DES CORPS ORGANISÉS. | Spécific. de quelq. terr. | EXEMPLES DE LIEUX ET OBSERVATIONS. |
|---|---|---|
| MOLLUSQUES. | | |
| Grand saurien, CUV. | ......... | Lunéville. (Peut-être voisin de l'ichthyo-saure.) |
| *Plesiosaurus*, JÆGER | ......... | Boll en Wurtemberg. |
| Ryncholites | ......... | Lunéville et Götting., BLUM. (Corps qui ont de l'analogie avec les becs de sèche.) |
| **Ceratites*, HAAN (*ammonites nodosus*, SCHL.) | ......... | Göttingue. Toulon. Le Meisner. Wurtemb. |
| — *bipartitus*, GAILLARDOT | ......... | Lunéville. |
| — *nautilus bidorsatus*, SCHL. | ......... | Weimar. Heinberg. Wurtemberg. (Tous trois du genre *Ceratites* de HAAN. Ainsi il n'y auroit pas de vraies ammonites dans ce terrain.) |
| *Buccinum obsoletum*, SCHL. | ......... | Göttingue. |
| *Strombites denticulatus*, SCHL. | ......... | (Ressemble beaucoup au *strombus* [*pterocerus*] *Oceani*, AL. BR. (1), du calcaire oolithique supérieur du Jura.) |
| *Dentalites torquatus*, SCHL. | ......... | Göttingue. |
| — *lævis*, SCHL. | ......... | Göttingue. |
| *Patellites mitratus*, SCHL. | | |
| *Myacites elongatus*, SCHL. | ......... | Wurtemberg. |
| — *musculoides*, SCHL. | | |
| — *ventricosus*, SCHL. | ......... | Lunéville. |
| *Cardium* (*chamites*, SCHL.) *striatum* | ......... | Göttingue. Wurtemberg. |
| *Plagiost.* (*chamites*, SCHL.) *punctatum* | ......... | Göttingue. Toulon. Gotha. |
| — *lineatum* | ......... | Göttingue. |
| **Ostracites pleuronectites lævigatus*, SCHL. | ......... | Göttingue. Lunéville. Toulon. (C'est une coquille très-particulière, qui n'appartient ni au genre Huître, ni à aucun des genres que je connoisse.) |
| — *pleuronectites discites*, SCHL. | ......... | (Ne paroît différer de la précédente que par la taille.) |
| *Ostrea cristata difformis*, SCHL. | ......... | Lunéville. |
| *Pecten* (*ostracites pectinites*) *reticulatus*, SCHL. | ......... | Göttingue. |
| *Spondyl.* (*ostr. spondiloides*), SCHL. | ......... | Lunéville. Göttingue. Toulon. |

(1) Sur les caractères zoologiques des formations. Annales des mines, 1821, tome 6, pag. 570, pl. 7, fig. 2.

| NOMS ET OBSERVATIONS. | Spécific. de quelq. terr. | EXEMPLES DE LIEUX ET OBSERVATIONS. |
|---|---|---|
| **Trigonellites pes anseris*, SCHL... | ......... | Göttingue. Lunéville. (Coquille qu'il ne faut pas confondre avec les trigonellites de Parkinson, genre très-différent.) |
| — *vulgaris*, SCHL.... | ......... | Göttingue. (Pourroit très-bien être le jeune âge du précédent.) |
| — *curvirostris*, SCHL.. | ......... | Göttingue. |
| **Mytulites socialis*, SCHL........ | ......... | Göttingue. Le mont Meisner en Hesse. Toulon. Lunéville. Wurtemberg. (Ce n'est certainement pas un *mytilus.*) |
| — *costatus*, SCHL...... | ......... | Göttingue. |
| — *incertus*, SCHL...... | ......... | Göttingue. |
| — *eduliformis*, SCHL.... | ......... | Göttingue. Lunéville. |
| *Terebratula vulgaris*, SCHL. ... | ......... | Göttingue. Lunéville. Toulon. Wurtemb. |
| — *orbiculata*, SCHL... | ......... | Wurtemberg. |
| **Encrinites liliiformis*, SCHL.... | ......... | Göttingue. Wurtemberg. |
| VÉGÉTAUX. | | |
| *Nevropteris Gaillardoti*, AD.BR.. | ......... | Lunéville. |

*Nota.* On peut dire que presque tous ces corps organisés sont caractéristiques du groupe conchylien; ceux qu'on a marqués d'une astérisque (*) paroissent le caractériser encore plus particulièrement. On remarquera avec M. Élie de Beaumont, qu'on n'a encore reconnu dans ce terrain ni bélemnites ni ammonites, si abondans dans le lias, et qu'on n'y cite aucun des productus qui vont se rencontrer en assez grand nombre dans le terrain suivant.

Les végétaux y sont en très-petit nombre, et y ont été évidemment transportés par les cours d'eau.

## *Corps organisés fossiles des groupes* **PŒCILIEN** *et* **PÉNÉEN** *des terrains* **ABYSSIQUES.**

EXPL. DES ABRÉVIATIONS.

| | | |
|---|---|---|
| Ps. b. = Psammite bigarré. | | M. b. = Marne bigarrée. |
| C. f. p. = Calcaire fétide pénéen. | | Calc. p. = Calcaire pénéen. |

| NOMS DES CORPS ORGANISÉS. | Spécific. de quelq. terr. | EXEMPLES DE LIEUX ET OBSERVATIONS. |
|---|---|---|
| ICHTHYOLITHE. | | |
| *Chætodon* | M. b. | Durham (Anglet.). |
| MOLLUSQUES. | | |
| *Ammonites.* | | |
| *Melania? scalata* (*strombite*, SCHL.) | ps. b. | Domptail (Vosges). |
| *Natica* | ps. b. | Domptail. |
| *Pecten priscus*, SCHL. | calc. p. | |
| *Mytilus eduliformis*, SCHL. | ps. b. | Domptail. |
| — *socialis*, SCHL. | ps. b. | Domptail. |
| *Gryphæa lævis*, SCHL. | ps. b. | Heinberg, près Götting. (Très-voisine de l'*arcuata* et entre le calc. conchylien et le psammite bigarré.) |
| * *Trigonellites vulgaris*, SCHL. | ps. b. | Domptail. |
| *Product. aculeat.* (*gryphites*), SCHL. | calc. p. | Thuringe, etc. |
| — *rugosus*, SCHL. | calc. p. | |
| * — *speluncarius*, SCHL. | calc. p. | Glückbrunn. |
| *Terebratula alata.* | | |
| * — *paradoxa*, SCHL. | calc. p. | Schmerbach. |
| — *lacunosa*, SCHL. | calc. p. | Schmerb. |
| — *elongata*, SCHL. | calc. p. | Schmerb. |
| — *inflata*, SCHL. | calc. p. | Schmerb. |
| * — *pelargonata*, SCHL. | calc. p. | Schmerb. |
| — *pygmæa*, SCHL. | calc. p. | Leimstein, près Schmalkalde. |
| *Encrinites ramosus*, SCHL. | calc. p. | Glückbrunn. |
| *Milliporæ.* | | |
| *Coralliolites columnaris*, SCHL. | | |
| *Flustra* | .......... | Durham (Anglet.). |
| VÉGÉTAUX. | | |
| Équisétacées. | | |
| *Calamites arenaceus*, AD. BR. (1) | ps. b. | Wasselonne et Marmoutier (Bas-Rhin). |
| — *Mougeotii* | ps. b. | Marmoutier. |
| — *remotus* | ps. b. | Wasselonne. |

(1) Toutes ces déterminations sont prises des travaux sur les végétaux fossiles de M. ADOLPHE BRONGNIART, notamment de son traité intitulé : *Prodrome d'une histoire des végétaux fossiles*, un cah., in-8.°, Strasbourg et Paris, Levrault, et de son *Essai d'une flore du grès bigarré*, Ann. des sc. nat., 1828, tom. 15, pag. 435, pl. 15 — 20.

| NOMS DES CORPS ORGANISÉS. | Spécific. de quelq. terr. | EXEMPLES DE LIEUX ET OBSERVATIONS. |
|---|---|---|
| Fougères. | | |
| *Anomopteris Mougeotii* ........ | ps. b. .... | Soultz aux-Bains. Wasselonne. |
| *Nevropteris Voltzii*........... | ps. b. .... | Soultz-aux-Bains. |
| — *elegans* ........... | ps. b. .... | *Ibid.* |
| *Sphenopteris myriophyllum*..... | ps. b. .... | *Ibid.* |
| — *palmetta*.......... | ps. b. .... | *Ibid.* |
| *Filicites scolopendroides*........ | ps. b. .... | *Ibid.* |
| Conifères. | | |
| *Voltzia brevifolia*............. | ps. b. .... | Soultz-aux Bains. |
| — *elegans* ............... | ps. b. .... | *Ibid.* |
| — *rigida*................ | ps. b. .... | *Ibid.* |
| — *acutifolia* ............. | ps. b. .... | *Ibid.* |
| — *heterophylla*........... | ps. b. .... | *Ibid.* |
| ? ? *Cupressites Hullmanni*, BRONN. | ps. b. ? ... | Frankenberg en Hesse. |
| Liliacées. | | |
| *Convallarites erecta* ........... | ps. b. .... | Soultz-aux-Bains. |
| — *nutans* ........... | ps. b. .... | *Ibid.* |
| Monocotylédones douteuses | | |
| *Paleoxyris regularis* .......... | ps. b. .... | Soultz-aux-Bains. |
| *Echinostachys oblongus* ........ | ps. b. .... | *Ibid.* |
| *Æthophyllum stipulare*........ | ps. b. .... | *Ibid.* |

*Nota*. On remarquera que parmi les coquilles les *Mytilus eduliformis* et *socialis*, et le *trigonellites vulgaris*, appartiennent aussi au groupe conchylien.

## *Corps organisés fossiles du schiste* **BITUMINEUX PÉNÉEN.**

EXPL. DES ABRÉVIATIONS.

Lign. = Lignite.

| NOMS DES CORPS ORGANISÉS. | Spécific. de quelq. terr. | EXEMPLES DE LIEUX ET OBSERVATIONS. |
|---|---|---|
| REPTILES. | | |
| Monitor de Thuringe, Cuv. .... | ......... | Pays de Mansfeld. Rothenbourg sur la Saale. Glückbrunn. Memmingen, etc. |
| POISSONS. | | |
| Ichthyolithes en général....... | ......... | Mines de mercure du Palatinat. Himmelsberg. — Dans des nodules ellipsoïdes à Perschweiler, près Saarbruck. Seefeld? en Bavière. |
| *Palæothriss. macrophtalmum*, Bl. | ......... | Mansfeld. |
| — *magnum*, Bl. ..... | ......... | Mansfeld. |
| — *inæquilobum*, Bl.... | ......... | Autun. |
| — *parvum*, Bl. ...... | ......... | *Ibid.* |
| *Palæoniscum Freieslebense*, Bl. . | ......... | Mansfeld. |
| *Clupea? Lametherii*, Bl....... | ......... | *Ibid.* |
| *Esox? Eislebensis*, Bl. ........ | ......... | *Ibid.* |
| *Stromateus major*, Bl......... | ......... | Hesse. |
| MOLLUSQUES. | | |
| *Ammonites gibbosus.* | | |
| *Terebratula lacunosa* ......... | ......... | Schmerbach en Thuringe. |
| VÉGÉTAUX. | | |
| *Fucoides Brardii*, Ad. Br. ...... | ......... | De Frankenberg, comme ceux de Pialpinso. (Voisin des *conferva carpolites, hæmilocinus*, Schl.) |
| — *selagenoides* ......... | ......... | Mansfeld. |
| — *lycopodioides* ......... | ......... | *Ibid.* |
| — *frumentarius* ......... | ......... | *Ibid.* |
| — *pectinatus* ........... | ......... | *Ibid.* |
| — *digitatus* ............ | ......... | *Ibid.* |
| — *septentrionalis* ........ | lign. ?.... | Höganes en Scanie. |
| — *nilsonianus* .......... | lign. ?.... | *Ibid.* |
| *Zosterites agardhiana* ......... | lign. ?.... | *Ibid.* |

## *Corps organisés fossiles du groupe* HOUILLER *des terrains* ABYSSIQUES.

*Nota.* Dans toute cette énumération nous n'avons indiqué par leur nom que les espèces qui se retrouvent dans un grand nombre de localités, et qui sont par conséquent plus caractéristiques du terrain houiller que les autres, ou celles qui appartiennent à des localités remarquables par leur éloignement. Toutes celles pour lesquelles nous n'avons pas cité de lieu particulier sont fréquentes dans les terrains houillers de France, d'Allemagne ou d'Angleterre.

| NOMS DES CORPS ORGANISÉS. | Spécific. de quelq. terr. | EXEMPLES DE LIEUX ET OBSERVATIONS. |
|---|---|---|
| MOLLUSQUES. | | |
| *Unio?* | | |
| *Anondontite?* | | |
| VÉGÉTAUX. | | |
| Plantes marines (aucune espèce). | | |
| Plantes terrestres. | | |
| Équisétacées. | | |
| *Equisetum* (2 espèces douteuses). | | |
| *Calamites* (12 espèces). | | |
| — *Suckovii.* | | |
| — *Cistii.* | | |
| — *cannæformis.* | | |
| — *pachyderma.* | | |
| — *approximatus.* | | |
| Fougères. | | |
| *Sphænopteris* (21 espèces). | | |
| — *furcata.* | | |
| — *stricta.* | | |
| — *artemisiæfolia.* | | |
| — *dissecta.* | | |
| — *trifoliolata.* | | |
| — *Schlotheimii.* | | |
| — *Hœninghausii.* | | |
| — *latifolia.* | | |
| *Cyclopteris orbicularis.* | | |
| — *obliqua.* | | |
| *Nevropteris* (11 espèces). | | |
| — *Loshii.* | | |
| — *tenuifolia.* | | |
| — *flexuosa.* | | |
| — *gigantea.* | | |
| *Glossopteris Browniana*........ | ......... | Dans les mines de houille de l'Inde et de la Nouvelle-Hollande. |
| *Pecopteris* (46 espèces). | | |
| — *blechnoides.* | | |
| — *cyathea.* | | |
| — *polymorpha.* | | |
| — *aquilina.* | | |
| — *pteroides.* | | |
| — *lonchitica.* | | |
| — *gigantea.* | | |
| — *nervosa.* | | |
| — *Defrancii.* | | |
| — *alata*............. | ......... | Des mines de la Nouvelle-Hollande. |

| NOMS DES CORPS ORGANISÉS. | Spécific. de quelq. terr. | EXEMPLES DE LIEUX ET OBSERVATIONS. |
|---|---|---|
| *Pecopteris aspera.* | | |
| — *Miltoni.* | | |
| — *dentata.* | | |
| *Lonchopteris Bricii.* | | |
| **Odontopteris* (5 espèces)....... | ......... | Toutes les espèces de ce genre sont du terrain houiller. |
| **Schizopteris anomala*.......... | ......... | *Ibid.* |
| **Sigillaria* (41 espèces)......... | ......... | *Ibid.* |
| Marsiléacées. | | |
| **Sphænophyllum* (7 espèces) .... | ......... | Genre propre au terrain houiller. |
| Lycopodiacées. | | |
| *Lycopodites* (10 espèces). | | |
| — *piniformis.* | | |
| — *phlegmarioides.* | | |
| *Selaginites* (2 especes). | | |
| **Lepidodendron* (34 espèces).... | ......... | Ce Genre et les quatre suivans ne se trouvent que dans le terrain houiller. |
| **Lepidophyllum* (5 espèces)...... | ......... | Ce sont les feuilles isolées des *lepidodendron.* |
| **Lepidostrobus* (4 espèces)...... | ......... | Ces fruits appartiennent probablement aux *lepidodendron.* |
| **Cardiocarpon* (5 espèces)....... | | |
| **Stigmaria* (8 espèces). | | |
| Palmiers. | | |
| ?*Flabellaria borassifolia* ........ | ......... | Il n'est pas bien certain que ce soit une feuille de palmier. |
| *Noggerathia foliosa*........... | ......... | Genre très-différent des palmiers actuels. |
| *Zeugophyllites calamoides* ...... | ......... | Des mines de l'Aude. (Genre différent de tous les palmiers existans.) |
| Cannées. | | |
| *Cannophyllites Virletii*......... | ......... | Saint-George-Chatellaison. |
| Monocotylédones douteuses. | | |
| *Sternbergia* (3 espèces). | | |
| *Poacites* (3 espèces). | | |
| *Trigonocarpum* (5 espèces).... | ......... | La plupart de ces fruits viennent de Langeac. |
| *Musocarpum* (3 espèces)...... | | |
| Dicotylédones. | | |
| Aucune bien caractérisée....... | | |
| Plantes de classe douteuse. | | |
| *Phyllotheca australis*.......... | ......... | Des mines de la Nouvelle-Hollande. |
| **Annularia* (7 espèces)......... | ......... | Ces trois genres sont tous particuliers au terrain houiller. (1) |
| **Asterophyllites* (10 espèces)... | | |
| **Volkmannia* (3 espèces)........ | | |

(1) D'où il résulte qu'on n'a trouvé dans le terrain houiller aucune plante des classes des agames, des cryptogames celluleuses, des phanérogames gymnospermes, des phanérogames dicotylédones, tandis que sur environ deux cents espèces connues il y en a plus de cent quatre-vingts appartenant à la classe des cryptogames vasculaires et une vingtaine aux phanérogames monocotylédones. (ADOLPHE BRONGNIART.)

## *Corps organisés fossiles des groupes* **CALCAREUX, QUARZEUX** *et* **SCHISTEUX** *des terrains* **HÉMILYSIENS.**

EXPL. DES ABRÉVIATIONS.

Calc. = Calcareux.
Quarz. = Quarzeux.
Schist. = Schisteux ou traumateux.
Phyll. = Phyllade.

| NOMS DES CORPS ORGANISÉS. | Spécific. de quelq. terr. | EXEMPLES DE LIEUX ET OBSERVATIONS. |
|---|---|---|
| MOLLUSQUES, etc. | | |
| *Nautilus carinæformis*, Sow. .. | calc. ..... | Dublin. |
| *Orthoceratites communis*, WAHL. | calc. ..... | Westerplana en Westrogothie. |
| — *duplex*, WAHL. ..... | calc. ..... | *Ibid.* |
| — *imbricatus*, WAHL. .. | calc. ..... | Gothland et Kentuky. |
| — *striatus*, Sow. ..... | calc. ..... | Malmoë, près Christiania. |
| — *undulatus*, SCHL. ... | psammite ? | Tzarko-Sselo, près S. Pétersb. Vizet, près Liége. |
| — *crassiventris*, WAHL. . | calc. ..... | Gothland. |
| — *gracilis*, BLUM., SCHL. | schist. .... | Hellenburg en Nassau. |
| — *tenuis* et *scalaris*, WAHL. (1) | ampélite.. | Mösseberg en Westrogothie. Christiania. Bornholm. May, près Caen. |
| *Lituolites perfectus*, WAHL. ..... | calc. ..... | Mösseberg. |
| — *imperfectus*, WAHL. ... | calc. ..... | Jungby en Suède. |
| *Conularia*, MILL. ............... | quarz. .... | May, près Caen. |
| *Posidonia Becheri*, BRONN ...... | phyll. .... | Werden. |
| | ampélite.. | Dillenbourg, près Marbourg. |
| *Bellerophon tenuifascia*, Sow... | calc. ..... | Vizet. |
| — *costatus*, Sow...... | calc. ..... | Dublin. |
| — *apertus*, Sow...... | calc. ..... | Carlingford (Nord de l'Irlande). |
| *Turbo* ? (*helic. catenulatus*, WAHL.) | calc. ..... | Gothland. (Beaucoup de ressemblance avec le *delph. lima.*) |
| *Evomphalus* ................. | calc. ..... | Argenteau en Belgique. Vizet. |
| — *alatus* (*helicites*, WAHL.). | calc. ..... | Malmoë. Gothland. |
| — *pentagulatus*, Sow...... | calc. ..... | Namur. Dublin. |
| — *pseudogualterianus*, (ou *catillus*, var., Sow.; *helicites Gualterianus*, SCHL.) | calc. ..... | Reval. |
| — *maclurei* (*maclurites magna*, LESUEUR) ........ | calc. sch... | Lac Érié. |
| *Cardium* ? *hybernicum*, Sow.... | calc. ..... | Saint-Doloughs, près Dublin. |
| *Isocardia* ? ? (moule intérieur).. | calc. ..... | Environs de Dublin. |
| *Astarte* ? *cypricardia* ? ? ....... | calc. ..... | Environs de Dublin. |
| | quarz. .... | May, près Caen. (Moule intérieur.) |
| *Terebratula Durassii*, DEFR. ... | calc. ..... | Environs de Dublin. |
| — *reticularis* (*anomites*, WAHL.) | calc. ..... | Gothland. |

(1) *Graptolites*, LINN. C'est un corps qui paroît se rapprocher davantage des septulaires que des orthocératites; il semble être particulier aux terrains hémilysiens.

| NOMS DES CORPS ORGANISÉS. | Spécific. de quelq. terr. | EXEMPLES DE LIEUX ET OBSERVATIONS. |
|---|---|---|
| *Terebratula plicatella*, WAHL. | calc. | Gothland? Gotha-Canal. |
| — *crumena*? Sow. | calc. | Environs de Dublin. |
| — *prisca*, SCHL. | calc. | Bensberg. |
| — *ostiolata*, SCHL. (ou *spirifer pinguis*?). | calc. | Eifel. |
| — *aperturata*, SCHL. | calc. | Bensberg. |
| — *dubia*, DEFR. | calc. | Duras en Irlande. |
| — *cor* | calc. | Eifel. |
| — *aspera*, SCHL. | calc. | Eifel. |
| — *Basterotina*, DEF. (ou *spirifer pinguis*?). | calc. | Duras. |
| — *lenticularis* (*anomytes*, WAHL.) | calc. | Billingen, vers Hallewaden. |
| | ampélite. | Westrogothie. Andrarum en Scanie. |
| *Spirifer cuspidatus*, Sow. | calc. | Environs de Dublin. |
| — *pinguis*, Sow. | calc. | *Ibid.* |
| — *glaber*, Sow. | calc. | *Ibid.* |
| — *striatus*, Sow. | calc. | *Ibid.* |
| — ? | grès. | Pays de Cayuga, État de New-York. |
| — *striatus*, var. | calc. | Environs de Namur. Environs de Dublin. |
| — *striatula*, SCHL. | calc. | Environs de Dublin. |
| — *intermedius*(*terebr.*, SCHL.) | qu. et calc. | Allenhead en Northumberland. Eifel. Monts Alleghanis. |
| — *alatus* | schist. | Environs de Coblence. |
| — *hysterolites*, SCHL. | psammite. | Zellerfeld, etc., au Harz. Belfast. District du Maine (Amérique septentrionale). |
| — *sarcinulatus* (*terebr.*, SCHL.; *anomites rhomboidalis*, WAHL.) | sch. calc. et grès terreux | Coblence. Malmoë. Monts Catskill, État de New-York. Mösseberg. |
| *Strophomenes rugosa*, RAF. | calc. | Kentucki. Ohio. |
| — *pileopsis*, RAF. | calc. | Kentucki. |
| — *umbraculum*, SCHL. (*Gonotrema*, RAF.) | | Eifel. Golfe de Christiania. (Probablement la même espèce que la précédente.) |
| *Pecten* (*anomites*, WAHL.) | calc. et sch. | Mösseberg, Halbberg en Westrogothie. Monts Catskill. |
| *Pentamerus* (*anomites*, WAHL.) | calc. | Gothland. |
| — *conchidium*, LINN. | calc. | Golfe de Christiania. |
| *Productus scabriusculus*, Sow. | calc. | Kiskaldy en Écosse. Vizet. |
| — *scoticus*, Sow. | calc. | Environs de Liége. Duras. |
| TRILOBITES. | | |
| *Calymene Blumenbachii*, AL.BR. | calc. | Dudley, Worcestersh. Lebanon sur l'Ohio, et Newport, près Utica, Amér. sept. |
| — *macrophtalmus* | schist. | Cromford, près Dusseldorf. États-Unis. |
| — *variolaris*, AL.BR. | calc. | |

| NOMS DES CORPS ORGANISÉS. | Spécific. de quelq. terr. | EXEMPLES DE LIEUX ET OBSERVATIONS. |
|---|---|---|
| *Calymene Tristani*, AL.BR....... | schist..... | Breuville en Cotentin. Falaise. La Hunaudière. Bain, près Rennes. |
| *Asaphus cornigerus*, SCHL...... | calc...... | Environs de Saint-Pétersbourg. |
| — *expansus*, WAHL...... | calc...... | Husbyfjöl, Kinnekulle en Westrogothie. Malmoë. |
| — *caudigerus*, AL.BR.... | calc...... | Dudley. |
| — *Hausmanni*, AL.B..... | calc...... | Amhersbury. Nehou (Manche). Prague. |
| — *deBuchii*, AL.BR...... | calc...... | Dynevorspark (pays de Galles). |
| ? *Brongniartii*, DELONCH. | quartzite... | May. Nehou. Eifel. |
| — *crassicauda*, WAHL... | calc...... | Husbyfjöl (Suède). Christiania. Tzarko-Sselo (Russie). |
| | schist..... | Bain. |
| *Isotellus gigas et planus*, DE KAY. | calc...... | Trenton. Canajoharie. |
| *Ogygia Guettardii*, AL.BR....... | schiste ard. | Angers. |
| — *Desmaresti*, AL.BR...... | schiste ard. | Angers. |
| — *Wahlenbergii*, AL.BR... | schiste ard. | Angers. |
| — *Sillimani*, AL.BR. (1).... | schiste.... | Rive de la Mohauk, près Schenectady. |
| *Paradoxides Tessini*, AL.BR..... | sch. marn. | Obstorp; Westrogothie. |
| — *Hoffii*, GOLDF...... | sch. marn. | Braatz, près Ginez en Bohême. |
| — *gibbosus*, AL.BR.... | calc. et sch. | Kinnekulle. |
| — *spinulosus*, AL.BR... | ampélite.. | Andrarum. |
| — *scaraboides*, AL.BR.. | calc...... | Falkoping (Suède). |
| *Agnostus pisiformis*, AL.BR..... | calc. et sch. marn.... | Kinnekulle et Mösseberg en Westrogothie. |
| ZOOPHYTES. | | |
| *Encrinites gothlandicus*, WAHL... | calc. et qu. | Gothland. |
| *Echinospherites pomum*, WAHL.. | calc...... | Kinnekulle. Tzarko-Sselo. |
| — *aurantium*, WAHL. | calc...... | Billingen, en Westrogothie. |
| — *Wahlenbergii*, ESMARK. | calc...... | Golfe de Christiania. |
| *Alecto serpens*, LAM. (*aulopora* GOLDF.)............ | calc...... | Bensberg. Gothland. Christiania. |
| — *elegans*, GOLDF......... | calc...... | Bensberg. |
| *Retepora* (*millepora retep.*, WAHL.) | calc...... | Mösseberg. |
| *Catenipora escaroides*, LAM. (2).. | calc...... | Christiania. Gothland, près Ratofka, gouv. [de Moscou. |
| — *tubulosa*, LAM...... | calc...... | Christiania. |
| — *catenularia*, WAHL... | calc...... | Gothland. |
| *Calamipora polymorpha*, GOLDF. | calc...... | Eifel. Bensberg. Harz. |
| — *spongites*, GOLDF... | calc...... | Eifel. Bensberg. |
| — *cervicornu* (*Millepora*, WAHL.)..... | calc...... | Gothland. |
| *Favosites gothlandica*, LAM..... | calc. et sil. | Slobene-Aker, Christiania. Angers. S.-Douglas, près Dublin. Eifel. Batavia, État de New-York. Monts Catskill. |

(1) Ces deux espèces n'ont pas été publiées. L'*Og. Wahlenbergii* est remarquable par un appendice sétiforme à la queue.

(2) M. G. Fischer a donné le nom de *Halysites* à ce genre.

| NOMS DES CORPS ORGANISÉS. | Spécific. de quelq. terr. | EXEMPLES DE LIEUX ET OBSERVATIONS. |
|---|---|---|
| *Favosites Bromelli*, MEN. ...... | calc. ..... | Nebou. |
| — *truncata*, RAF. ...... | silic. ..... | Contrée de Garrard en Kentucky. |
| — *Kentukensis*, RAF. .... | silic. ..... | *Ibid.* |
| — *boletus*, MEN. ....... | calc. noir.. | Christiania. |
| *Columnaria sulcata*, GOLDF. (*Lithostroma incurvata*, RAF.) ... | calc. bl.... | Bensberg. Chutes de l'Ohio (Amériq. sept.) |
| *Tubipora tubularia*, LAM. ...... | silic. ..... | Theux, près Liége. |
| *Amplexus coralloides*, SOW. ... | calc. ..... | Sablé dans la Sarthe. Montchaton, près Coutances. Monts Catskill, État de New-York. |
| *Caryophyllia* ? (*Madreporites sinactis*, RAF.) ............... | silic. ..... | Contrée de Garrard, Kentucky. |
| *Caryophylla calycularis* (*madrepora*, WAHL.) .... | calc ..... | Gothland. |
| — *flexuosa*, WAHL. ... | calc. ..... | *Ibid.* |
| — *turbinata*, WAHL. .. | calc. ..... | Gothl. Eifel. Contrée de Garrard, Kentucky. |
| — *stellaris*, WAHL. ... | calc. ..... | Gothland. |
| — *articulata*, WAHL. .. | calc. ..... | *Ibid.* |
| *Astrea* (*cyathophyllum hexagonum*, GOLDF.) ....... | calc. ..... | Bensberg. |
| — *quadrigeminum*, GOLDF.. | calc. ..... | Eifel. Bensberg. |
| — *rotularis* ? ........... | calc. ..... | Irlande. |
| — *porosa*, GOLD. (*madrepora interstriatus*, WAHL.) | calc. ..... | Gothland. Eifel. |
| *Mastrema pentagona*, RAF. .... | silic. ..... | Contrée de Garrard, Kentucky. |
| *Madrepora ananas*, WAHL. ..... | calc. ..... | Gothland. |
| *Stromatopora concentrica*, GOLDF. | calc. ..... | Eifel. |
| VÉGÉTAUX. | | |
| *Fucoides antiquus*, AD.BR. ...... | calc. ..... | Christiania. |
| — *Serra*, AD.BR. ........ | calc. ..... | Quebeck. |
| — *circinatus*, AD.BR. ..... | quarz. .... | Base du Kinnekulle (Suède). |
| *Calamites radiatus* ........... | fragm. .... | Bitschweiler (Haut-Rhin). |
| — *Voltzii*............. | ......... | Zundsweiler (Bade). |
| *Sphenopteris dissecta* .......... | schist. .... | Berghaupten (Bade), et à Montrelais (Bretagne). |
| *Cyclopteris flabellata* ......... | schist. .... | Berghaupten. |
| *Pecopteris aspera*, ............ | schist. .... | Berghaupten et Montrelais. |

# TABLE ALPHABÉTIQUE

DES

## PRINCIPALES ROCHES ET MINÉRAUX DONT LA POSITION EST MENTIONNÉE.

FIN.

www.ingramcontent.com/pod-product-compliance
Ingram Content Group UK Ltd.
Pitfield, Milton Keynes, MK11 3LW, UK
UKHW020126220726
13923UKWH00001B/20

9 782016 157343